빅데이터 분석을 위한

데이터 마이닝 방법론

SAS Enterprise Miner
활용사례를 중심으로

강현철 · 한상태 · 최종후 · 이성건 · 김은석 · 엄익현 지음

자유아카데미

머리말

기업과 조직에서 데이터를 수집하고 저장하는 능력은 지난 수십 년 동안 빠르게 발전해 왔다. 이러한 기술적 발전은 저장된 방대한 데이터를 유용한 지식과 정보로 바꾸는 것을 효과적으로 도울 수 있는 새로운 기술과 도구에 대한 요구를 촉발시키고 있다. 이러한 측면에서 데이터마이닝은 1980년대 후반에 등장하였고, 1990년대 중반 이후 커다란 진보를 이루었으며, 또한 앞으로도 계속 발전할 것으로 기대되고 있다. 최근에는 고객관계관리, 데이터베이스 마케팅, 품질관리, 신용평가 등 여러 분야에 있어서 데이터마이닝이 필수적인 요소로 인식되고 있다.

데이터마이닝은 통계학, 정보기술, 데이터베이스, 인공지능, 패턴인식, 정보검색 등 여러 분야와 연관되어 있는 복합적 성격을 가지고 있다. 따라서 데이터마이닝에 대한 정의와 데이터마이닝을 통해 얻고자 하는 것도 매우 다양하다고 할 수 있다. 그러나 몇 가지 관점에서는 성공적인 데이터마이닝 작업을 위한 보편적인 원칙이 존재하며, 이 책은 여러 분야의 독자들에게 특히 데이터분석적 측면에서 데이터마이닝의 방법론들을 소개하는 데 초점을 두고 있다.

이 책은 크게 3개의 부분으로 이루어져 있다. 제1부에서는 데이터마이닝에 대한 핵심적인 개념들을 소개하였고, 제2부에서는 데이터마이닝의 대표적인 예측 방법론들을 설명하였으며, 제3부에서는 좋은 예측모형을 개발하기 위해 필수적인 데이터 처리 기법들을 다루고 있다. 특히 복잡한 수리적 이론을 가급적 피하고 실제적인 분석사례들을 통해 데이터마이닝의 각 방법론들을 쉽게 이해할 수 있도록 노력하였으며, 가장 널리 사용되고 있는 데이터마이닝 소프트웨어 중 하나인 SAS Enterprise Miner를 이용하여 현실의 문제에 대한 응용력을 기를 수 있도록 하였다. 또한 각 장에는 적절하게 선택된 연습문제와 참고문헌들을 제시하여 심화학습이 가능하도록 하였다.

이 책은 데이터마이닝의 핵심적인 내용과 방법론들을 흥미롭게 학습할 수 있도록 설계되어 있으므로, 통계학, 경영학, 컴퓨터과학 등 여러 전공의 고학년을 대상으로 하는 한 학기 정도의 강의교재로 사용될 수 있다. 또한 이 책은 데이터마이닝과 관련된 폭넓은 주제들과 분석사례들을 다루고 있으므로, 다양한 분야의 일반 연구자, 애플리케이션 시스템 개발자, 비지니스 전문가 등에게도 유용하게 사용될 수 있을 것이다.

아무쪼록 이 책이 산더미 같은 데이터와 씨름하며 지식의 금광을 발견하기 위해 노력하고 있는 여러 분야의 연구자들에게 유용하게 사용되기를 바란다.

2014년 3월, 저자들

차 례

제 I 부. 데이터마이닝 시작하기

제 II 부. 예측모형의 구축과 평가

제 III 부. 데이터 사전처리와 자율예측

제 I 부
데이터마이닝 시작하기

Introduction to Data Mining

과거에는 데이터마이닝을 둘러싼 과장된 기대의 결과로 인해 예측 모델을 만드는데 있어서 통계 분석가들이 필요 없어질 거라고 말했었다. 하지만 분석가들이 제공하는 가치는 그들의 존재 없이는 모든 것이 자동화될 수 없다는 데 있다. 분석가들은 아직도 모델 결과를 평가하고 모델 예측의 타당성 검사를 하는데 있어 절대적으로 필요하다. 데이터마이닝 소프트웨어는 적정성과 비적정성 사이의 상관관계가 가지는 차이점을 인식할 수 있는 직관을 가지고 있지 않기 때문에 통계 분석가에 대한 수요는 계속 늘어날 것으로 전망된다.

– Berson, A. et al. (2000), CRM을 위한 데이터마이닝
Building data mining applications for CRM

제 1 장
데이터마이닝의 주요 개념

Concepts of Data Mining

데이터마이닝(data mining)은 매우 다양한 분야의 기술들이 포함된 복합적 학문의 성격을 가지고 있다. 따라서 데이터마이닝을 한 마디로 정의하고 설명하는 것은 쉽지 않은 일이다. 본격적인 데이터마이닝 작업을 시작하기에 앞서, 이 장에서는 데이터마이닝의 주요 개념들을 여러 가지 측면에서 살펴보기로 한다.

1.1 데이터마이닝이란 무엇인가?

데이터마이닝은 데이터베이스(database), 데이터 웨어하우스(data warehouse), 데이터마트(data mart) 등 자료(데이터) 저장소에 저장되어 있는 방대한 양의 데이터로부터 의사결정에 도움이 되는 유용한 정보(information)를 발견하는 일련의 작업들의 집합을 의미한다. 즉, 데이터마이닝은 "데이터에 함축되어 있으나 이전에는 발견되지 않은 잠재적으로 유용한 정보를 새롭게 추출"함으로써, 과거 행위의 분석을 기초로 미래 행위를 예측하는 의사결정지원을 위한 모형을 만들어 내는 것이라고 할 수 있다(Berson et al., 1999).

1.1.1 정보기술의 발전과 데이터마이닝

최초의 컴퓨터 ENIAC이 만들어진 이후로 지난 수십년간 정보기술(information technology) 분야의 기술은 꾸준히 발전하였으며, 자동화된 데이터 수집, 전자도구의 일상화, 데이터 저장 구조에 대한 기술적 발전은 데이터를 보다 분석에 적합하도록 축적하는 데 도움을 주고 있다. 또한 시스템 구조 및 프로세서 속도 등과 같은 문제에 있어서 컴퓨터의 성능이 빠르게 발전하고 있으며, 이는 대용량의 데이터를 축적하고 분석하는 것을 가능하게 해주고 있다.

데이터마이닝은 정보기술 분야에 있어 자연스런 진화의 결과로 볼 수 있는데, 데이터베이스 산업 분야에서는 '데이터 수집 및 데이터베이스 구축', '데이터 관리', '데이터 분석과 이해'와 같은 기능적 진화 경로를 찾아 볼 수 있다(박우창 외, 2004). 특히, 1980년대 이후의 비약적인 정보기술의 발전으로 데이터 관리 및 분석을 위해 다양한 형태의 데이터베이스 시스템이 출현하였으며, '관계형 데이터베이스'(RDB; relational database)와 '데이터 웨어하우스'(DW; data warehouse) 등 새롭고 강력한 정보 저장소가 이용 가능하게 되었다.

많은 기업과 조직의 수많은 데이터베이스에는 엄청난 양의 데이터가 빠르게 증가하고 있으며, 수백 기가바이트의 데이터베이스도 이제는 흔한 현상이 되고 있다. 따라서 대용량의 데이터를 효율적으로 처리할 수 있는 데이터 분석도구들이 요구되고 있으며, 우수한 성능을 가진 데이터마이닝 소프트웨어들이 사용 가능해짐에 따라 보다 편리한 환경에서 데이터 분석을 수행할 수 있게 되었다.

1.1.2 빅데이터(Big Data) 분석

최근 등장한 '빅데이터'라는 용어는 데이터마이닝의 개념을 보다 확장한 것으로 볼 수 있다. 여기에는 비정형 데이터에 대한 처리 등이 포함되는데, 비정형 데이터란 숫자로 이루어진 정형 데이터와는 달리 문서, 그림, 영상처럼 형태와 구조가 복잡해서 정형화 되지 않은 데이터를 의미한다. 빅데이터는 데이터의 생성 양, 주기, 형식 등이 기존 데이터에 비해 너무 크기 때문에, 종래의 방법으로는 수집, 저장, 검색, 분석이 어려운 방대한 데이터를 말한다. 빅데이터는 각종 센서와 인터넷의 발달로 데이터가 늘어나면서 나타났다. 컴퓨터 및 처리기술이 발달함에 따라 디지털 환경에서 생성되는 빅데이터와 이를 분석함으로써 질병이나 사회현상의 변화에 관한 새로운 시각이나 법칙을 발견할 가능성이 커졌다. 일부 학자들은 빅데이터를 통해 인류가 유사 이래 처음으로 인간 행동을 미리 예측할 수 있는 세상이 열리고 있다고 주장하기도 한다.

디지털 경제의 확산으로 우리 주변에는 규모를 가늠할 수 없을 정도로 많은 정보와 데이터가 생산되는 빅데이터 환경이 도래하고 있다. PC와 인터넷, 모바일 기기 이용이 생활화되면서 사람들이 도처에 남긴 발자국(데이터)은 기하급수적으로 증가하고 있다. 트위터(tweeter)에서만 하루 평균 1억 5500만 건이 생겨나고 유튜브(YouTube)의 하루 평균 동영상 재생건수는 40억 회에 이른다. 글로벌 데이터 규모는 2012년에 2.7제타바이트(zettabyte), 2015년에는 7.9제타바이트로 증가할 것으로 예측하고 있다. 1제타바이트는 1,000엑사바이트(exabyte)이고, 1엑사바이트는 미 의회도서관 인쇄물의 10만 배에 해당하는 정보량이다. 주요 도로와 공공건물은 물론 심지어 아파트 엘리베이터 안에까지 설치된 CCTV가 촬영하고 있는 영상 정보의 양도 상상을 초월할 정도로 엄청나다. 그야말로 일상생활의 행동 하나하나가 빠짐없이 데이터로 저장되고 있는 셈이다. 민간 분야뿐 아니라 공공 분야도 데이터를 양산 중이다. 센서스(Census)를 비롯한 다양한 사회 조사, 국세자료, 의료보험, 연금 등의 분야에서 데이터가 생산되고 있다. 스마트워크의 본격화도 데이터 증가를 가속화할 전망이다(정용찬, 2013).

기업의 빅데이터 활용은 고객의 행동을 미리 예측하고 대처방안을 마련해 기업경쟁력을 강화시키고, 생산성 향상과 비즈니스 혁신을 가능하게 한다. 공공 기관의 입장에서도 빅데이터의 등장은 시민이 요구하는 서비스를 제공할 수 있는 기회로 작용한다. 이는 '사회적 비용 감소와 공공 서비스 품질 향상'을 가능하게 만든다. 미 대통령 과학자문위원회는 2010년 발간한 '디지털 미래 전략'(Designing a Digital Future) 보고서에서 '모든 연방정부 기관은 빅데이터 전략이 필요함'을 강조했다. 2012년에 열린 다보스 포럼에서도 위기에 처한 자본주의를 구하기 위한 '사회 기술 모델'(Social and Technological Models)을 제시하고 '빅데이터'가 사회현안 해결에 강력한 도구가 될 것으로 예측했다. 우리나라 국가정보화전략위원회도 2011년 '빅데이터를 활용한 스마트 정부 구현(안)'을 보고했다. 빅데이터는 민간 기업은 물론 정부를 포함한 공공 부문의 혁신을 수반하는 패러다임의 변화를 의미한다(정용찬, 2013).

빅데이터는 초대용량의 데이터 양(volume), 다양한 형태(variety), 빠른 생성 속도(velocity)라는 뜻에서 '3V'라고도 불리며, 여기에 네 번째 특징으로 가치(value)를 더해 '4V'라고 정의하기도 한다. 빅데이터에서 가치가 중요 특징으로 등장한 것은 엄청난 규모뿐만 아니라 빅데이터의 대부분은 비정형적인 텍스트와 이미지 등으로 이루어져 있고, 이러한 데이터들은 시간이 지나면서 매우 빠르게 전파하며 변함에 따라 그 전체를 파악하고 일정한 패턴을 발견하기가 어렵게 되면서 가치 창출의 중요성이 강조되었기 때문이다(pmg지식엔진연구소, 2012).

1.1.3 고객관계관리(Customer Relationship Management)

기업이 그들의 고객과 상호교류하는 방식은 지난 몇 년 사이 엄청나게 바뀌고 있으며, 기업들은 고객을 더 잘 이해하고 그들이 원하는 것에 더 빨리 대응해야 할 필요성을 느끼고 있다. 즉, 정보화 시대의 기업경영을 위해서는 전통적인 자원들을 효과적으로 운영하고 관리해야 할 뿐만 아니라 고객만족(customer satisfaction)을 위해 제품이나 서비스의 질을 꾸준히 향상시켜야만 한다. 이러한 환경에서는 고객의 요구가 무엇인지를 지속적으로 파악하기 위해 고객정보를 지속적으로 축적하고 분석해야만 한다.

1980년대에 일부 기업들은 '마케팅 고객정보 파일'(MCIFs; marketing customer information files)이라고 불리는 데이터베이스를 구축하고, '데이터베이스 마케팅'과 같은 새로운 개념의 방법론을 적용함으로서 이러한 문제를 해결하려고 하였다. 데이터베이스 마케팅은 컴퓨터에 수록된 개별고객 차원의 데이터에 통계적 분석과 모델링 기법을 적용하는 것으로서, 잠재고객 및 현재고객과의 직접적인 커뮤니케이션을 위한 비용 효율적인 마케팅 프로그램 개발을 지원해 주는데 이용된다. 또한 특정 마케팅 프로그램의 결과를 평가하는 데도 이용된다. 즉,

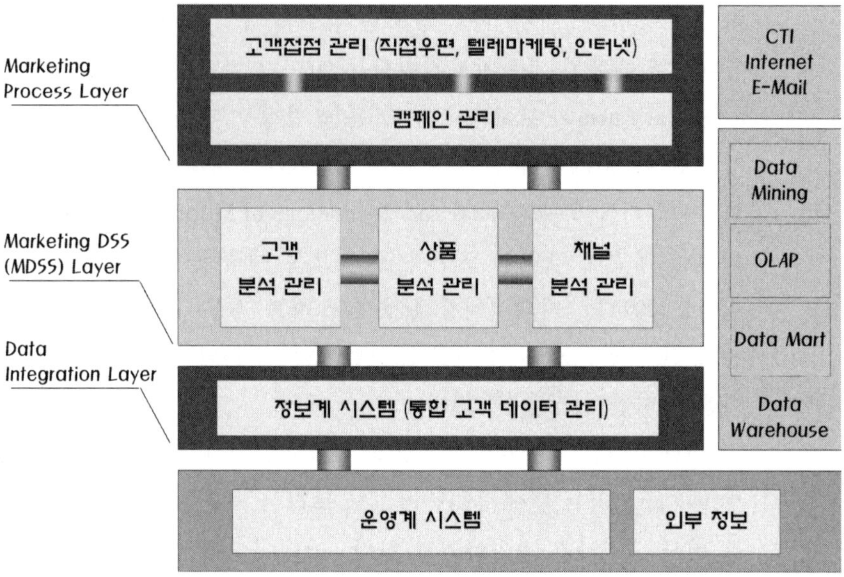

그림 1.1 고객관계관리(CRM)와 데이터마이닝

데이터베이스 마케팅은 잠재고객 및 현재고객이 장기간에 걸쳐 자사의 제품이나 서비스를 반복적으로 구매하기 위해서 고안된 고객과의 사전에 준비된 커뮤니케이션을 의미한다(박찬욱, 1996).

최근에는 기업과 고객간의 상호교류를 관리하는 프로세스로서 '고객관계관리'(CRM, customer relationship management)라고 불리는 용어가 등장하였다. CRM은 데이터베이스 마케팅의 진보된 형태로서 기업이 고객과 상호작용하는 프로세서를 보다 자동화하고 개선시킨 것이다. CRM에서는 효과적인 고객관리 전략을 개발하고 지속적으로 수행하는 능력이 중요하며, 이를 위해서는 고객정보를 분석하는 도구로서 데이터마이닝의 사용이 요구되고 있다.[1] 예를 들어, 데이터마이닝 애플리케이션은 고객 데이터를 분석하여 정보를 추출하고 그 결과를 캠페인 관리 애플리케이션으로 보내고, 캠페인 관리 애플리케이션은 직접우편, 텔레마케팅, 웹, 지점 등의 고객접점에서 고객과의 커뮤니케이션을 관리한다.

1.1.4 데이터마이닝 관련 분야

데이터마이닝의 기법들은 매우 다양한 분야에서 개발되었고 통계학, 컴퓨터

[1]흔히 CRM은 운영적(operational) CRM, 분석적(analytical) CRM, 협업적(Collaborative) CRM으로 분류되는데(Berson et al., 1999), 때로는 데이터마이닝과 분석적 CRM이 같은 의미로 사용되기도 한다.

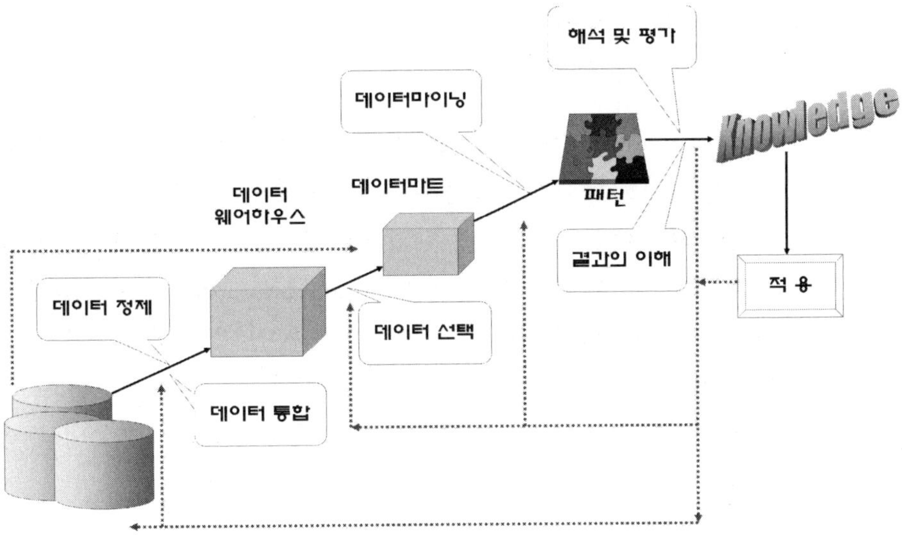

그림 1.2 데이터베이스로부터의 지식발견(KDD) 과정

과학, 경영정보학 등 여러 학문분야에서 연구되고 있다. 여기서는 데이터마이닝과 관련된 몇 가지 분야들을 간단히 살펴보도록 하자.

- **데이터베이스로부터의 지식발견**(KDD; Knowledge Discovery in Databases): 데이터베이스로부터의 지식(데이터 간의 연관성이나 패턴)발견이라는 표현은 일반적으로 데이터마이닝과 가장 유사한 의미로 사용되고 있다. 그러나 보다 정확하게 표현한다면, KDD는 지식을 추출하는 전 과정을 의미하고, 데이터마이닝은 온라인분석처리(OLAP; on-line analytical processing)나 데이터 웨어하우징(data warehousing) 등과 마찬가지로 전체적인 KDD 과정 중 한 과정인 탐사 단계를 의미한다고 할 수 있다(그림 1.2).
- **기계학습**(Machine Learning): 인공지능(AI; artificial intelligence)의 한 분야로서 자동적인 학습기법을 설계하고 구현하는 분야이다.
- **패턴인식**(Pattern Recognition): 공학에서 출발하였으며, 문자인식 또는 이미지 분류와 깊은 관련을 가지고 있다. 패턴인식은 데이터베이스에서 유용한 패턴을 찾아내는 다양한 기법들을 제공한다.
- **통계학**(Statistics): 대부분의 데이터마이닝 기법들은 통계학에서 연구되고 개발되어 온 것들이다. 예를 들어, 데이터마이닝의 모형구축에서 가장 많이 사용되는 기법 중의 하나인 판별분석(discriminant analysis)은 1936년에 R.A. Fisher에 의해 시작된 다변량 통계분석의 한 기법이라 할 수 있다.

- **뉴로컴퓨팅**(Neurocomputing): 신경망(neural network) 등과 관련된 다양한 학문적 배경을 가진 분야이다.

그림 1.2는 지식탐사 과정의 한 예를 보여주고 있는데, 좁은 의미의 데이터마이닝은 이러한 대규모 지식탐사 과정의 일부로서 "정제되고 통합된 데이터를 분석하여 의사결정에 도움이 되는 정보를 찾아내는 자료분석 방법론 또는 그 과정"을 의미한다고 할 수 있다. 사실 SAS Enterprise Miner와 같은 대부분의 데이터마이닝 소프트웨어들은 좁은 의미의 데이터마이닝을 수행하는 데 도움을 주는 것이며, 따라서 데이터마이닝이 지식탐사 과정의 핵심적인 위치를 차지하고 있다 하더라도 이를 효율적으로 진행하기 위해 필요한 많은 작업들이 존재한다는 것을 직시해야 한다.

1.1.5 데이터마이닝의 활용분야와 특징

데이터마이닝은 정의의 다양성만큼 활용분야도 매우 다양하며 특히 기업의 의사결정 문제에서 많이 활용되고 있는데, 주요 활용분야를 나열하면 다음과 같다.

- **데이터베이스 마케팅**(Database Marketing): 데이터베이스 마케팅은 데이터마이닝이 가장 성공적으로 적용되고 있는 분야 중의 하나이며, 목표마케팅(target marketing), 고객세분화(segmentation), 고객성향변동분석(churn analysis), 교차판매(cross selling), 장바구니 분석(market basket analysis) 등에서 주로 이용된다. 데이터베이스 마케팅은 소매, 통신판매, 금융서비스, 건강, 보험, 통신, 운송, 제약 등 다양한 분야에서 활용되고 있다.
- **신용평가**(Credit Scoring): 신용평가는 특정인의 신용거래 대출한도를 결정하는 것이 주 업무로서 목적은 불량채권과 대손을 추정하여 이를 최소화하기 위한 것이다. 신용거래 확대를 위한 의사결정 적용분야로서는 신용카드, 주택할부금융, 소비자 대출, 상업 대출 등을 들 수 있다. 신용평가의 중요한 사안은 현재의 대출한도액을 유지, 관리하면서 불량채권에 대한 최선의 대응책을 결정하는 것이다. 신용관리는 은행, 금융서비스, 저당권보험(담보부 보험), 소매(할부판매) 등 다양한 분야에 적용되고 있다.
- **품질관리**(Quality Control): 품질관리의 목적은 불량품을 찾고, 그 원인을 밝혀서 궁극적으로 이를 예방하는 것이다. 병원과 의료보험조합 등에서는 병원에서 발생하는 사망, 불필요한 장기입원 및 의료비의 과다청구에 초점을 맞추고 있으며, 제조업체에서는 제품보증청구를 유발시키는 불량품 감소를 통한 이윤 증가에 중

점을 두고 있다.[2]

- **부정행위 적발**(Fraud Detection): 부정행위적발의 목적은 고도의 사기행위를 발견할 수 있는 패턴을 알아내는 것이다. 은행에서는 발견된 패턴을 이용하여 신용카드 거래 사기 및 불량수표를 적발할 수 있고, 통신회사에서는 전화카드 거래 사기를 방지하며, 보험회사에서는 허위 및 과다 청구를 예방할 수 있다.
- **이미지 분석**(Image Analysis): 이미지분석은 디지털 데이터로부터 패턴을 추출하는 기법이며, 천문학, 문자인식, 의료진단, 방위산업 등 다양한 분야에서 활용되고 있다. 예를 들어, 카메라로 촬영한 사진이나 문자를 디지털 신호로 바꾸어 적당한 데이터의 형태로 변환한 후 그것을 판독하는 것이다.

이외에도 위험관리(risk management), 망관리(network management), 수요 및 판매 예측(forecasting), 웹마이닝(web mining) 등 데이터마이닝은 다양한 분야에서 활용되고 있다. 또한 데이터마이닝은 몇 가지 관점에서 특징을 가지고 있는데, 이를 간단히 요약하면 다음과 같다.

- 데이터마이닝은 대용량의 관측 가능한 자료(observational data)를 다룬다. 실험자료는 가설검정 등의 구체적인 문제에 답하기 위해 여러 요인들이 통제되고 조작된 가운데 만들어진다. 그러나 관측자료는 시간의 흐름에 따라서 비계획적으로 축적되며, 자료분석을 염두에 두고 수집되지 않는 것이 일반적이다.
- 데이터마이닝은 컴퓨터 중심적 기법(computer-intensive method)이다. 현대의 컴퓨터 중심적 기법들은 기존의 기법들로서는 해결하기 곤란한 경우에 있어, 이를 해결하기 위하여 컴퓨터의 강력한 처리속도와 능력을 활용할 수 있도록 해주고 있다.
- 데이터마이닝은 경험적 방법(adhockery method)에 근거하고 있다. 많은 데이터마이닝 기법들은 이론적 원리에 기초하여 개발되었다기 보다는 경험에 기초하여 개발되었다. 이러한 기법들은 그 특성이 수리적으로 밝혀지지 않은 것들이 많다.
- 데이터마이닝은 일반화(generalization)에 초점을 두고 있다. 일반화는 예측모형(prediction model)이 새로운 자료에 얼마나 잘 적용되도록 하는 것인가를 의미한다. 따라서 일반화는 데이터마이닝 기법의 비정형성을 어느 정도 해결 또는 보

[2] '통계적 품질관리'(Statistical Quality Control)에서는 일반적으로 PDCA[Plan(계획)→Do(실시)→Check(검토)→Act(조치)] 사이클에 따라 운영되며, 품질개선 및 품질경영의 주요 기법인 '6-시그마'에서는 DMAIC[Define(정의)→Measure(측정)→Analyze(분석)→Improve(개선)→Control(관리)]를 주요 활동요소로 규정하고 있다. 이러한 절차는 분석적 CRM 및 데이터마이닝의 수행 프로세스와 유사한 측면이 있다.

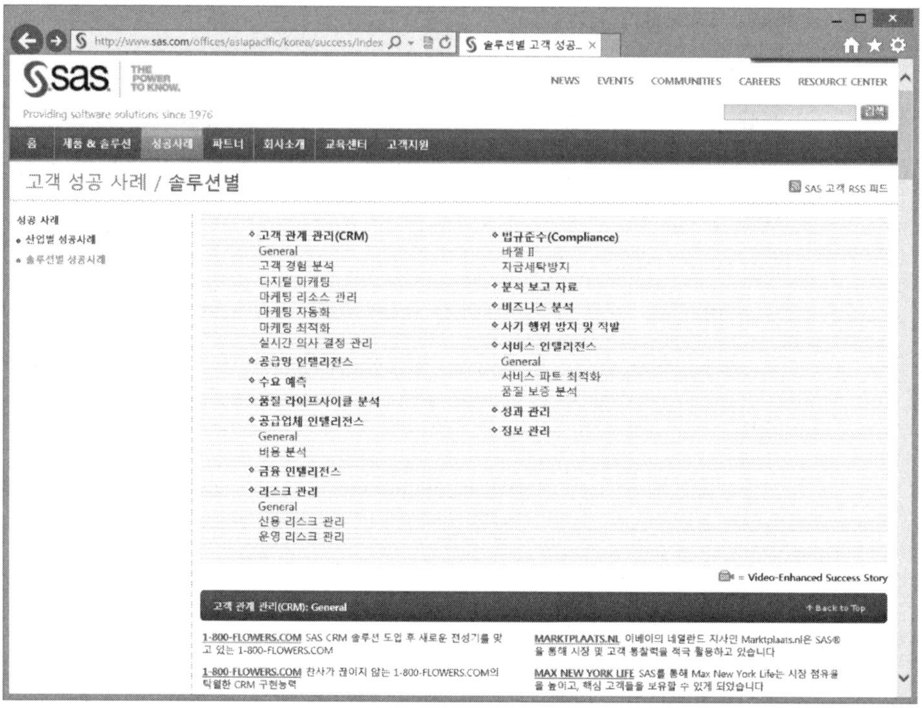

그림 1.3 SAS Institute Inc. (http://www.sas.com/korea)

완하여 주는 데 도움을 주고 있다. 추론(inference)이 통계적 모형의 초점이라고 하면, 일반화는 데이터마이닝의 초점이라 할 수 있다.

- 데이터마이닝은 기업의 다양한 경영상황 하에서 경쟁력 확보를 위한 의사결정을 지원하기 위해서 활용될 수 있다.
- 데이터마이닝 기법들은 통계학(statistics), 컴퓨터과학(computer science), 인공지능(AI, artificial intelligence), 공학(engineering)과 같은 분야에서 개발된 특징을 가지고 있다. 그러나 실제로 이를 활용하는 전문가들은 경영, 경제, 정보기술(IT, information technology) 분야에 있는 사람들이다.

1.1.6 데이터마이닝 적용 사례

이 절에서는 데이터마이닝의 몇 가지 실제적용 사례를 소개함으로써 데이터마이닝의 활용가능성을 보다 구체적으로 확인해 보고자 한다. 데이터마이닝의 성공적인 적용 사례들은 최근에 여러 책들이나 잡지 그리고 웹사이트 등에서 광범위하게 보고되어 있으니 이들을 참조하기 바란다(참고로 그림 1.3은 SAS코리아 홈페이지의 일부 내용이다).

소매업 적용 사례

미국의 한 할인점 회사는 매장 내의 상품들과 고객들의 구매패턴과의 연관성을 발견하기 위해서 데이터마이닝을 수행하였다. 여기에는 연관성규칙발견(association rule discovery) 알고리즘을 이용한 장바구니 분석(market basket analysis)이 사용되었으며, 발견된 결과는 상품진열 등을 통해 고객의 추가구매를 유도하고 매출을 증가시키기 위해 효율적으로 사용되었다.

신용카드회사 적용 사례

국내의 한 신용카드 회사는 카드사용의 부정행위를 적발(fraud detection)하고 이를 예방하기 위해서 통계적 기법들과 의사결정나무분석 그리고 신경망 분석 등을 이용하여 카드사용 패턴을 분석하였다. 과거에 정상적으로 거래된 데이터와 도용사고 경험이 있는 데이터를 기반으로 각각의 패턴을 분석하여 모형화하고, 구축된 모형을 카드승인 시에 적용하여 만일 부정행위로 의심이 되면 승인을 거부함으로써 불법적인 카드사용을 적발하거나 사전에 예방할 수 있었다. 결과적으로 도용사고로 인한 손해액이 감소되었다.

의료분야 적용 사례

미 중부에 위치한 한 대학병원에서는 종양의 악성/양성 판단에 의한 암진단의 정확성을 높이기 위해서 판별(discrimination) 및 분류(classification) 분석을 수행하였다. 과거의 환자들에 대해서 종양검사 결과를 근거로(즉, 종양의 크기, 모양, 색깔등을 기반으로) 종양의 악성/양성 분류모형을 만든 후 새 환자로부터 채취한 종양분류시 적용하였다. 이는 각종 종양들에 대한 구분력을 향상시켰고 더욱 정확한 암진단과 치료에 이용되었다.

제조업 적용 사례

미국의 한 반도체 제조회사에서는 반도체 제조과정 중에 발생하는 불량품의 자동발견을 위해서, 연관성규칙발견과 군집분석(clustering) 알고리즘을 이용하여 제조공정의 현상을 분석하였다. 정상제품만으로 정상적인 제품의 군집모양, 크기 등을 결정한 후 만일 어떤 제품이 이 정상제품 군집의 범위밖에 위치한다면 불량품으로 규정하였다. 이와 같은 분석은 불량품의 패턴을 발견하는 데 도움을 주었고, 불량품 감소로 인해 이익을 증가시킬 수 있었다.

통신회사 적용 사례

미국의 한 장거리 전화서비스 회사는 매년 전체 고객의 23%를 잃고 있었으며 고객을 새로 유치하는 데 1인당 $350의 비용이 지출되었다. 따라서 고객의 이탈방지/감소를 위해 고객의 이탈가능성을 예측할 수 있는 모형을 작성하였으며, 고객성향변동관리(churn management)와 군집분석(clustering)을 이용하여 이탈의 원인을 파악하였다. 이러한 분석을 통해서 이 회사의 관리자는 고객의 60% 정도는 경쟁업체로 옮겨갈 가능성이 적은 우수고객이고 나머지 40%는 이탈가능성이 높은 고객임을 알게 되었다. 또한 이익분석(profit analysis)을 통해 이탈방지 노력이 이탈가능성이 매우 높은 고객에게는 별 효과가 없고 이탈가능성이 어느 정도 높은 고객에게는 큰 효과를 발휘한다는 것을 발견할 수 있었다. 이 회사는 무료전화서비스 등을 제공하는 목표마케팅(target marketing) 전략을 통해 고객 이탈율을 19.7%(전년도 23%에서)로 줄이고 큰 이익증가를 기록할 수 있었다.

스포츠경영 적용 사례

스포츠경영에 있어서도 스포츠 소비자에 대한 마케팅 전략이나 활동을 위해 데이터마이닝을 이용한 소비자 관련 정보분석의 역할이 보다 강조되고 있다. 이미 많은 선진 프로스포츠 관련 기업들은 스포츠 소비자의 행위에 있어서 여러 특성들을 구체적으로 분류하여 그들이 목표로 하는 소비자와 행동특성을 파악하고 있다. 이러한 목적을 위해 입장권 판매나 회원 모집을 통한 정보 그리고 이벤트 사업 등에서 획득되는 소비자 관련 정보들을 다양하게 수집·분석하고 있으며, 그 결과를 통해서 소비자의 스포츠 참여를 유인하고 부대수익 및 관련 상품의 매출을 증대시키고 있다.

이 외에도 아메리칸 익스프레스나 AT&T 고객화일 분석, BBC의 시청자 분석, 스웨덴의 통신판매 회사인 엘로스(Ellos)의 DM(Direct Marketing) 전략, 핀란드의 유제품 회사인 발리오(Valio)의 웹을 기반으로한 마케팅 등과 국내의 금융, 제조, 통신회사 등의 사례는 데이터마이닝이 기업의 이익을 위해 효율적으로 사용될 수 있음을 보여주고 있다.

1.2 데이터마이닝 프로젝트의 수행 프로세스

하나의 데이터마이닝 프로젝트에는 일반적으로 여러 분야의 전문가들이 참여하게 되며, 통상 몇 개월 이상의 장기간에 걸쳐 프로젝트가 수행된다(최근에는 많은 기업에서 데이터마이닝 팀이 일상적으로 운영되고 있다). 따라서 성공적인 프로젝트 수행을 위해서는 각 단계에서 여러 가지 문제에 대하여 적절한 해결책과 대응방법을 제시할 수 있어야 한다.

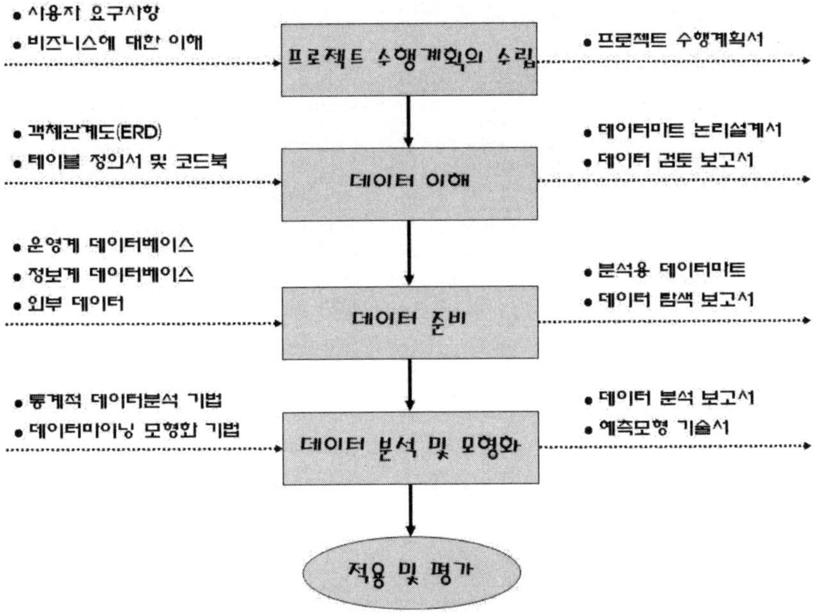

그림 1.4 데이터마이닝 프로젝트의 수행 프로세스

1.2.1 프로젝트 수행계획의 수립

성공적인 데이터마이닝 프로젝트 수행을 위해서 필요한 세 가지 요소로서

- 해당 비지니스(업무)에 대한 충분한 이해
- 필요한 데이터를 관리하고 추출할 수 있는 정보기술
- 적절한 데이터 처리와 분석을 수행할 수 있는 통계적 데이터분석 능력

을 들 수 있다. 데이터마이닝 프로젝트에는 여러 분야의 연구자들이 함께 참여하게 되며 수많은 대규모의 데이터를 다루어야 하기 때문에, 때로는 지루하고 시간이 오래 걸리는 작업이 될 수 있다. 따라서 프로젝트의 최종적인 목표와 작은 목표들에 대해서 명확하게 정의하고, 실행상의 계획 등에 대해서 구체적으로 논의하고 결정해야 한다. 여기에는 보통 다음과 같은 사항들에 대한 검토가 포함된다.

- 프로젝트의 범위와 산출물 정의
- 비지니스(업무)에 대한 이해 및 공유
- 사용자 요구사항과 필요사항 검토
- 참여 인력 및 역할에 대한 정의
- 세부일정 정의 및 수행계획서 작성

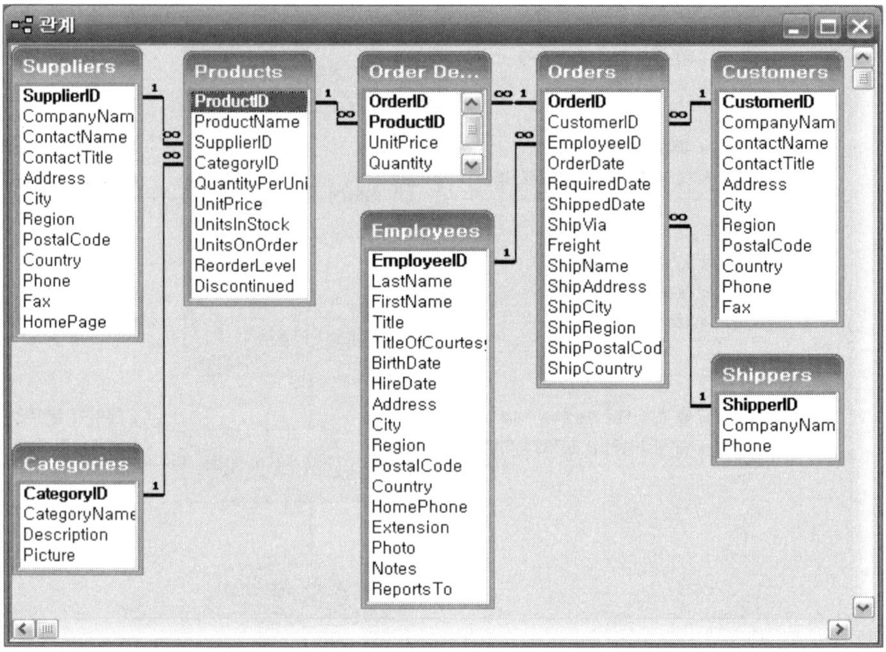

그림 1.5 ERD의 예: Northwind Data Base (Microsoft Access)

1.2.2 데이터에 대한 이해

데이터마이닝은 사용 가능한 '데이터'로부터 유용한 지식의 금괴를 '마이닝'하는 것이다. 데이터마이닝의 성공 여부는 사용 가능한 데이터의 양과 질에 전적으로 의존하며, 사용 가능한 데이터를 검토하고 데이터들의 특징을 이해하는 것은 좋은 모형을 만들기 위한 첫 단계가 된다. 사실, 데이터마이닝 애플리케이션의 장단기적 성공은 얼마나 성공적으로 데이터를 추적하고 검증하여 신뢰도 높은 데이터들을 시스템에 저장하는가에 달려 있다. 따라서 본격적인 데이터마이닝 작업을 수행하기에 앞서 데이터 원천(source)들을 파악하고, 어떠한 데이터를 수집하고 이용할 수 있는지를 검토하는 것은 매우 중요하다. 여기에는 보통 다음과 같은 사항들에 대한 검토가 포함된다.

- 사용 가능한 내부 및 외부 데이터들의 원천
- 데이터 원천들에 대한 위치와 구조 (수집, 입력, 관리, 갱신 등의 경로)
- 데이터 테이블들의 필드(field)와 그들의 코드(code)
- 데이터들의 신뢰성, 정확성, 유용성
- 분석용 데이터마트(data mart)를 구성하기 위한 논리설계서 작성

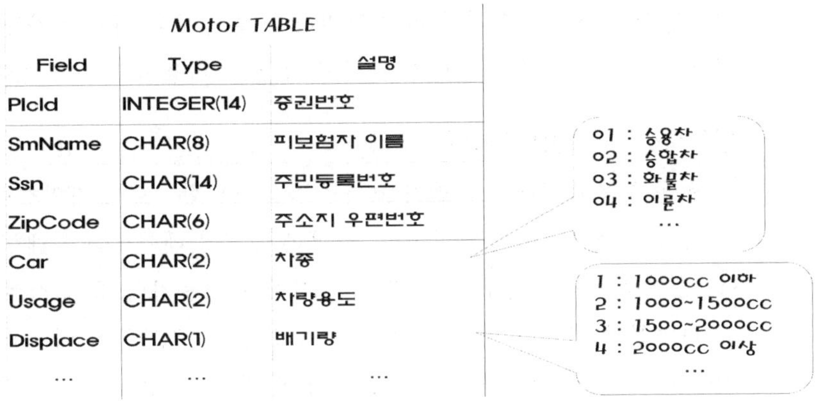
Motor TABLE

Field	Type	설명
PlcId	INTEGER(14)	증권번호
SmName	CHAR(8)	피보험자 이름
Ssn	CHAR(14)	주민등록번호
ZipCode	CHAR(6)	주소지 우편번호
Car	CHAR(2)	차종
Usage	CHAR(2)	차량용도
Displace	CHAR(1)	배기량
...	...	...

그림 1.6 테이블 정의서(Table Layout)와 코드(Cdoe)

대부분의 경우 기업 내부의 데이터들은 관련된 부서나 DBMS(Data Base Management System) 관리자에 의해서 관리되며, 데이터들 중 일부는 관계형 데이터베이스(relational database)의 형태로 데이터 테이블에 저장되어 있다. 따라서 ERD(Entity Relationship Diagram) 등을 통해 데이베이스의 구조를 파악하고(그림 1.5 참조), 테이블 정의서(table layout) 등을 통해 필드(field), 유형(type), 코드(code) 등 각 데이터 테이블의 내용을 파악하는 것이 필요하다(그림 1.6 참조).

데이터의 유형(Type of Data)

고객관계관리를 위해 사용되는 데이터는 일반적으로 수집되는 경로와 관계 없이 다음과 같은 세 가지 기본적인 유형(서술적 데이터, 행동특성 데이터, 태도특성 데이터)으로 구분할 수 있으며, 각 유형은 나름대로의 장점과 단점을 가지고 있다.

서술적 데이터(Descriptive Data)

서술적 데이터는 성별, 연령, 거주지역, 결혼 유무, 수입, 주택소유 유무, 거주형태, 교육수준, 자녀 수, 가계소득 및 개인소득 등 개인이나 가구의 특성을 묘사하며, 보통 요약 데이터의 형태를 가지고 있다. 이러한 유형의 데이터는 고객에 대한 기본적인 정보를 가지고 있기 때문에 자주 변하지 않으며, 갱신은 보통 분기, 반년, 혹은 일년 단위로 이루어진다. 따라서 서술적 데이터는 안정적이기 때문에 예측모형을 구축하는데 유용하게 사용될 수 있다.

반면에 서술적 데이터의 단점 중 하나는 개인 단위의 정확한 자료수집이 쉽지 않은 경우가 많다는 것이다. 특별한 보상이 없는 경우 많은 사람들은 서술적 데이터를 제공하는데 쉽게 응하지 않거나 거짓 정보를 제공할 가능성이 많다. 따라서 서술적 데이터를 수집하기 위해 적지 않은 비용이 들 수도 있다.

행동특성 데이터(Behavioral Data)

행동특성 데이터는 기업이 고객과 상호교류함으로써 자연스럽게 발생하는 여러 종류의 데이터들을 의미한다. 이러한 유형의 데이터는 구매행위, 서비스의 이용, 판매촉진 캠페인에 대한 반응, 웹사이트 방문자의 클릭 스트림(click stream) 등 다양한 형태의 고객접촉으로부터 수집된다. 행동특성 데이터는 구매금액, 구매유형, 구매일, 고객 서비스 이용형태, 연체, 파산 등과 같이 고객의 행동이나 행위를 측정한 것으로 예측모형에 가장 유용하다. 때로는 신용점수 등과 같이 외부 기관으로부터 구입되거나 제휴를 통해 얻어진 데이터들이 여기에 추가된다.

서술적 데이터와는 달리 거래특성 데이터는 시간에 따라 빨리 변화하며, 데이터의 구조도 쉽게 변경되고 갱신될 수 있다. 따라서 과거의 유용한 행동특성들이 버려지지 않도록 데이터 웨어하우스와 같은 별개의 저장소에 시간에 따라 요약 정보의 형태로 보관될 수 있도록 해야 한다.

태도특성 데이터(Attitudinal Data)

태도특성 데이터는 고객의 태도 또는 심리적 특성을 측정한 것으로 주로 여론조사, 서베이(survey), FGI(focus group interview) 등을 통해 수집된다. 기업들 간의 경쟁이 심해짐에 따라 최근에는 예측모형이나 분석의 정확도를 높이기 위해 태도특성 데이터를 고객 데이터베이스에 결합하는 경향이 증가하고 있다.

태도특성 데이터의 단점 중 하나는 개별 고객단위의 정확한 데이터 수집이 어려우며, 이 유형의 데이터가 고객의 실제 행동과 부분적인 관련성만을 가진다는 것이다. 일반적으로 태도특성 데이터는 마케팅 리서치나 외부 기관으로부터의 구입을 통해 소수의 고객으로부터 수집되며 세분화 또는 통계적 기법을 이용하여 군집화된 훨씬 많은 수의 고객 세그먼트(segment)에 적용된다. 따라서 예측모형을 위해 태도특성 데이터를 이용하는 경우 그것이 고객의 실제 행동과 얼마나 관련성을 가지고 있는지를 검증해 보는 것이 바람직하다.

데이터의 원천(Source of Data)

예측모형을 위한 데이터는 수많은 원천(source)으로부터 수집되며, 이들은 보통 데이터베이스 또는 데이터 웨어하우스와 같이 특별히 설계된 저장소에 보관된다. 여기서는 데이터의 원천 및 데이터베이스에 관련된 몇 가지 주요 용어들을 간단히 살펴보도록 한다.

운영계 데이터베이스(Operational Database)

운영계 데이터베이스는 보통 거래(transaction) 데이터베이스라고도 불리며, 기업의 운영과 관련된 업무처리를 위해서 구축된 것이다. 이는 운영 애플리케이션으로 발생한 최근 데이터를 저장하며, 대량의 데이터들을 저장하는데 최적화되어 있고 데이터는 한 번에 한 레코드씩 처리된다. 또한 운영계 데이터베이스는 운영 시스템의 데이터가 변하는 것에 따라 자주 변하기 쉽다. 이러한 유형의 데이터베이스에는 보통 OLTP(On-Line Transaction Processing, 온라인 처리 프로세싱) 도구들이 데이터 입력이나 거래조회 등을 위한 트랜잭션 지향의 업무을 위해 사용된다.

정보계 데이터베이스(Informational Database)

정보계 데이터베이스는 정보분석을 위해 구축된 것으로 일반적으로 운영계 시스템으로부터 수집된 데이터를 요약, 가공하여 저장한다. 정보계 데이터베이스는 요약차원의 다양성때문에 보통 관계형(relational), 다차원적(multidimensional), 복합형(hybrid) 데이터베이스 등의 형태로 설계되어 있다. 이러한 유형의 데이터베이스에는 OLAP(On-Line Analysis Processing, 온라인 분석 프로세싱) 도구들이 다차원적이고 복합적인 관점에서 데이터들을 분석하기 위해서 사용된다.

데이터 웨어하우스(Data Warehouse)

데이터 웨어하우스는 정보계 데이터베이스의 일종으로 '기업의 의사결정 과정을 지원하기 위한 주제 중심적이고 통합적이며 시간성을 가지는 비휘발성 자료의 집합'(Inmon, 1996)으로 정의될 수 있다. 데이터 웨어하우스는 운영과 정보처리를 분리시키는 메커니즘을 제공하며, 일반적으로 관계형 데이터베이스 시스템에 기반하고 있다. 데이터 웨어하우스의 목적은 조직 전체를 통해 데이터에 대한 통합된 관점을 제공하며, 사용자들이 조금 더 적절하고 유용한 정보를 만들 수 있도록 데이터를 모으고 요약하는 것이다.

데이터마트(Data Mart)

데이터마트는 하나의 데이터마이닝 주제 또는 고객분석을 위해 통합된 데이터로 구성된 일시적으로 보조적인 데이터 저장소이다. 즉, 데이터마트는 특정한 목적의 사용자 그룹을 위해 특정 주제영역의 데이터들로 만들어진다. 데이터마이닝 프로젝트를 진행함에 있어 여러 개의 독립적인 데이터마트가 만들어질 수

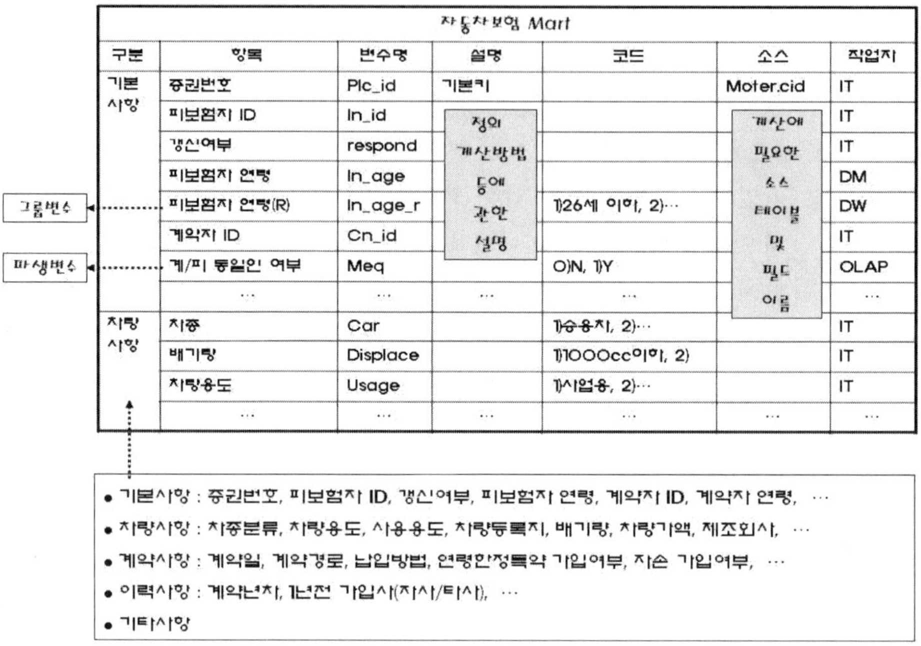

그림 1.7 데이터마트 논리설계서의 예

도 있으며, 이들이 서로 유기적으로 결합되기도 한다. 또한 데이터마트가 데이터 웨어하우스의 일부가 되기도 한다.

메타데이터(Meta Data)

메타데이터는 데이터베이스, 데이터 웨어하우스, 데이터마트 등에 대한 내용을 기술하는 데이터에 대한 데이터이다. 따라서 이것은 종종 데이터사전(data dictionary)이라고 불리기도 한다. 메타데이터는 데이터 원천, 수집 경로, 데이터에 대한 규칙, 갱신 날짜 등 데이터에 대한 기술적 및 업무적 내용을 담고 있으며, 데이터 관리를 위해 매우 상세하고 이해하기 쉽게 작성되어야 한다.

데이터마트의 논리적 설계

사용 가능한 내부 및 외부 데이터들의 원천, 데이터 테이블들의 필드 및 코드 등에 대한 검토가 완료되면 각 데이터 필드의 수집 가능성, 정확성, 신뢰성, 유용성, 정규성, 표준화 정도 등에 대한 데이터 검토 보고서를 작성한다. 또한 비지니스 담당자들과의 인터뷰 등을 통해서 각 데이터 필드가 가지는 예측모형과의 연관성 및 중요성 등을 미리 검토해 보는 것도 좋은 예측모형을 만들기 위해 유용

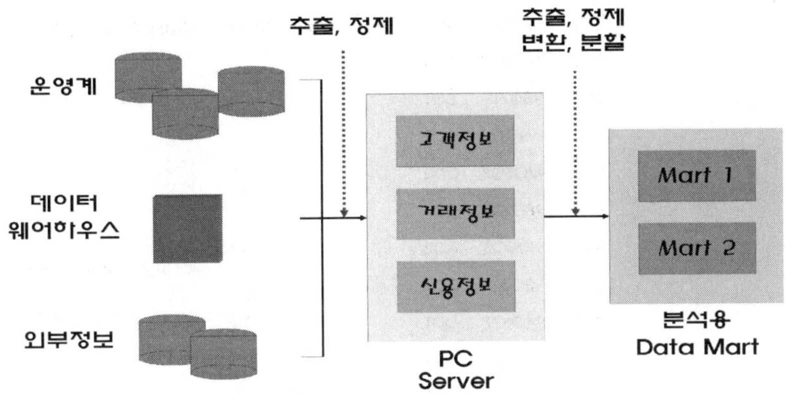

그림 1.8 분석용 데이터마트의 구축의 예

하다. 이러한 일련의 작업이 수행되고 난 후에는 데이터마트에 포함될 변수, 작성규칙, 코드, 데이터의 원천, 작업자 등을 정의하여 데이터마트 논리설계서를 작성한다(그림 1.7 참조).

1.2.3 데이터 준비: 분석용 데이터마트 만들기

앞에서 작성된 데이터마트 논리설계서를 기초로 실제로 예측모형에 사용될 분석용 데이터마트(data mart)를 만든다. 데이터마트의 목적은 데이터마이닝 프로젝트와 관련된 사용자들의 질의에 빠르게 응답할 수 있도록 데이터를 제공하는데 있으며, 특별하게 요약된 형태로 데이터 웨어하우스 상에 위치할 수도 있으나 일반적으로는 분리된 시스템 상에 독립적으로 위치한다. 때로는 여러 개의 데이터마트가 만들어진 후 예측모형을 구축하기 위해서 최종적으로 통합되기도 한다.

앞에서 설명하였듯이 데이터마트를 위한 데이터들은 데이터 웨어하우스로부터 단순히 추출될 수도 있지만 많은 데이터 원천으로부터 수집되어야 하는 경우도 많다. 따라서 DBMS(Data Base Management System), SQL(Structured Query Language), ETL(Extraction, transformation, Loading of data) 등에 대한 기술적 지원이 원할히 이루어질 수 있도록 인력구성에 대한 준비를 미리 해두어야 한다.

데이터 사전처리(Pre-processing of data)

데이터마이닝은 서로 다른 목적을 가지고 수집된 상이한 유형의 데이터들을 분석대상으로 하는 경우가 많다. 따라서 이들을 하나의 데이터마트로 통합하고 성능이 좋은 예측모형을 만들기 위해서는 여러 가지 사전작업이 필요하다. 이러

Long-Narrow (Transaction Table)

고객	구매일	상품	…
3135	970304	A01	…
3135	980715	B01	…
3135	991113	C01	…
2784	930508	C02	…
2784	980106	B01	…
8321	910305	A02	…
8321	930521	C02	…
8321	940627	D01	…
8321	981125	E03	…
8321	990305	F01	…
…	…	…	…

Short-Wide (Mart Table)

고객	P_A	P_B	P_C	P_D	P_E	P_F
3135	1	1	1	0	0	0
2784	0	1	1	0	0	0
8321	1	0	1	1	1	1

그림 1.9 재배열의 예

고객	구매일	상품	금액	…
3135	970304	A01	160	…
3135	980715	B01	42	…
3135	991113	C01	212	…
2784	930508	C02	250	…
2784	980106	B01	122	…
8321	910305	A02	786	…
8321	930521	C02	458	…
8321	940627	D01	328	…
8321	981125	E03	27	…
8321	990305	F01	759	…
…	…	…		…

최근 6개월 구매건수
최근 12개월 구매건수
최근 6개월 구매금액
최근 12개월 구매금액
최근 6개월 평균 구매금액
최근 12개월 평균 구매금액
최근 12개월 의류 구매금액
최근 12개월 식품 구매금액
최근 12개월 가전 구매금액
…

고객	총금액	평균금액	건수	…
3135	414	138	3	…
2784	372	186	2	…
8321	2,358	471	5	…

그림 1.10 요약변수의 예

한 작업 과정에서 가장 중요하게 결정되어야 할 사항 중 하나는 '분석단위를 무엇으로 할 것인가?'이다. 예를 들어, 잠재고객에 대한 점수화를 목적으로 한다면 고객번호가 데이터마트의 식별자(identifier, key-field)가 되어야 할 것이다.

재배열(Rearrangement)

대부분의 운영계 데이터베이스는 거래 데이터를 한 번에 한 레코드씩 처리하도록 설계되어 있다. 따라서 고객 단위의 레코드가 구성될 수 있도록 이를 재배열해야 한다. 그림 1.9는 각 상품의 이름을 새로운 변수로 하여 그것을 구매하였는지의 여부를 가지고 재배열한 예이다.

요약변수(Summary Variable)

재배열의 경우와 마찬가지로 거래 데이터는 고객 단위의 레코드로 요약되어야 한다. 그림 1.10은 거래 데이터로부터 총 구매금액, 평균 구매금액, 구매건수 등의 요약변수를 만든 예이다. 일반적으로 요약변수는 Recency(얼마나 최근에 제품을 구입했는가?), Frequency(얼마나 자주 제품을 구입했는가?), Monetary(제품의 구입에 어느 정도의 돈을 쓰고 있는가?)를 측정할 수 있도록 작성된다.

파생변수(Derived Variable)

파생변수는 기존의 변수들을 이용하여 만들어진 새로운 변수로서, 예측력 있는 파생변수들을 만드는 것은 좋은 예측모형을 만들기 위해 매우 중요하다. 여기에는 보통 '신용한도 대비 대출금액', '식료품과 의류제품 구입금액의 합계', 총 구매금액 대비 전자제품 구매금액', '주 거래시간' 등과 같이 비율, 합계, 평균을 계산하는 작업이 포함된다. 또한 '최초 거래일로부터의 시간', '최근 구매일로부터의 시간' 등과 같이 날짜변수를 이용하여 유용한 파생변수를 만들기도 한다.

그룹화(Grouping)

변수의 차원을 축소하고 보다 의미 있는 해석이 가능하도록 그룹화를 수행하는 것이 바람직하다. 그룹화는 범주형 변수를 다시 묶어서 범주의 수를 줄이는 재그룹화(regrouping: 예를 들어, 직업의 범주를 예측모형과 관련이 되도록 다시 분류하는 것)와 연속형 변수를 구간화(binning: 예를 들어, 연령을 10대 이하, 20대, 30대, ···, 60대 이상으로 이산화 하는것)하는 것 등이 포함된다. 이러한 그룹화는 예측모형의 성능을 높이는 데 상당한 도움이 되기도 한다.

데이터에 대한 탐색 및 보완

오류값, 결측값, 이상치 등을 중심으로 데이터를 탐색하고 필요한 경우 이를 수정해야 한다. 이 책의 제3부에서 데이터 탐색 및 수정을 위한 여러 가지 기법들이 제시될 것이다.

오류값(Error)

변수가 가질 수 없는 값, 변수값의 불가능한 조합, 일관성 없는 코드값, 잘못된 코드값, 정상이 아닌 자료값 등을 의미한다. 이러한 오류값에 대해서는 오류의 원인을 파악하여 데이터를 적절한 값으로 변경하거나 데이터 표준화(정규화) 등을 통해 오류를 수정해야 한다.

결측값(Missing)

결측값은 원인과 기록방법을 정밀하게 조사하여 자료를 정정하고 기록방법을 변경해야 하며, 필요 시에는 자료를 보정해야 한다. 이때 '단일값 대체'(예를 들어, 해당 변수의 평균, 중앙값, 최빈값 등으로 결측값을 대체하는 것), 다른 부집단의 정보를 이용한 '클래스 대체'(예를 들어, 동질한 연령과 직업 범주에 속하는 사람들의 평균, 중앙값, 최빈값 등으로 결측값을 대체하는 것), 회귀분석 및 의사결정나무분석과 같은 통계적 기법들을 이용한 '다변량적 대체' 등이 결측값을 보정하기 위해 사용될 수 있다.

이상치(Outlier)

이상치(특이값)는 예측모형의 성능에 큰 영향을 줄 수도 있다. 따라서 분석의 목적에 적합하지 않은 특이한 개체를 예측모형의 구축에서 제외하거나, 이상치를 적절한 값으로 대체하는(예를 들어, 월소득이 500만원 이상인 경우 500만원으로 대체하는 것) 등의 작업을 수행할 필요가 있게 된다. 앞에서 설명한 그룹화도 오류값, 이상치, 결측값의 영향력을 줄일 수 있는 좋은 전략 중 하나이다.

이와 같은 데이터 탐색과 보완에 대한 작업이 수행된 후에는 데이터 탐색 보고서를 작성하여 기록으로 남겨두는 것이 바람직하다.

1.2.4 데이터 분석 및 모형화

만들어진 데이터마트를 이용하여 데이터에 대한 분석 및 예측모형의 구축을 수행한다.[3] 또한 다양한 평가도구들을 이용하여 예측모형의 성능을 평가하고, 최종적인 예측모형을 결정한다. 이러한 과정에는 많은 통계적 데이터 분석 기법들과 데이터마이닝 예측기법들에 대한 기술적 지식이 필요하며, 이 책의 대부분의 내용들은 이 단계의 작업과 관련된 것들이다.

1.2.5 적용 및 평가

데이터마이닝은 CRM 혹은 KDD 프로세스의 일부임을 앞에서 지적한 바 있다. 따라서 데이터마이닝 작업을 통해서 발견된 지식이 다른 프로세스와 유기적으로 연관되도록 적용하고 지속적으로 이를 관리, 평가해야 한다. 여기에는 다음과 같은 사항들이 포함될 수 있다.

---

[3]사실, 이 책의 부록과 분석사례에서 제시된 데이터세트들은 앞에서와 같은 사전처리 과정을 거쳐서 만들어진 일종의 데이터마트라고 할 수 있다.

- 데이터마이닝 예측모형의 시스템적 구축(데이터마이닝 애플리케이션의 개발)
- 데이터마이닝 애플리케이션과 캠페인 관리시스템 및 데이터 웨어하우스 등 다른 CRM 프로세스와의 연결
- 데이터마이닝 애플리케이션의 관리, 평가, 갱신, 개선방안의 수립

1.3 데이터마이닝 예측기법

대부분의 상용화된 데이터마이닝 소프트웨어들이 포함하고 있거나 또는 데이터마이닝 문헌에서 자주 등장하는 데이터마이닝 기법들에는 다음과 같은 것들이 있다.

- 연관성규칙발견(Association Rule Discovery, Market Basket Analysis)
- 연결분석(Link Analysis)
- 사례기반추론(Case-Based Reasoning, Memory-Based Reasoning)
- 군집분석(Cluster Analysis)
- 판별분석(Discrimination Analysis)
- 의사결정나무(Decision Tree Analysis)
- 회귀분석(Regression Analysis)
- 인공신경망(Artificial Neural Network)
- 유전자 알고리즘(Genetic Algorithm)

데이터마이닝에 대한 이러한 분석기법의 분류는 각 분야의 환경과 배경에 따른 것이라고 할 수 있으며, 데이터마이닝 기법들이 각 분야에서 완전히 새로운 방법론인 것은 아니다. 사실 어떤 기법은 데이터마이닝 기법이고 어떤 기법은 데이터마이닝 기법이 아니다라고 말하는 것은 바람직하지 못하며, 예측을 하던지 탐색을 하던지 대용량의 데이터베이스를 분석하고 이를 통해서 유용한 정보를 찾아내는 기법들은 모두 데이터마이닝 기법이라 말하는 것이 옳을 것이다.

흔히 이들 기법들은 목표변수가 존재하는가 그렇지 않은가에 따라서 **지도예측**(supervised prediction, directed knowledge discovery)과 **자율예측**(Unsupervised prediction, undirected knowledge discovery, unsupervised classification)으로 분류되기도 한다.

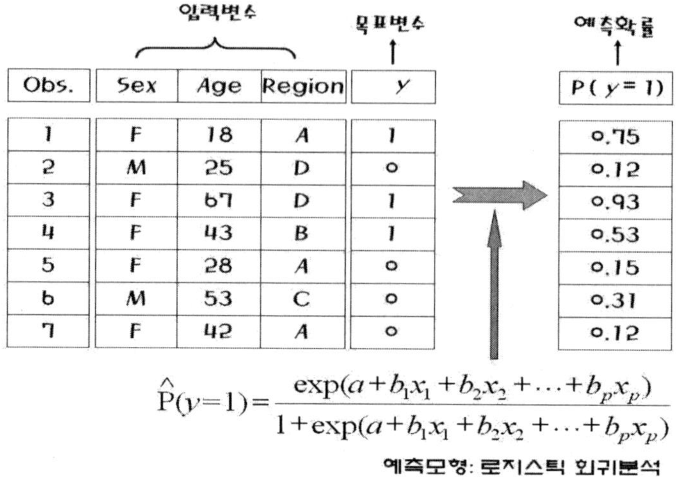

그림 1.11 목표변수가 범주형인 경우

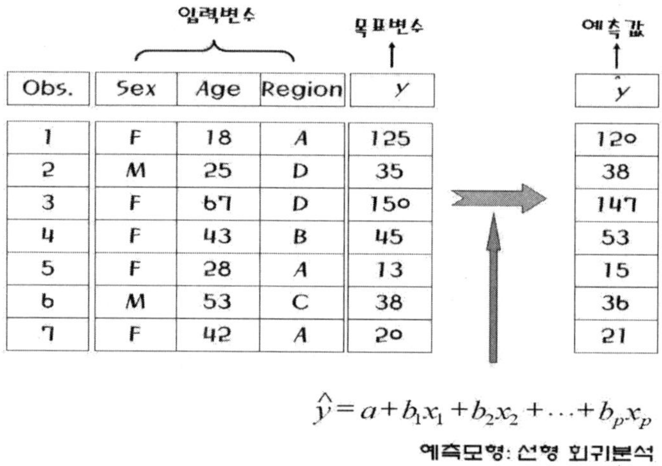

그림 1.12 목표변수가 연속형인 경우

1.3.1 지도예측(Supervised Prediction)

지도예측에서는 분석용 데이터마트가 n개의 사례(cases, observations, records, examples, instances)로 구성되어 있고, 각 사례와 연관되어 **입력변수**(예측변수, 설명변수, 독립변수)들과 **목표변수**(반응값, 결과치, 종속변수)가 존재한다. 이러한 데이터는 입력변수로부터 목표값을 예측하는 모형(규칙)을 개발하기 위해서 사용된다. 지도예측의 문제는 목표변수가 범주형(질적)인 경우와 연속형(양적)인 경우로 크게 나누어질 수 있다.

목표변수가 **범주형**(categorical)인 경우(예를 들어, 신용불량 여부)에는 입력변수를 통해 목표변수의 각 범주에 대한 가능성(확률)을 예측하는 모형을 만드는 것이 목적이 되며, 예측모형을 통해 새로운 개체를 분류하고자 한다. 목표변수가 **연속형**(continuous)인 경우(예를 들어, 구매금액)에는 입력변수를 통해 목표변수의 값을 예측하는 모형을 만드는 것이 목적이다.

판별분석, 회귀분석, 의사결정나무분석, 신경망분석, 시계열분석(forecasting) 등은 이 범주에 포함된다고 말할 수 있다.

지도예측을 위한 데이터마트 사례 - 1: 광고인쇄물의 발송

한 소매업 회사는 잠재고객들에게 광고인쇄물(DM, Direct Mail, 직접우편)을 발송하려고 한다.

이를 위해 이 회사는 지난 24개월 동안 60$ 이상의 상품을 구입한 약 10,000명의 고객에 대해서 인구속성, 거래회수, 거래속성 등을 입력변수로 구성하였다. 또한 이들 고객에게 DM을 발송하여 3개월 간의 캠페인을 수행한 후에, DM에 대한 응답여부를 조사하여 목표변수를 생성하였다(부록의 BUYTEST 데이터셋).

이제 이 회사는 데이터를 분석하여 반응확률이 높은 고객들을 분류해 내는 예측모형을 만들 수 있을 것이다.

지도예측을 위한 데이터마트 사례 - 2: 신용평가 문제

한 은행에서는 대출을 상환하지 않을 가능성이 높은 고객들을 분류하여 대출신청시 이를 반영하려고 한다.

이를 위해 지난 24개월 동안 대출기록이 있는 고객 중 대출받은지 12개월 이상이 지난 약 7,000명의 고객을 데이터베이스에서 단순임의추출하였고, 대출시점에서의 고객정보들을 이용하여 입력변수들을 구성하였다. 또한 이들 고객목록에 대해 대출 이후의 연체와 파산 기록을 조사하여 목표변수 Bad를 생성하였다. 이때 연체 기록이 없거나 3개월 미만인 경우는 Good(0)으로, 연체가 6개월 이상이거나 파산 기록이 있는 경우는 Bad(1)로 분류하였다. 그리고 연체가 3개월 이상에서 6개월 미만인 경우는 데이터세트에서 제외하였다(이러한 고객을 불확정고객이라고 한다). 최종적으로 데이터세트는 5,960명의 고객에 대해서 구축되었다(부록의 HMEQ 데이터셋).

이제 이 은행은 데이터를 분석하여 대출신청 시 신용상태가 나빠질 가능성이 높은 고객들을 분류해 내는 예측모형을 만들 수 있을 것이다.

1.3.2 자율예측(Unsupervised Prediction)

자율예측은 목표변수가 명확하게 규정되지 않는 분석기법을 의미하며, 인과관계를 결정하는 규칙을 찾기보다는 데이터에 존재하는 여러 가지 형태의 특징을 찾는 것을 목표로 하게 된다.

군집분석(cluster analysis)은 가장 대표적인 자율예측 기법이라고 할 수 있는데, 이는 개체들 간의 거리(멀고 가까운 정도)를 기초로 유사한 것들끼리 자연스러운 군집을 형성하고자 하는 것이다. 이러한 자율예측 기법은 고객세분화(customer segmentation)에서 유사한 구매패턴을 가지는 소비자 그룹을 찾거나 비슷한 라이프스타일을 가지는 고객을 군집화하기 위해서 주로 사용된다.

1.4 Enterprise Miner의 소개

사용하기가 쉽고 강력한 기능들을 가진 데이터마이닝 소프트웨어들은 보다 편리한 환경에서 데이터마이닝 작업을 수행할 수 있도록 도움을 줄 수 있다. 이 책에서는 가장 널리 사용되는 소프트웨어 중 하나인 SAS Enterprise Miner(E-Miner)를 이용하여 분석사례를 진행할 것이며, 여기서는 먼저 E-Miner의 몇 가지 장점과 E-Miner의 데이터마이닝 절차인 SEMMA를 간략하게 소개한다.[4]

1.4.1 Enterprise Miner의 장점

각 분야에서의 데이터마이닝의 적용이 최근에 더욱 활성화된 것은 보다 효율적인 데이터마이닝 소프트웨어들의 출현에 상당 부분 기인하고 있으며, 최근에도 거의 새로운 기능의 소프트웨어들이 발표되고 있는 실정이다. 그러나 어떤 소프트웨어들은 아직도 발전하는 단계에 있거나 일부 기능만을 가지고 있으며 각각의 장점과 단점을 가지고 있으므로, 사용자는 이를 잘 파악하여 자신의 환경과 분석목적에 맞는 제품을 선택해야 한다. 대부분의 소프트웨어들에 비해서 E-Miner는 다음과 같은 장점을 가지고 있다.

- 분석흐름도(PFD, process flow diagram)와 노드(node)를 이용하여 데이터마이닝의 전 과정을 GUI 환경에서 쉽게 수행할 수 있다. 각 노드(node)는 SEMMA라고 불리는 데이터마이닝의 5단계에 해당되는 기능들을 가지고 있다.

[4] 이 책은 E-Miner Version 12.1을 기초로 하여 쓰여졌으며, 앞으로 판올림이 계속되면서 바뀌는 내용들은 기술보고서(technical report)의 형식으로 제공할 예정이다.

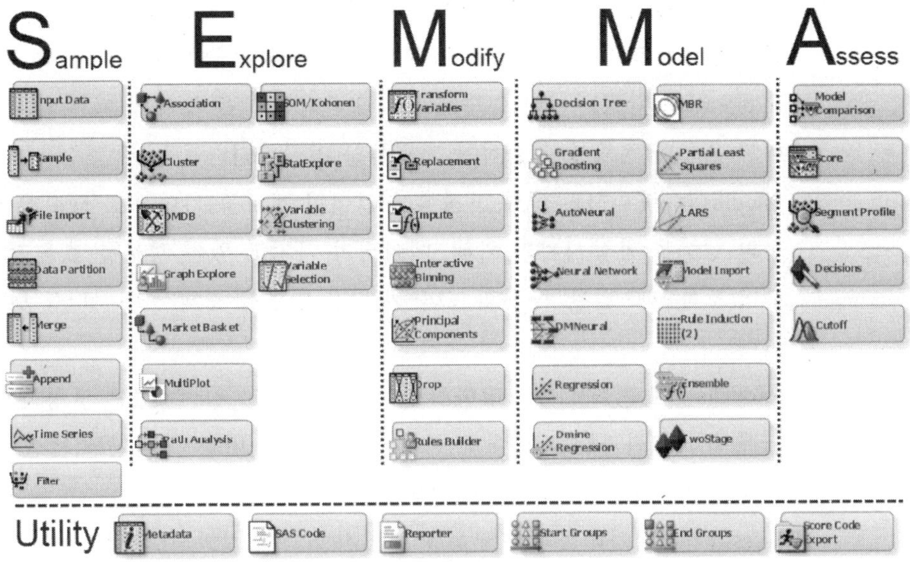

그림 1.13 Enterprise Miner의 SEMMA 절차(출처: SAS Institute Inc.)

- 여러 가지 RDBMS(관계형 데이터베이스 관리시스템)에 접근이 용이하고, 다양한 플랫폼에 탑재되어 클라이언트/서버(Client/Server) 환경으로 작업을 수행할 수 있다.
- 데이터 관리 기능이 우수하고 파생 데이터들을 쉽게 생성할 수 있다.
- 여러 가지 통계분석, 신경망, 의사결정나무 등에 이르기까지 강력한 분석기법을 제공하며, 각 분석기법에서는 다양한 옵션을 활용할 수 있다.
- 다양한 형태의 모형 평가(model assessment)기능을 통해서 모형의 유용성과 적합 정도를 쉽게 파악할 수 있다.
- 데이터 추출에서 결과 반영까지의 전 과정이 프로그램 코드로 생성되어, 언제든지 쉽게 재실행이 가능하다.

1.4.2 SEMMA - 데이터마이닝의 5단계

E-Miner에서는 SEMMA(Sampling, Exploration, Modification, Modeling, Assessment)라고 불리는 다섯 단계의 과정을 통해서 데이터마이닝 작업을 손쉽게 수행할 수 있도록 되어 있다.

- Sampling(표본추출): 분석의 목적에 따라 적절하게 추출된 표본의 활용은 비용과 시간의 절약, 보다 효율적인 모형화 작업을 위해서 매우 중요하다. E-Miner는 전

체를 잘 대표할 수 있는 표본을 추출하기 위해서 단순임의추출로부터 복잡한 층화추출에 이르기까지 다양한 표본추출 방법을 제공한다.

- Exploration(탐색): 여러 측면에서의 데이터 탐색을 통해서 기본적인 정보를 검색하고 유용한 정보를 추출하는 기법들을 제공한다.
- Modification(수정): 탐색 단계에서 얻어진 정보를 기반으로 모형화 단계에서 모형의 성능을 향상시키기 위해, 데이터가 가지고 있는 정보를 효율적으로 사용할 수 있도록 변수변환, 수량화, 그룹화 같은 방법을 통해서 데이터를 변형하고 조정한다.
- Modelling(모형화): 데이터마이닝의 핵심이라고 할 수 있는 모형화 단계는 이전 단계에서의 결과들을 토대로 하여 분석목적에 따라 적적한 기법을 통해서 예측 모형을 찾아내는 방법들을 제공한다.
- Assessment(평가): 모형화를 통해 얻어진 결과의 신뢰성, 타당성, 유용성 등을 평가할 수 있다. 평가 단계에서는 향상도 그래프(Lift Chart), ROC(Receiver Operating Characteristic) 곡선, 이득 도표(Profit Chart), ROI(Return on Investment) 곡선 등 다양한 평가도구가 제공된다.

1.5 맺음말

효율적인 데이터마이닝 도구들의 출현과 기업환경 및 인식의 변화는 데이터 마이닝의 적용과 성공 가능성을 보다 증가시키고 있는 것이 사실이다. 그러나 실제로 데이터마이닝을 적용하고 프로젝트를 성공적으로 수행하는데는 여전히 많은 문제점이 남아 있으며, 흔히 발생할 수 있는 문제점들은 다음과 같다.

- 장기적이고 구체적인 계획의 부족: 데이터마이닝 프로젝트는 대규모의 데이터를 다루어야 하며 여러 분야의 연구자들이 함께 참여하기 때문에, 때로는 지루하고 시간이 오래 걸리는 작업이 될 수 있다. 따라서 프로젝트의 최종적인 목표와 작은 목표들에 대해서 명확하게 정의하고, 실행상의 계획 등에 대해서 구체적으로 논의하고 결정해야 한다.
- 데이터에 대한 준비 부족: 대부분의 데이터들은 잘 정리되고 통합된 하나의 데이터베이스로부터가 아니라 다양한 원천(source)으로부터 얻어진다. 또한 사전에 준비되고 계획적으로 수집된 데이터를 다루는 실험연구에서와는 다르게, 데이터 마이닝에서는 비계획적으로 쌓여져 있는 과거의 데이터를 다루는 경우가 대부분이다. 따라서 분석의 목적에 맞는 데이터를 준비하기 위해 구체적이고 충분한 시

간과 기술적 검토를 가져야 한다. 실제로 프로젝트의 지연 원인이 되는 대부분의 문제들은 데이터 준비단계에서 발생한다.

- **시간차이 문제**: 데이터베이스에서 데이터를 처리하여 저장하는 데는 시간적 지연이 발생하므로, 현재 분석하고 있는 데이터는 이미 과거 시점의 데이터일 가능성이 많다. 그러나 분석으로부터 얻어진 결과는 미래에 적용된다. 따라서 과거와 현재 그리고 미래에 있어서의 시장과 기업의 환경변화를 충분히 고려하여 프로젝트를 계획해야 한다. 때로는 데이터마이닝으로부터의 결과가 과거의 기업전략과 고객행동에 대한 재확인에 불과한 경우가 있다.
- **적용상의 문제**: 데이터마이닝으로부터 얻어진 결과를 다양한 기업환경에서 어떻게 적용할 것인지를 고려해야 한다. 또한 가치 있는 발견이 효율적으로 사용될 수 있도록 조직적이고 전략적인 계획이 수립되어야 한다.
- **부서 및 프로젝트들 간의 비협조**: 분석, 전산, 적용을 담당하는 부서들은 다른 관심과 문제들이 있고, 데이터마이닝 프로젝트에 서로 다른 기대를 가지고 있을지도 모른다. 또한 한 기업 내의 프로젝트들은 밀접한 연관을 가지고 있을 수도 있다. 관련 부서나 프로젝트들이 유기적으로 협조할 수 있도록 하는 것은 프로젝트의 효율적이고 성공적인 수행을 위해서 매우 중요하다.

이제 독자들은 데이터마이닝이 무엇인가? 그리고 어떤 분야에 활용할 수 있으며 실제 문제에서 고려해야 될 것은 무엇인가? 등을 이해할 수 있을 것이다. 다음 장에서부터는 실제 분석사례를 통해 데이터마이닝 작업을 수행하여 보자.

1.6 연습문제

1-1. 데이터베이스와 관련된 다음 용어들에 대하여 간단히 정리하여 보아라.

- DBMS(DataBase Management System, 데이터베이스 관리시스템)
- View(뷰)
- Schema(스키마)
- RDB(Relation DateBase, 관계형 데이터베이스)
- MDB(Multidimensional DataBase, 다차원 데이터베이스)
- SQL(Structured Query Language, 구조적 질의언어)
- ETL(Extraction, transformation, Loading of data) 도구

1-2. 성공적인 CRM 수행 사례를 조사하여 보고서를 작성하여 보아라.

1-3. 성공적인 데이터마이닝 수행 사례를 조사하여 보고서를 작성하여 보아라.

1-4. 데이터 웨어하우스의 역할과 필요성에 대하여 간단히 정리하여 보아라.

1-5. 데이터마이닝을 위해 구축된 데이터셋들을 찾아보고 그 데이터셋의 내용을 정리하여 보아라(다음 웹사이트 등을 참조하여라).

- archive.ics.uci.edu/ml/(UC Irvine Machine Learning Repository)
- lib.stat.cmu.edu(Department of Statistics, Carnegie Mellon University).
- www.sas.com, support.sas.com, www.sas.com/~korea(SAS Institute Inc.)

더 읽을 거리

- 강현철, 김은석, 이성건, 이슬지, 채윤석, 최병정, 최종후, 한상태 (2014).“(빅데이터 분석을 위한) SAS Enterprise Miner 기능과 사용법”, 자유아카데미.
- 박우창 외 역(Han, H. and Kamber, M.) (2004). “데이터마이닝 개념 및 기법” (Data Mining Concepts and Techniques), 자유아카데미.
- 박찬욱 (1996). “데이터베이스마케팅”, 연암사.
- 유영일 외 역(Inmon, W.H.) (1997). “데이터웨어하우스 구축방법론” (Building the Data Warehouse), 자유아카데미.
- 이영섭 역(Rud, O.P.) (2003). “데이터마이닝 쿡북” (Data Mining Cookbook), 교우사.
- 이영섭 역(Rud, O.P.) (2005). “데이터마이닝 쿡북 - 일반사례를 중심으로” (Data Mining Cookbook), 교우사.
- 장동인 (1999). “(실무자를 위한) 데이터 웨어하우스”, 대청.
- 정용찬(2013). “빅데이터”, 커뮤니케이션북스.
- 진서훈, 최종후 (2005). “데이터마이닝의 현장”, 자유아카데미.
- 최종후, 소선하 (2005). “사례로 배우는 데이터마이닝”, 자유아카데미.
- 한상태, 강현철, 김덕환 (2004). 데이터 품질관리와 통합방법론에 관한 연구, *Journal of the Korean Data Analysis Society*, Vol. 6, 1225-1240.

- 홍성완 외 역(Berson, A. et al.) (2000). "CRM을 위한 데이터마이닝" (Building Data Mining Applications for CRM", 대청.
- pmg지식엔진연구소 (2012). "시사상식사전", 박문각.
- Berson A., Smith, S. and Thearling, K. (1999). *Building Data Mining Applications for CRM*, McGraw-Hill Professional.
- Michael J.A.B. and Gordon L. (1997). *Data Mining Techniques for Marketing, Sales, and Customer Support*, New York: John Wiley & Sons, Inc.
- SAS Institute Inc. (1998). *Data Mining Primer*, Cary, NC: SAS Institute Inc.
- SAS Institute Inc. (2005). *Enterprise Miner Software: Applying Data Mining Techniques*, Cary, NC: SAS Institute Inc.
- SAS Institute Inc. (2012). *Getting Started with SAS Enterprise Miner 12.1*, Cary, NC: SAS Institute Inc.
- SAS Institute Inc. (2012). *SAS Enterprise Miner 12.1 Reference Help*, Cary, NC: SAS Institute Inc.
- SAS Institute Inc. (2013). *Data Mining Using Enterprise Miner Software: A Case Study Approach*, Third Edition, Cary, NC: SAS Institute Inc.

제 2 장
Enterprise Miner 맛보기

Getting Started with SAS Enterprise Miner

이 장에서는 SAS E-Miner(Enterprise Miner)를 이용하여 하나의 프로젝트를 진행하는 과정을 수행하여 볼 것이다. 독자들은 각 과정을 똑같이 따라해 봄으로서 데이터마이닝의 개념과 E-Miner의 사용법을 익힐 수 있을 것이다. 여기서 사용되는 데이터는 BUYTEST 데이터셋이다(부록 참조).

2.1 프로젝트 생성과 분석흐름도 작성

E-Miner에서는 '데이터의 생성 및 추출', '탐색 및 변형', '모형화', '평가' 등으로 이루어지는 일련의 작업을 **프로젝트**(project)라고 부르며, 이러한 데이터마이닝 작업들이 **E-Miner 윈도우**라고 불리는 하나의 애플리케이션 작업공간(application workspace)에서 이루어질 수 있도록 구성되어 있다(그림 2.1).[1]

먼저 E-Miner 윈도우의 주요 구성요소들과 기능에 대해서 간단히 설명하면 다음과 같다.

- **메뉴바**(Menu Bar)
  E-Miner 내에서 수행할 수 있는 작업들이 풀다운(pull-down) 메뉴의 형식으로 구성되어 있다.
- **단축 아이콘**(Shortcut Button)
  풀다운 메뉴의 주요 기능들 중 자주 사용하는 것들이 아이콘으로 등록되어 있다.
- **프로젝트 패널**(Project Panel)
  프로젝트, 데이터 소스, 다이어그램, 결과를 생성하고 관리할 수 있다.
- **속성 패널**(Properties Panel)
  데이터 소스, 다이어그램, 노드, 결과 등의 속성을 확인하고 설정할 수 있다.
- **도움말 패널**(Help Panel)
  속성 패널에서 선택한 옵션에 대하여 간략한 설명이 여기에 기술된다.
- **다이어그램 작업영역**(Diagram Workspace)
  다이어그램을 편집하거나 작성된 다이그램을 실행시킬 수 있다.
- **도구 팔레트**(Tools Palette)
  SEMMA 절차에 따라 사용할 수 있는 노드(node)들이 아이콘으로 등록되어 있다.

[1] 이 장의 사례를 시작하기 전에 먼저 두 개의 폴더 'c:\EMinerSample'과 'c:\EMinerProject'를 하드디스크에 생성하여라(폴더의 이름은 변경해도 무방하다). 또한 'c:\EMinerSample' 폴더에 예제 데이터셋들을 복사하여 두기 바란다.

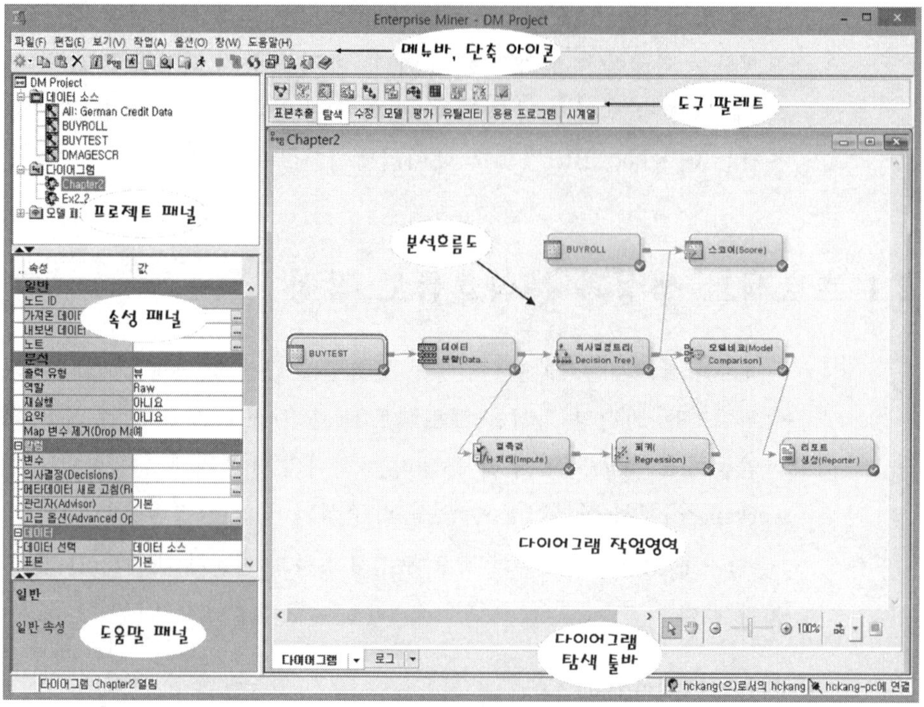

그림 2.1 Enterprise Miner의 구성요소

- 다이어그램 탐색 툴바(Diagram Navigation Toolbar)
  다이어그램을 탐색하고 편집하기 위한 도구들이 등록되어 있다.

2.1.1 프로젝트 생성

E-Miner를 구동한 후, E-Miner 윈도우의 초기화면(그림 2.2)에서 다음과 같은 과정을 수행하면 새로운 프로젝트를 생성할 수 있다.

○ 풀다운 메뉴에서 '파일(F) → 새로 만들기(N) → 프로젝트'를 선택한다(그림 2.2).[2]

① 새로운 프로젝트 생성 – 단계 1/2(프로젝트 이름 및 서버 디렉터리): 프로젝트 이름 필드에 프로젝트의 이름을 'DM Project'라고 입력한 후, 찾아보기(R) 버튼을 사용하여 SAS 서버 디렉터리 필드에 프로젝트가 저장될 위치를 'c:\EMinerProject'로 지정한다.[3] 다음(N) 버튼을 클릭한다.

---

[2]기존에 생성되어 있는 프로젝트를 불러오기 위해서는 풀다운 메뉴에서 '파일(F) → 프로젝트 열기(O)'를 선택한 후, 원하는 .emp 파일을 선택하면 된다.

[3]하나의 폴더에는 하나의 프로젝트만 저장될 수 있기 때문에, 이미 다른 프로젝트가 저장되어 있는 폴더는 SAS 서버 디렉터리 필드에 지정할 수 없다.

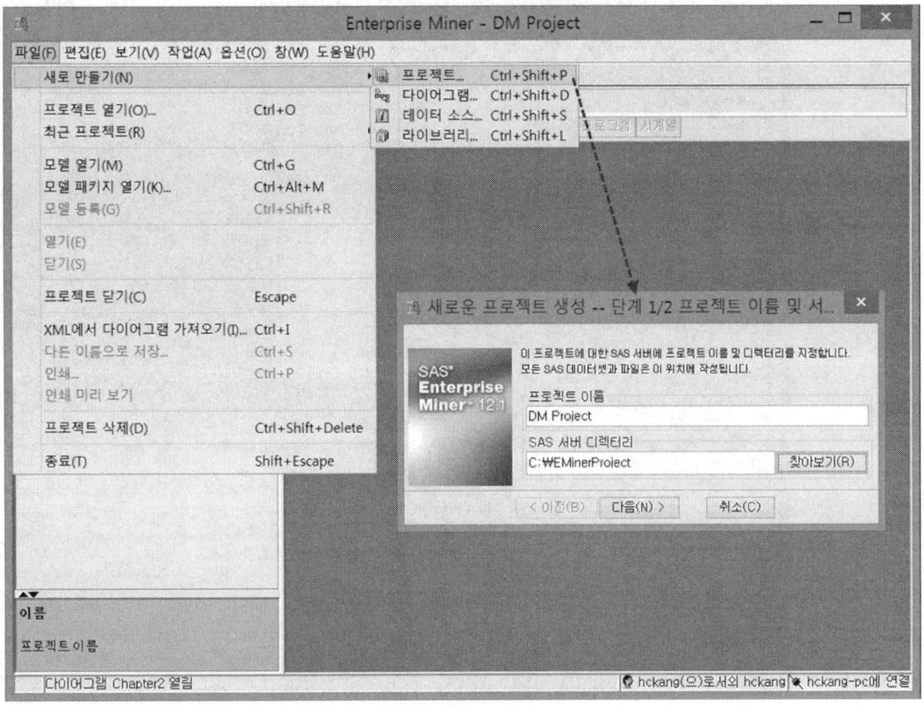

그림 2.2 프로젝트 생성

② 새로운 프로젝트 생성 – 단계 2/2(프로젝트 정보): 프로젝트에 대한 정보를 확인한 후, 마침(F) 버튼을 클릭한다.

위와 같은 과정을 모두 수행하면 새로운 프로젝트가 생성되며, 이때 E-Miner는 SAS 서버 디렉터리 필드에 지정된 폴더 안에 프로젝트 이름과 동일한 폴더를 생성하고 .emp(Enterprise Miner 프로젝트) 파일과 여러 개의 폴더들을 생성한다.

2.1.2 SAS 라이브러리 등록

일반적인 SAS 프로그램이나 메뉴 등에서는 특정 폴더(또는 디렉토리)에 대해서 그 이름을 바로 사용할 수가 없고, 라이브러리(library)라고 불리는 SAS에서의 별칭을 사용해야 한다. 즉, SAS 라이브러리는 사용자가 특정 폴더에 붙여준 일종의 별명이라고 할 수 있다. 또한 일반적으로 SAS 데이터셋은 다음과 같은 특징을 가지고 있다.[4]

[4]SAS 데이터셋을 생성하고 관리하는 방법에 대해서는 "(예제로 배우는) SAS 프로그래밍 입문, 자유아카데미" 및 2장의 참고문헌들을 참조하기 바란다.

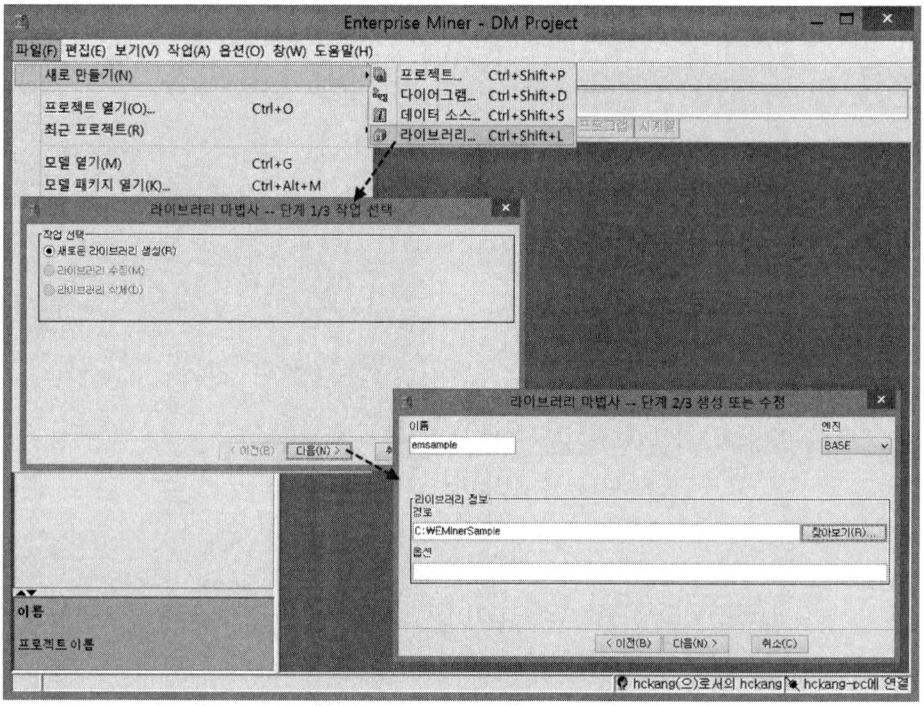

그림 2.3 SAS 라이브러리 등록

- SAS 라이브러리(즉, 특정 폴더) 안에 물리적인 파일로 저장된다. 일반적으로 SAS 데이터셋의 확장자는 .sas7bdat이다(SAS 버전에 따라 다를 수 있다).
- SAS 데이터셋은 일반적인 SAS 프로그램이나 운영체계 안에서 2수준의 이름을 갖는다(libref.name). 만약 라이브러리를 생략하면 work 라이브러리(특정 폴더에 생성되는 임시 라이브러리)를 지정하는 것과 같다.
- SAS 소프트웨어에 의해서 생성되고 관리된다.

예컨대, 'C:\EMinerSample'이라는 폴더가 'emsample'이라는 라이브러리로 지정되어 있다면, 데이터셋 'emsample.buytest'는 'C:\EMinerSample' 폴더 안에 있는 'buytest.sas7bdat'라는 파일을 의미하는 것이다. 물론 이러한 SAS 데이터셋은 하드디스크 상에 물리적으로 존재하는 파일이기 때문에 윈도우 탐색기 등을 이용하여 복사, 이동, 삭제하는 것이 가능하다.

이 책의 분석사례를 위해 라이브러리를 등록하여 보자. 먼저 'www.freeaca.com'의 자료실에서 예제 파일을 내려 받은 후 특정 폴더(예를 들어, C:\EMinerSample)에 압축을 풀면 여러 개의 .sas7bdat 파일들이 생기는 것을 볼 수 있을 것이다(이 파일들은 분석사례를 위해 미리 만들어 놓은 SAS 데이터셋들이다). 다음과 같은 과정을 수행하면 이 폴더(C:\EMinerSample)에 대해 SAS 라이브러리를 지정할 수 있다.

○ '파일(F) → 새로 만들기(N) → 라이브러리'를 선택한다(그림 2.3).

① 라이브러리 마법사 – 단계 1/3(작업 선택): 작업 선택 영역의 새로운 라이브러리 생성(R) 옵션이 선택된 상태에서 다음(N) 버튼을 클릭한다.[5]

② 라이브러리 마법사 – 단계 2/3(생성 또는 수정): 이름 필드에 'emsample'을 입력한 후, 찾아보기(R) 버튼을 사용하여 경로 필드에 'c:\EMinerSample'을 지정한다. 다음(N) 버튼을 클릭한다.

③ 라이브러리 마법사 – 단계 3/3(라이브러리 정보): 라이브러리에 대한 정보를 확인한 후, 마침(F) 버튼을 클릭한다.

2.1.3 다이어그램 생성

다이어그램(diagram)은 프로젝트의 일부 과정들을 위한 작업영역(workspace)으로서 분석자는 여기에 흐름도 형식의 작업절차를 정의할 수 있다. 다음과 같은 과정을 수행하여 새로운 다이어그램을 생성하여라.

○ '파일(F) → 새로 만들기(N) → 다이어그램'을 선택한다(그림 2.4).

① 새로운 다이어그램 생성 대화상자의 다이어그램 이름 필드에 'Chapter2'를 입력한 후, 확인(O) 버튼을 클릭한다.

2.1.4 데이터 소스 정의

데이터 소스(data source)는 사용할 데이터셋을 E-Miner에 연결하는 역할을 수행한다. 다음과 같은 과정을 수행하여 분석용 데이터에 대한 소스를 정의하여라.

○ '파일(F) → 새로 만들기(N) → 데이터 소스'를 선택한다(그림 2.5).

① 데이터 소스 마법사 – 단계 1/8(메타데이터 소스): 소스(S) 영역의 SAS 테이블 옵션이 선택된 상태에서 다음(N) 버튼을 클릭한다.

② 데이터 소스 마법사 – 단계 2/8(테이블 선택): 찾아보기(R) 버튼을 클릭한 후, SAS 테이블 선택 대화상자에서 EMSAMPLE 라이브러리와 BUYTEST 테이블을 차례로 선택하고(그림 2.6), 확인(O) 버튼을 클릭한다. 다음(N) 버튼을 클릭한다.

[5] 여기에서 기존의 라이브러리 설정을 수정하거나 삭제할 수도 있다.

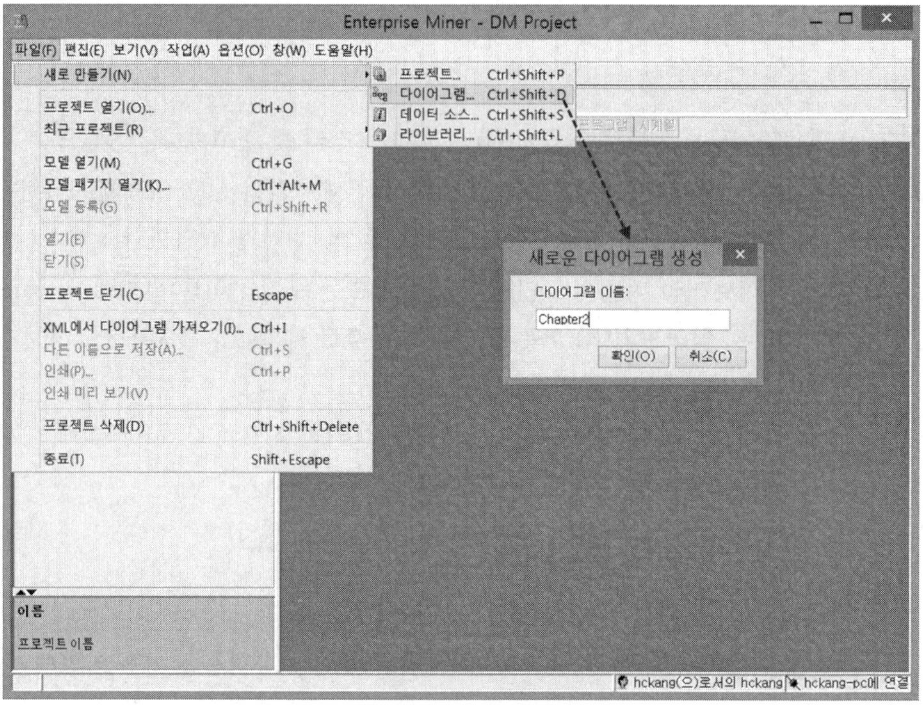

그림 2.4 다이어그램 생성

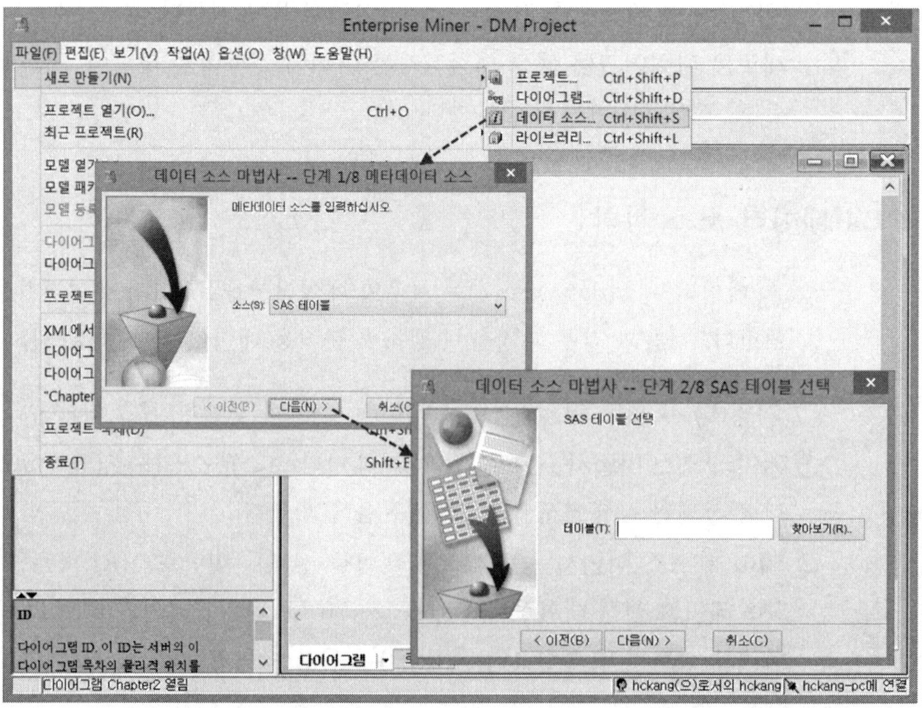

그림 2.5 데이터 소스 정의

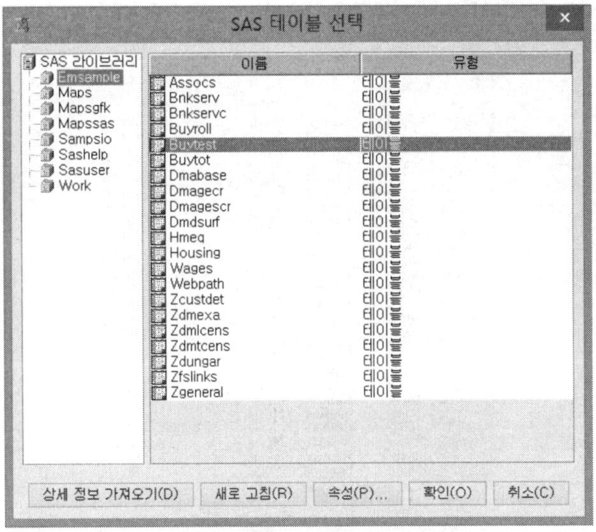

그림 2.6 SAS 테이블 선택

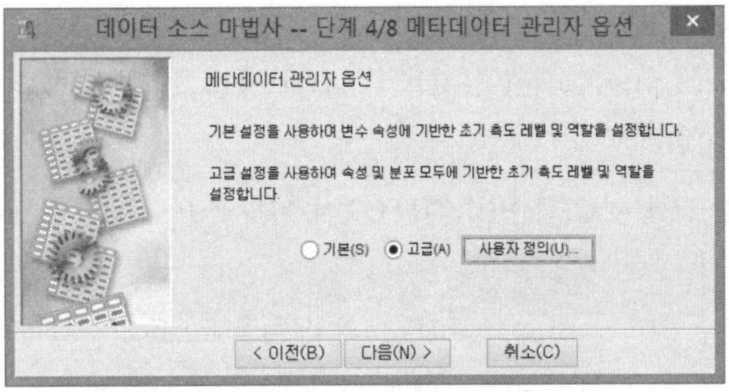

그림 2.7 메타데이터 관리자 옵션

③ 데이터 소스 마법사 – 단계 3/8(테이블 정보): 테이블에 대한 정보를 확인한 후, 다음(N) 버튼을 클릭한다.

④ 데이터 소스 마법사 – 단계 4/8(메타데이터 관리자 옵션): 고급(A) 옵션을 선택한 후, 다음(N) 버튼을 클릭한다.

⑤ 데이터 소스 마법사 – 단계 5/8(칼럼 메타데이터)[6]: 각 변수들의 역할, 레벨, 순서 필드를 그림 2.8과 동일하게 설정한다. 여기서 몇 가지 주의해서 설정할 사항은 다음과 같다.

[6] 여기서 통계량(T) 옵션에 체크하면 레벨 개수, 결측률, 최소, 최대, 평균, 표준편차, 왜도 첨도 등 기초통계량이 제시된다(그림 2.8). 또한 탐색(E) 버튼을 클릭하면 해당 변수의 속성, 통계량, 개별 관측값, 분포도 등을 살펴볼 수 있다(그림 2.10).

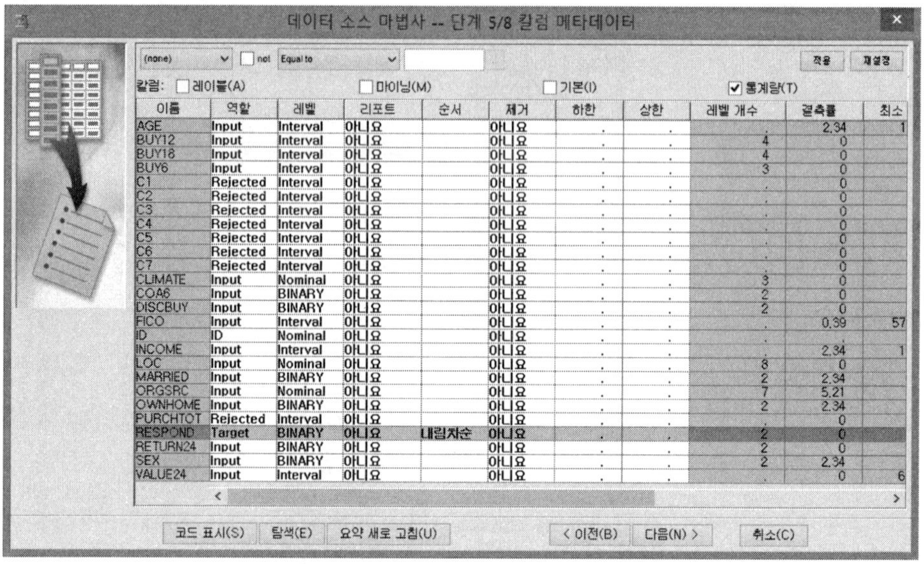

이름	역할	레벨	리포트	순서	제거	하한	상한	레벨 개수	결측률	최소
AGE	Input	Interval	아니요		아니요	.	.	.	2.34	1
BUY12	Input	Interval	아니요		아니요	.	.	4	0	
BUY18	Input	Interval	아니요		아니요	.	.	4	0	
BUY6	Input	Interval	아니요		아니요	.	.	3	0	
C1	Rejected	Interval	아니요		아니요	.	.	.	0	
C2	Rejected	Interval	아니요		아니요	.	.	.	0	
C3	Rejected	Interval	아니요		아니요	.	.	.	0	
C4	Rejected	Interval	아니요		아니요	.	.	.	0	
C5	Rejected	Interval	아니요		아니요	.	.	.	0	
C6	Rejected	Interval	아니요		아니요	.	.	.	0	
C7	Rejected	Interval	아니요		아니요	.	.	.	0	
CLIMATE	Input	Nominal	아니요		아니요	.	.	3	0	
COA6	Input	BINARY	아니요		아니요	.	.	2	0	
DISCBUY	Input	BINARY	아니요		아니요	.	.	2	0	
FICO	Input	Interval	아니요		아니요	.	.	.	0.39	57
ID	ID	Nominal	아니요		아니요	.	.	.	.	
INCOME	Input	Interval	아니요		아니요	.	.	.	2.34	1
LOC	Input	Nominal	아니요		아니요	.	.	8	0	
MARRIED	Input	BINARY	아니요		아니요	.	.	2	2.34	
ORGSRC	Input	Nominal	아니요		아니요	.	.	7	5.21	
OWNHOME	Input	BINARY	아니요		아니요	.	.	2	2.34	
PURCHTOT	Rejected	Interval	아니요		아니요	.	.	.	0	
RESPOND	Target	BINARY	아니요	내림차순	아니요	.	.	2	0	
RETURN24	Input	BINARY	아니요		아니요	.	.	2	0	
SEX	Input	BINARY	아니요		아니요	.	.	2	2.34	
VALUE24	Input	Interval	아니요		아니요	.	.	.	0	6

그림 2.8 칼럼 메타데이터

- 변수 RESPOND의 **역할**을 Target(목표변수)으로 설정하고, **순서**를 **내림차순**으로 설정한다.[7]
- 변수 C1 ~ C7과 PURCHTOT의 역할을 Rejected(분석에 사용하지 않음)로 설정한다.[8]
- 변수 BUY6, BUY12, BUY18의 **레벨**을 Interval(구간형)로 설정한다.

⑥ **다음(N)** 버튼을 계속해서 클릭한 후, 마지막으로 데이터 소스에 대한 정보를 확인하고 **마침(F)** 버튼을 클릭한다.

이와 같은 과정을 수행하면 **프로젝트 패널**에 데이터 소스가 등록되며(그림 2.9), 등록된 데이터 소스에 대하여 언제든지 설정을 변경할 수 있다. 특정 데이터 소스를 오른쪽 마우스로 클릭한 후, 팝업 메뉴(pop-up menu)에서 **변수 편집** 메뉴를 선택하면 변수 편집 대화상자가 나타난다. 또한 팝업 메뉴에서 **탐색** 메뉴를 선택하면 데이터 소스의 내용을 살펴볼 수 있다(그림 2.10).

---

[7] RESPOND는 '1=반응, 0=반응 없음'의 값을 가지고 있다. 모형평가 등 이후의 분석 과정에서 순서를 내림차순으로 설정하면 '1'을 기준으로, 순서를 오름차순으로 설정하면 '0'을 기준으로 결과가 출력된다. 순서 필드의 초기값은 **Target**(목표변수)에 대해서는 **내림차순**이다.

[8] 이들 변수들은 목표변수인 RESPOND의 원인(input)이 아니라 결과이므로 입력변수로 사용되지 않아야 한다. 한편, 여러 개의 변수들에 대한 설정을 한 번에 수행하고자 할 때는 Shift-키 또는 Ctrl-키를 이용하면 편리하다.

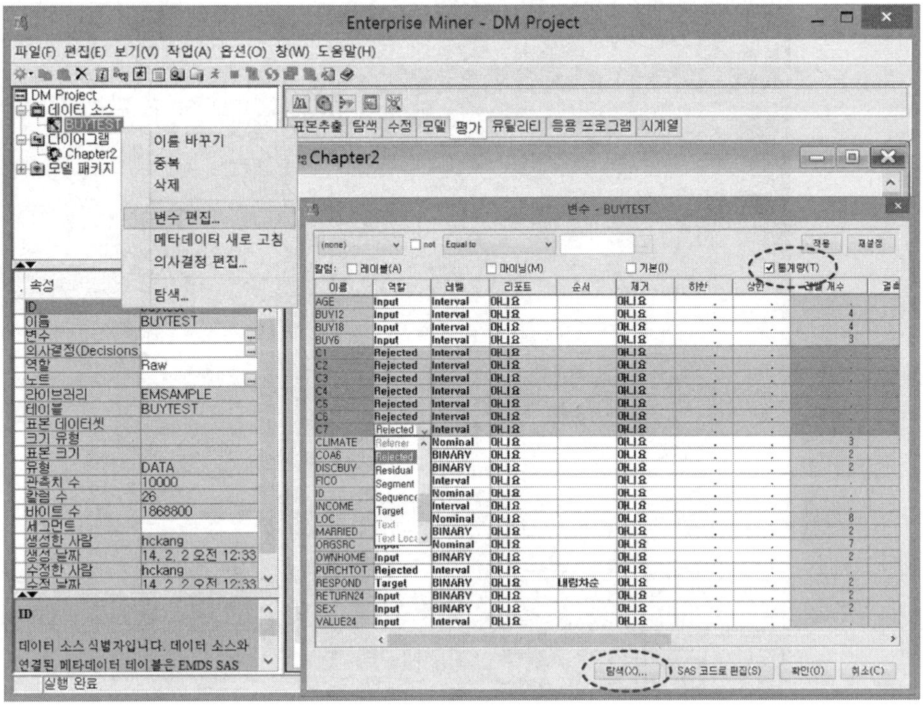

그림 2.9 데이터 소스: 변수 편집

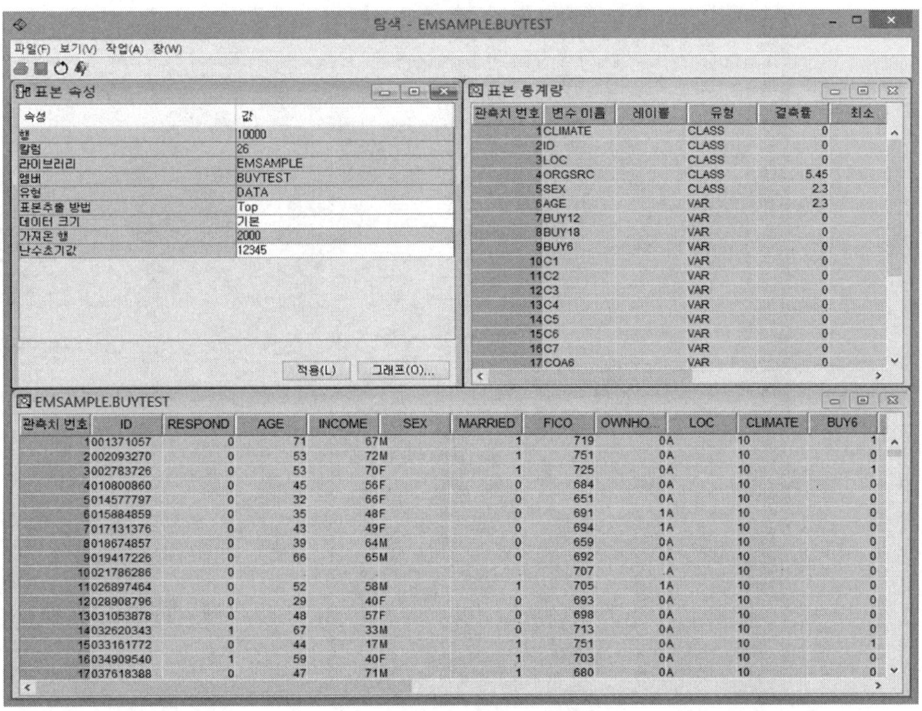

그림 2.10 데이터 소스: 탐색

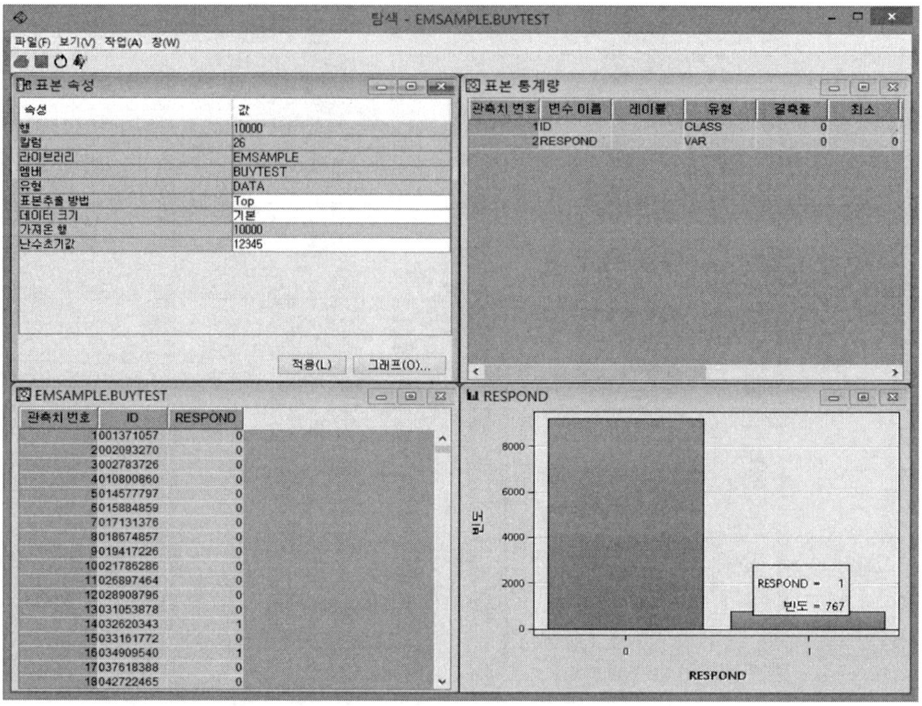

그림 2.11 변수 탐색: RESPOND

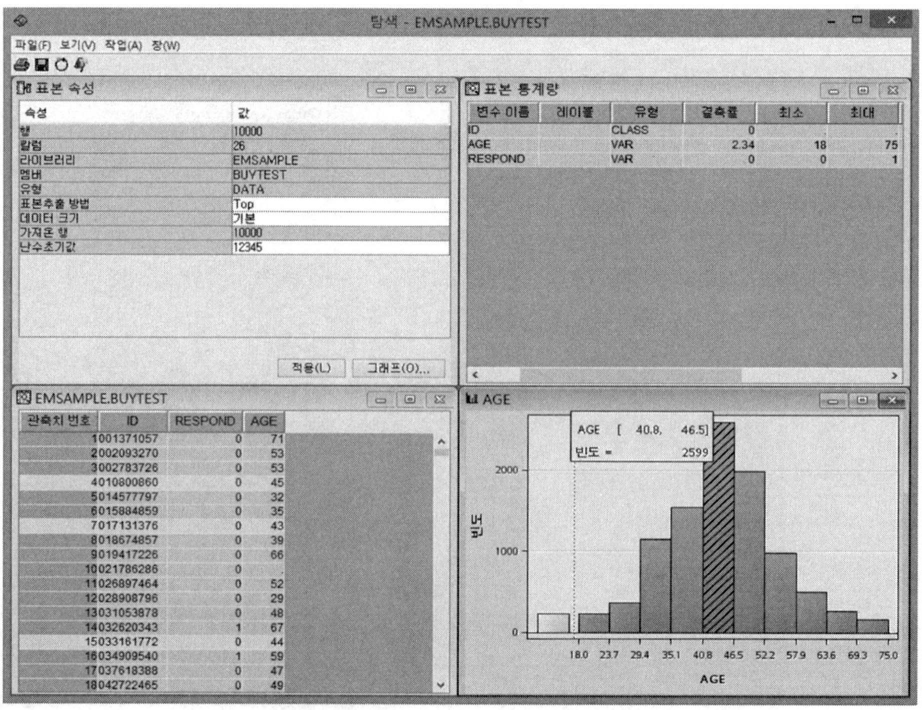

그림 2.12 변수 탐색: AGE

2.1.5 변수들의 분포에 대한 탐색

본격적인 데이터마이닝 작업에 앞서 데이터의 오류값(error), 이상치(outlier), 결측값(missing) 등을 중심으로 각 변수들이 가지는 특성들을 살펴보는 것이 바람직하다.

먼저, 다음과 같은 과정을 수행하여 목표변수인 RESPOND의 분포를 살펴보도록 하자.

① **변수 편집** 대화상자(그림 2.9)에서 변수 RESPOND를 클릭한다.
② **탐색(X)** 버튼을 클릭한다.
③ 막대그래프의 특정한 영역을 클릭하면 범주, 빈도 등의 정보가 나타난다.

그림 2.11에서 DM(direct mail)에 응답한 사람이 767명으로 전체 10,000명 중 7.67%인 것을 볼 수 있다.

다른 예로서, 입력변수 중 하나인 AGE의 분포를 살펴보도록 하자.

① **변수 편집** 대화상자(그림 2.9)에서 변수 AGE를 클릭한다.
② **탐색(X)** 버튼을 클릭한다.
③ 히스토그램의 특정한 영역을 클릭하면 범위, 빈도 등의 정보가 나타난다.

그림 2.12에서 변수 AGE의 경우 결측값이 234개(2.34%)이며, 나이가 18세에서 75세까지 분포하고 있음을 볼 수 있다.

2.1.6 분석흐름도 작성

다이어그램 작업영역(diagram workspace)은 프로젝트의 일부 작업을 흐름도의 형태로 작성하는 작업공간이다. 사용자는 도구 팔레트에서 마우스로 노드를 끌어다 놓고(drag and drop), 이들을 연결하여 분석흐름도(process flow)를 작성할 수 있다. 다음과 같은 과정을 수행하여 하나의 분석흐름도를 작성해 보도록 하자.

① **프로젝트 패널**에서 다이어그램의 이름(Chapter2)을 더블클릭하여 다이어그램을 활성화 한다.[9]
② **프로젝트 패널**의 데이터 소스 BUYTEST를 마우스로 클릭한 상태에서 다이어그램 작업영역의 적당한 위치에 끌어다 놓는다(그림 2.13).

[9]새로운 분석흐름도를 작성하고자 한다면 풀다운 메뉴에서 '파일(F) → 새로 만들기(N) → 다이어그램'을 선택하면 된다.

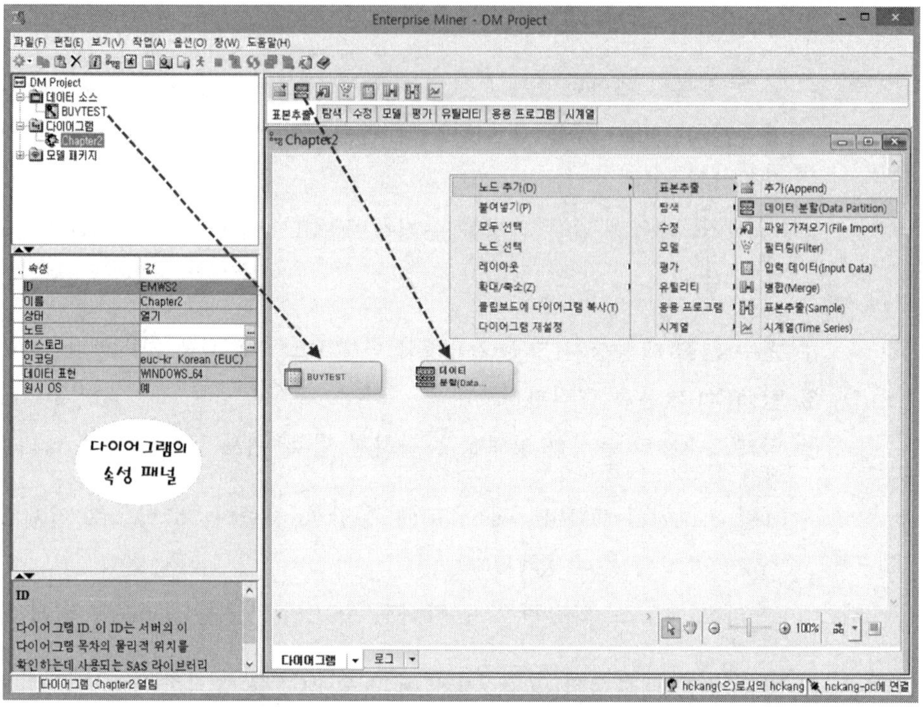

그림 2.13 데이터 소스 및 노드 끌어다 놓기

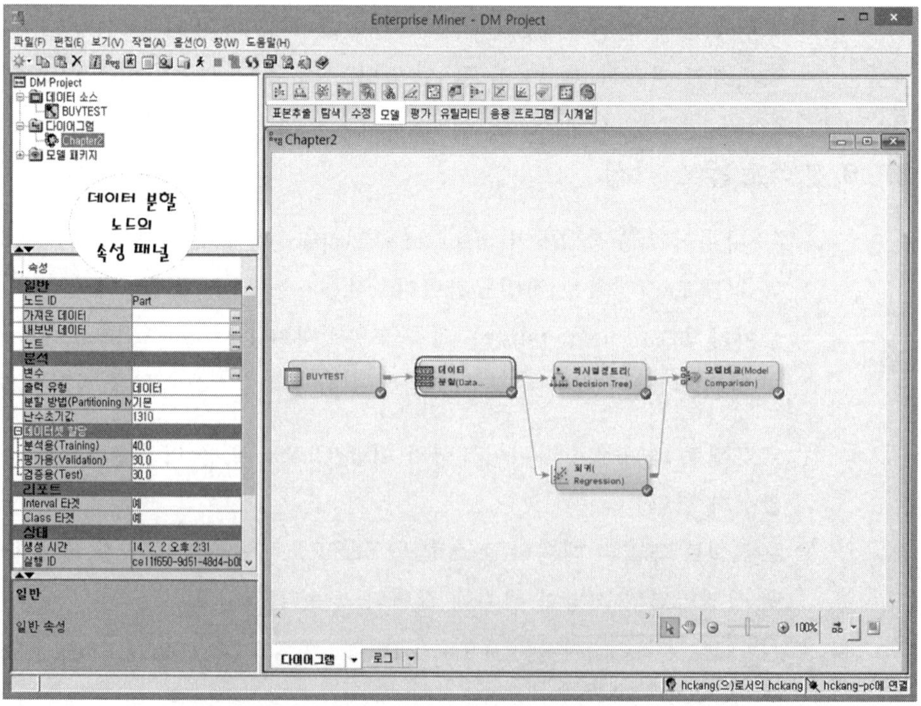

그림 2.14 작성된 분석흐름도의 예

③ **도구 팔레트**의 **표본추출** 영역에서 **데이터 분할**(Data Partition) 노드를 마우스로 클릭한 상태에서 다이어그램 작업영역의 적당한 위치에 끌어다 놓는다(그림 2.13).[10]

④ 유사한 방법으로 **의사결정트리**(Decision Tree), **회귀**(Regression), **모델비교**(Model Comparison) 노드를 다이어그램 작업영역의 적당한 위치에 추가한다(그림 2.14).[11]

⑤ 노드들을 화살표로 연결한다(특정 노드의 오른쪽 끝부분으로 마우스 포인터를 이동하면 포인터 모양이 연필 형태로 변한다. 이때 마우스를 클릭한 상태에서 다음 노드의 왼쪽 끝부분까지 이동하여 두 노드를 연결한다).

2.2 데이터 분할: Data Partition 노드

데이터마이닝은 많은 변수를 가지고 있는 대규모의 데이터를 대상으로 하며 다양한 방법론에 의한 분석을 포함하고 있기 때문에, 모형의 타당성을 평가하고 여러 모형을 비교하는 작업이 필요하다. 이를 위해 가장 널리 사용되는 한 가지 전략은 데이터를 분석용(training), 평가용(validation), 검증용(test) 데이터로 분할하여, 분석용 데이터를 이용하여 모형을 구축하고 평가용 또는 검증용 데이터를 이용하여 모형의 비교나 최종적인 평가를 수행하는 것이다. 이러한 방법을 교차타당도(cross validation)에 의한 평가라고 한다.

- **분석용 데이터**(Training Data): 데이터를 분석(학습)하여 모형을 만드는 데 직접적으로 사용되는 데이터.
- **평가용 데이터**(Validation Data): 모형의 성능을 감독하고 개선하기 위하여 간접적으로 사용되는 데이터로서 **의사결정트리**(Decision Tree) 노드의 가지치기, **회귀**(Regression) 노드의 변수선택, **신경망**(Neural Network) 노드의 수렴값 결정 등에 사용된다.
- **검증용 데이터**(Test Data): 모형의 생성에 전혀 사용되지 않으며, 일반화의 검토를 위해 남겨 두는 데이터.

데이터 분할(Data Partition) 노드는 입력 데이터셋을 분할하는 데 사용된다. 다음과 같은 과정을 수행하여 데이터 분할에 대한 옵션들을 설정해 보도록 하자.

---

[10] 다이어그램 작업영역의 적당한 위치를 마우스 오른쪽 버튼으로 클릭하고 팝업 메뉴에서 노드 추가(D) 메뉴를 선택한 후, 노드 목록에서 **데이터 분할**(Data Partition) 노드를 선택해도 된다.

[11] **의사결정트리**(Decision Tree)와 **회귀**(Regression) 노드는 **도구 팔레트**의 **모델** 영역에, **모델비교**(Model Comparison) 노드는 **도구 팔레트**의 **평가** 영역에 있다.

① 다이어그램 작업영역에서 데이터 분할(Data Partition) 노드를 클릭한다. 그러면 그림 2.14와 같이 데이터 분할(Data Partition) 노드의 속성 패널이 나타난다. 데이터셋 할당 영역에서 분석용 40%, 평가용 30%, 검증용 30%로 설정되어 있는지를 확인하기 바란다.

② 분석 영역의 난수초기값 필드에 '1310'을 입력하여라.[12] 데이터 분할(Data Partition) 노드에서는 데이터를 임의로(random) 분할하는데, 추출에 대한 난수초기값을 동일하게 유지하면 매번 같은 데이터셋들로 분할된다.

2.3 모형 구축

의사결정나무분석(decision tree analysis)과 회귀분석(regression analysis)은 분석과 해석의 관점에서 가지는 여러 가지 장점때문에 가장 널리 사용되는 모형화 방법들이다. 이들 방법에 대한 자세한 내용은 다음 장들을 참조하기 바라며, 여기서는 우선 이들 노드들에 대해 간단한 몇 가지 옵션 변경에 의해서 분석을 수행해 보도록 하겠다.

E-Miner의 모형화 노드들은 분석의 목적과 자료에 따라 적절한 분석을 수행할 수 있도록 다양한 옵션들을 가지고 있다. 연구자가 이 옵션들을 제대로 선택하여 올바른 결과를 얻기 위해서는, 당연하게도 각 분석 방법들에 대해서 충분한 지식을 가지고 있어야 한다. 이 책에서는 각 분석방법들의 기본 개념과 이론에 대해서 비교적 자세히 다룰 것이지만, 보다 숙련된 분석가가 되기를 원하는 독자들은 각 장의 참고문헌을 참조하여 이론적 깊이를 쌓도록 권한다.

2.3.1 의사결정트리(Decision Tree) 노드

의사결정트리(Decision Tree) 노드는 의사결정나무분석을 수행하기 위한 것으로, 옵션에 대한 설정을 변경하고자 한다면 다음과 같은 과정을 수행하면 된다.

① 다이어그램 작업영역에서 의사결정트리(Decision Tree) 노드를 클릭한다.

② 속성 패널의 노드(Nodes) 영역에서 리프 크기(Leaf Size) 필드에 '10'을, 분리 크기(Split Size) 필드에 '20'을 입력한다(그림 2.15 참조).[13]

[12] 난수초기값을 변경할 때마다 결과가 크게 바뀐다면 해당 분석기법이 이 데이터에 불안정하게 작동함을 의미한다. 따라서 세부 옵션들을 세심하게 설정하는 등의 주의가 필요하다.

[13] 리프 크기(Leaf Size) 필드의 초기값은 5이고, 분리 크기(Split Size) 필드의 초기값은 'Leaf Size×2'이다.

그림 2.15 의사결정트리와 회귀 노드의 속성 값(일부)

의사결정트리(Decision Tree) 노드에서는 카이제곱 통계량(ProbChisq), 지니 지수(Goni), 엔트로피 지수(Entropy) 등을 이용하여 의사결정규칙을 나무구조로 표현하고 분류와 예측을 수행한다.

2.3.2 회귀(Regression) 노드

회귀(Regression) 노드는 회귀분석을 수행하기 위한 것으로, 이 노드에 대한 옵션을 변경하고자 한다면 다음과 같은 과정을 수행하면 된다.

① 다이어그램 작업영역에서 **회귀**(Regression) 노드를 클릭한다.

② **속성 패널**의 여러 옵션들에 대한 설정 값을 확인한다(그림 2.15 참조. 여기서는 초기값을 그대로 유지하고 다음 과정을 진행하도록 하자).

회귀(Regression) 노드에서는 목표변수가 이진변수(binary variable)인 경우에는 로지스틱 회귀분석(logistic regression)에 의해서, 목표변수가 구간형(interval)인 경우에는 선형 회귀분석(linear regression)에 의해서 모형화를 수행한다.

2.4 모형 평가: Model Comparison 노드

다이어그램 작업영역에서 **모델비교**(Model Comparison) 노드를 마우스 오른쪽 버튼으로 클릭한 후, 팝업 메뉴에서 **실행** 메뉴를 선택하여라. 그러면 다이어그램 내의 각 노드들이 분석흐름도에 따라 실행되는 것을 볼 수 있다.

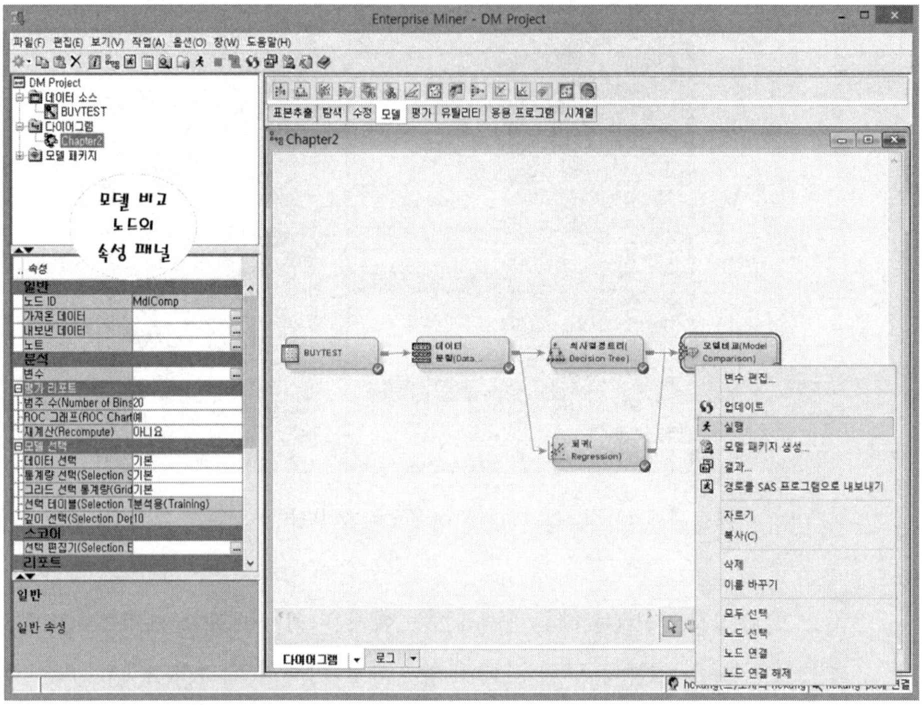

그림 2.16 모델비교(Model Comparison) 노드의 실행

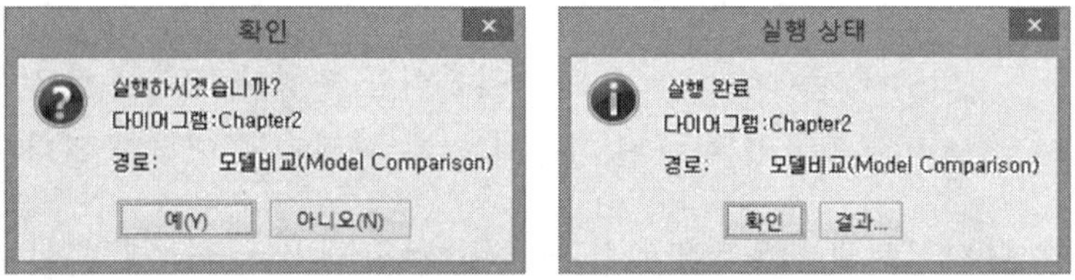

그림 2.17 확인 및 실행 상태 대화상자

분석이 모두 수행되면 그림 2.17에서와 같이 분석이 성공적으로 실행되었음을 알리는 메시지가 나타난다. 이 때 분석결과를 살펴보기 위해서 **결과** 버튼을 클릭하여라.

모델비교(Model Comparison) 노드는 분석에 의해서 얻어진 모형을 다양한 방법으로 평가하는 노드이며, 다음과 같은 기능을 가지고 있다(이 노드와 모형평가 방법에 대한 자세한 설명은 6장을 참조하기 바란다).

- 분석용, 평가용, 검증용 데이터에 의해서 모형의 예측력을 평가할 수 있다.
- 여러 개의 모형에 대해서 향상도(lift), 민감도(sensitivity), 이득(profit) 등을 통해

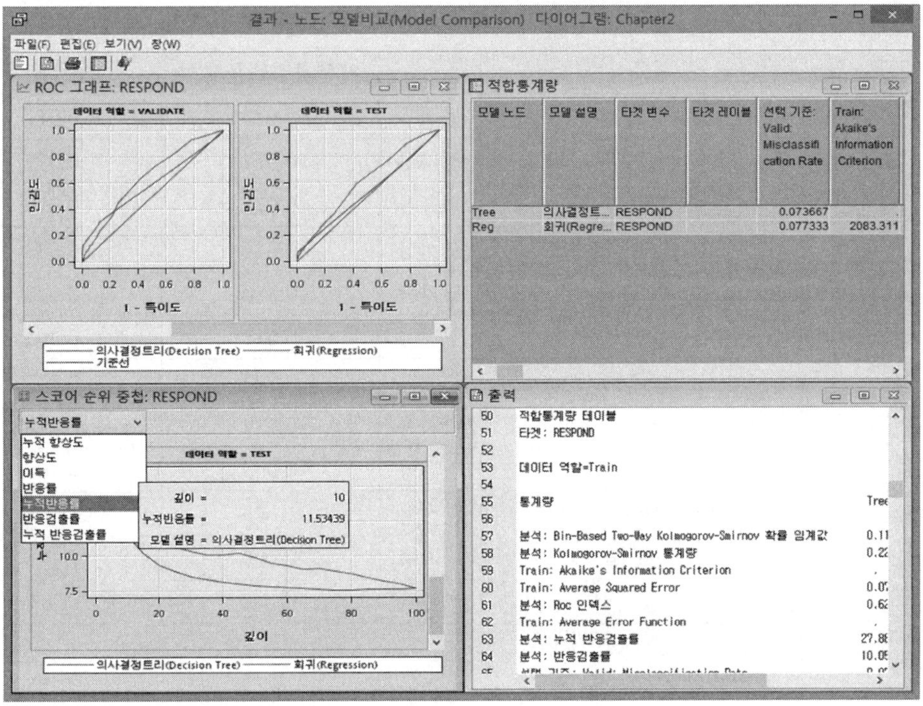

그림 2.18 모델비교(Model Comparison) – 결과

모형의 성능을 비교할 수 있다.

- 분류(classification)를 위해 적절한 한계(threshold) 확률값을 결정할 수 있다.

모델비교(Model Comparison) 노드가 제대로 수행되면 그림 2.18과 같은 모형 평가 결과들이 나타난다. 여기서는 ROC 그래프, 적합통계량, 스코어 순위 중첩 등의 결과들을 통해 모형을 평가하고 비교할 수 있는데, 스크롤바를 이용하여 분석용, 평가용, 검증용 데이터에 대한 결과들을 살펴볼 수 있다.

예를 들어, 누적반응률(cumulative response rate) 그래프를 살펴보기 위해서 다음과 같은 과정을 수행하면 된다.

① **스코어 순위 중첩** 윈도우의 통계량 목록에서 **누적반응률을**을 선택한다(그림 2.18).
② 그림 2.18은 검증용 데이터에 대한 누적반응률 그래프를 보여주고 있다. 그래프의 특정 선 위에 마우스 포인터를 위치한 채로(또는 마우스로 클릭하고) 잠시 기다리면 위와 같이 그 지점에서의 누적반응률 값을 볼 수 있다.

이 예에서는 의사결정나무모형에 의해서 반응확률이 높은 상위 10%에 대해서 DM(direct mail, 광고메일)을 발송하면 기대 반응률(expected response rate)이 약

표 2.1 모형평가 결과의 요약

		의사결정나무분석	회귀분석
오분류율	분석용	0.073	0.077
	평가용	0.074	0.077
	검증용	0.078	0.076
ROC 인덱스	분석용	0.624	0.688
	평가용	0.580	0.638
	검증용	0.518	0.604
Kolmogorov-Smirnov 통계량	분석용	0.220	0.272
	평가용	0.172	0.213
	검증용	0.063	0.166
상위 10% 누적반응률	분석용	21.4%	21.8%
	평가용	18.5%	12.7%
	검증용	11.5%	11.6%

11.5% 정도가 된다는 것을 나타낸다. 이는 전체 반응률이 약 7.7%임을 고려할 때 반응확률이 높은 상위 10%에 대해서 약 1.5배의 효율(향상도, lift)을 얻을 수 있음을 의미한다.

그림 2.18에 나타난 몇 가지 주요 적합통계량들을 요약하면 표 2.1과 같다.[14] 분석용과 평가용 데이터에 대한 오분류율(misclassification rate)은 의사결정나무분석이 조금 좋게 나타나지만, 다른 통계량들을 기준으로 할 경우 회귀분석이 약간 적합이 좋게 나타나고 있다. 전체적으로 볼 때, 두 방법 모두 적합통계량이 만족스러운 편은 아니며, 분석용 데이터에 비해 평가용과 검증용 데이터에서 적합이 좋지 않게 나타나고 있어 불안정한 결과를 보여주고 있다(이러한 의미는 6장에서 자세히 설명하도록 하겠다). 따라서 앞으로 학습할 각 기법의 옵션들에 대한 설정을 세심하게 수행하여 모형을 보다 개선할 필요가 있다고 하겠다.

이와 같이 사용자는 **모델비교**(Model Comparison) 노드에서 여러 가지 적합통계량들을 기준으로 모형을 평가할 수 있으며, 전체 고객 중 반응확률이 높은 상위 몇 %에 DM을 발송하는 것이 적절한지를 결정할 수 있다.

그림 2.18의 내용들을 확인하였으면, 열려져 있는 결과 윈도우들을 차례로 닫고 다이어그램 작업영역으로 돌아가도록 하자.

---

[14] 오분류율은 작을수록 적합이 좋음을 나타내며, ROC 인덱스, Kolmogorov-Smirnov 통계량, 상위 10% 누적반응률은 클수록 적합이 좋음을 나타낸다.

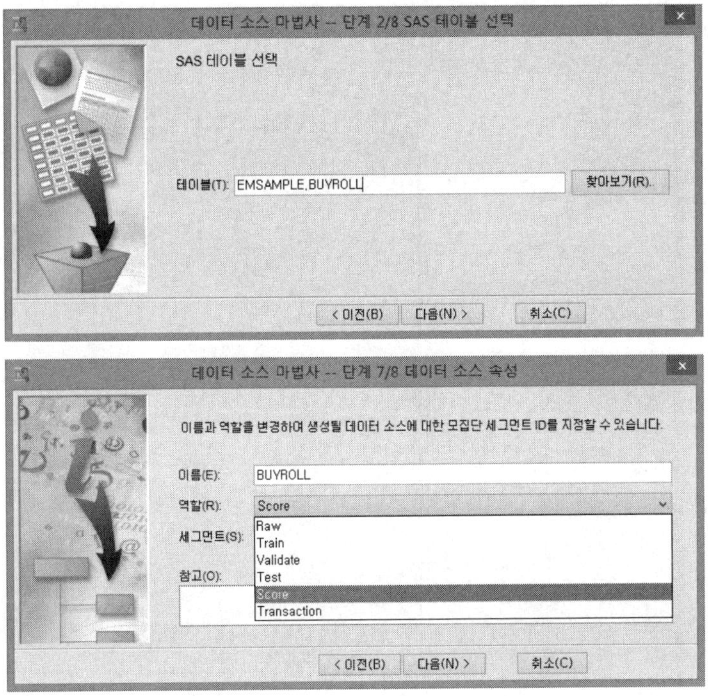

그림 2.19 데이터 소스 마법사(일부)

2.5 점수화: Score 노드

만약 모형에 대한 평가에서 적절한 예측모형이 결정되었다면 선정된 모형을 이용하여 새로운 개체에 대한 점수(score)를 구할 수 있어야 할 것이다. **스코어(Score) 노드**는 분석된 모형을 이용하여 새로운 데이터에 대한 점수를 구할 수 있을 뿐만 아니라, 분석흐름도 상의 전 과정을 SAS 데이터-스텝으로 구성된 코드(code)로 얻을 수 있다.

2.5.1 스코어 데이터 소스 생성

먼저 다음과 같은 과정을 수행하여 점수화를 적용할 데이터에 대한 소스를 생성하여 보자.

① 풀다운 메뉴에서 '파일(F) → 새로 만들기(N) → 데이터 소스'를 선택한다.

② 데이터 소스 마법사 - 단계 2/8(테이블 선택): 2.1.4절과 유사하게 데이터 소스 마법사 대화상자에서 EMSAMPLE 라이브러리와 BUYROLL 테이블을 선택한

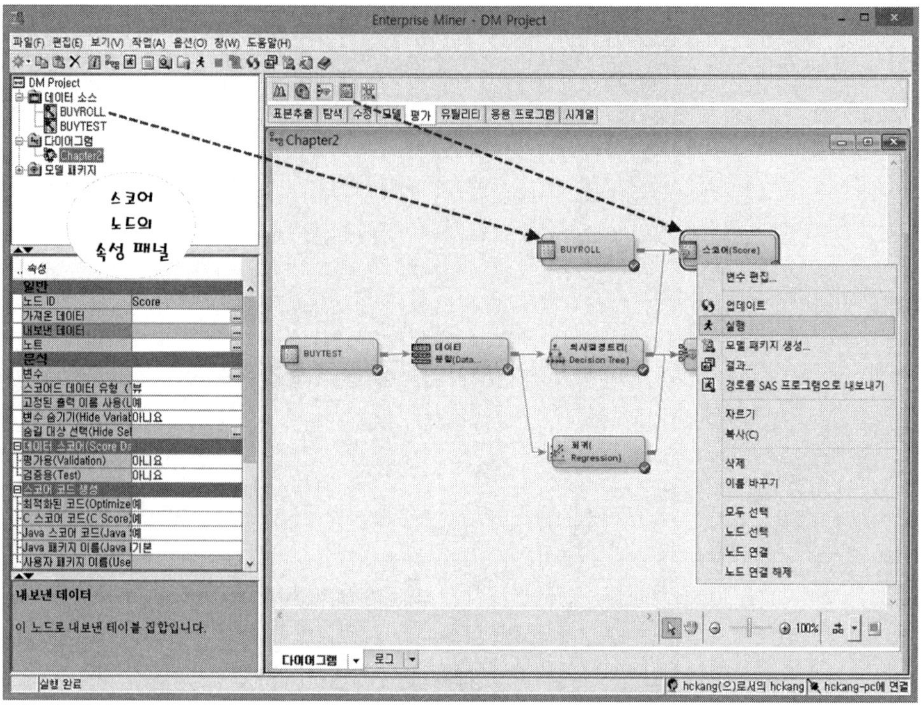

그림 2.20 점수화를 위한 분석 흐름도

다(그림 1.19).[15]

③ 데이터 소스 마법사 – 단계 7/8(데이터 소스 속성): 역할(R) 필드를 Score로 설정한다(그림 1.19).

④ 데이터 소스 마법사 – 단계 8/8(요약): 데이터 소스에 대한 정보를 확인하고 마침(F) 버튼을 클릭한다.

2.5.2 스코어(Score) 노드

의사결정나무분석의 결과를 적용하여 BYUROLL 데이터셋에 대한 점수화를 진행하기 위해 다음과 같은 과정을 수행하여 보자.

① 프로젝트 패널의 데이터 소스 BUYROLL을 다이어그램 작업영역의 적당한 위치에 끌어다 놓는다(그림 2.20).

[15] BUYROLL 데이터셋은 아직 DM이 발송되지 않은 고객들에 대해서 BUYTEST 데이터셋과 유사한 정보를 가지고 있다. 즉, BUYTEST 데이터셋과 동일한 입력변수들을 모두 포함하고 있다. 그러나 DM 반응에 대한 변수들인 RESPOND, PURCHTOT, C1-C7을 가지고 있지는 않다.

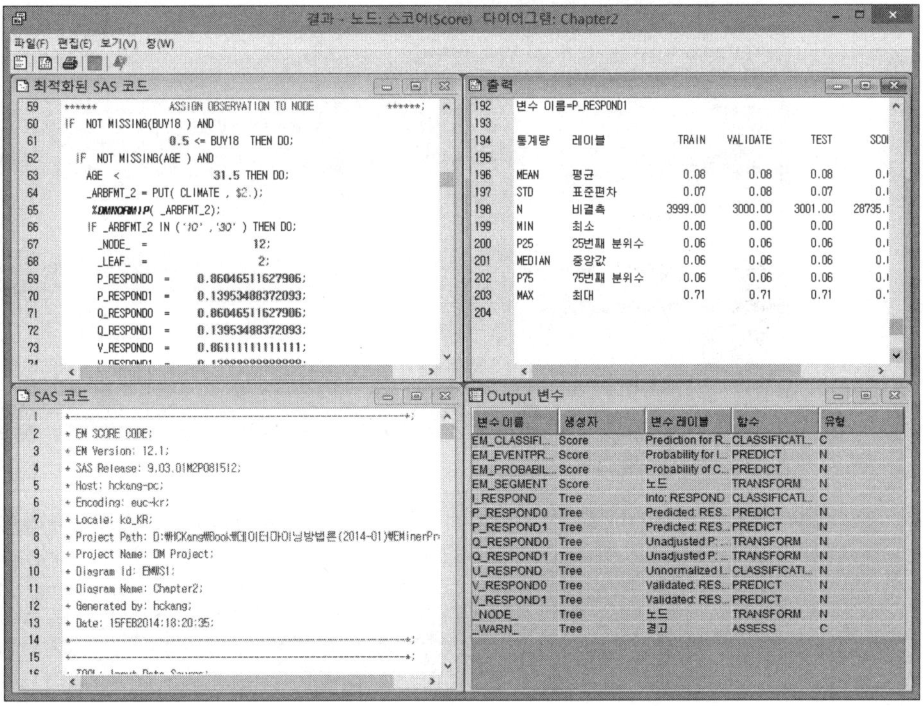

그림 2.21 스코어(Score) 노드 – 결과

② **도구 팔레트**의 **평가** 영역에서 **스코어**(Score) 노드를 다이어그램 작업영역의 적당한 위치에 끌어다 놓는다(그림 2.20).

③ BUYROLL 데이터 노드와 **의사결정트리**(Decision Tree) 노드를 **스코어**(Score) 노드에 연결한다(그림 2.20).

④ 다이어그램 작업영역에서 **스코어**(Score) 노드에 마우스 오른쪽 버튼을 클릭한 후, 팝업 메뉴에서 **실행** 메뉴를 선택한다(그림 2.20).

⑤ **스코어**(Score) 노드가 실행된 후, **실행 상태** 대화상자에서 **결과** 버튼을 클릭한다.

이와 같은 과정을 수행하면 그림 2.21과 같이 점수화를 위해 사용된 SAS 코드(의사결정나무가 적용되었으므로 IF–THEN 형식의 조건문으로 표현되어 있다)와 점수화가 적용되어 생성된 Output 변수들을 살펴볼 수 있다.

스코어(Score) 노드의 결과 윈도우를 닫고 다음과 같은 과정을 수행하면 점수화가 적용된 데이터셋의 내용을 살펴볼 수 있다.

① 그림 2.22에서와 같이 **속성 패널**의 **내보낸 데이터** 필드의 ... 버튼을 클릭하면 **내보낸 데이터** 대화상자가 나타난다.

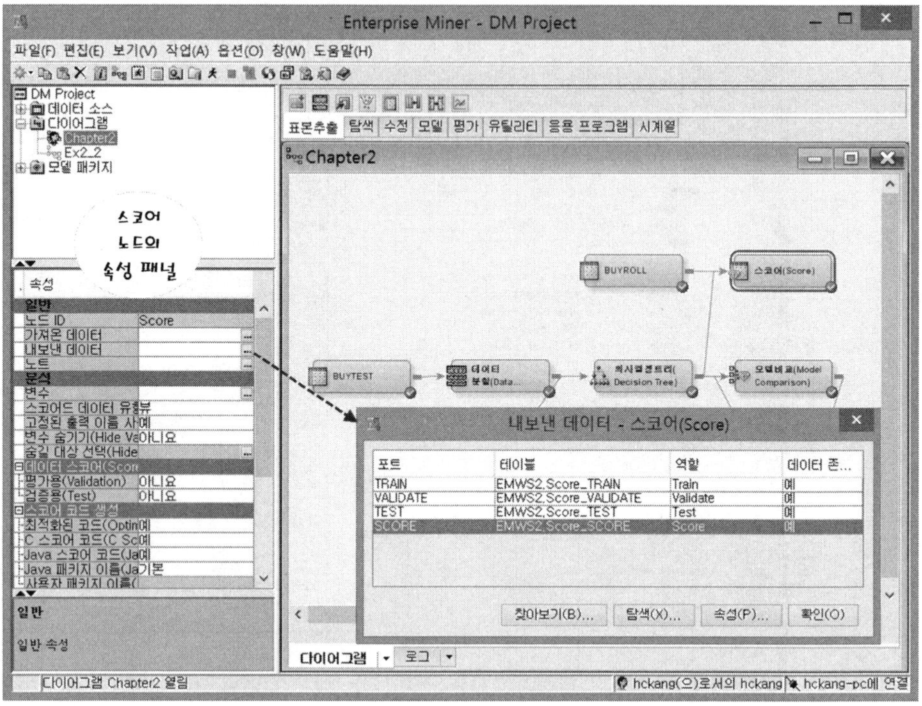

그림 2.22 스코어(Score) 노드 – 속성 패널

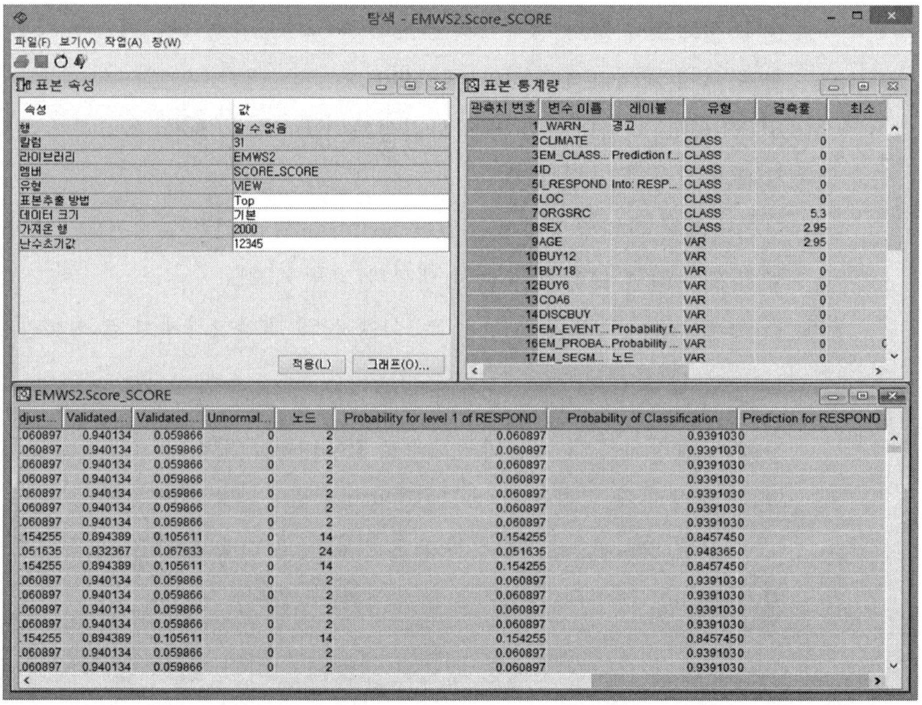

그림 2.23 스코어(Score) 노드 – 탐색

② **내보낸 데이터** 대화상자에서 **역할** 칼럼이 Score인 데이터를 선택하고, **탐색(X)** 또는 **찾아보기(B)** 버튼을 클릭한다(다른 데이터도 탐색할 수 있다).

이러한 과정을 수행하면 그림 2.23에서와 같이 Score 데이터셋의 내용을 살펴볼 수 있다. 예를 들어, EM_EVENTPROBABILITY(레이블: Probability for level 1 of RESPOND) 칼럼은 의사결정나무에 의해서 추정된 '각 고객이 DM에 반응할 확률'을 나타낸다. 그림 2.23의 내용을 확인한 후 탐색 윈도우를 닫도록 하자.

2.6 결측값 처리: Impute 노드

일반적으로 회귀분석이나 신경망분석과 같은 분석방법에서는 하나 이상의 입력변수에 결측값(missing value)이 존재하는 개체에 대해서는 분석에 사용하거나 예측을 수행할 수 없다. 그러나 실제로 모든 고객에 대해서 완전한 데이터를 얻는다는 것이 불가능한 경우가 많고, 일부 변수에 결측값을 가지고 있는 고객에 대해서도 DM에 반응할 확률을 계산해야 할 필요가 있을 것이다. 입력변수에 결측값이 존재하는 경우, 이러한 단점을 해결하는 한 가지 방법은 사전에 결측값을 대체(imputation)하는 것이다. 또한 결측값에 대한 탐색과 대체는 모형의 예측력을 높이기 위해서도 중요하다.

이 절에서는 **결측값 처리**(Impute) 노드를 이용하여 결측값을 대체하고 모형화를 실시하는 과정을 소개할 것이다.

① 다이어그램의 **데이터 분할**(Data Partition) 노드와 **회귀**(Regression) 노드 사이의 연결선에 마우스 오른쪽 버튼을 클릭한 후, 팝업 메뉴에서 **삭제** 메뉴를 선택한다). 또는 연결선을 클릭한 후 Delete-키를 눌러도 된다.

② 그림 2.24와 같이 **데이터 분할**(Data Partition) 노드와 **회귀**(Regression) 노드 사이에 **결측값 처리**(Impute) 노드를 추가하고 노드들을 연결한다.[16]

결측값 처리(Impute) 노드에서 초기 설정으로 사용하는 방법은 구간형(interval) 변수에 대해서는 그 변수의 평균(mean)으로, 범주형(binary, ordinal, nominal) 변수에 대해서는 최빈값(mode: 그 변수에서 가장 많은 비율을 차지하고 있는 범주)으로 결측값을 대체한다. 이러한 방법이 항상 적절한 것은 아니지만,[17] 여기서는

[16] **결측값 처리**(Impute) 노드는 **도구 팔레트**의 **수정** 영역에 있다.

[17] 결측값에 대한 적절한 처리 방법을 선택하기 위해서는 데이터를 자세히 탐색해 보아야 하며, 데이터마이닝 작업에 앞서 결측값의 원인을 파악하고 가능한 실제값 또는 실제값에 가까운 값으로 채워넣는 것이 보다 바람직하다.

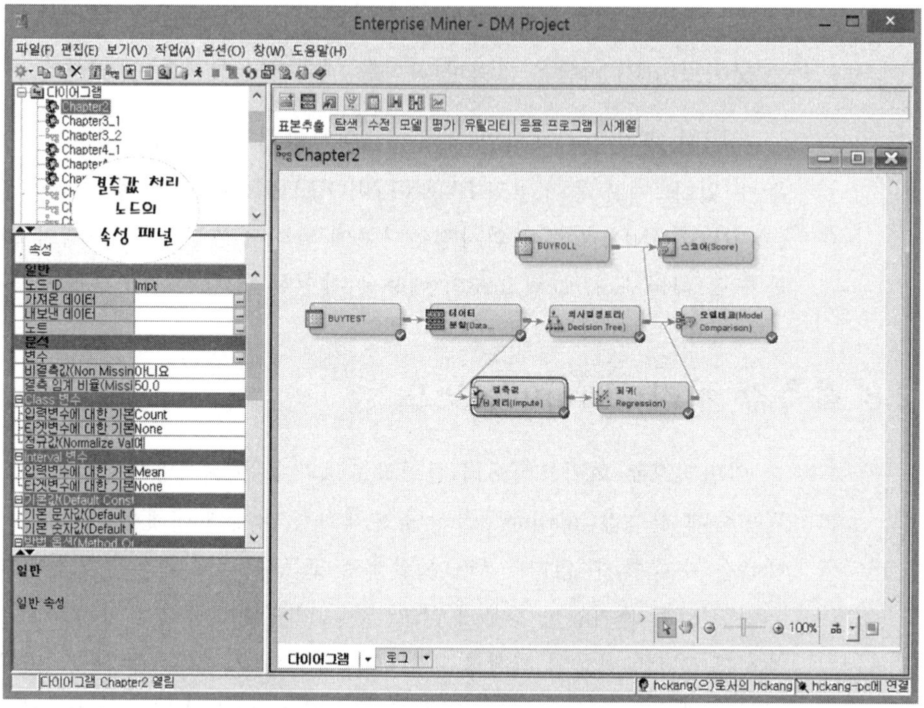

그림 2.24 결측값 처리(Impute) 노드가 추가된 분석흐름도

결측값 처리(Impute) 노드에서 초기 설정으로 제공하는 방법을 이용하여 결측값을 대체하고 분석을 수행해 보도록 하자.

① 다이어그램 작업영영에서 **회귀**(Regression) 노드를 실행시킨다.

② **회귀**(Regression) 노드가 실행된 후, **실행 상태** 대화상자에서 **결과** 버튼을 클릭한다. 그러면 **회귀**(Regression) 노드의 결과 윈도우가 나타난다.

그림 2.25는 **회귀**(Regression) 노드의 결과 중 **누적 향상도**(cumulative lift) 그래프를 비교한 것이다. 이 그림에서 결측값 처리에 의해 회귀모형의 예측력이 보다 향상되었음을 알 수 있다. 즉, 결측값 처리를 수행하지 않은 경우에 비하여 결측값 처리를 수행한 경우 상위 그룹에서의 누적 향상도가 더 높아졌음을 볼 수 있다. 또한 결측값 처리를 수행하지 않은 경우에는 상위 10%에서의 누적 향상도(반응률)가 상위 15%에서의 누적 향상도(반응률)보다 오히려 좋지 않게 된다. 이에 비해서 결측값 처리를 수행한 경우에는 누적 향상도 그래프가 계속 감소하는 형태를 보이고 있다(이러한 형태의 누적 향상도 그래프의 형태가 왜 더 좋은지는 6장에서 자세히 설명하도록 하겠다).

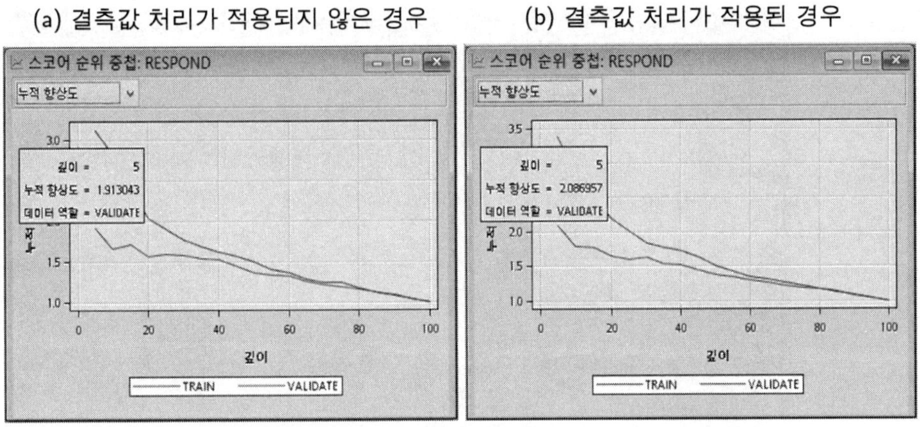

그림 2.25 결측값 처리에 따른 누적향상도 비교

2.7 예측모형에 대한 해석

예측모형을 만드는 가장 중요한 목적 중의 하나는 당연하게도 목표변수를 정확하게 예측하는 것이다. 그러나 실제 업무에서 전략을 수립하고 실행하기 위해서는 모형을 잘 해석하고, 입력변수들과 목표변수의 관계를 파악하는 것이 많은 도움이 된다. 의사결정나무와 회귀모형은 신경망과 같은 다른 모형에 비해서 해석상 편리한 장점을 가지고 있다(이들 분석기법에 대한 자세한 설명은 다음 장들을 참조하기 바란다). 여기서는 **의사결정트리**(Decision Tree) 노드와 **회귀**(Regression) 노드의 결과를 살펴보고 해석하는 방법에 대해서 간단히 설명하도록 하겠다. 먼저 열려져 있는 결과 윈도우들을 모두 닫고, 다이어그램 작업영역으로 돌아간 후에 다음 과정을 수행하여라.

2.7.1 의사결정트리(Decision Tree) 노드의 결과 보기

다음과 같은 과정을 수행하여 의사결정나분석의 결과 중 일부를 살펴보도록 하자.

① 다이어그램 작업영역에서 **의사결정트리**(Decision Tree) 노드에 마우스 오른쪽 버튼을 클릭한 후, 팝업 메뉴에서 **결과** 메뉴를 선택한다(그림 2.26). 그러면 그림 2.27과 같이 결과 윈도우가 나타난다.

② **의사결정트리**(Decision Tree) 노드의 결과 윈도우에서 **트리** 그래프를 확대한다. 그러면 그림 2.28과 같이 의사결정나무의 전체 모습을 볼 수 있다(여기서 '**편집(E)** → **보기**' 메뉴를 이용하여 그래프의 크기 등을 변경할 수 있다).

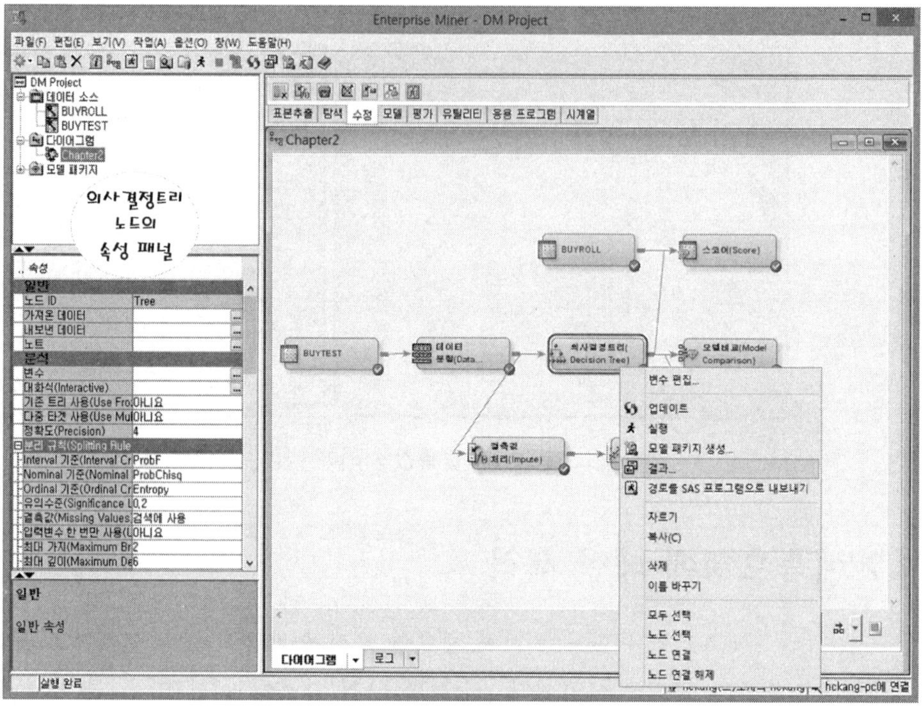

그림 2.26 결과 보기 메뉴

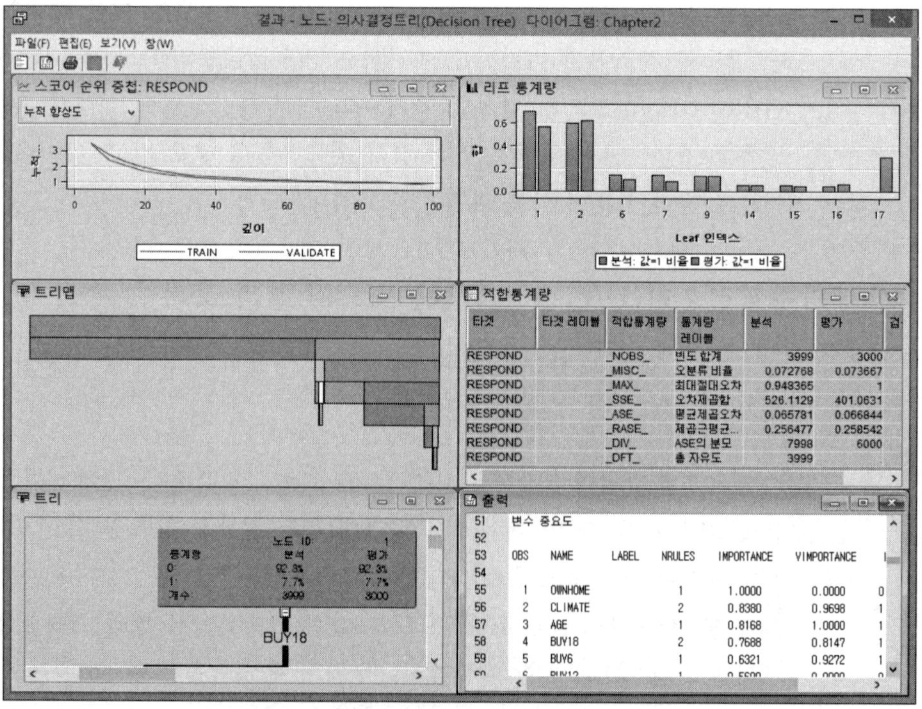

그림 2.27 의사결정트리(Decision Tree) – 결과

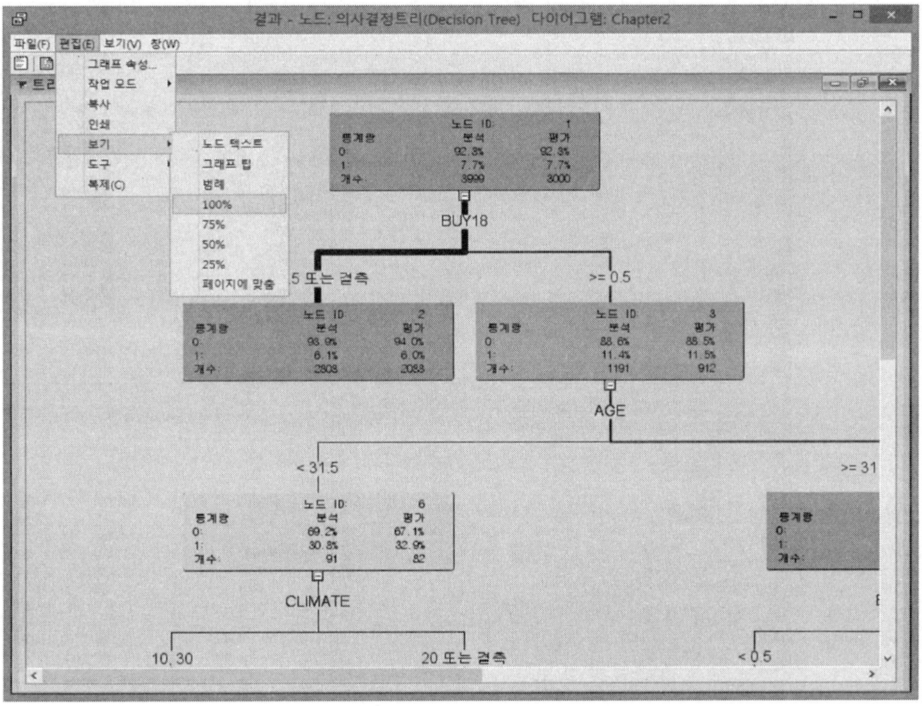

그림 2.28 의사결정트리(Decision Tree) – 결과: 트리

그림 2.28에 나타난 결과 중 일부를 해석하여 보면 다음과 같다. 먼저, 변수 BUY18(최근 18개월 간의 구입회수)이 0회(< 0.5)인 경우에는 반응률이 6.0%이며, 1회 이상(> 0.5)인 경우에는 반응률이 11.5%로 예측된다(평가용 데이터를 기준으로 할 경우). 다음으로, 변수 'BUY18'이 1회 이상일 때, 변수 AGE(나이)가 31세 이하인 경우에는 반응률이 32.9%이며, 변수 32세 이상인 경우에는 반응률이 9.4%로 예측된다.

그림 2.28의 내용을 자세히 살펴본 후, **의사결정트리**(Decision Tree) 결과 윈도우를 닫고 다이어그램 작업영역으로 돌아가도록 하자.

2.7.2 회귀(Regression) 노드의 결과 보기

다음과 같은 과정을 수행하여 로지스틱 회귀분석의 결과를 살펴보도록 하자.

① 다이어그램 작업영역에서 **회귀**(Regression) 노드에 마우스 오른쪽 버튼을 클릭한 후, 팝업 메뉴에서 **결과** 메뉴를 선택한다. 그러면 그림 2.29와 같이 결과 윈도우가 나타난다.

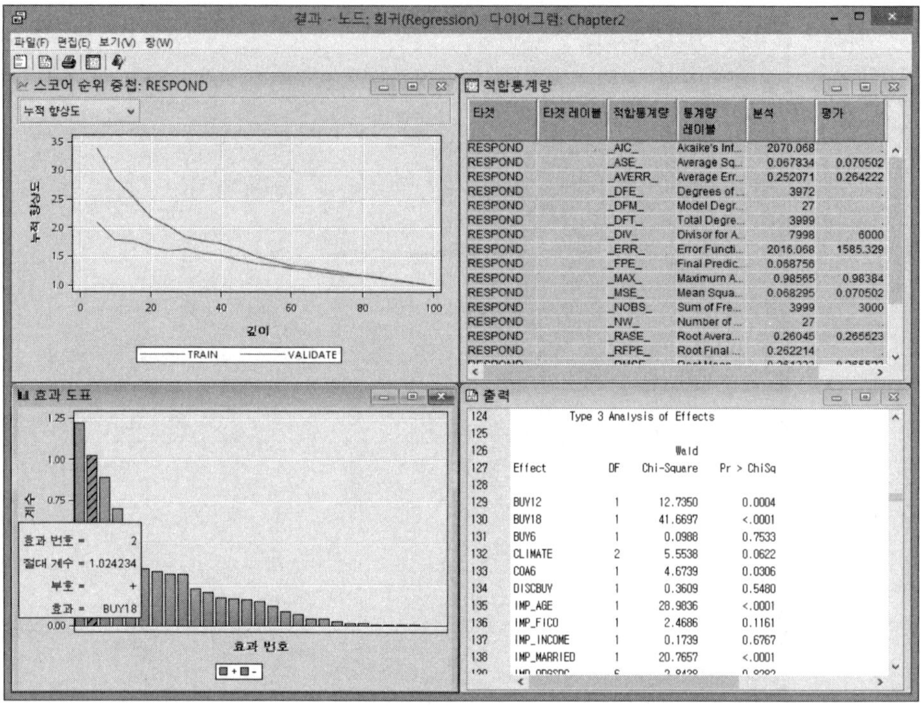

그림 2.29 회귀(Regression) – 결과

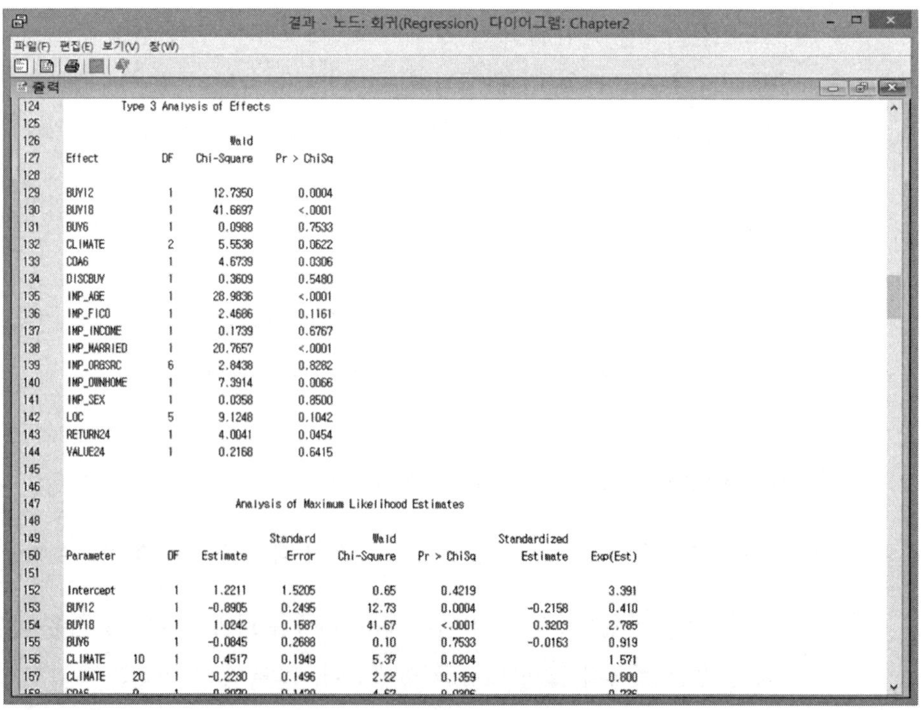

그림 2.30 회귀(Regression) – 결과: 출력

② **회귀**(Regression) 노드의 결과 윈도우에서 **출력** 윈도우를 확대한다. 그러면 그림 2.30과 같이 출력 결과를 자세히 볼 수 있다.

그림 2.29에는 모형평가를 위한 여러 가지 그래프와 적합통계량들이 제시되어 있다. 또한 **효과도표** 윈도우에는 각 변수들에 대한 회귀계수(regression coefficient)의 절대값 크기가 그래프로 표현되어 있다. 여기서 양의(positive) 계수는 파랑색으로, 음의(negative) 계수는 빨강색으로 표현되어 있다. 그래프의 특정 막대 위에 마우스 포인터를 위치한 채로(또는 마우스로 클릭하고) 잠시 기다리면 그 막대에 대한 계수값을 볼 수 있다.

그림 2.30의 출력 윈도우에는 모형의 적합도(goodness of fit), 각 변수들에 대한 카이제곱검정(χ^2-test) 통계량 및 계수 추정치(coefficient estimate), 오즈비(odds ratio) 등을 출력되어 있다. 먼저, Type 3 Analysis of Effects 영역에 제시된 p-값(Pr>ChiSq)을 통해 각 변수들의 유의성을 평가할 수 있다. 예를 들어, 변수 BUY12, BUY18, COA6 등은 유의수준 5% 하에서 목표변수에 통계적으로 유의한 영향을 미치는 변수들이다. 반면에 BUY6, DISCBUY, AGE 등은 목표변수에 유의한 영향을 미치지 않는 변수들이다. 또한 χ^2/df를 이용하여 상대적인 영향력의 크기를 평가할 수 있다. 여기서는 BUY18, AGE, MARRIED, BUY12 등이 상대적으로 영향력이 큰 변수들임을 볼 수 있다.[18]

회귀분석에서 회귀계수의 부호와 오즈비의 크기는 모형을 해석하는데 유용한 정보를 준다. 즉, 회귀계수가 음의 값을 갖는다(오즈비가 1보다 작다)는 것은 그 입력변수가 목표변수의 감소방향으로 영향을 준다는 것을 의미하고, 반대로 회귀계수가 양의 값을 갖는다(오즈비가 1보다 크다)는 것은 증가방향으로 영향을 준다는 것을 의미한다. 따라서 이 결과로부터, 최근 12개월에는 많이 구매하지 않은(추정치=−0.8905, 오즈비=0.410), 최근 18개월에 많이 구매한(추정치=1.0242, 오즈비=2.785), 지난 6개월 간 주소변경을 한(추정치= 0.3070, 오즈비=1/0.736=1.359), 나이가 작은(추정치= −0.0384, 오즈비=0.962), 결혼한(추정치=0.3248, 오즈비=1/0.723=1.383), 집을 소유하지 않은(추정치=0.1982, 오즈비=1.219), 지난 24개월 간 반품 경험이 없는(추정치=0.3065, 오즈비=1.359) 고객이 DM에 반응할 가능성이 높게 예측된다는 것을 알 수 있다.[19]

그림 2.29와 2.30의 내용을 확인한 다음 **회귀**(Regression) 노드의 결과 윈도우를 닫고 다이어그램 작업영역으로 돌아가도록 하자.

---

[18]변수 이름 앞에 IMP라는 접두어가 붙은 것은 결측치 처리가 되었다는 의미이다.

[19]범주형 변수의 코딩 형식에 따른 계수값의 해석에 대하여는 4.5절을 참조하여라.

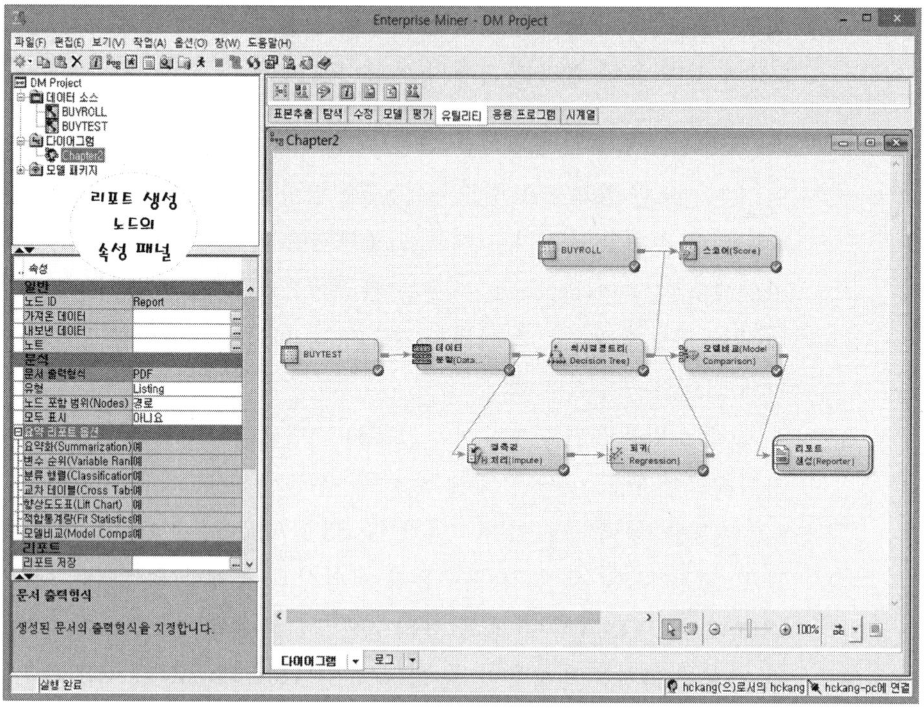

그림 2.31 리포트 생성(Reporter) 노드가 추가된 분석흐름도

2.8 보고서의 작성: Reporter 노드

일련의 데이터마이닝 프로젝트를 수행한 후에 해야 될 중요한 작업 중의 하나는 분석의 과정을 정리하고 보고서를 작성하는 것이다. **리포트 생성**(Reporter) 노드를 이용하면 분석의 과정과 결과들을 PDF(또는 RTF) 문서로 요약하여 얻을 수 있기 때문에 매우 편리하다.

① 그림 2.31과 같이 **리포트 생성**(Reporter) 노드를 다이어그램 작업영역에 추가하고 **모델비교**(Model Comparison) 노드와 연결한다.[20]

② **리포트 생성**(Reporter) 노드를 실행한 후, **실행 상태** 대화상자에서 **결과** 버튼을 클릭한다. 그러면 그림 2.32와 같은 결과 윈도우가 나타난다(결과 윈도우의 **사용자 정의 리포트** 영역에 PDF 파일이 저장되어 있는 경로가 제시되어 있다).

③ **리포트 생성**(Reporter)노드의 결과 윈도우에서 **보기** 버튼을 클릭한다. 그러면 그림 2.33과 같은 PDF 형식의 보고서가 나타나게 되며, 여기에는 다이어그램의 모든 작업 내용과 결과들이 제시되어 있다.

[20]**리포트 생성**(Reporter) 노드는 **도구** 팔레트의 **유틸리티** 영역에 있다.

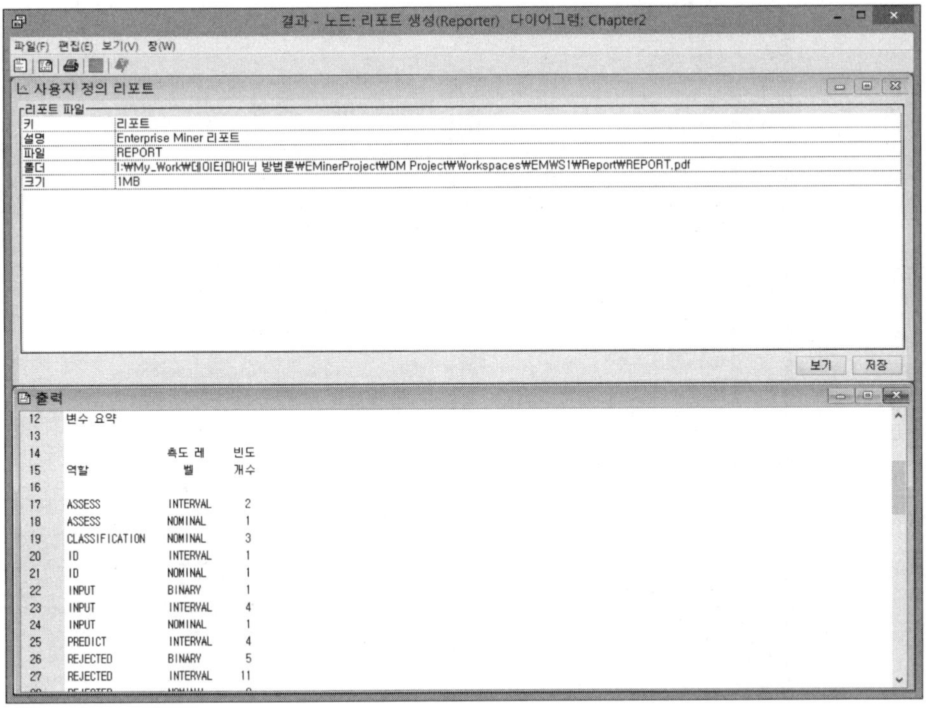

그림 2.32 리포트 생성(Reporter) 노드 - 결과

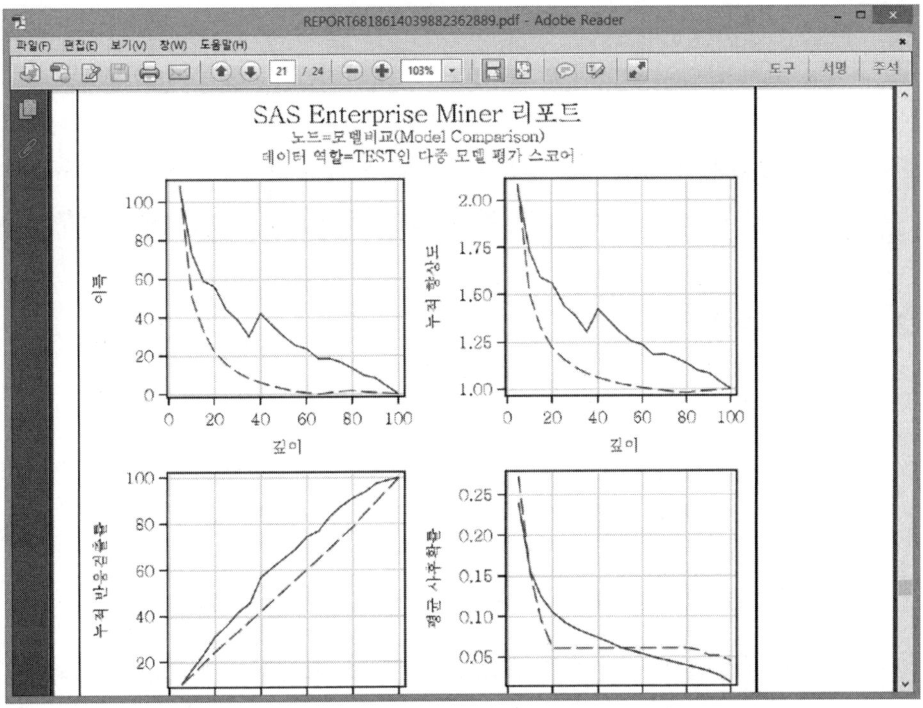

그림 2.33 PDF 리포트

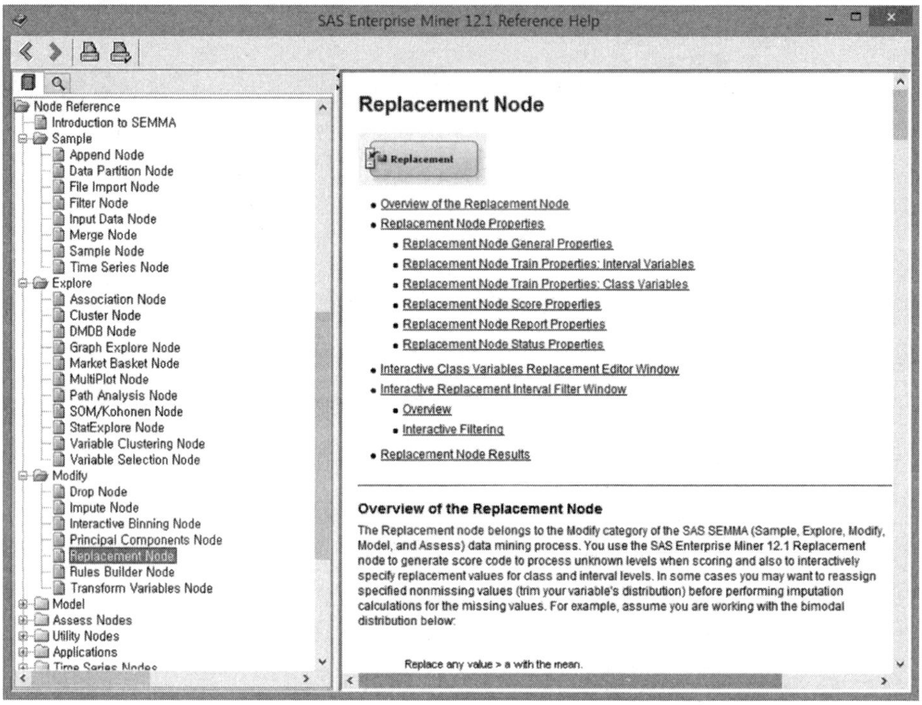

그림 2.34 Enterprise Miner 도움말 (EM Reference Help)

지금까지 E-Miner를 이용하여 하나의 프로젝트를 진행하는 과정을 SEMMA 절차에 따라 수행하여 보았다. 이제 독자들은 데이터마이닝의 수행 과정과 E-Miner의 기본적인 사용법에 대해서 어느 정도 이해할 수 있을 것이다(연습문제 2-2를 통해 학습 내용을 반드시 복습하기 바란다). 다음 장들에서는 여러 방법론들에 대해서 조금 더 자세하게 설명하고 다양한 분석사례를 다루어 볼 것이다.

2.9 연습문제

2-1. E-Miner가 구동된 상태에서 '도움말(H) → 목차(N)'를 선택하면 그림 2.34와 같은 도움말을 볼 수 있다. 이를 통해서 E-Miner에 포함되어 있는 노드와 그들의 기능에 대하여 살펴 보아라.

2-2. DMAGECR 데이터셋(부록 참조)을 이용하여 다음 과정을 수행하여라.

(가) 데이터 소스 생성: DMAGECR 데이터셋(German Credit Data)

- DMAGECR 데이터셋을 이용하여 새로운 데이터 소스를 생성하여라.

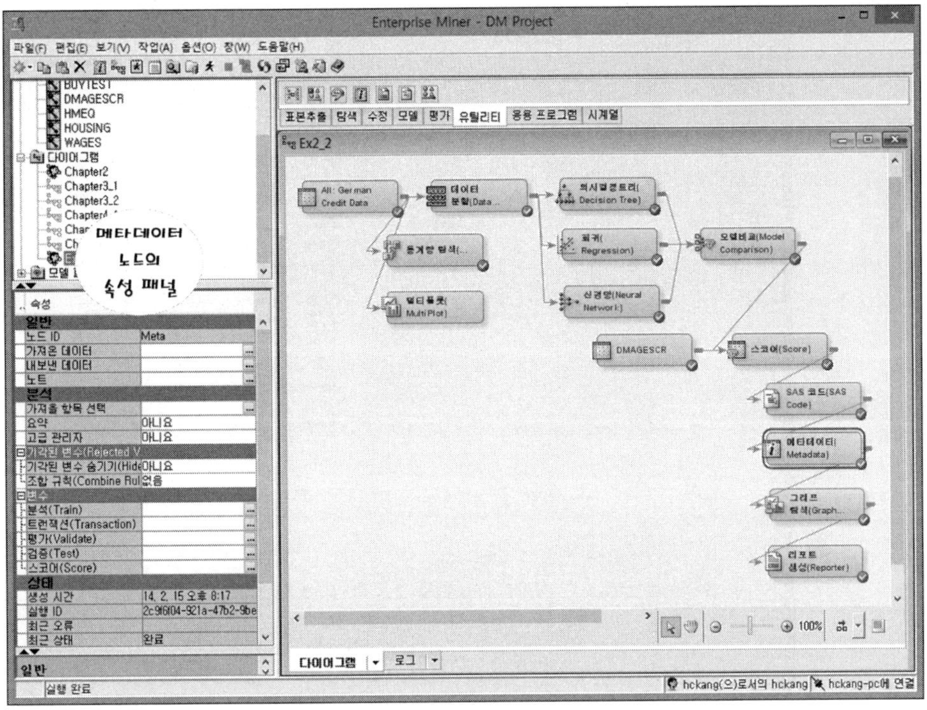

그림 2.35 연습문제 2-2를 위한 분석흐름도

- 칼럼 메타데이터 대화상자(그림 2.8 참조)에서 각 변수들의 역할과 레벨을 부록과 같이 지정하여라(변수들의 분포도 살펴보기 바란다).
- 칼럼 메타데이터 대화상자에서 변수 GOOD_BAD의 순서를 내림차순으로 설정하여라(변수 GOOD_BAD는 good과 bad로 입력되어 있다).

(나) 데이터 소스 생성: DMAGESCR 데이터셋

- DMAGESCR 데이터셋을 이용하여 새로운 데이터 소스를 생성하여라(이는 신용상태가 알려져 있는 않은 새로운 75명의 고객에 대한 데이터이다).
- 데이터 소스 속성 대화상자(그림 2.19 참조)에서 역할(R) 필드를 SCORE로 설정하여라.

(다) 새로운 다이어그램을 생성하고 작업영역에 그림 2.35와 같은 분석흐름도를 작성하여라.

(라) 통계량 탐색(StatExplor) 노드와 멀티플롯(MultiPlot) 노드를 각각 수행하여 그 결과들을 살펴보아라(그림 2.36, 그림 2.37 참조).

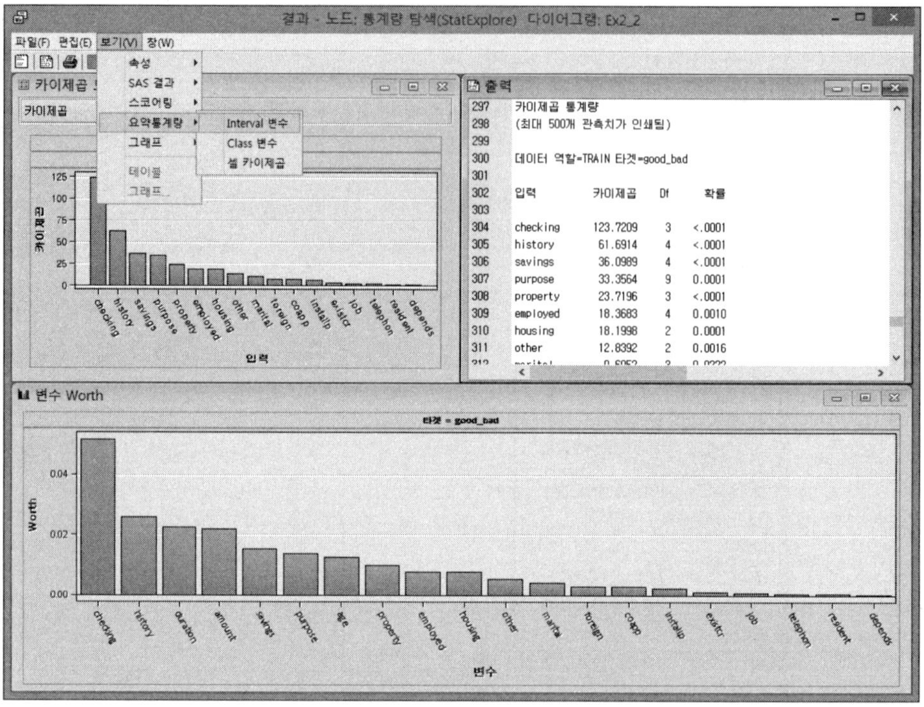

그림 2.36 통계량 탐색(StatExplor) 노드 – 결과

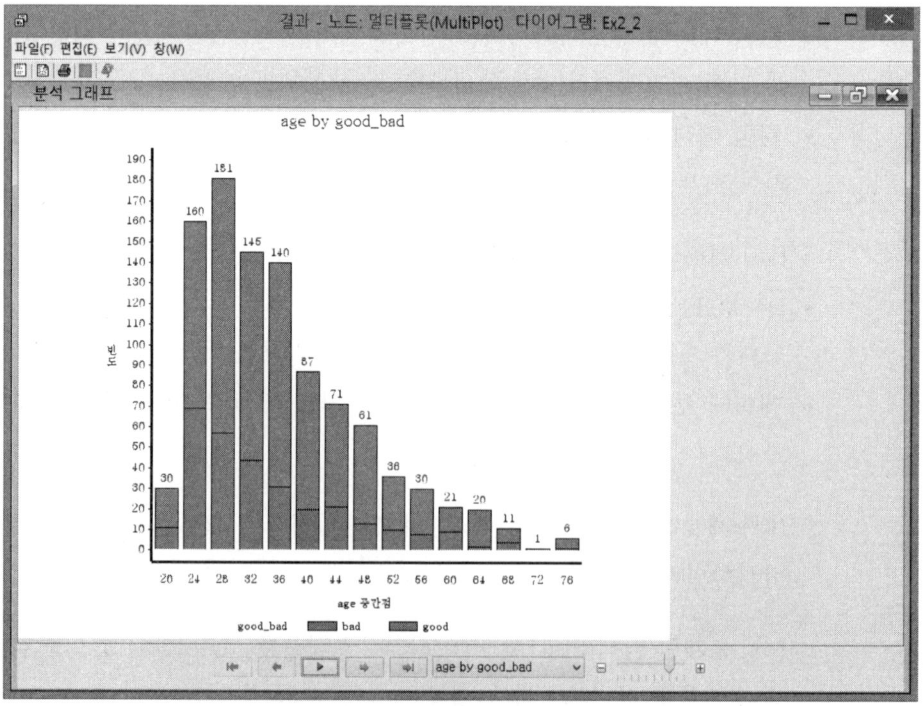

그림 2.37 멀티플롯(MultiPlot) 노드 – 결과

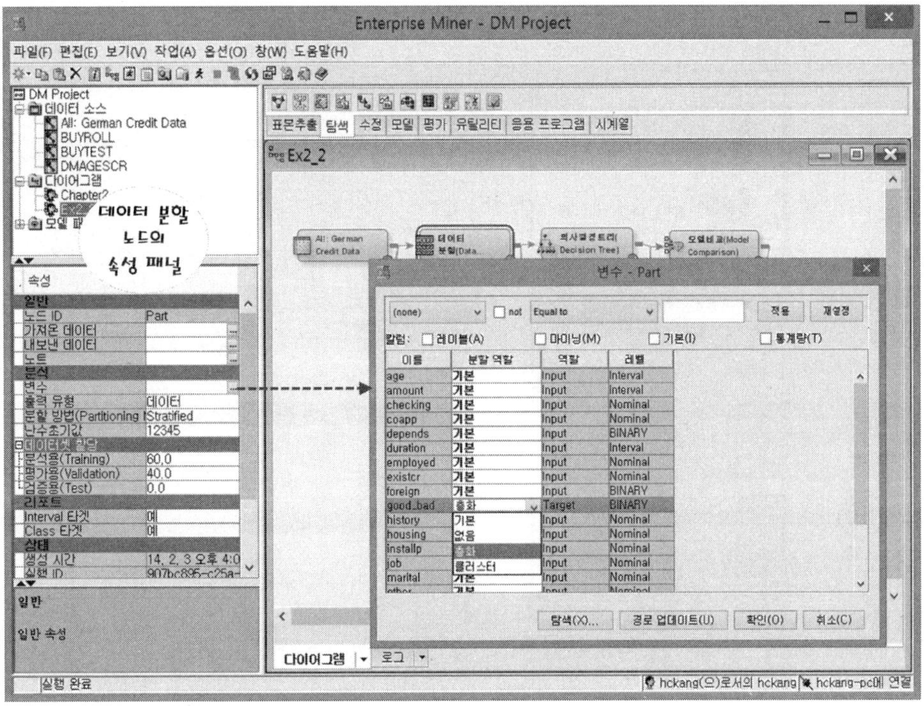

그림 2.38 데이터 분할(Data Partition) 노드의 설정

(마) 데이터 분할(Data Partition) 노드의 설정

- 속성 패널에서 변수 필드의 ... 버튼을 클릭한 후(그림 2.38), GOOD_BAD의 분할 역할을 층화로 설정하여라.
- 분할 방법(Partioning Method) 필드를 Stratified(층화추출)로 설정하여라.
- 데이터셋 할당 영역의 분석용(Training), 평가용(Validation), 검증용(Test) 필드값을 각각 60%, 40%, 0%로 지정하여라. 이러한 과정을 적용하면 분할된 데이터셋들에서도 변수 GOOD_BAD의 범주별 비율이 원 데이터셋에서와 동일하게 'good: 30%, bad: 70%'로 유지된다.

(바) 모델비교(Model Comparison) 노드의 수행

- 모델비교(Model Comparison) 노드를 실행한 후, 향상도 그래프 등 그 결과를 살펴 보아라.
- 속성 패널에서 선택 편집기 필드의 ... 버튼을 클릭한 후(그림 2.39), Neural(신경망)의 칼럼을 '예'로 설정하고 Reg(회귀)와 Tree(의사결정트리)의 칼럼을 '아니오'로 설정하여라. 이는 신경망 모형의 규칙을 다음의 스코어(Score) 노드에 적용하기 위한 것이다.

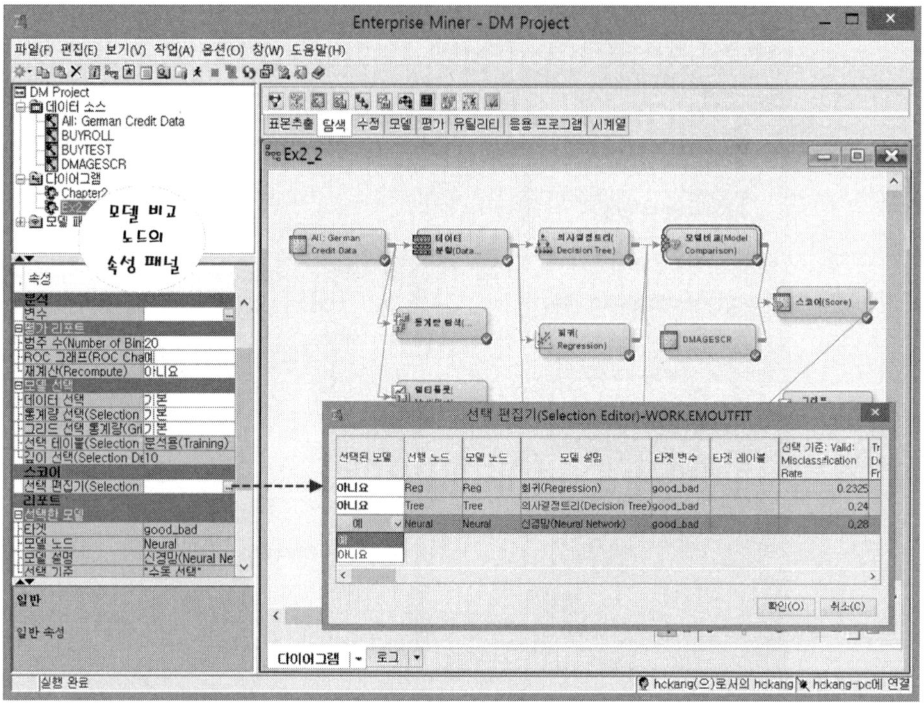

그림 2.39 모델비교(Model Comparison) 노드 – 속성 패널

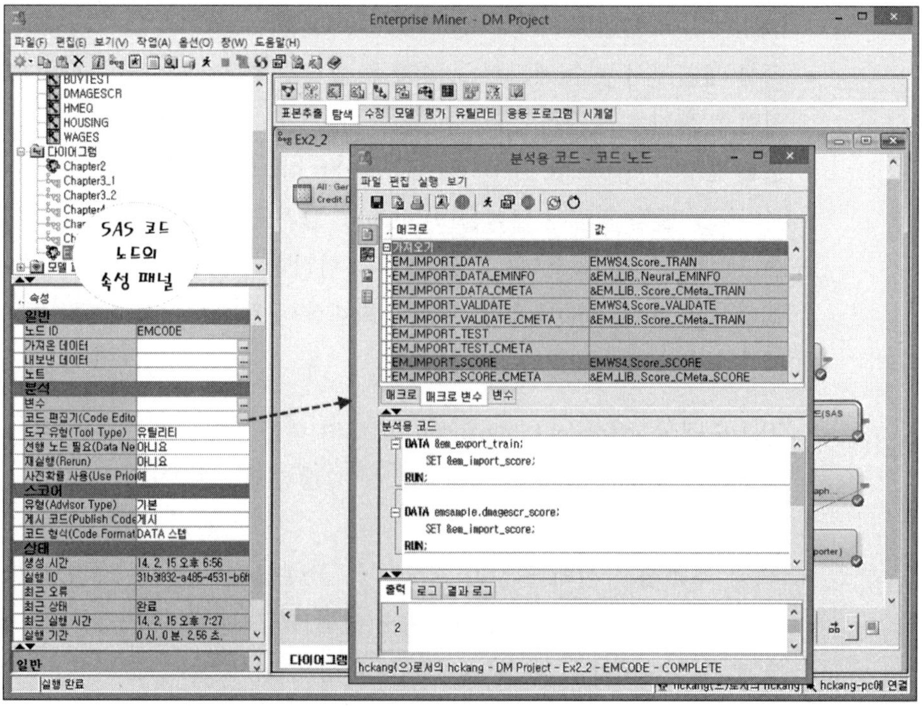

그림 2.40 SAS 코드(SAS Code) 노드 – 속성 패널

(사) **의사결정트리**(Decision Tree), **회귀**(Regression), **신경망**(Neural Network) 노드의 결과 윈도우를 각각 열고 그 결과를 살펴보아라.

(아) **스코어**(Score) 노드를 실행하고 그 결과를 살펴보아라. 특히, 예측된 good과 bad의 확률을 살펴보아라(2.5절 참조).

(자) 다이어그램에서 **SAS 코드**(SAS Code) 노드를 클릭한 후, **속성 패널**에서 **코드 편집기**(Code Editor) 필드의 ... 버튼을 클릭하여라. 그러면 **코드 편집기**가 나타난다(그림 2.40). **분석용 코드** 영역에 다음과 같은 SAS 프로그램을 작성하여라.

```
DATA &em_export_train;
    SET &em_import_score;
RUN;

DATA emsample.dmagescr_score;
    SET &em_import_score;
RUN;
```

위 프로그램에서 첫 번째 DATA-단계는 스코어가 적용된 데이터를 다음 노드에 분석용 데이터로 넘겨주기 위한 것이다.[21] 두 번째 DATA-단계는 스코어가 적용된 데이터를 다른 SAS 데이터셋으로 저장하기 위한 예이다. **코드 편집기**(Code Editor)를 닫고 **SAS 코드**(SAS Code) 노드를 실행한 후, 윈도우즈 탐색기를 이용하여 emsample 라이브러리가 지정되어 있는 폴더에 dmagescr_score.sas7bdat 데이터셋이 생성되어 있음을 확인하여라.

(차) 다이어그램에서 **메타데이터**(Metadata) 노드를 클릭한 후, **속성 패널**의 **변수** 영역에서 **분석**(Train) 필드의 ... 버튼을 클릭하여라. 그러면 **변수 설정** 대화상자가 나타난다(그림 2.41). 변수 P_good_badgood(신경망모형에 의한 예측확률)의 **새로운 역할** 칼럼을 **Target**으로 설정하여라. **메타데이터**(Metadata) 노드는 데이터 및 변수에 대한 설정을 변경하는 기능을 가지고 있다.

(카) **그래프 탐색**(Graph Explore) 노드를 실행하고 그 결과를 살펴보아라(그림 2.42 참조). 특히 변수 P_good_badgood의 분포와 75명의 새로운 고객에 대하여 계산된 예측확률을 살펴보아라. **그래프 탐색**(Graph Explore) 노드에서는 목표변수의 분포와 데이터의 내용을 볼 수 있다.

(타) **리포트 생성**(Reporter) 노드를 실행하고 그 결과를 살펴보아라(2.8절 참조).

[21] 매크로 변수들의 정의에 대해서는 **코드 편집기**(Code Editor)의 **매크로 변수** 탭을 클릭하여 확인할 수 있다.

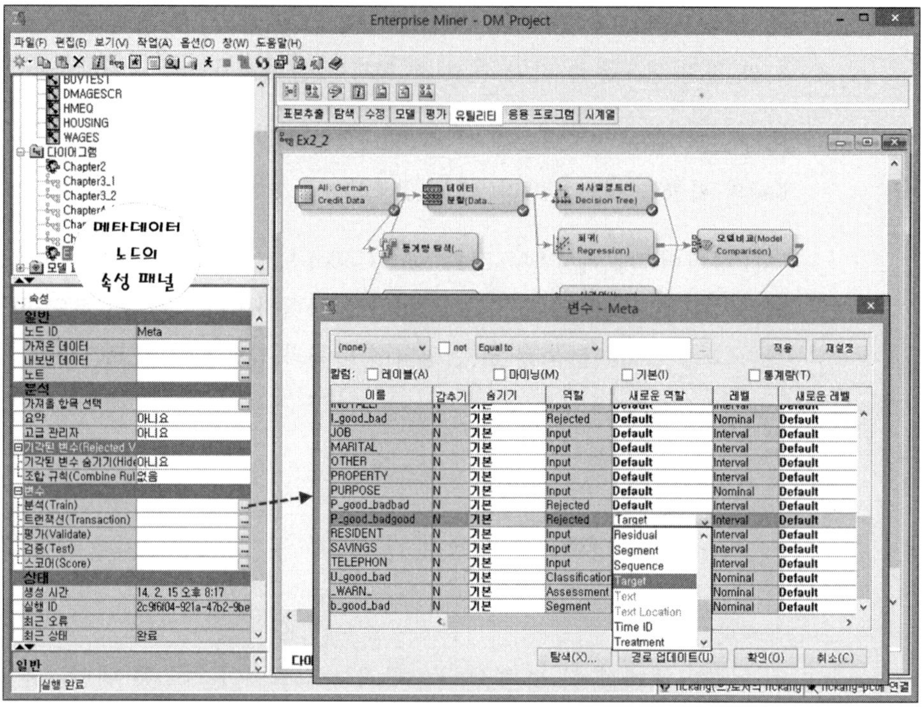

그림 2.41 메타데이터(Metadata) 노드 – 속성 패널

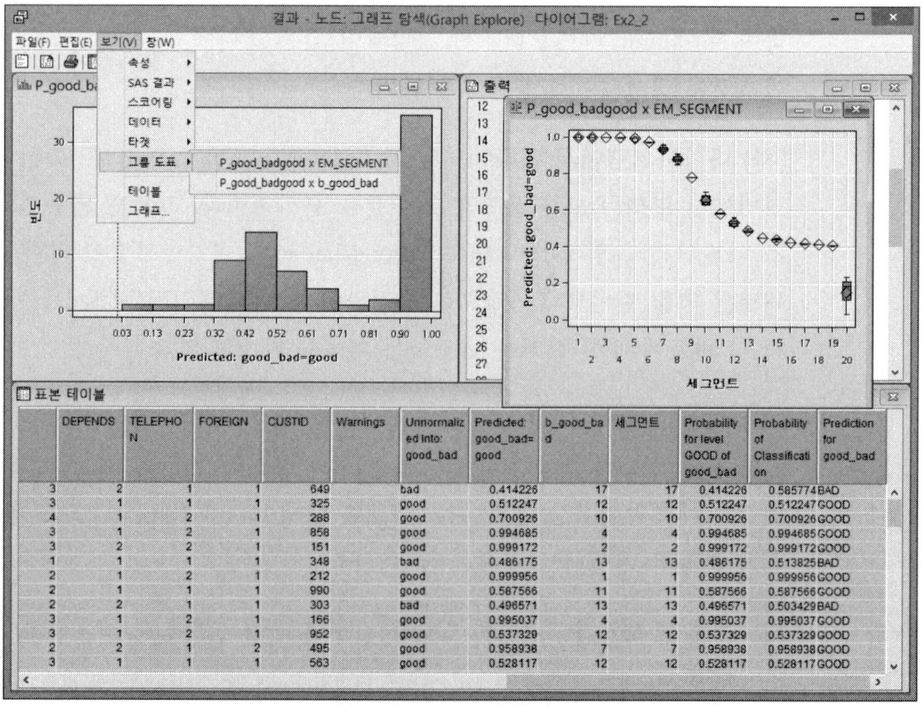

그림 2.42 그래프 탐색(Graph Explore) 노드 – 결과

더 읽을 거리

- 강현철, 김은석, 이성건, 이슬지, 채윤석, 최병정, 최종후, 한상태 (2014).“(빅데이터 분석을 위한) SAS Enterprise Miner 기능과 사용법”, 자유아카데미.
- 김기영, 강현철, 한상태, 최병진 (2009). “(예제로 배우는) SAS 데이터 분석 입문”, 자유아카데미.
- 김기영, 강현철, 최병정, 최병진 (2012). “(예제로 배우는) SAS 프로그래밍 입문”, 자유아카데미.
- SAS Institute Inc. (2005). *Enterprise Miner Software: Applying Data Mining Techniques*, Cary, NC: SAS Institute Inc.
- SAS Institute Inc. (2012). *Getting Started with SAS Enterprise Miner 12.1*, Cary, NC: SAS Institute Inc.
- SAS Institute Inc. (2012). *SAS Enterprise Miner 12.1 Reference Help*, Cary, NC: SAS Institute Inc.
- SAS Institute Inc. (2013). *Data Mining Using Enterprise Miner Software: A Case Study Approach*, Third Edition, Cary, NC: SAS Institute Inc.

제 II 부
예측모형의 구축과 평가

Predictive Modelling and Assessment

살다 보면 실망되는 일도 있다. 때로는 우리는 수정이나 아무 것도 아닌 돌덩이를 보고 다이아몬드를 발견했다고 한다. 하지만 전문가는 가짜들 중에서 진짜 다이아몬드를 구분해 낼 수 있다. 의심이 들면 바닥에 놓고 망치로 내려친다. 만약 그것이 다이아몬드라면 원형을 그대로 유지하지만 그렇지 않으면 산산조각이 나서 가루가 되어 버릴 것이다. 나는 이런 실험을 좋아하며 아무리 계속해도 싫증이 안난다.

– Mark Twain (1897), *Following the Equator*

제 3 장
의사결정나무분석

Decision Tree Analysis

데이터마이닝 작업에서 의사결정나무분석은 탐색과 모형화라는 두 가지 특성을 모두 가지고 있다고 할 수 있다. 즉, 의사결정나무분석은 판별분석 또는 회귀분석 등과 같은 모수적(parametric) 모형을 분석하기 위해서 사전에 이상치(outlier)를 검색하거나 분석에 필요한 변수 또는 모형에 포함되어야 할 상호작용의 효과를 찾아내기 위해서 사용될 수도 있고, 의사결정나무 자체가 분류 또는 예측모형으로 사용될 수도 있다.

3.1 의사결정나무의 개념

의사결정나무(decision tree)는 의사결정 규칙(rule)을 그림 3.1과 같은 나무구조로 도표화하여 분류(classification)와 예측(prediction)을 수행하는 분석방법이다. 이 방법은 분류 또는 예측의 과정이 나무구조에 의한 추론규칙(induction rule)에 의해서 표현되기 때문에, 다른 방법들(예를 들어, 신경망분석, 판별분석, 회귀분석 등)에 비해서 연구자가 그 과정을 쉽게 이해하고 설명할 수 있다는 장점을 가지고 있다.

이와 같은 의사결정나무가 어떻게 도출되는지는 차차 설명하겠지만, 연구자는 이러한 나무구조로부터 어떤 변수가 신용상태의 분류에 영향을 많이 주는지 그리고 어떤 경우에 신용상태가 나쁜 것으로 분류되는지를 쉽게 파악할 수 있다.

3.1.1 의사결정나무의 구성요소

의사결정나무는 하나의 나무구조를 이루고 있으며, 마디(node)라고 불리는 구성요소들로 이루어져 있다. 마디는 그 기능에 따라서 다음과 같이 여러 가지로 분류할 수 있다.

- 뿌리마디(root node): 나무구조가 시작되는 마디로서 분석대상이 되는 전체 자료로 이루어져 있다(그림 3.1의 ①번 마디).
- 자식마디(child node): 하나의 마디로부터 분리되어 나간 2개 이상의 마디들을 의미한다. 그림 3.1의 ②번과 ③번 마디는 ①번 마디의 자식마디이다.
- 부모마디(parent node): 자식마디의 상위 마디를 의미한다. 그림 3.1의 ①번 마디는 ②번과 ③번 마디의 부모마디이다.
- 끝마디(terminal node; 잎, leaf): 각 나무줄기의 끝에 위치하고 있는 마디를 의미한다(그림 3.1의 ④, ⑤, ⑦, ⑧, ⑨번 마디). 의사결정나무에서의 분류규칙은 끝마디의 개수만큼 생성된다고 할 수 있다. 예를 들어, 월소득이 213만원 미만이면

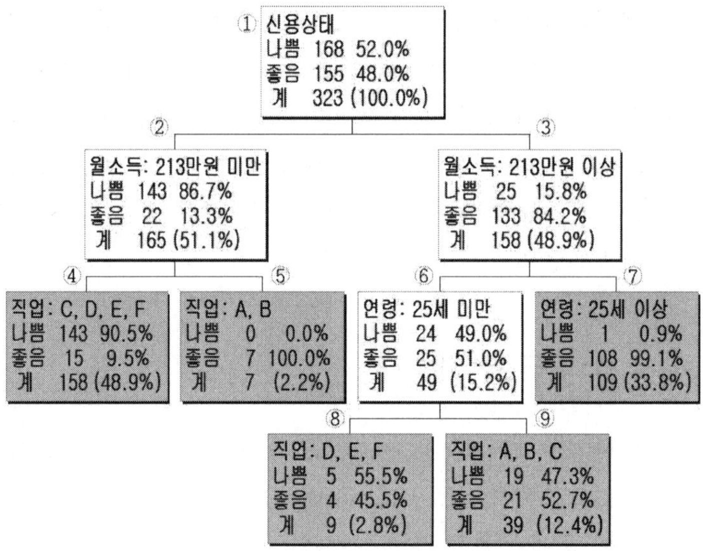

그림 3.1 의사결정나무의 예: 신용평가 문제

서 직업이 C, D, E, F인 경우에는 신용상태가 나쁘다고 평가할 수 있으며(④번 마디), 월소득이 213만원 이상이면서 연령이 25세 이상인 경우에는 신용상태가 좋다고 평가할 수 있다(⑦번 마디).

- **중간마디**(internal node): 나무구조의 중간에 있는 끝마디가 아닌 마디들을 의미한다(그림 3.1의 ②, ③, ⑥번 마디).
- **가지**(branch): 하나의 마디로부터 끝마디까지 연결된 일련의 마디들을 의미하며, 이 때 가지를 이루고 있는 마디의 개수를 깊이(depth)라고 한다. 그림 3.1의 ③, ⑥, ⑦, ⑧, ⑨는 하나의 가지를 이루고 있으며, 이 가지의 깊이는 3이다.

3.1.2 의사결정나무의 형성과정

의사결정나무분석을 위해서 CHAID(Kass, 1980), CART(Breiman et al., 1984), C4.5(Quinlan, 1993)와 같은 다양한 알고리즘이 제안되어 있으며, 최근에는 이들의 장점을 결합하여 보다 개선된 알고리즘들이 제안되고 상용화되고 있다. 사실, 많은 연구자들과 소프트웨어들에 의해서 이들 알고리즘이 개선되었고 장점이 서로 결합되었기 때문에 알고리즘의 구별이 모호해지고 있다. E-Miner에서는 기존의 알고리즘을 결합하고 확장하여 **의사결정트리**(Decision Tree) 노드에서 다양한 의사결정나무분석을 수행할 수 있도록 하고 있다. 일반적으로 의사결정나무분석은 다음과 같은 단계를 거치게 된다.

- **의사결정나무의 형성**: 분석의 목적과 자료구조에 따라서 적절한 분리기준(split criterion)과 정지규칙(stopping rule)을 지정하여 의사결정나무를 얻는다.
- **가지치기**: 분류오류(classification error)를 크게 할 위험(risk)이 높거나 부적절한 추론규칙(induction rule)을 가지고 있는 가지(branch)를 제거한다.
- **타당성 평가**: 이득도표(profit chart)나 위험도표(risk chart)와 같은 모형평가 도구 또는 평가용 데이터(validation data)에 의한 교차타당성(cross validation) 등을 이용하여 의사결정나무를 평가한다.
- **해석 및 예측**: 의사결정나무를 해석하고 예측모형을 구축한다.

이상과 같은 과정에서 분리기준, 정지규칙, 평가기준 등을 어떻게 지정하느냐에 따라서 서로 다른 의사결정나무가 형성된다. 실제로 분석을 수행함에 있어서 반드시 이러한 순서를 따라야 하거나 모든 과정을 수행해야 하는 것은 아니지만, 단 한 번에 분석이 끝나지도 않는다. 연구자는 필요한 과정을 반복적으로 수행하여 다양한 의사결정나무를 얻고, 연구목적이나 자료구조 또는 실제의 적용에 따르는 문제점 등에 의해서 이들을 비교하고 검토하여, 가장 적절한 의사결정나무를 얻을 수 있도록 노력해야 한다. 이 장의 분석사례에서 적절한 의사결정나무를 얻는 다양한 방법과 과정을 자세히 설명할 것이므로, 독자들은 이를 천천히 따라해 보면서 의사결정나무분석의 과정을 이해하기 바란다.

3.2 의사결정나무의 분리기준

분리기준(split criterion)은 하나의 부모마디로부터 자식마디들이 형성될 때, 입력변수(input variable)의 선택과 범주(category)의 병합이 이루어질 기준을 의미한다. 즉, 어떤 입력변수를 이용하여 어떻게 분리하는 것이 목표변수의 분포를 가장 잘 구별해 주는지를 파악하여 자식마디가 형성되는데, 목표변수의 분포를 구별하는 정도를 순수도(purity) 또는 불순도(impurity)에 의해서 측정하는 것이다. 이 때 순수도란 목표변수의 특정 범주에 개체들이 포함되어 있는 정도를 의미한다. 예를 들어, 그림 3.1의 ①번 마디에서는 신용상태의 좋고 나쁜 비율이 각각 48%와 52%로써 비슷하지만, ②번 마디에서는 신용상태가 나쁜 고객의 비율이 86.7%로 매우 높아지고 있다. 즉, 부모마디인 ①번 마디에 비해서 자식마디인 ②번과 ③번 마디에서 순수도가 매우 높아졌다는 것을 알 수 있다.

이와 같이 의사결정나무는 부모마디의 순수도에 비해서 자식마디들의 순수도가 증가하도록 자식마디를 형성해 나가게 된다. 예를 들어, 그림 3.1의 뿌리마디

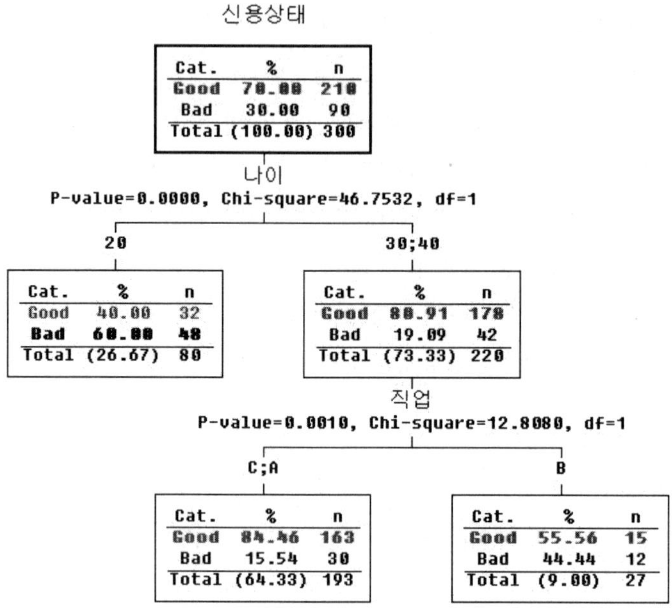

그림 3.2 분류나무(classification tree)의 예

에서 2개의 자식마디를 형성하는 경우를 생각해 보자. 323명의 고객을 특정 변수에 의해서 2개의 집단으로 나누는 모든 경우의 수는 매우 많을 것이다(월소득 150만원 미만과 이상, 월소득 213만원 미만과 이상, 연령 15세 미만과 이상, 연령 30세 미만과 이상, $\cdots$). 이제 이와 같은 모든 분리조합에 대해서 순수도를 수치화하여 기계적으로 비교하고, 월소득 213만원 미만과 이상으로 분리하는 경우가 선택되는 것이다. 즉, 분리기준이란 부모마디에 비해서 자식마디들에서 순수도가 증가하는 정도를 수치화 한 것이다.

사실 마디의 순수도를 나타내는 어떠한 것도 분리기준으로 사용될 수 있으나, 일반적으로는 목표변수의 측도에 따라서 다음과 같은 분리기준들이 사용된다.[1]

3.2.1 분류나무: 이산형 목표변수의 경우

앞서 살펴보았던 신용평가 문제에서와 같이 목표변수가 이산형(범주형)인 경우에는 목표변수의 각 범주에 속하는 빈도(frequency)에 기초하여 분리가 일어나며, 이를 분류나무(classification tree)를 구성한다고 한다(그림 3.2). 이때 사용되는 분리기준으로는 다음과 같은 것들이 있다(연습문제 3-10 참조).

[1]이들에 대한 자세한 설명을 원하는 독자는 '(AnswerTree3.0을 이용한) 데이터마이닝 예측 및 활용'(최종후 외, 1998)이나 이 장의 참고문헌을 참조하기 바란다.

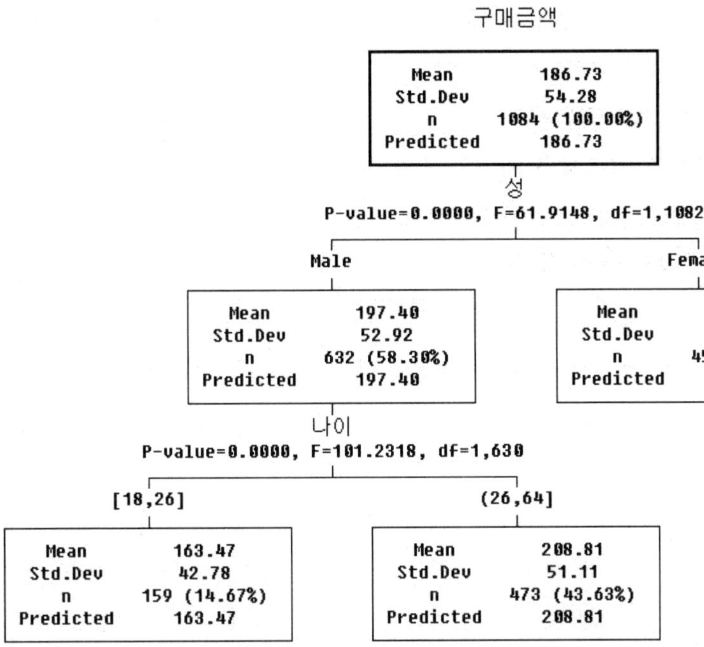

그림 3.3 회귀나무(regression tree)의 예

- 카이제곱 통계량의 p-값(p-value of Chi-Square statistic): p-값이 가장 작은 예측변수와 그때의 최적분리에 의해서 자식마디를 형성한다.
- 지니 지수(Gini index): 불순도를 측정하는 하나의 지수로서 지니지수를 가장 감소시켜 주는 예측변수와 그때의 최적분리에 의해서 자식마디를 선택한다.
- 엔트로피 지수(Entropy index): 다항분포에서의 우도비 검정통계량을 사용하는 것과 같은 것으로 알려져 있다. 이 지수가 가장 작은 예측변수와 그때의 최적분리에 의해서 자식마디를 형성한다.

3.2.2 회귀나무: 연속형 목표변수의 경우

목표변수가 연속형(구간형)인 경우에는 그림 3.3에서와 같이 목표변수의 평균(mean)과 표준편차(standard deviation)에 기초하여 마디의 분리가 일어나며, 이를 회귀나무(regression tree)를 구성한다고 한다. 예를 들어, 그림 3.3에서 뿌리마디의 자식마디가 남자와 여자의 경우로 분리되어 있다. 이는 남자의 경우에는 구매금액의 평균(약 197만원)이 높아지고 여자의 경우에는 구매금액의 평균(약 172만원)이 낮아져서, 성별에 따라 구매금액의 높고 낮음을 잘 예측할 수 있기 때문이다. 연속형 목표변수에 대한 분리기준들은 다음과 같다(연습문제 3-10 참조).

- F 통계량의 p-값: p-값이 가장 작은 예측변수와 그때의 최적분리에 의해서 자식마디를 형성한다.
- 분산의 감소량(Variance reduction): 예측오차를 최소화하는 것과 동일한 기준으로 분산의 감소량을 최대화하는 기준의 최적분리에 의해서 자식마디를 형성한다.

3.2.3 정지규칙과 가지치기

정지규칙(Stoping rule)은 더 이상 분리가 일어나지 않고 현재의 마디가 끝마디가 되도록 하는 여러 가지 규칙을 의미한다. 의사결정트리(Decision Tree) 노드에서 지정할 수 있는 옵션들에 대해서는 이 장의 분석사례와 참고문헌들을 참조하기 바란다.

한편, 지나치게 많은 마디를 가지는 의사결정나무는 새로운 자료에 적용할 때 예측오차(prediction error)가 매우 클 가능성이 있다. 따라서 형성된 의사결정나무에서 적절하지 않은 마디를 제거하여, 적당한 크기의 부나무(subtree)구조를 가지는 의사결정나무를 최종적인 예측모형으로 선택하는 것이 바람직하다. 예를 들어, 그림 3.1의 ⑧번과 ⑨번 마디는 부모마디인 ⑥번 마디에 비해서 분류능력(또는 순수도)이 더 좋다고 보기 어렵다. 따라서 적절한 정지규칙에 의해서 ⑥번 마디가 더 이상 분리되지 않도록 하거나, 가지치기(pruning)를 수행하여 ⑧번과 ⑨번 마디를 제거하는 것이 바람직할 것이다. 의사결정트리(Decision Tree) 노드에서는 가지치기를 의사결정나무의 형성과정에 포함시키기도 하지만, 실제로는 연구자가 적절한 가지치기를 수행해 주는 것도 필요하다. 의사결정트리(Decision Tree) 노드에서 지정할 수 있는 타당성 평가 및 가지치기 옵션들에 대해서는 이 장의 분석사례와 참고문헌들을 참조하기 바란다.

3.3 의사결정나무분석의 특징

분석사례에 앞서 장점과 단점을 중심으로 의사결정나무분석의 특징을 간단히 살펴보기로 한다.

3.3.1 의사결정나무분석의 장점

해석의 용이성

앞에서 살펴본 바와 같이 나무구조에 의해서 모형이 표현되기 때문에 모형을 사용자가 쉽게 이해할 수 있다. 또한 새로운 개체에 대한 분류 또는 예측을 하기 위해서 뿌리마디로부터 끝마디까지를 단순히 따라가면 되기 때문에, 새로운 자료에 모형을 적합시키기가 매우 쉽다. 그리고 나무구조로부터 어떤 입력변수가 목표변수를 설명하기 위해서 더 중요한지를 쉽게 파악할 수 있다.

교호작용 효과의 해석

두 개 이상의 변수가 결합하여 목표변수에 어떻게 영향을 주는지를 쉽게 알 수 있다. 예를 들어, 그림 3.1에서 월소득이 많고 적음에 따라서 신용상태에 영향을 주는 변수와 그 형태가 서로 다르다는 것을 알 수 있다. 이와 같이 의사결정나무는 유용한 입력변수나 교호작용(interaction)의 효과 또는 비선형성(nonlinearity)을 자동적으로 찾아내는 알고리즘이라고 할 수 있다.[2] 회귀분석이나 로지스틱 판별분석(logistic discriminant analysis)과 같은 모수적(parametric) 모형에서 모든 가능한 상호작용을 고려하여 분석한다는 것이 거의 불가능한 일이라는 것을 생각해 보면 의사결정나무의 매력을 보다 크게 느낄 수 있을 것이다.

비모수적 모형

의사결정나무는 선형성(linearity)이나 정규성(normality) 또는 등분산성(equal variance) 등의 가정을 필요로 하지 않는 비모수적인(nonparametric) 방법이다. 또한 의사결정나무에서는 순서형 또는 연속형 변수는 단지 순위(rank)만 분석에 영향을 주기 때문에 이상치(outlier)에 민감하지 않다는 장점을 가지고 있다.

3.3.2 의사결정나무분석의 단점

비연속성

실제로 의사결정나무에서는 연속형 변수를 비연속적인 값으로 취급하기 때문에 분리의 경계점 근방에서는 예측오류가 클 가능성이 있다. 예를 들어, 그림 3.1에서 어떤 고객의 월소득이 210만원인 경우에, 월소득이 213만원보다 적다고 해서 신용상태가 나쁠 것으로 단순히 분류하는 것은 옳지 않을 수 있다. 최근에는 이러한 단점을 극복하기 위하여, 앞서 논의한 장점을 해치지 않고 모수적 모형이나 신경망 등을 의사결정나무와 결합하는 방법들이 연구되고 있다.

선형성 또는 주효과의 결여

다음 장에서 다룰 회귀모형에서는 회귀계수나 오즈비(odds ratio)를 이용하여 결과에 대한 유용한 해석을 얻을 수 있다. 즉, 선형모형(linear model)에서 주효

[2] 가장 널리 사용되는 의사결정나무분석 알고리즘 중 하나인 CHAID는 Chi-square Automatic Interaction Detection의 약어이다.

과(main effect)는 다른 예측변수와 관련시키지 않고서도 각 변수의 영향력을 해석할 수 있다는 장점을 가지고 있는데, 의사결정나무에서는 선형(linear) 또는 주효과(main effect) 모형에서와 같은 결과를 얻을 수 없다는 한계점이 있다.

비안정성

분석용 자료(training data)에만 의존하는 의사결정나무는 새로운 자료의 예측에서는 불안정(unstable)할 가능성이 높다. 이와 같은 현상은 분석용 자료의 크기가 너무 작은 경우와 너무 많은 가지를 가지는 의사결정나무를 얻는 경우에 빈번히 발생한다. 따라서 평가용 데이터(validation data)에 의한 교차타당성(cross validation) 평가나 가지치기에 의해서 안정성 있는 의사결정나무를 얻는 것이 바람직하다고 여겨진다.

3.4 분석사례 - 1(분류나무): 신용평가 문제

한 은행의 신용평가 부서에서는 대출승인에 대한 의사결정 과정을 자동화하기 위해서 각 고객에 대한 신용평가점수(credit score) 모형을 만들고자 한다. 이를 위해서 HMEQ 데이터셋(부록 참조)을 구성하였으며, 생성된 모형은 대출승인 여부를 결정하는 예측모형으로 사용될 것이다. 그러나 대출이 거절된 고객에게는 그 사유를 설명할 수 있어야 하므로 연구자가 모형을 충분히 이해할 수 있어야 한다는 것도 매우 중요한 문제가 된다. 따라서 적절한 예측력과 충분한 설명력을 확보하기 위해서 의사결정나무를 이용하여 모형화를 시도해 보기로 하자.

HMEQ 데이터셋은 5,960명에 대해서 대출과 관련된 고객정보를 포함하고 있다. 목표변수 BAD는 신용상태의 좋고 나쁨을 나타내는 변수이며(0: Good, 1: Bad), Bad의 비율은 약 20%(1,189명)이다. 다이어그램의 **그래프 탐색**(Graph Explore) 노드를 이용하여 변수 BAD의 분포를 살펴보기 바란다.

데이터 소스: HMEQ

① 데이터셋 HMEQ를 이용하여 새로운 데이터 소스를 생성한다.

② 변수 BAD의 **역할** 칼럼을 Target으로 지정한다.

3.4.1 분석흐름도 작성과 변수 탐색

새로운 다이어그램을 생성하고, 분석흐름도를 그림 3.4와 같이 작성하여라.[3]

[3]다이어그램 탐색 툴바에 있는 방향 설정 아이콘을 클릭한 후, 위에서 아래로 옵션을 선택하면 분

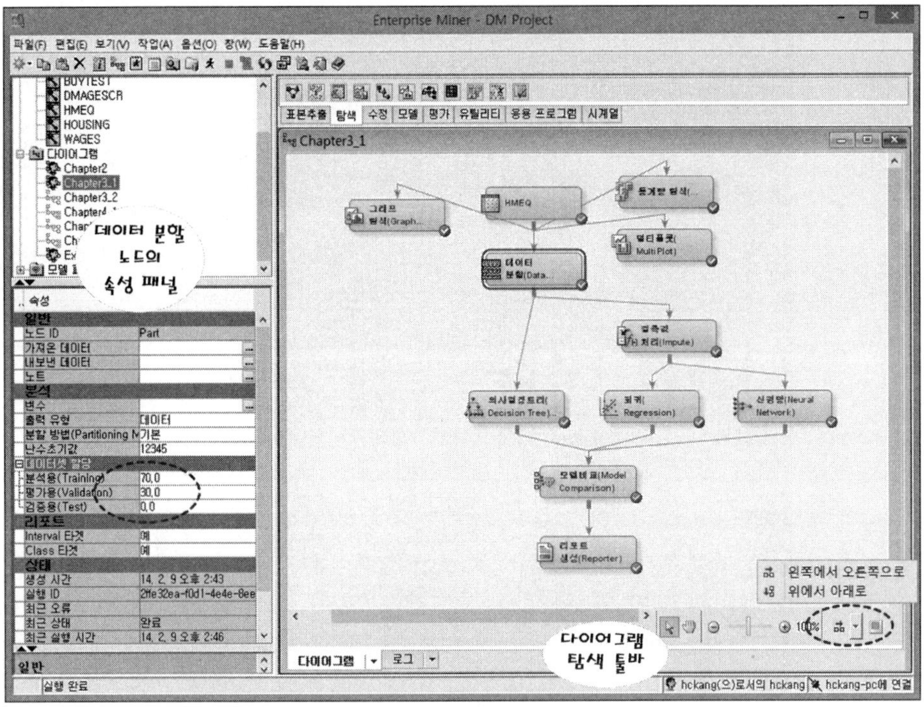

그림 3.4 '분석 사례 - 1'을 위한 다이어그램

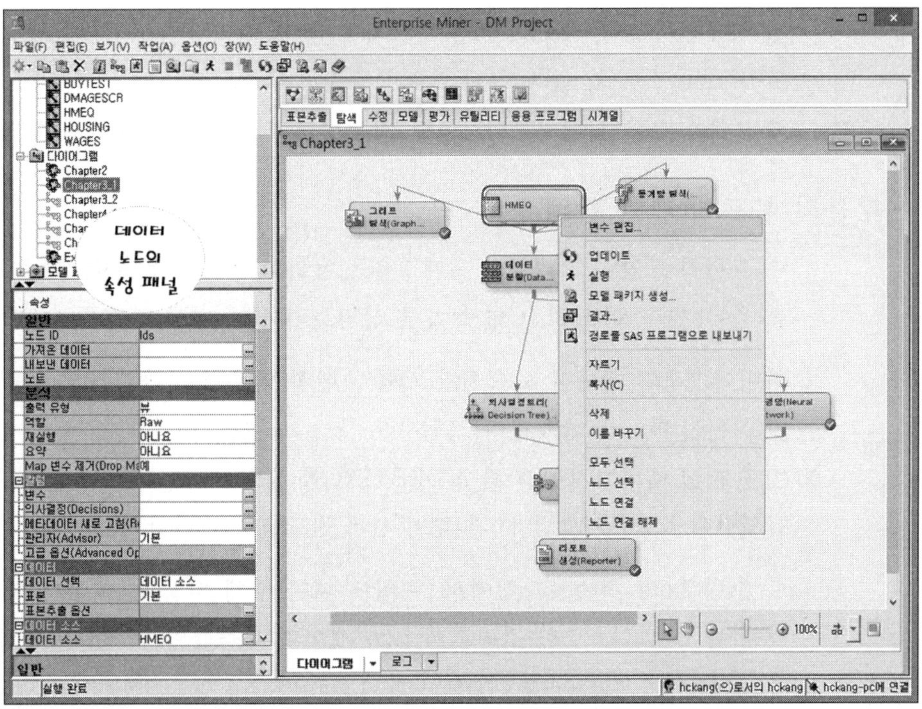

그림 3.5 변수 편집 메뉴

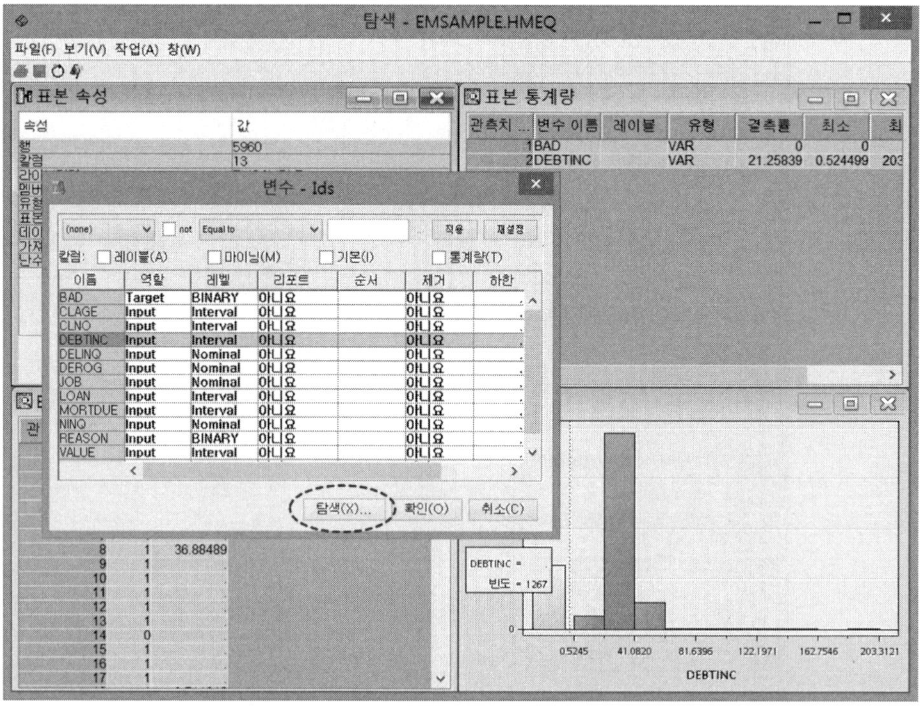

그림 3.6 변수 DEBTINC(수입 대비 부채비율)의 분포 보기

이 사례에서 **회귀**(Regression) 노드와 **신경망**(Neural Network) 노드는 **의사결정트리**(Tree) 노드의 결과와 비교하기 위해서 추가되었으니 독자들은 그대로 따라 해 보기를 바란다(회귀분석은 4장, 신경망분석은 5장에서 자세히 설명할 것이다).

변수들의 분포에 대한 탐색

모형화에 앞서 그래프와 통계량을 이용하여 각 변수들의 특성을 살펴보자. 예를 들어, 변수 DEBTINC의 분포를 살펴보기 위해 다음 과정을 수행하여라.

① 다이어그램의 데이터 노드 HMEQ를 오른쪽 마우스로 클릭한 후, 팝업 메뉴에서 **변수 편집** 메뉴를 클릭한다(그림 3.5).

② **변수 편집** 대화상자에서 변수 DEBTINC를 클릭한 후(그림 3.6), **탐색(X)** 버튼을 클릭한다. 그러면 그림 3.6과 같이 결과 윈도우가 나타난다.

그림 3.6의 히스토그램에서 '수입에 대한 부채 비율'이 대부분 45(%) 미만인 것을 볼 수 있다. 또한 결측값이 1,267개이며 결측률이 21.3에 이른다는 것을 볼

석흐름도의 연결 방향을 바꿀 수 있다. 또한 이 아이콘은 작성 중인 분석흐름도를 보기 좋게 정렬하고자 할 때도 이용할 수 있다.

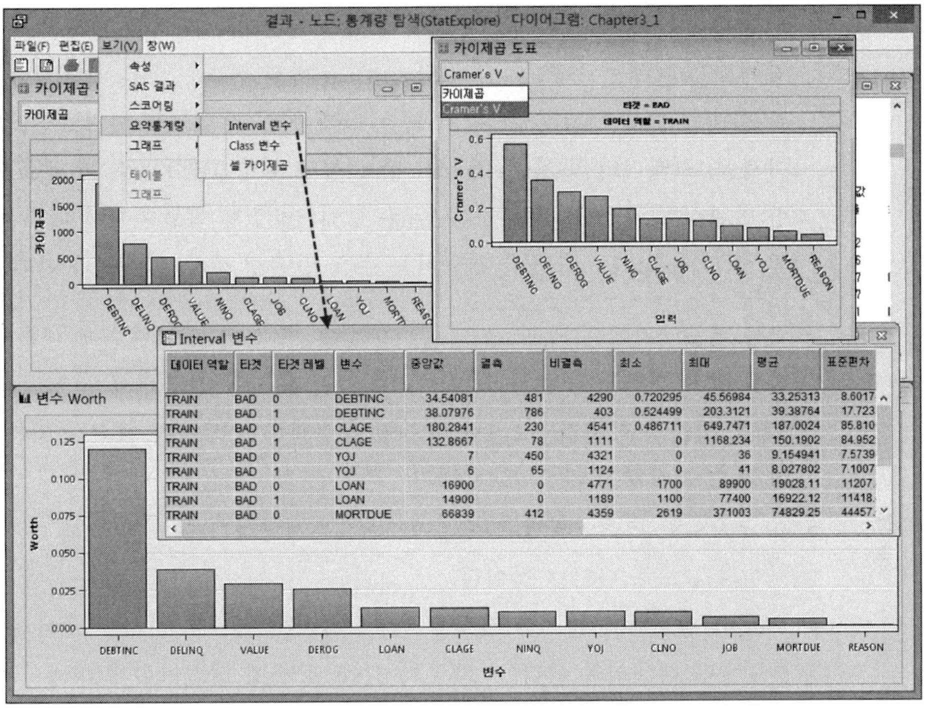

그림 3.7 통계량 탐색(StatExplore) 노드 – 결과

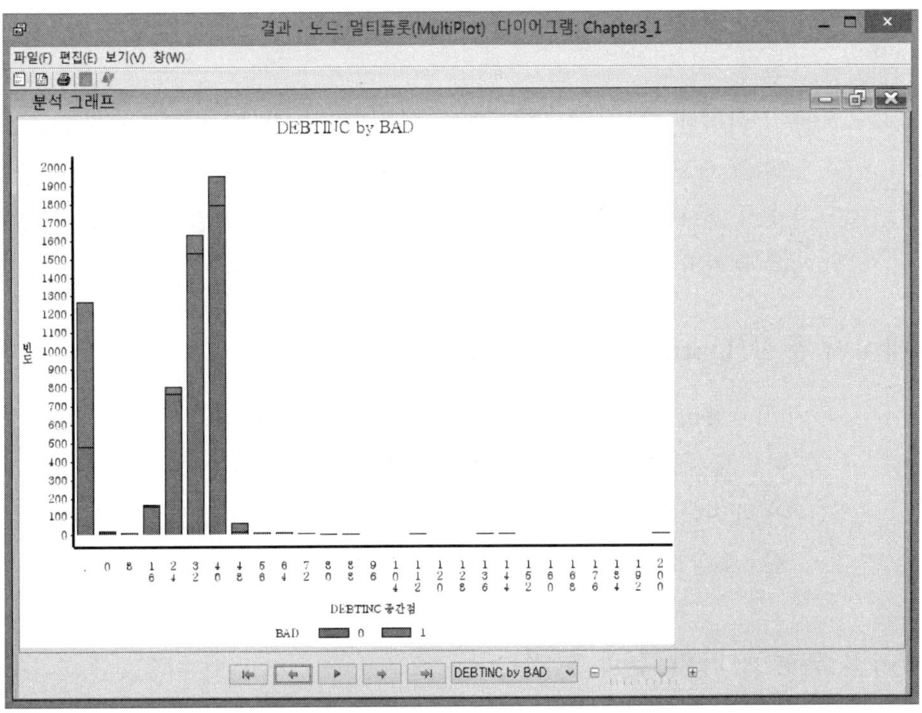

그림 3.8 멀티플롯(MultiPlot) 노드 – 결과

수 있다. 즉, 대출신청자의 약 20% 정도가 신청서에 '수입에 대한 부채 비율'을 기입하지 않았다는 것을 알 수 있다.

통계량 탐색(StatExplore) 노드를 실행하고 그 결과를 살펴보면(그림 3.7), 카이제곱, 크래머의 V-계수, Worth 값을 통해 변수 DEBTINC가 목표변수와 일변량 연관성이 가장 높다는 것을 알 수 있다. 범주형 목표변수에 대하여 **통계량 탐색**(StatExplore) 노드에서 제공하는 주요 연관성 측도는 다음과 같다.

- 카이제곱: 피어슨(Pearson)의 χ^2 통계량. 구간형 입력변수에 대하여 카이제곱 값을 얻기 위해서는 **속성 패널**의 **카이제곱 통계량** 영역에서 Interval **변수** 필드에 '예'를 설정하면 된다. 그러면 구간형 입력변수를 적당한 개수(초기값=5)로 그룹화 하고 카이제곱 값을 계산한다.
- Cramer's V: 크래머의 V-계수. 이는 χ^2 통계량을 자유도에 의해 수정하여 0과 1 사이의 값으로 나타낸 것이다.
- Worth: 일변량 연관성의 정도를 0과 1 사이의 값으로 나타낸 것이다. 이산형 입력변수에 대해서는 람다(λ) 계수의 제곱, 구간형 입력변수에 대해서는 일원 분산분석(onw-way ANOVA)에서의 R^2와 유사한 개념의 측도이다.

멀티플롯(MultiPlot) 노드를 실행하고 그 결과를 살펴보면(그림 3.8), 변수 DEBTINC가 결측값일 경우 범주 1(Bad)의 비율이 상당히 높다는 것을 볼 수 있다.

이러한 방식으로 **변수 편집** 메뉴와 **그래프 탐색**(Graph Explore), **통계량 탐색**(StatExplore), **멀티플롯**(MultiPlot) 노드를 이용하여 다른 변수들의 특성도 자세히 살펴보기 바란다(분석에 앞서 이러한 방식의 변수 탐색을 수행하는 것은 매우 추천되는 작업이다).

데이터 분할(Data Partition) 노드

모형의 구축과 타당성 평가를 위해서 HMEQ 데이터셋을 분석용과 평가용 데이터세트로 분할하도록 하자. **데이터 분할**(Data Partition) 노드의 **속성 패널**에서 **데이터셋 할당** 영역을 **분석용** 70%, **평가용** 30%, **검증용** 0%로 설정하여라(그림 3.4 참조).

3.4.2 모형 평가와 결과 보기

다음과 같은 과정을 통해 세 가지 모형에 대한 평가를 수행하도록 하자.

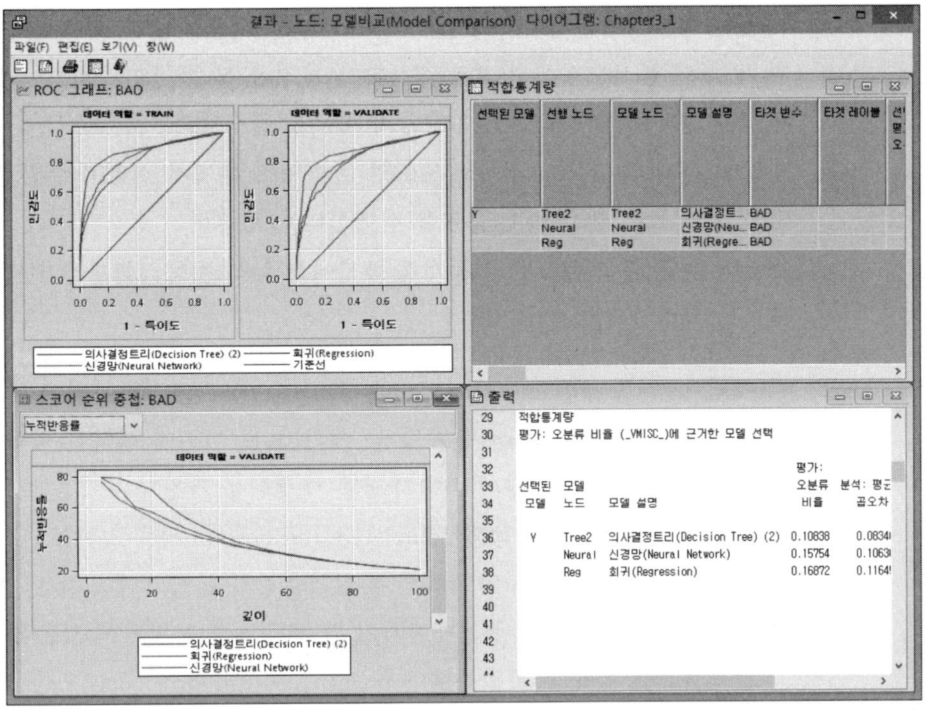

그림 3.9 모델비교(Model Comparison) 노드 – 결과

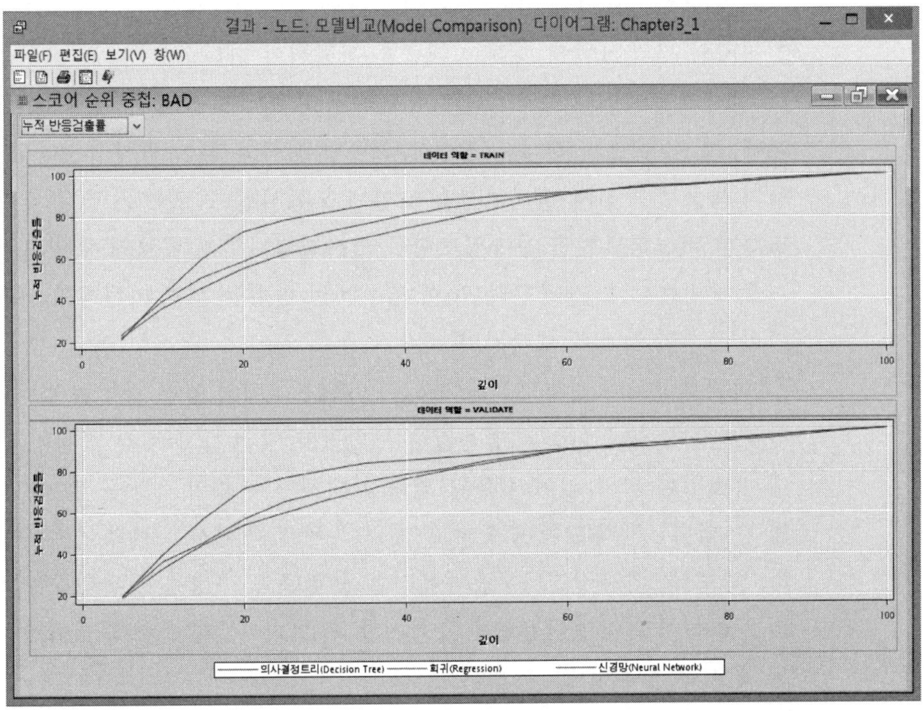

그림 3.10 모델비교(Model Comparison) 노드 – 결과: 스코어 순위 중첩

① 다이어그램 작업영역에서 **모델비교**(Model Comparison) 노드를 실행한다. 그러면 세 개의 분석모형이 차례로 실행되는 과정을 볼 수 있다. 분석이 전부 진행되면 분석결과를 살펴보기 위해서 **결과** 버튼을 클릭한다.

② **모델비교**(Model Comparison) 노드의 결과 윈도우에서 **스코어 순위 중첩** 윈도우의 통계량 목록 중 **누적 반응률**을 선택한다(그림 3.9).

③ **스코어 순위 중첩** 윈도우의 통계량 목록에서 **누적 반응검출률**을 선택하고, 이 윈도우를 확대한다(그림 3.10).

그림 3.9의 **모델비교**(Model Comparison) 노드의 결과는 누적 향상도, ROC 인덱스, Kolmogorov-Smirnov 통계량 등 거의 모든 기준에 대하여 의사결정나무가 신경망모형이나 회귀모형에 비해서 좋은 예측력을 가진다는 것을 보여주고 있다.

그림 3.9에서 **누적 반응률**(cumulative response rate)을 살펴보면, 의사결정나무에 의한 상위 10%에는 약 79%의 부실대출자가 포함되어 있는 반면에, 회귀모형에 의한 상위 10%에는 부실대출자가 약 66% 정도 포함되어 있음을 알 수 있다.

그림 3.10의 **누적 반응검출률**(cumulative captured response rate)을 살펴보면, 의사결정나무에 의해서 부실 점수가 높은 상위 30%의 대출신청자에게 대출을 거절하면 약 80%의 부실대출을 방지할 수 있다는 것을 볼 수 있다. 반면에 신경망모형이나 회귀모형을 이용하여 80% 정도의 부실대출을 방지하기 위해서는 대출신청자의 거의 50%에 대해서 대출을 거절해야 한다.[4]

의사결정나무가 로지스틱 회귀모형에 비해서 훨씬 좋은 예측력을 보여주고 있는데, 그 이유 중의 하나는 앞절에서 설명한 바와 같이 의사결정나무가 입력변수들과 목표변수 간의 비선형성을 모형에 포함시킬 수 있다는 것일 것이다. 그러나 또다른 비선형모형인 신경망모형이 의사결정나무와 예측력에 있어서 다소의 차이를 보이는 것을 생각한다면, 이 경우에는 변수들 간의 비선형성 이외의 다른 원인이 존재할 것으로 생각된다.

회귀분석이나 신경망분석에서는 결측값 대체와 같은 방법을 사용하지 않으면 입력변수에 하나 이상의 결측값을 포함하고 있는 개체는 분석에서 제외되고(1장에서 설명한 바와 같이 잘못된 결측값 대체는 예측의 성능을 떨어뜨리는 원인이 될 수 있다), 결측값을 포함하고 있는 개체에 대해서는 예측이 수행되지도 않는다. 반면에, 의사결정나무분석에서는 모형구축 과정에서 결측값을 하나의 범주로 처리하여 의사결정규칙에 포함시킬 수 있다. 실제 문제에 있어서 이러한 처리는 매우 큰 장점이 될 수 있다.

---

[4]반응률과 반응검출률의 계산에 대해서는 6장에서 자세히 설명할 것이다.

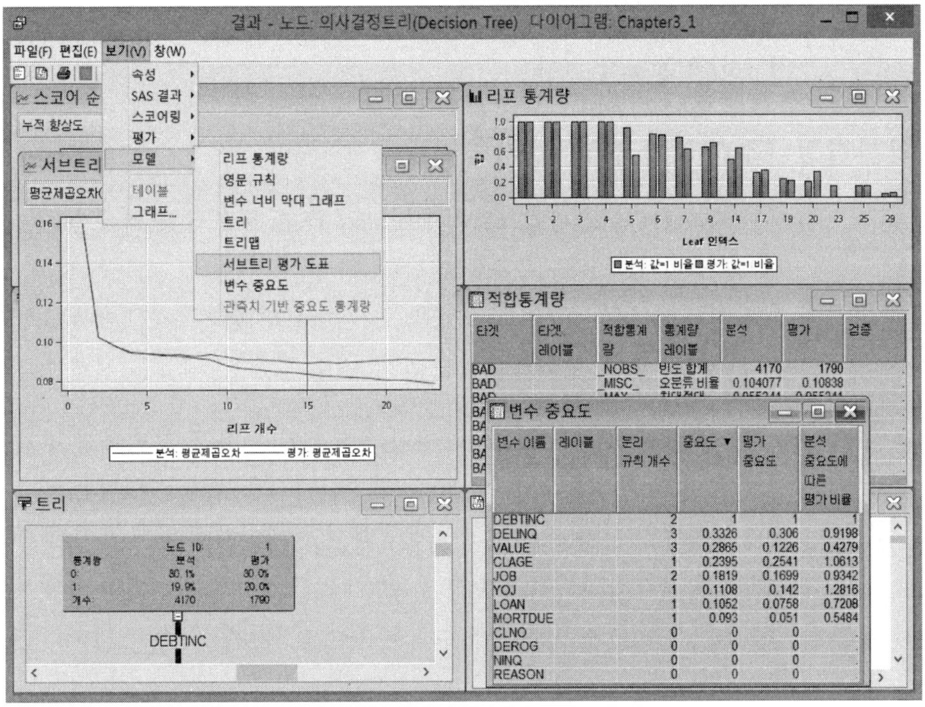

그림 3.11 의사결정트리(Decision Tree) 노드 – 결과

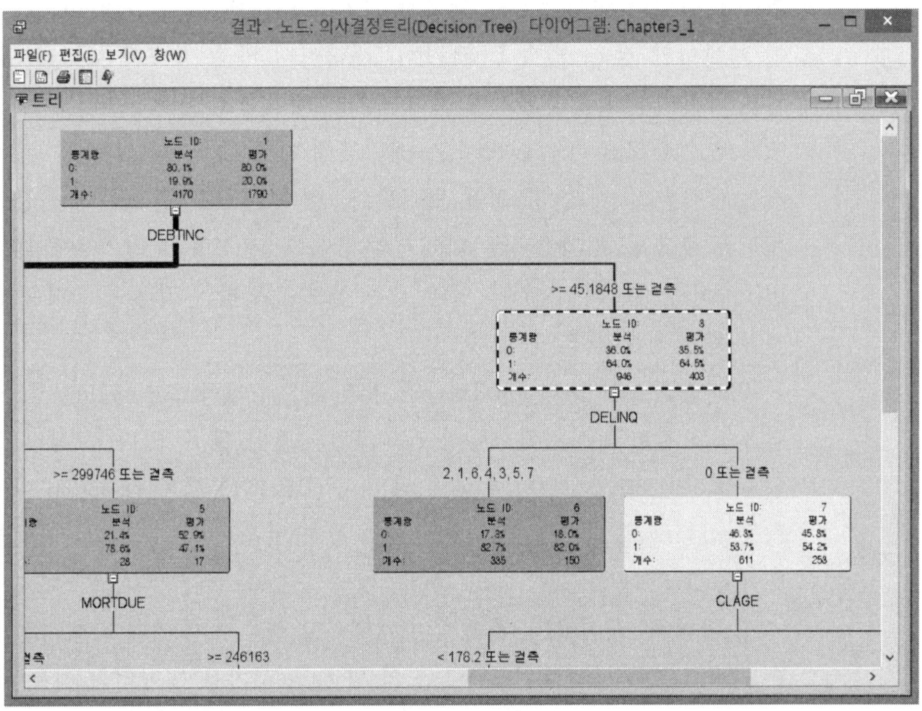

그림 3.12 의사결정트리(Decision Tree) 노드 – 결과: 트리

의사결정나무의 결과를 살펴보면서 조금 더 구체적으로 이러한 문제에 대해서 논의해 보도록 하자.

의사결정나무분석의 결과 보기

① 다이어그램에서 **의사결정트리**(Decision Tree) 노드의 결과를 연다. 그러면 그림 3.11과 같이 결과 윈도우가 나타난다.
② 결과 윈도우에서 '**보기(V) → 모델 → 서브트리 평가 도표**' 메뉴를 선택한다.
③ 결과 윈도우에서 '**보기(V) → 모델 → 변수 중요도**' 메뉴를 선택한다.

먼저, 그림 3.11에서 **적합통계량** 윈도우의 내용을 살펴보면 평가용 데이터에 대하여 10.8%의 오분류율(약 89.2%의 정확도)을 가지고 있다는 것을 볼 수 있다. 또한 **서브트리 평가 도표** 윈도우에서 분석용 데이터에 의해 23개의 끝마디(leaf)를 가지는 의사결정나무가 형성된 후, 평가용 데이터에에 대한 오분류율을 기준으로 가지치기가 수행되어 최종적으로 15개의 끝마디를 가지는 나무가 구성되었음을 볼 수 있다.

변수 중요도 윈도우에는 각 입력변수들에 대해 Importance(중요도)가 제시되어 있다. 이는 구축된 의사결정모형에서 해당 입력변수가 있고 없음에 따라서 얼마나 예측력이 변하는지를 상대적 크기로 나타낸 것이다(Breiman et al., 1984). 이 예에서의 경우, 변수 DEBTINC(뿌리마디 바로 아래에 나타나 있음)가 제거되면 의사결정나무 자체가 없어지는 것과 같으므로 중요도가 1로 계산되어 있다. 또한 변수 DELINQ는 이 변수가 제거됨에 따른 예측력의 감소가 현재 모형이 가지는 예측력의 약 33.3%임을 보여준다. **변수 중요도** 윈도우에는 분석용 데이터에서의 중요도, 평가용 데이터에서의 중요도, 분석용과 평가용에 대한 중요도의 비(ratio)가 제시되어 있다. 이와 같은 정보는 모형의 적용이나 다른 분석의 진행에 유용한 정보가 될 수 있다.

의사결정트리(Decision Tree)의 결과 윈도우에서 **트리** 윈도우를 확대하면 그림 3.12와 같이 의사결정나무의 전체적인 모습을 볼 수 있다. 그림 3.12에서 볼 수 있듯이 3번 노드는 '수입 대비 부채 비율'(DEBTINC)이 약 45(%) 이상이거나 결측값(missing)을 가지는 개체들로 이루어져 있음을 알 수 있다. 앞에서 살펴보았듯이 DEBTINC의 값이 거의 45(%) 이하인 것을 고려한다면 이 마디의 대부분은 '수입 대비 부채 비율'이 결측값인 개체들로 이루어져 있다고 생각할 수 있다. 한편 그림 3.12를 살펴보면 3번 노드의 약 64%(평가용 데이터의 경우 65%)는 부실대출자로 이루어져 있는데, 따라서 '수입 대비 부채 비율'이 높거나 대출신청서에

이 항목을 기입하지 않은 고객은 부실대출에 대한 위험확률이 매우 높다고 할 수 있다.

앞 절에서 논의한 바와 같이 의사결정나무가 가지는 장점 중의 하나는 각 변수에 대한 결측값을 하나의 범주로 간주하여 이를 모형화 과정에서 처리할 수 있다는 것이다. 따라서 이 예에서와 같이 특정변수의 결측값이 목표변수와 밀접한 관계를 가지는 경우에는 그 관계를 파악하는 데 매우 유용하다.

지금까지 **의사결정트리**(Decision Tree) 노드의 초기 설정에 의해서 의사결정나무분석을 수행하고 결과를 살펴보았다. 사용자는 다양한 옵션들을 이용하여 설정을 변경하고 서로 다른 의사결정나무를 얻을 수 있다. 옵션의 변경이 보다 좋은 예측력을 가지는 의사결정나무를 얻는다는 것을 항상 보장해 주지는 않지만, 때로는 해석상 용이한 의사결정나무를 얻는 데 도움을 준다.

3.4.3 의사결정나무의 수정

여기서는 **의사결정트리**(Decision Tree) 노드의 여러 가지 옵션을 변경하여 의사결정나무를 수정하는 과정을 수행하여 보자.

다지분리(Multiway Split)

다지분리란 하나의 부모마디에서 두 개 이상의 자식마디가 형성될 수 있도록 하는 것을 의미한다. 이론적으로는, 다지분리가 이지분리(binary split, 두 개만의 자식마디가 형성되게 하는 것)에 비해서 유연하고 강력한 의사결정나무를 얻게 하는 것은 아니다. 다지분리의 주 목적은 해석의 편리성을 추구하는 데 있다.

열려져 있는 결과 윈도우들을 모두 닫고 다이어그램 작업영역으로 돌아간 후, 다음의 과정에 따라서 다지분리에 의한 의사결정나무를 얻어보도록 하자.

① 그림 3.13과 같이 새로운 **의사결정트리**(Decision Tree) 노드를 분석흐름도에 추가하고, **데이터 분할**(Data Partition) 노드와 **모델 비교**(Model Comparison) 노드에 연결한다.

② 새로운 **의사결정트리**(Decision Tree) 노드를 마우스 오른쪽 버튼으로 클릭한 후, 팝업 메뉴에서 **이름 바꾸기** 메뉴를 선택한다. **이름 바꾸기** 대화상자에서 '트리-다지분리'라는 이름으로 변경한다(그림 3.13).

③ 새로운 **의사결정트리**(트리-다지분리) 노드에 대한 **속성 패널**의 **분리 규칙**(Splitting Rule) 영역에서 **최대 가지**(Maximum Branch) 필드에 '4'를 입력하고(이는 하나의 부모마디에서 최대 4개까지의 자식마디가 형성될 수 있도록 설정하는 것이다. 초

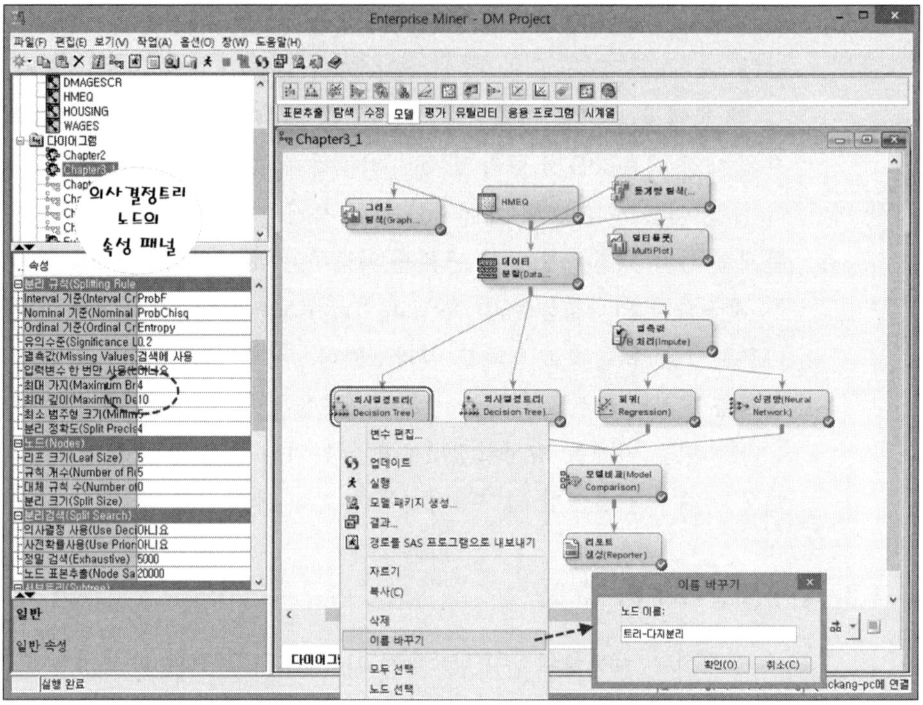

그림 3.13 새로운 의사결정트리(Decision Tree) 노드가 추가된 분석흐름도

기값=2), 최대 깊이(Maximum Depth) 필드에 '10'을 입력한다(이는 의사결정나무의 최대 깊이가 10이 되도록 설정하는 것이다. 초기값=6).

새로운 **의사결정트리**(트리-다지분리) 노드를 실행하고 결과를 살펴보면, 그림 3.14와 같이 앞의 나무구조에 비해서 보다 세밀하게 분리되어 있는 의사결정나무를 볼 수 있다. 또한 **모델 비교**(Model Comparison) 노드를 실행하고 결과(그림 3.15)를 살펴보면 다지분리에 의한 의사결정나문의 적합도가 기존의 의사결정나무에 비하여 전반적으로 조금 좋아졌음을 볼 수 있다. 이때 분석자는 나무구조를 자세히 비교하고 분석의 목적과 해석의 편리함 등을 고려하여 적절한 의사결정나무를 선택해야 한다.

정지규칙의 설정(사전 가지치기)

많은 경우 얻어진 의사결정나무를 자세히 살펴보면 너무 적은 개체수를 가지고 있어서 의사결정에 사용하기 곤란한 마디들이 포함되어 있는 것을 종종 보게 된다. 따라서 의사결정나무의 형성에 제한을 두어 이러한 마디가 생성되지 않도록 하는 것이 필요하다.

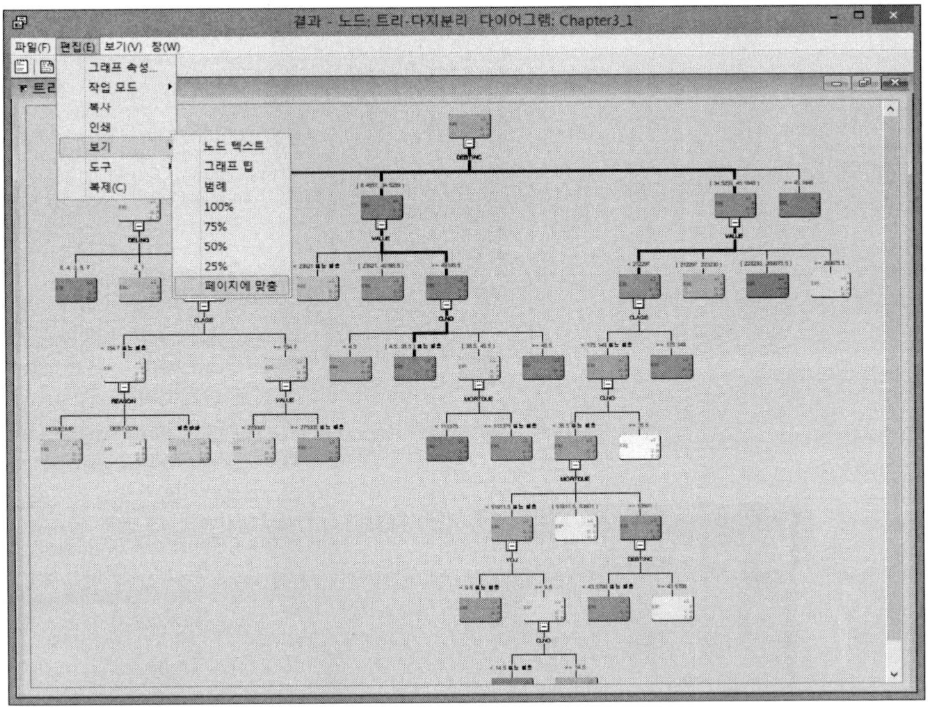

그림 3.14 의사결정트리(Decision Tree) 노드 – 결과: 트리(다지분리 적용)

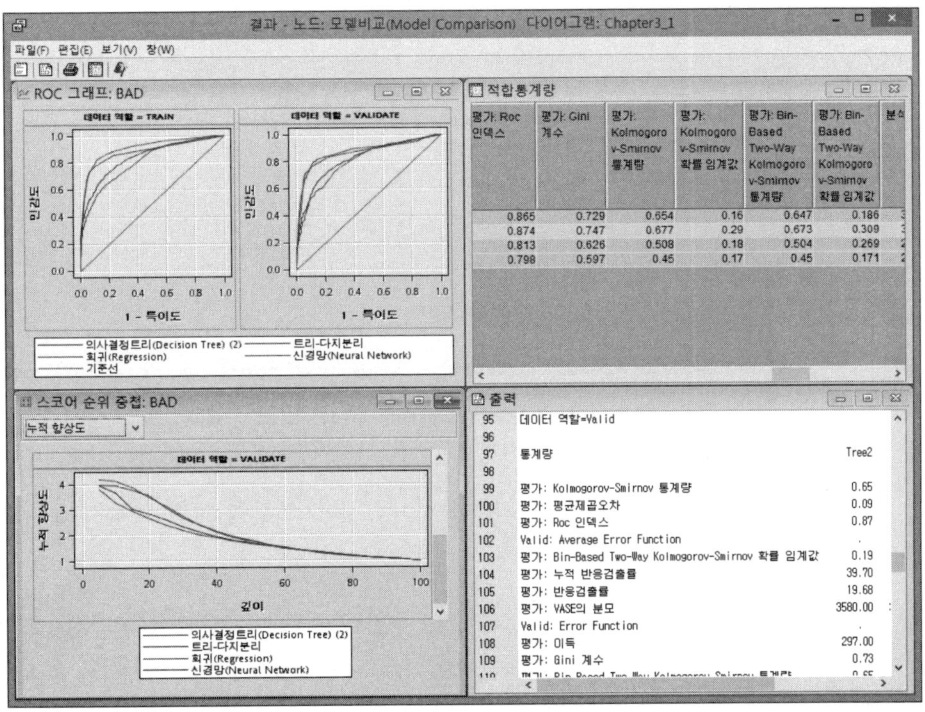

그림 3.15 모델 비교(Model Comparison) 노드 – 결과

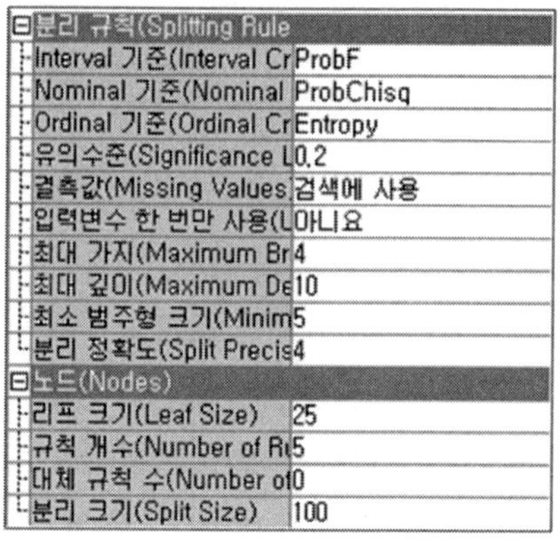

그림 3.16 의사결정트리(Decision Tree) 노드의 속성 패널(일부)

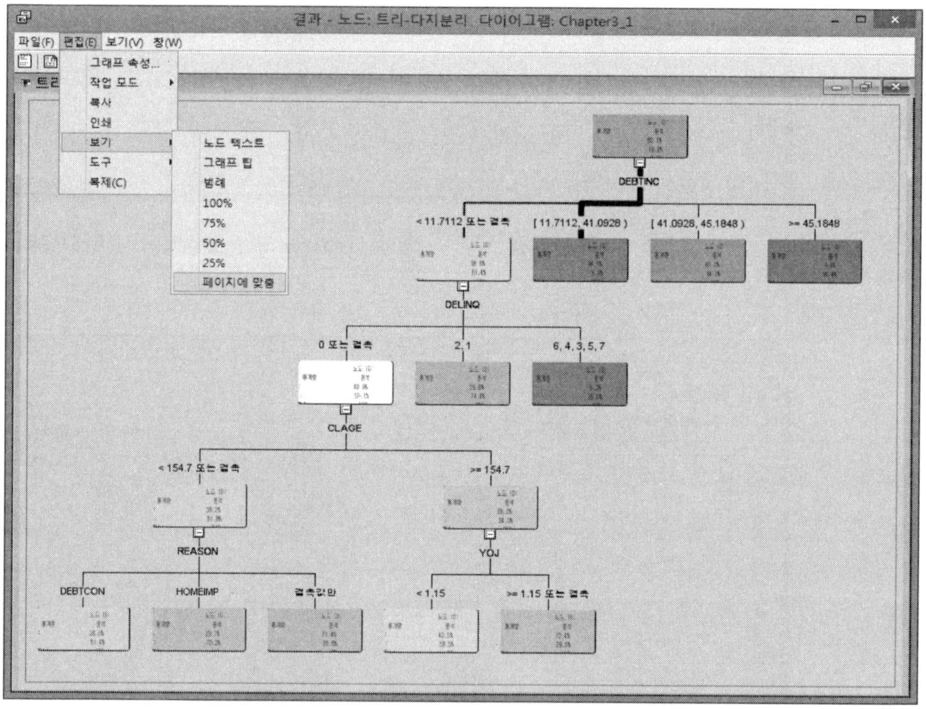

그림 3.17 의사결정트리(Decision Tree) 노드 – 결과: 트리(정지규칙 변경)

다음과 같은 과정을 수행하여 사전 가지치기에 대한 몇가지 규칙을 설정해 보도록 하자(그림 3.16 참조).

① **의사결정트리**(트리-다지분리) 노드에 대한 **속성 패널**의 **노드**(Nodes) 영역에서 **리프 크기**(Leaf Size) 필드에 '25'를 입력한다(이는 25보다 적은 개체수를 가지는 마디가 생기지 않도록 설정하는 것이다. 초기값=5).

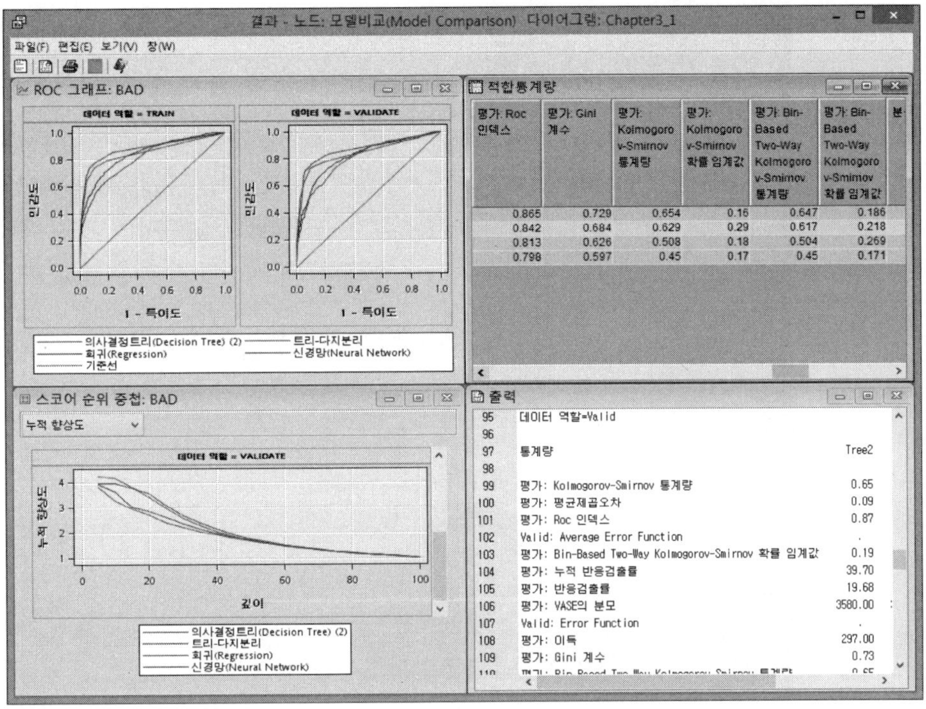

그림 3.18 모델 비교(Model Comparison) 노드 – 결과

② 분리 크기(Split Size) 필드에 '100'을 입력한다(이는 개체수가 100보다 적은 마디는 더 이상 분리가 일어나지 않도록 설정하는 것이다. 초기값=Leaf Size×2).

모델 비교(Model Comparison) 노드를 실행하고 의사결정트리(트리-다지분리) 노드의 결과(그림 3.17)와 모델 비교(Model Comparison) 노드의 결과(그림 3.18)를 살펴보도록 하자. 먼저, 그림 3.17에서 그림 3.14에 비하여 나무구조가 보다 간단하게 형성되어 있음을 볼 수 있다. 정지규칙에 의해서 사전 가지치기를 수행하는 경우에는 일반적으로 분석용 데이터에 대한 모형의 정확도가 다소 감소하게 된다(그림 3.18 참조). 그러나 너무 적은 개체수를 가지는 마디들을 포함하고 있는 의사결정나무는 이 모형을 일반화하기에는 곤란한 경우가 많으므로, 일반적으로는 사전 가지치기를 수행하는 것이 바람직하다.

3.5 분석사례 - 2(회귀나무): 평균임금의 예측

앞에서 설명한 바와 같이 목표변수가 연속형인 경우에는 목표변수의 평균과 표준편차에 기초하여 의사결정나무가 형성된다. 이 절의 분석사례에서 사용될 데

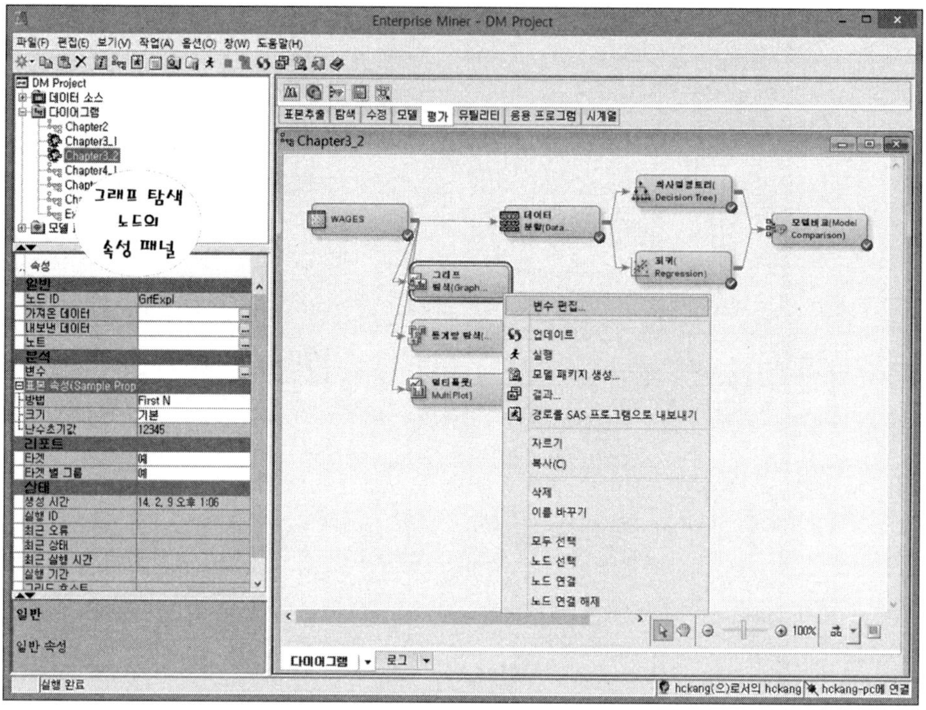

그림 3.19 '분석사례 - 2'를 위한 다이어그램

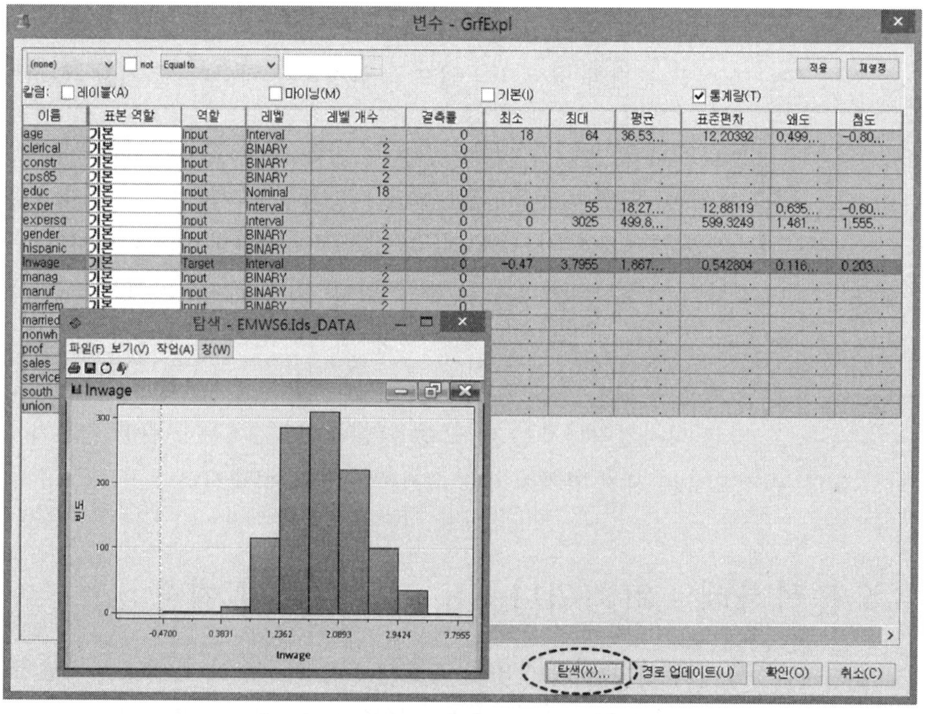

그림 3.20 변수 탐색 결과

이터는 미국 통상산업부의 산하기구인 Current Population Survey(CPS)에서 제공한 1978년 5월과 1985년 5월의 것으로, 노동자들의 임금수준 및 다양한 특성들이 조사되었다(부록의 WAGES 데이터셋).

데이터 소스: WAGES

- 변수 LNWAGE의 **역할** 칼럼을 Target으로 지정한다.

새로운 다이어그램을 생성하고 데이터 노드 WAGES와 **의사결정트리**(Decision Tree) 등 7개의 노드로 이루어진 분석흐름도를 그림 3.19와 같이 작성한 후, 다음의 과정을 수행하여 보도록 하자.

데이터 분할(Data Partition) 노드

- **데이터 분할**(Data Partition) 노드의 **속성 패널**에서 **데이터셋 할당** 영역을 **분석용** 80%, **평가용** 20%, **검증용** 0%로 설정한다.

3.5.1 변수들의 분포에 대한 탐색

다음과 같은 과정을 수행하여 목표변수 LNWAGE의 분포를 살펴보도록 하자.

① 다이어그램에서 **그래프 탐색**(Graph Explore) 노드를 마우스 오른쪽으로 클릭한 후, 팝업-메뉴에서 **변수 편집** 메뉴를 선택한다(그림 3.19).[5] 그러면 그림 2.20과 같은 **변수 편집** 대화상자가 나타난다.

② **변수 편집** 대화상자에서 **통계량(T)** 옵션에 체크한다. 그러면 그림 2.20에서와 각 변수들에 대한 기술통계량들이 나타난다. 특히, 변수 LNWAGE에 대하여 최소값=-0.47, 최대값=3.786, 평균=1.867, 표준편차(s)=0.543[분산(s^2)=0.295] 등을 살펴보기 바란다.

③ **변수 편집** 대화상자에서 LNWAGE를 선택한 후 **탐색(X)** 버튼을 클릭한다. 그러면 히스토그램을 포함한 탐색 결과가 나타난다.

또한, 열려진 결과 윈도우들을 닫고, **그래프 탐색**(Graph Explore), **통계량 탐색**(StatExplor), **멀티플롯**(MultiPlot) 노드를 각각 실행한 후 그 결과를 살펴보기 바란다.[6]

---

[5] **변수 편집** 메뉴는 데이터 노드를 포함하여 거의 모든 노드에서 사용할 수 있다.

[6] 여기서는 이 노드들의 결과를 따로 제시하지는 않는다. 구간형(interval) 목표변수에 대한 **통계량 탐색**(StatExplor) 노드의 결과에 대해서는 4.4절에서 자세히 다룰 것이다.

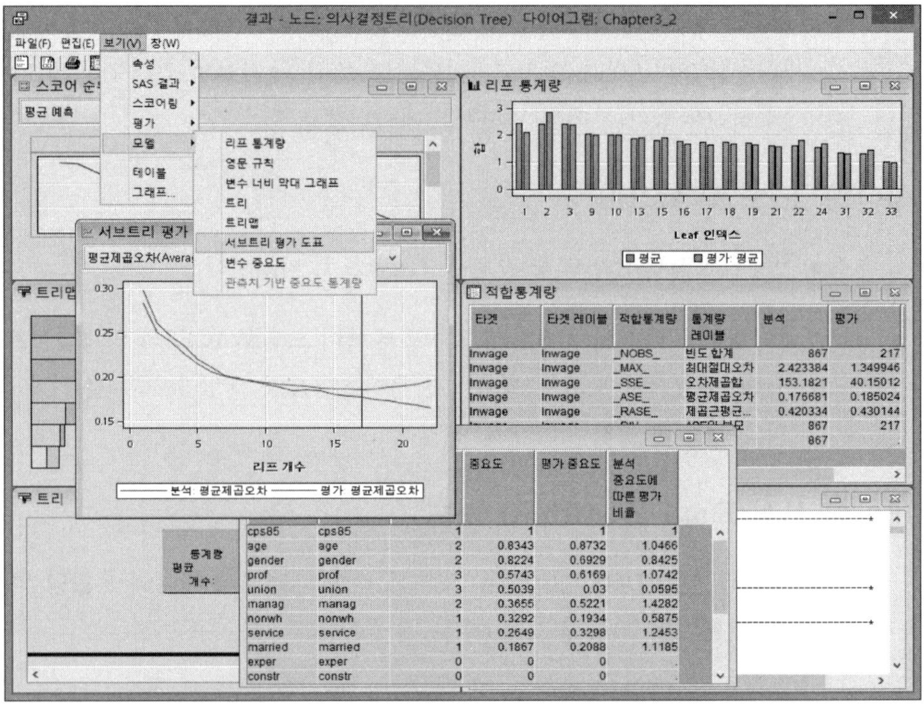

그림 3.21 의사결정트리(Decision Tree) 노드 – 결과

3.5.2 의사결정트리(Decision Tree) 노드의 실행과 결과 보기

다이어그램에서 의사결정트리(Decision Tree) 노드를 실행한 후 결과를 얻어 보도록 하자(그림 3.21). 여기서 몇 가지 주요 결과들을 살펴보자. 먼저, 결과 윈도우에서 '보기(V) → 모델' 메뉴를 이용하여 서브트리 평가 도표와 변수 중요도 윈도우가 나타나도록 하여라.

결과 윈도우 살펴 보기

서브트리 평가 도표 윈도우에서 분석용 데이터에 의해 22개의 끝마디를 가지는 의사결정나무가 생성된 후 평가용 데이터에 대한 가지치기를 통해 17개의 끝마디를 가지는 의사결정나무가 형성되었음을 볼 수 있다.

변수 중요도 윈도우에서 CPS85, AGE, GENDER, PROF, UNION 등이 분석용 데이터에 대하여 중요도(Importance)가 높은 변수들임을 볼 수 있다. 한편, 변수 UNION의 경우 평가용 데이터에 대하여 중요도가 상당히 낮음을 볼 수 있는데, 이는 모형 구축에 있어서 이 변수가 주의 깊게 사용되어야 함을 암시한다.

적합통계량 윈도우에서 분석용(train) 데이터에 대해 'ASE(Average Squared

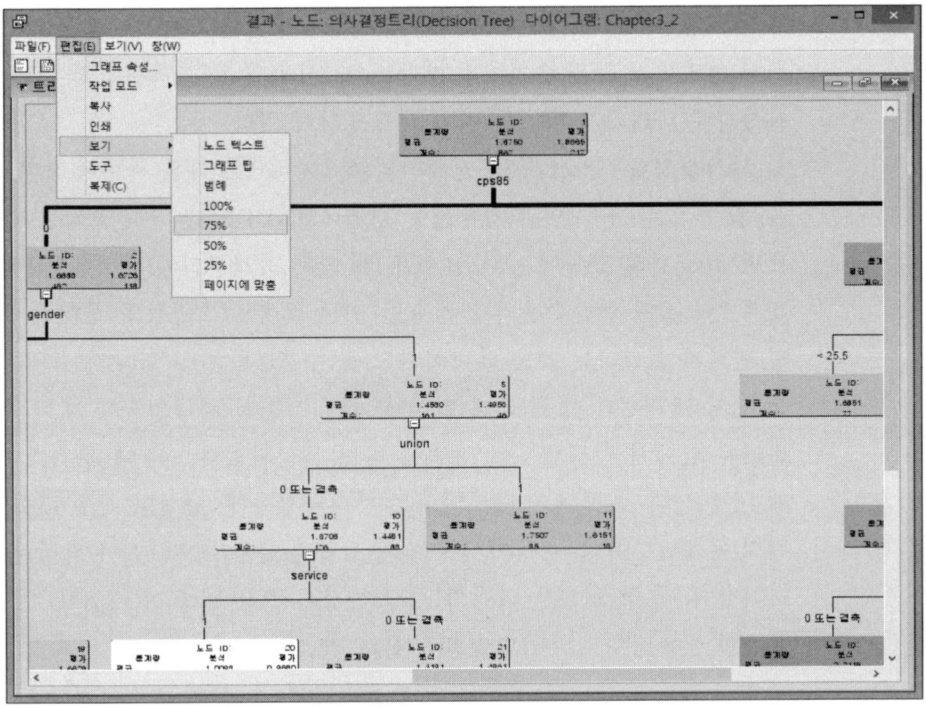

그림 3.22 의사결정트리(Decision Tree) 노드 – 결과: 트리

Error, **평균제곱오차**)=0.177'을 볼 수 있다. 여기서 ASE는 끝마디들에서의 제곱오차의 평균을 의미하는데, 이 수치는 작을수록 모형의 성능이 더 좋음을(예측오차가 더 작음을) 의미한다.[7]

의사결정나무에 대한 해석

결과 윈도우에서 **트리** 윈도우를 확대하고(그림 3.22), 그 내용을 자세히 해석해 보도록 하자.

그림 3.22를 살펴보면 평균임금에 대한 첫 번째 분리는 조사시점(CPS85)에 의하여 이루어졌음을 볼 수 있다. 1978년보다 1985년도에서 평균임금이 높음(1978년: 1.68, 1985년: 평균 2.07)을 볼 수 있다. 그런데 이와 같은 현상은 너무도 당연한

[7] ASE는 모형평가 측도 중 하나인 R^2와 밀접한 관련이 있다. 즉, '$R^2 = 1 - (n \times ASE)/TSS$'이다. 여기서, n은 관측치 수, TSS=$\sum(y_i - \bar{y})^2$이다(TSS는 회귀분석의 분산분석표에서 얻을 수 있다). 이 예에서의 경우 $R^2 = (1 - (867 \times 0.177)/257) = 1 - 153/257 = 0.595$. 즉, 뿌리마디만 있을 경우와 비교해서 회귀나무가 형성된 후의 분산비율은 '153/257 = 0.405'로서, 뿌리마디만 있을 경우에 비해 '$R^2 = 59.5\%$'(즉, $1 - 0.405$) 정도가 회귀나무에 의하여 설명되는 분산비율임을 알 수 있다. R^2에 대해서는 4장과 6장에서 자세히 설명할 것이다.

결과라 생각되는데, 그 이유는 이 데이터의 평균임금은 지난 7년간의 물가상승을 전혀 반영하지 않은 수치이기 때문이다. 따라서 두 조사시점에 대한 하부마디가 유사하게 나타나게 될지를 알아볼 필요성이 있다.

의사결정나무에서 두 시점에서의 분리는 서로 다른 변수에 의해 이루어졌음을 볼 수 있다. 1978년의 경우에는 성별(GENDER)에 의해 최적분리가 이루어졌으며, 1985년의 경우에는 나이(AGE)에 의해 최적분리가 되었음을 알 수 있다. 이것은 7년 동안 임금수준의 결정요인(또는 적어도 그것들의 상대적 중요성)에 어떤 변화가 있었다는 것을 의미한다고 볼 수 있다.

먼저 1978년의 경우에 대해 살펴보면, 시간당 평균임금에 대한 두 번째 최적분리는 앞에서 언급했듯이 성별에 의해 분리되었다. 이 때 추가적인 분리에 의해 성별은 다시 두 개의 하부마디로 분리되었는데, 남성의 경우 나이(AGE)가 최적의 예측변수이며, 여성의 경우 노동조합원 유무(UNION)가 최적의 예측변수로 나타났다. 또한 남성의 나이가 31세 이상인 경우 인종(NONWH)가 모형에 대한 유용한 예측변수로 추가되었음을 볼 수 있다.

다음으로 1985년의 경우에 대해 살펴보면, 두 번째 최적분리는 앞에서 언급했듯이 나이(AGE)에 의해 이루어졌는데 나이가 더 많은 사람들이 더 많은 임금을 받는다는 것을 볼 수 있다(나이가 26세 이상인 경우의 평균임금은 2.15이고, 나이가 25세 이하인 경우의 평균임금은 1.69이다). 또한, 나이가 많은 사람(26세 이상)에 대하여는 전문직업 유무(PROF)가 다음으로 유의한 예측변수임을 볼 수 있는데, 전문직인 경우(평균임금 = 2.42)가 전문직이 아닌 경우(평균임금 = 2.07)에 비하여 가 더 많은 임금을 받는다는 결과로 해석할 수 있다.

3.6 분석사례 - 3: 의사결정나무분석의 대화식 수행

의사결정나무는 분리기준과 정지규칙 등의 알고리즘에 의해서 예측에 필요한 변수와 규칙을 자동적으로 찾아내는 분석방법이다. 그러나 통계적 또는 수학적으로 최적인 분류규칙이 현장에서의 경험과 항상 일치하는 것은 아니다. 또한 얻어진 의사결정나무가 현장업무에 바로 적용하기에 곤란한 경우도 종종 발생하게 된다.

예를 들어, 분석용 데이터에서 매우 중요하게 고려된 변수가 모든 고객에 대해서 실제로 수집하는 것이 곤란하다면 모형을 일반화하여 적용하는 것이 어렵게 된다. 이러한 경우에 수집하기에 조금 더 용이하면서 모형에서 비슷한 역할을 하는 변수를 찾아낼 수 있다면 큰 도움이 될 것이다.

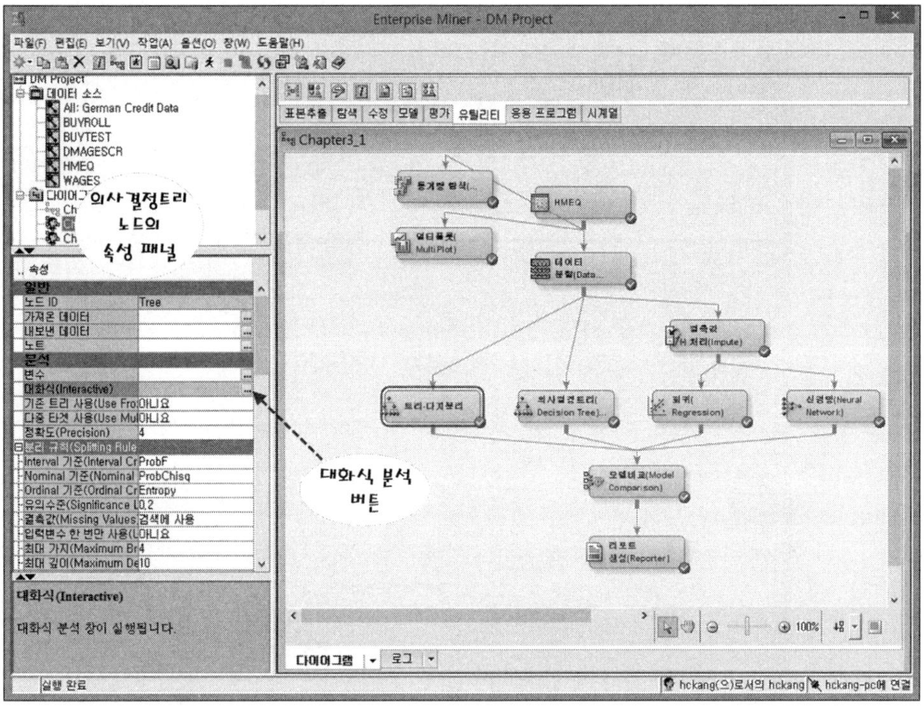

그림 3.23 의사결정트리(Decision Tree) 노드의 속성 패널

따라서 때로는 현장업무에 대한 경험과 실제 적용상의 문제점 등을 고려하여 규칙을 생성하는 것이 필요하다. **의사결정트리**(Decision Tree) 노드에서는 다음과 같은 과정으로 대화식 분석을 통해서 의사결정나무의 형성을 조절할 수 있도록 할 수 있다.

여기서는 3.4절의 분석사례(분석흐름도 Chapter3_1)에 계속하여 과정을 진행하여 보도록 하자.

① 다이어그램에서 분석흐름도의 **의사결정트리**(트리-다지분리) 노드를 선택한 후, **속성 패널**에서 **대화식**(Interactive) 필드의 ... 버튼을 클릭한다(그림 3.23). 그러면 그림 3.24와 같은 **대화식 의사결정트리** 윈도우가 나타난다.

② **대화식 의사결정트리** 윈도우에서 뿌리마디를 마우스 오른쪽 버튼으로 클릭한 후, 팝업 메뉴에서 **노드 가지치기** 메뉴를 선택한다(그림 2.24). 그러면 그림 2.25와 같이 뿌리마디 이하의 모든 가지가 사라진다.

③ 뿌리마디를 마우스 오른쪽 버튼으로 클릭한 후, 팝업 메뉴에서 **노드 분리** 메뉴를 선택한다. 그러면 **노드 분리** 대화상자가 나타나게 되고(그림 2.25), 각 변수들에 대하여 마디 분리를 위해 계산된 순수도의 증가 정도가 순서대로 제시되어 있음

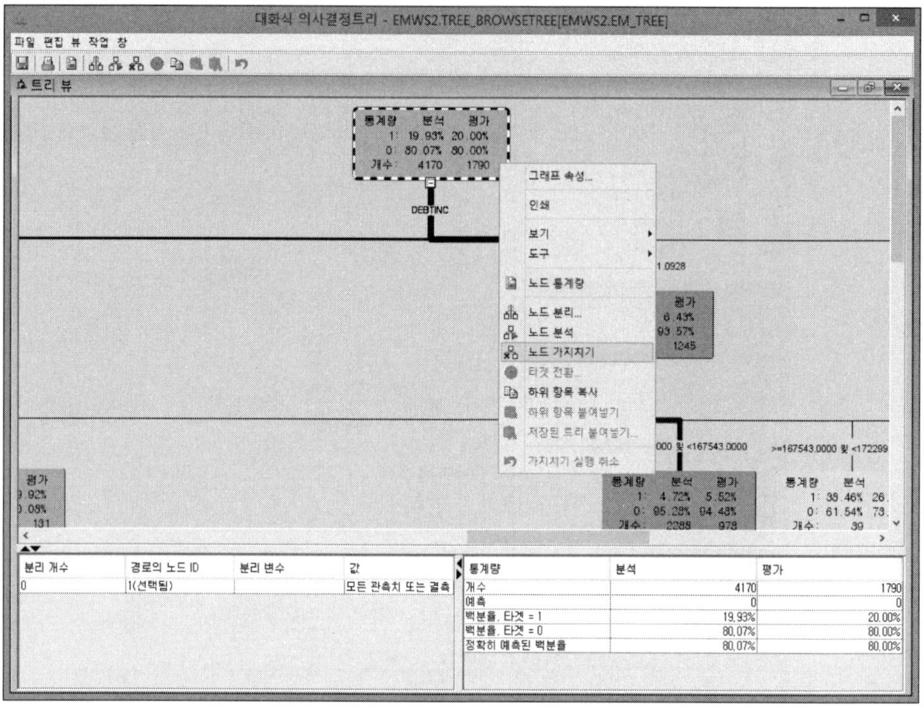

그림 3.24 대화식 의사결정트리 윈도우

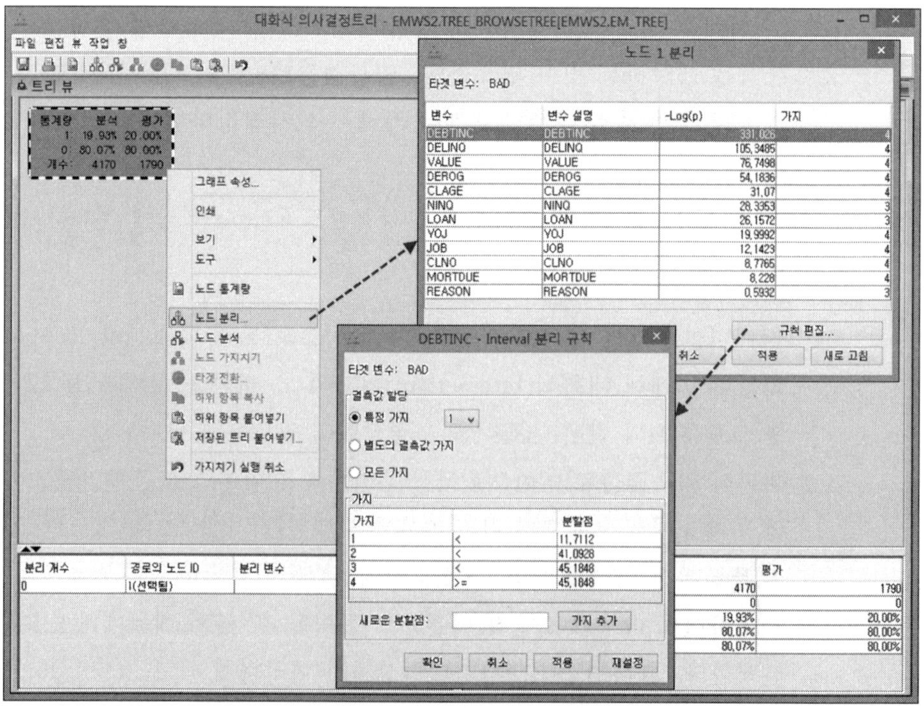

그림 3.25 노드 분리 및 분리 규칙 편집 대화상자

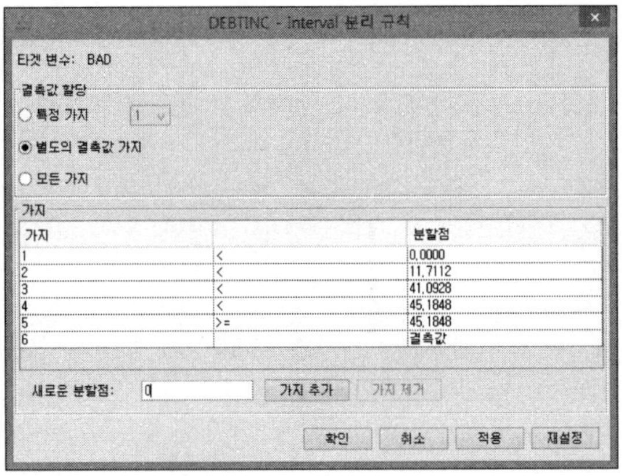

그림 3.26 새로운 분할점이 생성된 규칙 편집 대화상자

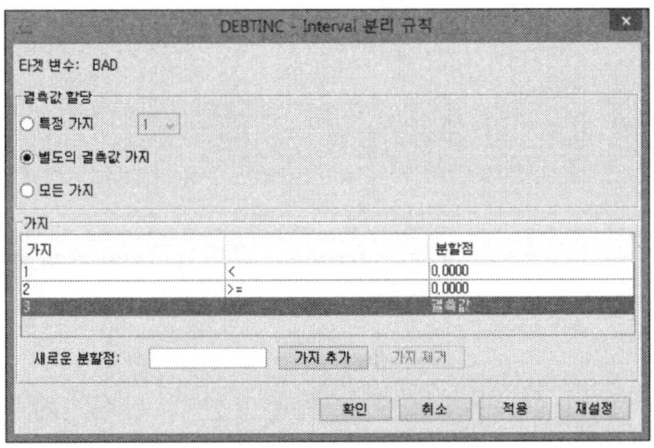

그림 3.27 분할점이 제거된 규칙 편집 대화상자

을 볼 수 있다. 여기서 $-\text{Log}(p)$는 카이제곱 통계량의 p-값에 로그변환을 수행한 후 −를 취한 것이다. 분석자는 $-\text{Log}(p)$를 검토하여 마디 분리에 사용될 변수를 바꿀 수 있다(이 예에서는 가장 상위에 있는 DEBTINC 변수를 선택하기로 하자).

④ 노드 분리 대화상자에서 특정 변수를 선택한 후 **규칙 편집** 버튼을 클릭한다. 그러면 **규칙 편집** 대화상자가 나타난다(그림 3.25).

⑤ **규칙 편집** 대화상자의 **결측값 할당** 영역에서 **별도의 결측값** 가지 옵션을 선택한다. 그러면 가지 영역에 결측값이 **분할점**으로 설정된 새로운 가지가 나타난다(그림 3.26).

⑥ **새로운 분할점** 필드에 '0'을 입력하고 **가지 추가** 버튼을 클릭한다. 그러면 가지 영역에 '0'이 **분할점**으로 설정된 새로운 가지가 나타난다(그림 2.26).

⑥ 제거할 가지의 번호를 선택한 후 **가지 제거** 버튼을 클릭한다. 그러면 해당 가지

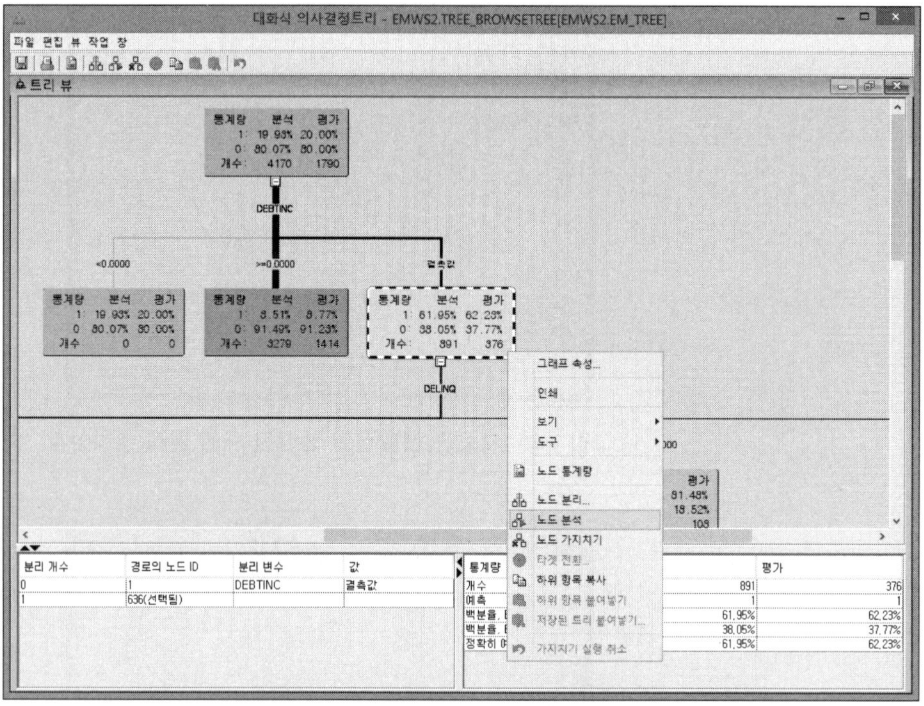

그림 3.28 노드 분석이 수행된 결과

가 제거된다. 이러한 식으로 그림 3.27과 같이 3개의 가지가 남을 때까지 가지를 계속 제거한다.

⑦ **규칙 편집** 대화상자의 **적용** 버튼을 클릭한다. **확인** 버튼을 클릭하여 **규칙 편집** 대화상자와 **노드 분리** 대화상자를 닫으면 그림 3.28과 같이 뿌리마디로부터 3개의 자식마디가 생기게 된다. 앞에서 살펴보았듯이 변수 DEBTINC는 그 값이 0보다 크므로(최소값이 0.524이므로) 그림 3.28에서 'DEBTINC< 0'에 해당하는 노드에는 어떤 개체도 할당되지 않게 된다. 따라서 이 노드는 분석과정에서 무시하면 된다.

⑧ 결측값이 할당된 자식마디에 마우스 오른쪽 버튼을 클릭한 후, 팝업 메뉴에서 **노드 분석** 메뉴를 선택한다. 그러면 이 마디에 대하여 자식마디와 그 이후의 마디들이 자동으로 형성된다(그림 2.28). 이때 마디 분리와 가지치기에는 **속성 패널**에서 설정된 옵션들이 적용된다.

⑨ 'DEBTINC>= 0'에 해당하는 노드에 해당하는 노드에 대해서도 **노드 분석**을 수행한다. 형성된 의사결정나무의 내용을 검토하고 **대화식 의사결정트리** 윈도우를 닫는다.

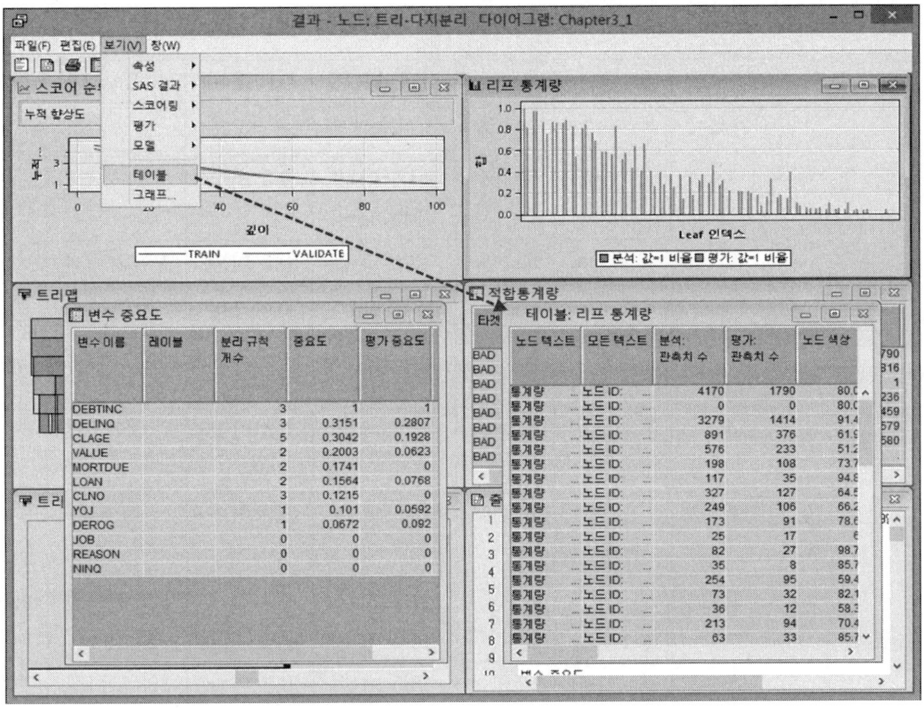

그림 3.29 의사결정트리(Decisiom Tree) 노드 – 결과

이 예에서는 하나의 마디에 대해서만 대화식 분석을 수행하였으나, 이와 같은 과정을 통해서 분석자는 각 마디에 대해 선택된 변수를 다른 변수로 바꾸기, 분할점 변경하기, 가지치기 등을 대화식으로 수행할 수 있다.

대화식 분석을 모두 수행한 후 다이어그램에서 **의사결정나무**(Decision Tree) 노드의 결과를 열면, 대화식 분석이 적용된 결과들을 살펴볼 수 있다. 예를 들어, 그림 3.29의 **테이블: 리프 통계량** 윈도우는 각 끝마디에 대한 통계량들(목표변수의 분포, 반응률 등)을 제시하고 있다(이 결과를 얻기 위해서는 결과 윈도우 중 **리프 통계량** 윈도우를 클릭한 후, '보기 → 테이블' 메뉴를 선택하면 된다.).

3.7 의사결정나무모형에 대한 요약 테이블 작성

의사결정나무에 대한 분석을 모두 수행한 후, 표 3.1과 같이 각 끝마디에 대하여 개체수(n), 각 변수에 대한 중요도(importance), 목표변수의 특정 범주의 비율, 의사결정규칙 등을 보기 좋게 정리하면, 목표변수를 고려한 세분화(segmentation) 테이블을 작성할 수 있다(표 3.1은 저자가 작성한 한 가지 예이다).

표 3.1 의사결정나무모형에 대한 요약 테이블의 예

Segment	n	%Bad	DEBTINC	DELINQ	CLAGE	VALUE
전체	4,172	20.0%	-	-	-	-
1	347 (8.3%)	83.0%	43.5 이상 Missing	0.5 이상	–	–
2	406 (9.7%)	63.8%	43.5 이상 Missing	0.5 미만 Missing	178.2 미만 Missing	–
3	237 (5.7%)	29.1%	43.5 이상 Missing	0.5 미만 Missing	178.2 이상	–
4	498 (11.9%)	17.3%	43.5 미만	0.5 이상	–	–
5	231 (5.5%)	14.7%	43.5 미만	0.5 미만 Missing	–	49328.5 미만 Missing
6	476 (11.4%)	12.4%	31.2 이상 43.5 이하	0.5 미만 Missing	123.5 미만 Missing	49328.5 이상
7	100 (2.4%)	7.0%	43.5 미만	0.5 미만 Missing	123.5 이상	209545 이상
8	1,588 (38.1%)	1.7%	43.5 미만	0.5 미만 Missing	123.5 이상	49328.5 이상 209545 미만
9	289 (6.9%)	1.4%	31.2 미만	0.5 미만 Missing	123.5 미만 Missing	49328.5 이상
중요도(Importance)			1.000	0.355	0.293	0.108

3.8 연습문제

3-1. 3.4절의 분석사례에 대하여 분리기준(splitting criterion)을 Entropy(엔트로피 지수)와 Gini(지니 지수)로 변경하여 각각 의사결정나무분석을 수행하고, 그 결과들을 이 장의 결과와 비교하여 보아라. 또한 여기서 얻어진 결과 중 하나에 대하여 표 3.1과 같이 정리하여 보아라.

3-2. 3.5절의 분석사례에 대하여 분리기준(splitting criterion)을 Variance(분산의 감소량)로 변경하여 의사결정나무분석을 수행하고, 그 결과를 이 장의 결과와 비교하여 보아라. 또한 여기서 얻어진 결과 중 하나에 대하여 표 3.1과 같이 정리하여 보아라.

3-3. 3.5절의 분석사례에 대하여 **회귀**(Regression) 노드를 수행하고 그 결과를 살펴보아라. 또한 **모델 비교**(Model Comparison) 노드의 수행하여 두 모형에 대한 평가를 수행하여라(두 모형의 ASE와 R^2를 비교하여 보아라).

3-4. 2장에서 다룬 바 있는 BUYTEST 데이터셋에 대하여 의사결정나무분석을 수행하여라(**의사결정트리**(Decision Tree) 노드의 다양한 옵션들을 변경하여 보고, 대화식 수행 등을 통해 최적의 의사결정나무를 탐색하여 보아라).

3-5. ZDMLCENS 데이터셋에 대하여 의사결정나무분석을 수행하여라.

3-6. HOUSING 데이터셋에 대하여 의사결정나무분석을 수행하여라.

3-7. DMABASE 데이터셋에 대하여 의사결정나무분석을 수행하여라.

3-8. BUYTEST 데이터셋에 대하여 그림 3.30과 같은 분석흐름도를 작성하고(두 **의사결정트리**(Decision Tree) 노드의 이름을 그림과 같이 변경하여라), 다음 과정을 수행하여라.

(가) 다이어그램의 데이터 노드 BYUTEST를 마우스 오른쪽 버튼으로 클릭하여 **변수 편집** 대화상자를 열고, 각 변수들에 대한 **역할**을 다음과 같이 지정하여라.

- Target: PURCHTOT
- Id: ID
- Rejected: C1 $\sim$ C7 (7개)
- Input: RESPOND, AGE, INCOME 등 나머지 변수들 (17개)

(나) 분석흐름도에서 첫 번째 **의사결정트리**(트리: One-Step) 노드를 실행하고, 그 결과를 살펴보아라. 또는 대화식(Interactive) 수행을 통해 첫 번째 분리변수를 RESPOND로 지정하고 분석을 수행하여라.

(다) **SAS 코드**(SAS Code) 노드의 **속성 패널**에서 **코드 편집기**(Code Editor)를 열고, **분석용 코드** 영역에 다음과 같은 프로그램을 입력하여라(연습문제 2-2 참조).

```
DATA &em_export_train;
    SET &em_import_data;
    IF respond=1;
RUN;
```

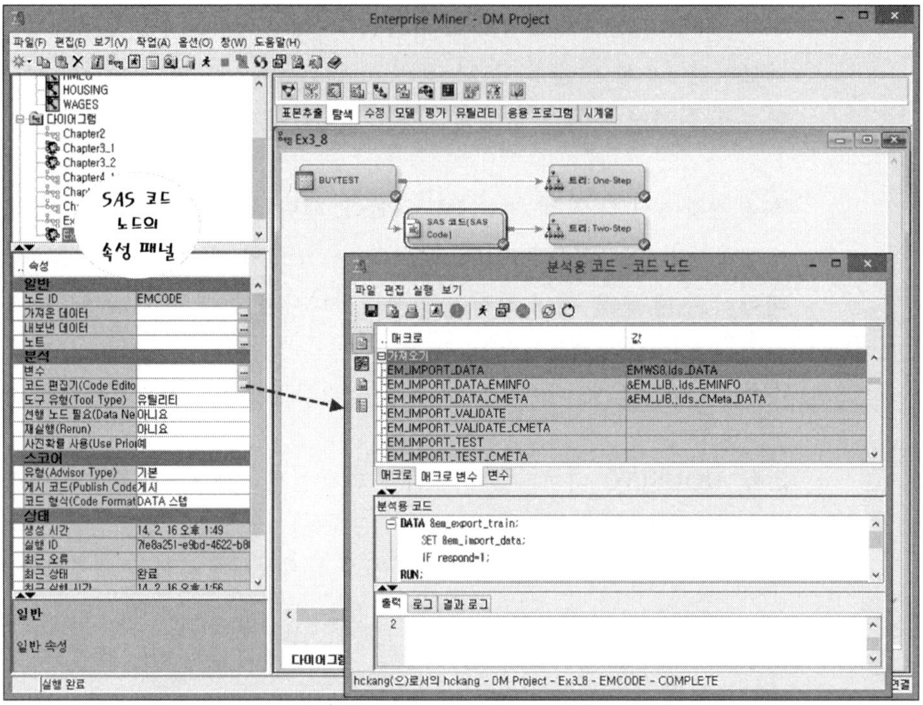

그림 3.30 연습문제 3-8을 위한 다이어그램

(라) 분석흐름도에서 두 번째 의사결정트리(트리: Two-Step) 노드를 실행하고, 첫 번째 의사결정나무와 비교하여 그 결과를 살펴보아라. 결과에서 'RESPOND=1'인 767개의 개체에 대하여 분석이 수행되었음을 볼 수 있을 것이다(이렇게 수행해야 하는 이유를 생각하여 보아라).

3-9. ZGENERAL 데이터셋에 대해 변수 MAJORDER과 COOKIE를 목표변수로 하여 의사결정나무분석을 각각 수행하여라.

3-10. 부모마디와 두 자식마디에 관한 빈도가 다음 표에서와 같이 주어져 있을 때, 카이제곱 통계량, 지니 지수, 엔트로피 지수를 계산하여 보아라.

	Event	Non-Event	전체
부모마디	n_{+1}	n_{+2}	n_{++}
왼쪽 마디	n_{11}	n_{12}	n_{1+}
오른쪽 마디	n_{21}	n_{22}	n_{2+}

	Event	Non-Event	전체
부모마디	210	90	300
왼쪽 마디	32	48	80
오른쪽 마디	178	42	220

- e_{ij} (자식마디의 각 칸에서의 기대빈도) $= n_{i+} \times (n_{+j}/n_{++})$,
- Chi-Squared Statistic $= \sum_{i=1}^{2}\sum_{j=1}^{2}(n_{ij} - e_{ij})^2/e_{ij}$.

- G (부모마디의 지니 지수) $= 1 - \sum_{j=1}^{2}(n_{+j}/n_{++})^2$,
- G_L (왼쪽 마디의 지니 지수) $= 1 - \sum_{j=1}^{2}(n_{1j}/n_{1+})^2$,
- G_R (오른쪽 마디의 지니 지수) $= 1 - \sum_{j=1}^{2}(n_{2j}/n_{2+})^2$,
- G_D (지니 지수의 감소량) $= G - (n_{1+}/n_{++}) \times G_L - (n_{2+}/n_{++}) \times G_R$.

- E (부모마디의 엔트로피 지수) $= -\sum_{j=1}^{2}(n_{+j}/n_{++})\log_2(n_{+j}/n_{++})$,
- E_L (왼쪽 마디의 엔트로피 지수) $= -\sum_{j=1}^{2}(n_{1j}/n_{1+})\log_2(n_{1j}/n_{1+})$,
- E_R (오른쪽 마디의 엔트로피 지수) $= -\sum_{j=1}^{2}(n_{2j}/n_{2+})\log_2(n_{2j}/n_{2+})$,
- E_D (엔트로피 지수의 감소량) $= E - (n_{1+}/n_{++}) \times E_L - (n_{2+}/n_{++}) \times E_R$.

3-11. 부모마디와 두 자식마디에 관한 평균과 표준편차가 다음 표에서와 같이 주어져 있을 때, F-통계량의 값과 분산의 감소량을 계산하여 보아라.

	평균	표준편차	표본크기
부모마디	$\bar{y}_0$	s_0	n_0
왼쪽 마디	$\bar{y}_1$	s_1	n_1
오른쪽 마디	$\bar{y}_2$	s_2	n_2

	평균	표준편차	표본크기
부모마디	187	54	1084
왼쪽 마디	197	53	632
오른쪽 마디	172	53	452

- TSS (부모마디의 제곱합) $= (n_0 - 1) \times s_0^2$,
- SSE_L (왼쪽 마디의 제곱합) $= (n_1 - 1) \times s_1^2$,
- SSE_L (오른쪽 마디의 제곱합) $= (n_2 - 1) \times s_2^2$,

- SSE (자식마디의 제곱합) $= SSE_L + SSE_R$,
- SST (제곱합의 감소량) $= n_1 \times (\bar{y}_1 - \bar{y}_0)^2 + n_2 \times (\bar{y}_2 - \bar{y}_0)^2 = TSS - SSE$,
- F (F-통계량) $= (n_0 - 1) \times (SST/SSE)$,
- V (분산의 감소량) $= s_0^2 - (n_1/n_0) \times s_1^2 - (n_2/n_0) \times s_2^2$.

더 읽을 거리

- 강현철, 김은석, 이성건, 이슬지, 채윤석, 최병정, 최종후, 한상태 (2014). "(빅데이터 분석을 위한) SAS Enterprise Miner 기능과 사용법", 자유아카데미.
- 강현철, 서두성, 최종후 (1998). Enterprise Miner의 의사결정나무분석 알고리즘, "제9회 한국 SAS 사용자 컨퍼런스 발표 논문집".
- 강현철, 한상태, 허명회 (2004). "예제로 배우는 SAS 분산분석 입문", 자유아카데미.
- 김기영, 강현철, 한상태, 최병진 (2009). "(예제로 배우는) SAS 데이터 분석 입문", 자유아카데미.
- 최종후, 한상태, 강현철, 김은석, 김미경, 이성건 (2002). "(AnswerTree3.0을 이용한) 데이터마이닝 예측 및 활용", SPSS 아카데미.
- Bigg, D., B. de Ville and E. Suen (1991). A Method of choosing multiway partitions for classification and decision trees, *Journal of Applied Statistics*, Vol. 18, 49-62.
- Breiman, L., J.H. Friedman, R.A. Olshen and C.J. Stone. (1984). *Classification and regression trees.* Wadsworth, Belmont.
- Kass, G. (1980). An exploratory technique for investigating large quantities of categorical data, *Applied Statistics*, Vol. 29, 119-127.
- Lee, S.K., Kang, H., Han, S.T., Kim, K.H. (2005). Using Generalized Estimating Equation to Learn Decision Tree with Multivariate Responses, *Data Mining and Knowledge Discovery*, Vol. 11, 273-293.
- Magidson, J. and SPSS Inc. (1993). *SPSS for Windows CHAID release 6.0*, Chicago: SPSS Inc.
- Quinlan, J.R. (1993). *C4.5 Programs for machine learning*, San Mateo: Morgan Kaufmann.
- SAS Institute Inc. (2001). *Decision Tree Modelling, Course Notes*, Cary, NC: SAS Institute Inc.

제 4 장
회귀분석

Regression Analysis

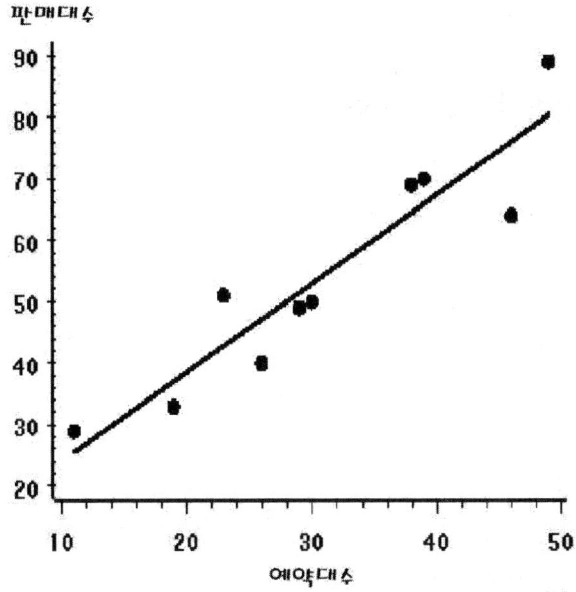

x	y	$\hat{y}$
11	29	25.5
19	33	37.1
23	51	42.8
26	40	47.1
29	49	51.5
30	50	52.9
38	69	64.4
39	70	65.9
46	64	76.0
49	89	80.3

$$y_i = a + b x_i = 9.74 + 1.44 x_i$$

그림 4.1 회귀분석에 의한 예측의 예

목표변수가 다른 변수(입력변수)들에 의해서 어떻게 설명(explanation) 또는 예측(prediction)되는지를 알아보기 위해, 자료를 적절한 함수식으로 표현하여 분석하는 통계적 데이터분석 기법을 회귀분석(regression analysis)이라 한다.

4.1 선형 회귀분석(Linear Regression Analysis)

그림 4.1은 어느 회사의 최근 10년 간 에어콘의 예약대수와 판매대수를 그래프로 표현한 것이다. 이 회사는 에어콘이 금년에 어느 정도 팔릴지를 예측하고자 한다. 그래프로부터 예약대수가 증가하면 판매대수도 선형적으로 증가한다는 것을 알 수 있고, 따라서 다음과 같은 일차(선형) 방정식의 형태로 두 변수의 관계를 표현하는 것이 가능할 것이다.

$$y = a + bx$$

이와 같이 선형 방정식에 의해서 관계를 표현하는 것을 선형(linear) 회귀분석이라 하고, 반면에 비선형 방정식에 의해서 표현하는 것을 비선형(nonlinear) 회귀분석이라 한다. 또한 입력변수(예측변수, 설명변수, 독립변수)가 하나인 경우를 단순(simple) 회귀분석이라 하고, 입력변수가 여러 개(2개 이상)인 경우를 다중(multiple) 회귀분석이라 한다.

4.1.1 단순 회귀모형(Simple Regression)

단순 선형 회귀모형은 목표변수(반응변수, 종속변수) y를 입력변수 x의 일차식으로 설명하려는 것으로 다음과 같이 표현된다.

$$y = \alpha + \beta x + \epsilon \tag{4.1}$$

여기에서 α와 β는 **모수**(parameter)들로서 추정되어야 할 **회귀계수**(regression coefficient)들이고, ϵ은 기대값 0과 분산 σ^2을 가지는 **오차항**(error term)이다.

오차항은 여러 가지 원인을 포함하는 포괄적 의미를 가지고 있는데, 중요한 원인 중 하나는 입력변수 x가 목표변수 y에 관한 모든 정보를 충분히 가지고 있지 않은 경우에 발생한다. 따라서 연구자는 목표변수를 설명할 수 있는 입력변수들을 충분히 수집하여 분석해야 한다.

선형 회귀모형에서 오차의 또 다른 중요한 원인은 입력변수들과 목표변수의 관계가 선형적이지 않은 경우에 발생한다. 이러한 경우에는 다항회귀(polynomial regression)나 비선형회귀, 의사결정나무, 신경망과 같은 비선형모형을 고려하여 분석해야 한다.

오차항에는 이외에도 측정오류(measurement error)나 입력오류와 같은 것들이 포함될 수 있으므로, 연구자는 발생할 수 있는 오류들에 대해서 사전에 충분히 검토하여 분석해야 한다. E-Miner의 탐색(exploration)과 수정(modifying) 노드들을 이용하면 이러한 오류를 탐색하고 수정하는 일련의 작업들을 쉽게 수행할 수 있다.

모수의 추정

단순선형 회귀모형의 모수 α와 β를 추정하기 위해서 일반적으로 **최소제곱법**(least square method)을 사용한다. 최소제곱법은 오차들의 제곱합이 최소가 되도록 회귀계수를 추정하는 방법이다. 즉, α와 β의 최소제곱추정치는 다음과 같은 **오차제곱합**(Sum of Squared Error)

$$\sum_{i=1}^{n} \epsilon_i^2 = \sum_{i=1}^{n} (y_i - \alpha - \beta x_i)^2 \tag{4.2}$$

을 최소화하는 것이다. 여기에서 y_i와 x_i 그리고 ϵ_i는 i번째 개체의 목표변수, 입력변수 그리고 오차항을 나타낸다.

회귀계수 α와 β의 최소제곱추정치를 각각 a와 b라고 할 때, 이는 다음과 같은 수식에 의해서 계산될 수 있다.

$$\begin{cases} b &= \sum_{i=1}^{n}(x_i - \bar{x})(y_i - \bar{y}) / \sum_{i=1}^{n}(x_i - \bar{x})^2 \\ a &= \bar{y} - b\bar{x} \end{cases} \tag{4.3}$$

이제 목표변수에 대한 예측값을 $\hat{y}$라고 하면, 추정된 회귀모형식은 다음과 같이 표현된다.

$$\hat{y} = a + bx \tag{4.4}$$

그림 1.1의 경우 $a = 9.74$, $b = 1.44$이고, 회귀추정식은 $\hat{y} = 9.74 + 1.44x$이다.

회귀계수에 대한 해석과 검정

선형 회귀모형에서는 입력변수 x에 대한 회귀계수 β에 가장 큰 관심을 두게 되는데, 이는 입력변수 x가 1단위 증가할 때 목표변수 y가 변화하는 양을 나타낸다. 예를 들어, 앞의 예에서 추정된 회귀계수 b가 1.44라는 것은 예약대수가 1단위(1,000대) 증가하면 평균적으로 판매대수가 1.44단위(1,440대) 증가한다는 것을 나타낸다. 회귀계수가 양(+)의 값으로 추정되었다는 것은 x가 증가하면 y가 증가한다는 의미이고, 회귀계수가 음(−)의 값으로 추정되었다는 것은 x가 증가하면 y가 오히려 감소한다는 의미를 가진다.

그런데 이와 같은 회귀계수에 대한 해석은 입력변수 x에 의해서 목표변수 y가 잘 설명되어지고 있다는 가설이 받아들여지지 않으면 아무 의미가 없게 된다. 즉, 적합된 회귀직선이 자료에 잘 들어맞는지를 점검해야 할 필요가 있게 되고, 이는 '$H_0 : \beta = 0$'라는 가설을 검정하는 문제가 된다. 회귀직선의 기울기인 회귀계수 β에 대한 가설을 검정하기 위한 검정통계량은

$$t = \frac{b - \beta}{s.e.(b)} \tag{4.5}$$

가 사용될 수 있으며, 이는 자유도 $n-1$인 t-분포를 따른다. 여기서 $s.e.(b)$는 b의 표준오차(standard error)이다.

표 4.1 단순 회귀분석의 결과

Variable	DF	Parameter Estimate	Standard Error	T for H0: Parameter=0	Prob > |T|
INTERCEP	1	9.736154	6.62064516	1.471	0.1796
X	1	1.440769	0.20044164	7.188	0.0001

예를 들어, 표 4.1은 그림 1.1의 데이터에 대한 E-Miner 출력결과 중 일부인데, 기울기 β에 대한 추정치가 $b = 1.44$라는 것과 표준오차(0.200) 그리고 t-통계량의 값(7.188)을 보여주고 있다. 여기서 t-통계량에 대한 p-값(유의확률)이 0.0001로서 일반적인 유의수준(significant level)보다 작기 때문에 회귀계수의 기울기는 통계적으로 유의함을 알 수 있다. 즉, 입력변수인 예약대수는 목표변수인 판매대수를 예측하는데 도움을 주고 있다고 결론지을 수 있다(유의수준은 관례적으로 0.01, 0.05, 0.10 중 하나를 주로 사용한다).

4.1.2 다중 회귀모형(Multiple Regression)

일반적으로 사회적 또는 자연적 현상을 설명하는데 있어서 목표변수 y의 변화가 하나의 입력변수만으로 충분히 설명되는 경우는 거의 없다고 할 수 있다. 따라서 적절한 입력변수들을 여러 개 잘 선택하여 이들의 함수로서 목표변수를 설명한다면 보다 정확한 예측을 할 수 있을 것이다. 목표변수 y에 대해서 p개의 입력변수 $x_1, x_2, \cdots, x_p$가 있을 때, 다중선형 회귀모형은 다음과 같이 표현된다.

$$y = \alpha + \beta_1 x_1 + \beta_2 x_2 + \cdots + \beta_p x_p + \epsilon \tag{4.6}$$

여기서 $\alpha, \beta_1, \beta_2, \cdots, \beta_p$는 추정되어야 할 $p+1$개의 회귀계수이며, ϵ은 기대값 0과 분산 σ^2를 갖는 오차항이다.

다중 선형 회귀모형에서도 회귀계수들의 추정치 $a, b_1, b_2, \cdots, b_p$는 오차제곱합을 최소로 하는 최소제곱법에 의해서 수식화 될 수 있다. 또한 각 회귀계수들에 대한 검정도 단순 선형 회귀모형에서와 유사하게 t-통계량을 이용하여 수행할 수 있다.

분산분석표와 회귀식에 대한 검정

가정된 회귀모형이 자료에 얼마나 잘 적합하는지를 검정하는 것은 단순 회귀분석에서와 마찬가지로 매우 중요하다. 이는 다음과 같은 제곱합의 분할에 대한 관계식을 이용하여 이루어질 수 있는데,

$$\begin{array}{ccccc} \sum_{i=1}^{n}(y_i - \bar{y})^2 & = & \sum_{i=1}^{n}(\hat{y}_i - \bar{y})^2 & + & \sum_{i=1}^{n}(y_i - \hat{y})^2 \\ \text{TSS} & = & \text{SSR} & + & \text{SSE} \end{array} \tag{4.7}$$

여기서 좌변을 전체제곱합(TSS, Total Sum of Squares)이라 하며, 우변의 첫째 항을 회귀제곱합(SSR, Sum of Squares due to Regression), 우변의 둘째 항을 오차제곱합(SSE, Sum of Squares due to Error)이라고 한다.

표 4.2 분산분석표 (ANOVA Table)

요인	자유도	제곱합	평균제곱합	F-통계량
회귀	p	SSR	MSR = SSR/p	F = MSR/MSE
잔차	$n-p-1$	SSE	MSE = SSE/$(n-p-1)$	
전체	$n-1$	TSS		

이때 각 제곱합의 자유도는 $n-1$(전체제곱합), p(회귀제곱합), $n-p-1$(오차제곱합)이고, 각 제곱합을 자유도로 나눈 것을 평균제곱합(Mean of Squares)이라고 한다. 또한 이러한 결과로부터 다음과 같은 분산분석표를 작성할 수 있다.

다중 회귀분석에서는 p개의 독립변수 $x_1, x_2, \cdots, x_p$가 종속변수 y를 설명하는데 있어서 통계적으로 유의하게 기여하는지의 여부를 검정할 필요가 있는데, 이는 귀무가설 '$\mathrm{H}_0 : \beta_1 = \beta_2 = \cdots = \beta_p = 0$'을 검정하는 문제가 된다. 이 가설을 검정하기 위한 검정통계량은 다음과 같고,

$$F = \frac{\mathrm{MSR}}{\mathrm{MSE}} = \frac{\mathrm{SSR}/p}{\mathrm{SSE}/(n-p-1)} \tag{4.8}$$

이는 귀무가설 하에서 자유도 $(p,\ n-p-1)$인 F-분포를 따른다.

결정계수(Coefficient of Determination, R-Square)

회귀식의 적합도(goodness of fit)를 측정하는 한 가지 측도는 전체제곱합 중에서 회귀제곱합이 차지하는 비율, 즉 총 변이를 회귀식이 얼마나 설명하는가를 나타내는 결정계수(R^2)이다. 결정계수는 다음과 같이 정의되며

$$R^2 = \frac{\mathrm{SSR}}{\mathrm{TSS}} = 1 - \frac{\mathrm{SSE}}{\mathrm{TSS}} \tag{4.9}$$

이 값이 1에 가까울수록 추정된 회귀식이 자료를 잘 설명하고 있다고 할 수 있다($0 \leq R^2 \leq 1$). 단순 회귀분석의 경우 결정계수는 독립변수 x와 종속변수 y의 상관계수의 제곱과 같다.

이제 하나의 예를 통해서 다중 회귀식의 적합도를 검정하는 것을 살펴보자. 표 4.3은 6개의 입력변수에 의해서 다중 회귀분석을 수행하여 얻은 결과이다. 먼저, F-통계량에 대한 p-값이 0.0001로서 6개의 입력변수가 목표변수를 설명하는데 통계적으로 유의하게 기여하고 있음을 볼 수 있다. 만약 p-값이 유의수준보다 커서 통계적으로 유의하지 않다면 각 회귀계수에 대한 더 이상의 해석은 의미가 없다. 또한 이 회귀식의 결정계수(R-square)는 0.8487로서 목표변수의 변이 중 약 84.9%가 입력변수들에 의한 회귀식으로 설명되었음을 알 수 있다.

표 4.3 다중 회귀분석의 결과

Analysis of Variance

Source	DF	Sum of Squares	Mean Square	F Value	Prob>F
Model	6	722.54361	120.42393	22.433	0.0001
Error	24	128.83794	5.36825		
C Total	30	851.38154			
Root MSE		2.31695	R-square	0.8487	
Dep Mean		47.37581	Adj R-sq	0.8108	
C.V.		4.89057			

Parameter Estimates

Variable	DF	Parameter Estimate	Standard Error	T for H0: Parameter=0	Prob > |T|
INTERCEP	1	102.934479	12.40325810	8.299	0.0001
RUNTIME	1	-2.628653	0.38456220	-6.835	0.0001
AGE	1	-0.226974	0.09983747	-2.273	0.0322
WEIGHT	1	-0.074177	0.05459316	-1.359	0.1869
RUNPULSE	1	-0.369628	0.11985294	-3.084	0.0051
MAXPULSE	1	0.303217	0.13649519	2.221	0.0360
RSTPULSE	1	-0.021534	0.06605428	-0.326	0.7473

한편, 유의수준을 0.05로 하는 경우, 6개의 입력변수 중에서 4개의 변수에 대해서만 p-값이 유의수준보다 작다. 즉, 이 4개의 변수들(RUNTIME, AGE, RUNPULSE, MAXPULSE)은 목표변수를 설명하는 데 유의하게 기여하고 있음을 볼 수 있다.

표준화 회귀계수(Standardized Coefficient)

단순 회귀분석에서 다루었던 데이터에서는 예약대수와 판매대수의 단위가 모두 1,000으로 되어 있다. 그런데 판매대수의 단위는 그대로 두고 예약대수의 단위를 100으로 바꾸어 코딩(coding)하면 어떻게 될까? 이때는 다음과 같은 회귀식을 얻게 된다.

$$\hat{y} = 9.74 + 0.144x$$

이와 같이 입력변수의 단위를 바꾸면 해당 변수의 회귀계수의 크기도 변하게 되지만, 그 변수의 회귀계수 자체에 대한 해석에는 아무런 차이가 없다. 즉, 이 예에서 '예약대수가 1단위(100대) 증가하면 판매대수가 0.144단위(144대) 증가한다'는 해석은 앞에서의 '예약대수가 1,000대 증가하면 판매대수가 1,440대 증가한다'는 해석과 의미상 다를 바가 없다. 그러나 회귀계수의 크기가 각 입력변수의 단위에 의존하기 때문에 다중 회귀모형의 회귀계수들을 서로 비교하는 것에는 문제가 된다.

표준화 회귀계수(standardized coefficient)는 각 입력변수를 다음과 같이 표준화하여

$$z_i = \frac{x_i - \bar{x}_i}{s_i} \tag{4.10}$$

각 변수의 단위를 모두 없앤 후에(여기서 $\bar{x}_i$와 s_i는 각각 평균과 표준편차를 나타낸다), 표준화된 변수들 z_1, $\cdots$, z_p를 이용하여 얻은 회귀계수로서, 입력변수들의 상대적인 영향력을 비교하기 위해서 흔히 사용된다.

입력변수의 선택

회귀분석이란 앞에서 설명한 바와 같이 목표변수가 다른 몇 개의 입력변수로 어떻게 설명 또는 예측되는지를 알아보는 통계적 방법인데, 일반적으로 목표변수에 영향을 미치거나 원인이 될만한 입력변수의 수는 매우 많을 것이다. 가능한 모든 후보변수들을 입력변수로 사용하여 예측모형을 만드는 경우에는, 데이터를 계속 수집하고 관리하는 데 많은 노력과 비용이 필요하게 될 뿐만 아니라 소위 다중공선성(multicollinearity)과 같은 문제가 발생하게 되어 일부 회귀계수 추정치의 분산과 예측값의 분산이 매우 커지게 되어 이를 신뢰할 수 없게 된다. 따라서 불필요한 변수들이 들어 있는 완전모형(full model)보다는 필요한 변수들만 들어 있는 축소모형(reduced model)이 보다 바람직한 회귀모형이라 하겠다.

E-Miner에서는 탐색과 변형 단계에서 사전에 목표변수에 영향을 주는 변수를 탐색하는 다양한 방법들이 제공되고 있지만, 선형회귀분석의 장점 중의 하나는 모형화 과정 안에서 필요한 입력변수를 선택하는 작업을 포함시킬 수 있다는 것이다. 일반적으로 사용된 변수선택 방법들로는 다음과 같은 것들이 있다.

- **전진선택법**(Forward Selection): 입력변수를 각 변수의 기여도에 따라서 하나씩 추가하면서 선택하는 방법이다. 이 방법은 계산시간이 빠르다는 장점이 있지만, 한 번 선택된 변수는 절대로 제거되지 않는다는 단점이 있다.
- **후진소거법**(Backward Elimination): 모든 변수를 포함하는 완전모형으로부터 시작하여 불필요한 변수를 하나씩 제거해 나가는 방법이다. 이 방법은 중요한 변수가 모형에서 제외될 가능성이 적으므로 비교적 안전한 방법이라 할 수 있다. 그러나 한 번 제외된 변수는 다시 선택되지 못한다는 단점이 있다.
- **단계적 방법**(Stepwise Method): 전진선택법에 후진소거법을 결합한 것으로서, 매 단계마다 선택과 제거를 반복하면서 중요한 변수를 찾아내는 방법이다. 이 방법

은 중요한 변수를 하나씩 추가로 선택하면서 이미 선택된 변수들이 제거될 수 있는 지를 매 단계마다 검토하는 방법이다. 그러나 이 방법에 의해서 찾아진 모형도 모든 가능한 회귀를 통해서 얻어진 모형들보다 못할 수 있다.

- **모든 가능한 회귀**: 가능한 모든 축소모형을 고려하여 가장 좋은 모형을 찾아내는 방법이다. 이 방법은 가장 안전한 방법이라고 할 수 있지만, 입력변수가 많은 경우에는 탐색시간이 매우 많이 걸리며 현실적으로 사용하기 어려운 경우가 종종 있다.

변수선택을 수행하기 위해서는 여러 모형들을 비교할 수 있는 모형선택의 기준이 필요하다. 주로 사용되는 판정기준으로는 결정계수(coefficient of determination), 수정결정계수(adjusted coefficient of determi nation), 맬로우스(Mallows)의 C_p, 아카이케의 정보기준(Akaike's Information Criteria, AIC) 등이 있다.

이러한 모형선택 기준은 변수선택의 절대적인 판단기준이라기 보다는 하나의 참고정보라고 할 수 있다. 연구자는 이들 기준들에 따라 적절한 것으로 판단되는 몇 개의 모형을 선발한 후, 잔차 및 영향력 분석, 다중공선성, 자료해석 상의 실제적인 의미 등을 종합적으로 고려하여 최종적인 모형을 선택하는 것이 바람직하다. 모형선택의 기준들에 대한 자세한 설명은 6장의 내용과 참고문헌들을 참조하기 바란다.

4.2 로지스틱 회귀분석(Logistic Regression Analysis)

목표변수가 이항형 또는 다항형으로 나타나는 경우가 있다. 예를 들어, 소비자가 어떤 상품을 구입할 것인지 아닌지(구입=1, 구입하지 않음=0)를 나타내는 변수는 이항형이고, 고객의 신용등급(A=매우 좋음, B=좋음, C=좋지 않음, D=매우 좋지 않음)을 나타내는 변수는 다항형이다.

이와 같이 목표변수가 이항형 또는 다항형인 경우에는 앞서 설명하였던 선형회귀모형을 사용할 수가 없으며, 이 절에서 소개하는 로지스틱 회귀분석 등을 이용하여 분석해야 한다.[1]

이 절에서는 먼저 이항 목표변수를 하나의 입력변수로 설명하기 위한 로지스틱 단순 회귀모형을 소개한 후, 여러 개의 입력변수들을 고려한 로지스틱 다중 회귀모형의 개념을 설명할 것이다.

---

[1] E-Miner에서는 이항형 로지스틱 회귀분석은 **회귀**(Regression) 노드에서, 다항형 로지스틱 회귀분석은 **신경망**(Neural Network) 노드에서 수행할 수 있다.

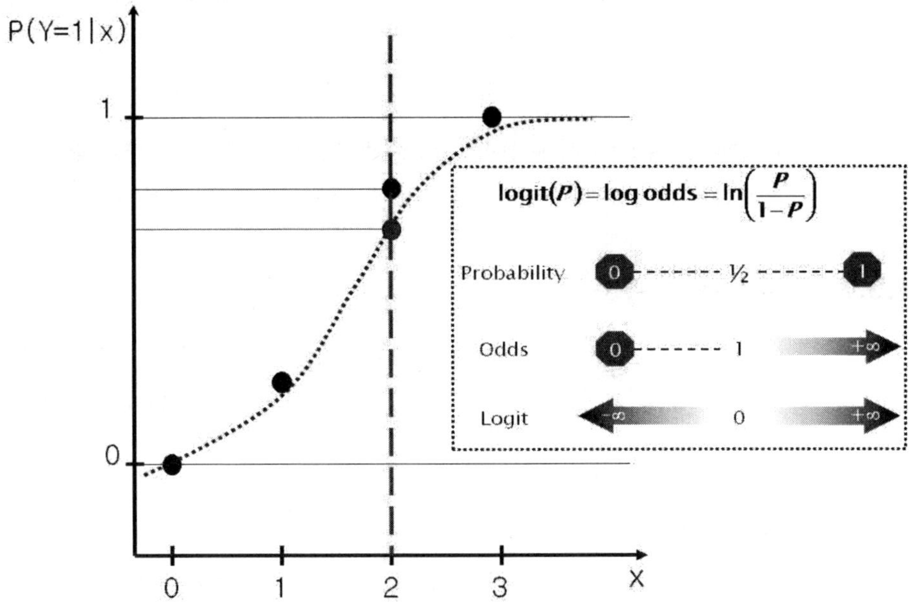

그림 4.2 로짓변환과 로지스틱 곡선의 형태

4.2.1 로지스틱 단순 회귀모형

월수입 x를 입력변수로 하고 어떤 상품에 대한 구입여부(1=구입, 0=구입하지 않음) y를 목표변수로 하여 분석하는 경우를 생각해 보자. 이와 같은 경우에 앞에서와 같은 단순선형 회귀식

$$y = a + bx$$

을 고려하는 것은 여러 가지 문제점을 가지고 있다.

그 중 하나는 목표변수 y의 관측값은 이항형이지만 예측값의 유형은 이항형이 아니라는 것이다. 예를 들어, $x = 0.1$이고 $b = 0.01$이라면 $x = 10$일 때 y의 예측값은 0.2이지만, $x = 1000$일 때는 y의 예측값이 10.1이 된다. 즉, y의 범위를 벗어나는 예측값이 생기게 된다.

또다른 문제점은 목표변수 y에 대한 확률분포가 선형 회귀모형에서 가정되는 확률분포와 맞지 않는다는 것이다. 즉, y가 이항형이기 때문에 베르누이(Bernoulli) 분포와 같이 이진변수(binary variable)를 가지는 분포에 의해서 모형화하는 것이 타당한데, 선형 회귀모형에서는 y를 연속형인 것으로 간주되기 때문에 흔히 정규분포로 모형화 된다.

로지스틱 회귀모형은 목표변수가 이항형일 때, 선형 회귀모형의 이러한 단점을 극복하기 위해 확률에 대한 로짓변환(logit transformation)을 고려하여 분석하는 것이다. 즉,

$$\log \frac{P(y=1|x)}{1-P(y=1|x)} = \alpha + \beta x \tag{4.11}$$

와 같이 모형화하여, 모형식의 좌변과 우변이 모두 실수 상의 값을 가지도록 하는 것이다.[2] 여기에서 log는 자연로그(natural log)를 의미한다.

4.2.2 로지스틱 회귀분석

단순 로짓모형은 입력변수의 개수가 p개인 경우에도 자연스럽게 확장되어 사용될 수 있다. 즉, 입력변수 x_1, x_2, $\cdots$, x_p에 대해서 다중 로지스틱 회귀모형은

$$\log \frac{P(y=1|x_1,\cdots,x_p)}{1-p(y=1|x_1,\cdots,x_p)} = \alpha + \beta_1 x_1 + \cdots + \beta_p x_p \tag{4.12}$$

로 정의된다. 로지스틱 회귀분석의 목적은 흔히 추정된 로짓모형을 이용하여 자료를 분류하기 위한 것이기 때문에, 일반적인 판별분석과 비교하여 로지스틱 판별분석(logistic discrimination)이라고도 불린다.

위의 모형식으로부터 추정된 회귀계수 a, b_1, $\cdots$, b_p를 이용하여 다음과 같이 사후확률에 대한 추정식을 얻을 수 있다. 즉,

$$\hat{P}(y=1|x_1,\cdots,x_p) = \frac{\exp(a+b_1x_1+\cdots+b_px_p)}{1+\exp(a+b_1x_1+\cdots+b_px_p)} \tag{4.13}$$

이렇게 얻어진 각 개체에 대한 사후확률(posteria probability)은 그 개체를 분류하기 위해 사용될 수 있다(단, $\hat{P}(y=0|x) = 1-\hat{P}(y=1|x)$). 즉, 추정된 사후확률은 0과 1사이의 값을 가지게 되므로, 적절한 절단값(cutoff value)을 정하여 이 값을 기준으로 각 개체를 분류하는 것이다.

오즈비(Odds Ratio)

입력변수가 분류 결정에 미치는 영향의 정도는 오즈비로 계량화할 수 있는데, 다른 모든 입력변수가 일정한 상태에서 x_i가 1단위 증가하는데 따른 오즈비는 다음과 같이 계산된다.

$$Odds\ Ratio = \frac{\exp\left[\alpha+\beta_1x_1+\cdots+\beta_i(x_i+1)+\cdots\beta_px_p\right]}{\exp\left[\alpha+\beta_1x_1+\cdots+\beta_i(x_i)+\cdots\beta_px_p\right]} = \exp(\beta_i) \tag{4.14}$$

[2] 로짓함수와 같이 확률과 선형함수를 연결하는 함수를 연결함수(link function)라고 하는데, 로짓함수 이외에도 c-log-log(complementary log-log, Gompertz)와 프로빗(Probit) 함수 등이 있다. 연결함수로 c-log-log를 사용하는 경우 모형은 $\log[-\log(1-P(y=1|x))] = \alpha+\beta x$이고, 프로빗함수를 사용하는 경우 모형은 $\Phi^{-1}[P(y=1|x)] = \alpha+\beta x$의 형태를 가진다. E-Miner에서는 이러한 연결함수를 사용자가 선택하여 분석할 수 있다.

여기서 오즈비가 1보다 작다(계수 β_i가 음의 값을 갖는다)는 것은 입력변수 x_i가 감소방향으로 영향을 미침을 의미하고, 반대로 오즈비가 1보다 크다(계수 β_i가 양의 값을 갖는다)는 것은 증가방향으로 영향을 미침을 의미한다.

예를 들어, 월수입 x(단위 100만원)를 입력변수로 하고 어떤 상품에 대한 구입여부(1=구입, 0=구입하지 않음) y를 목표변수로 하여 분석하는 경우에 $\beta =$ 3.73이라고 해보자. 이는 x가 1단위(백만원) 증가하면 구매하지 않을 확률에 대한 구매할 확률의 상대비가 $\exp(3.73) = e^{3.73} = 42$배 증가한다는 것을 의미한다.

로짓모형에서 분자를 $\hat{P}(y = 1|x)$로 하지 않고 $\hat{P}(y = 0|x)$로 하면 어떻게 될까? 이 때는 회귀계수나 오즈비의 절대값은 바뀌지 않고 부호만 바뀌어 추정되므로 해석을 반대로 하면 된다.[3]

4.3 회귀분석의 특징과 제약

분석사례에 앞서 회귀분석의 특징과 제약을 몇 가지 관점에서 간단히 살펴보기로 한다.

실제성과 친밀성

선형회귀모형은 아마도 가장 널리 사용되고 있는 통계적 방법 중의 하나일 것이다. 또한 다중 로지스틱 회귀모형은 60년대 이후부터 보건통계학 분야 등에서 많이 사용되고 있다. 현재 상용화되어 있는 많은 통계 소프트웨어를 이용하여 선형 또는 로지스틱 회귀분석을 쉽게 수행할 수 있으며, 따라서 회귀모형에 의한 분석과 해석방법이 일반 연구자들에게 비교적 잘 알려져 있다.

해석상의 편리

회귀계수나 오즈비와 같은 회귀분석의 결과는 많은 유용한 정보를 제공한다. 예를 들면, 좋은 예측모형을 만들기 위해서 어떤 정보를 수집하고 관리해야 할 것인지, 상품의 구매비율을 높이기 위해서 어떤 속성의 고객을 주 대상으로 할 것인지와 같은 문제를 해결하기 위한 유용한 정보를 얻을 수 있다. 신경망과 같은 분석은 분석결과로부터 이러한 해석적 정보를 얻는다는 것이 쉽지 않다.

---

[3]E-Miner의 초기 설정은 알파벳 순서에서 큰 목표변수의 값을 분자로 두고 있다. 예를 들어, '1=구입, 0=구입하지 않음'으로 코딩되어 있는 경우에는 $\hat{P}(y = 1|x)$를, '1=구입, 2=구입하지 않음'으로 코딩되어 있는 경우에는 $\hat{P}(y = 2|x)$를 분자로 둔다. 물론 사용자는 해석을 편리하게 하기 위해서 이에 대한 설정을 바꿀 수 있는데, 데이터 소스나 다이어그램의 데이터 노드에서 목표변수에 대한 순서 칼럼을 변경하면 된다. 초기값은 내림차순이다.

부적절하거나 불필요한 입력변수

가능한 많은 입력변수를 분석에 포함시키는 것이 예측을 위한 합리적인 전략일 수 있다. 이는 입력 정보가 많을수록 추정이 좋아진다는 것을 의미한다. 그러나 부적절하거나 관련성이 없는 입력변수를 포함시키는 것은 모형의 일반성을 떨어뜨리는 주원인이 된다. 입력변수를 너무 많이 포함시키는 것은 일반화에 역기능적인 효과를 가져올 수 있고 또한 불안정성의 원인이 될 수 있다. 따라서 사전에 충분한 탐색을 통해서 이들 변수를 제거하거나, 변수선택 방법 등을 이용하여 이러한 단점을 극복하기 위해 노력해야 한다.

비선형성

회귀모형의 단순성과 해석의 편리함은 선형성(linearity)을 가정함으로서 생긴다. 이는 분석상의 장점으로 받아들여 질 수도 있으나, 변수들 간의 관계가 복잡한 비선형성(nonlinearity)을 가지는 경우에는 예측의 유용성 측면에서는 한계가 있게 된다. 따라서 자료의 선형성이 의심되는 경우에는 다항회귀나 비선형회귀 또는 의사결정나무나 신경망과 같은 비선형모형을 고려하여 분석해야 한다.

교호작용의 결여

회귀모형은 각 입력변수의 영향이 다른 입력변수에 종속되어 있지 않다고 가정하고 있다. 예를 들면, 구매확률에 대한 연령의 효과는 소득수준에 관계없이 동일하다는 것이다. 일부 변수들 간의 교호작용(interaction)을 모형에 포함시켜 분석할 수도 있으나, 회귀분석을 통해 유용한 교호작용을 탐색하는 것은 실제적으로 쉽지 않다. 이에 비해 의사결정나무와 같은 분석방법은 교호작용의 효과 및 비선형성을 자동적으로 찾아내는 알고리즘이라고 할 수 있다.

4.4 분석사례 - 1: 선형 회귀분석

이 절에서 소개할 사례의 목적은 선형 회귀분석을 이용하여 도시지역의 주택가격 형성에 영향을 주는 환경, 경제, 사회요인 등 다양한 요소들의 효과를 평가하는 것이다. 여기서 사용될 데이터는 HOUSING 데이터셋이다(부록 참조).

데이터 소스: HOUSING

- 변수 MEDV의 **역할** 칼럼을 Target으로 지정한다.
- 변수 CHAS의 **레벨** 칼럼을 Binary로 지정하고, 나머지 변수들의 **레벨** 칼럼은 Interval로 지정한다.

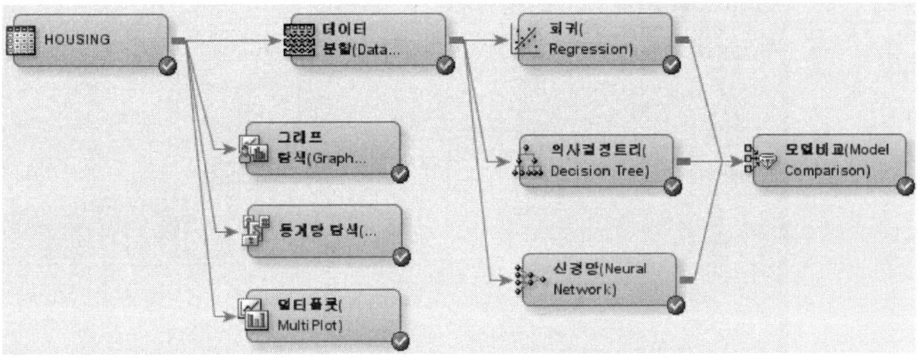

그림 4.3 분석사례 - 1을 위한 분석흐름도

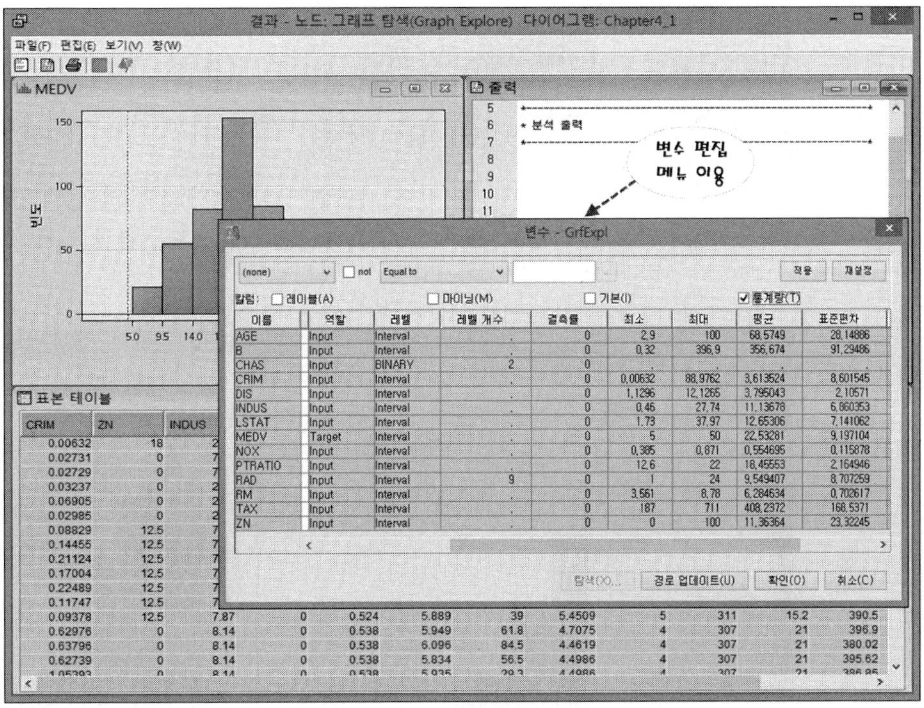

그림 4.4 그래프 탐색(Graph Explore) 노드 – 결과

4.4.1 분석흐름도 작성

새로운 다이어그램을 생성하고 분석흐름도를 그림 4.3과 같이 작성한 후, **그래프 탐색**(Graph Explore) 노드에서 **변수 편집** 메뉴를 이용하여 요약통계량들을 살펴보기 바란다(3.5절 참조). 또한 **그래프 탐색**(Graph Explore) 노드를 실행하고 결과 윈도우에서 데이터의 내용을 살펴보기 바란다(그림 4.4).

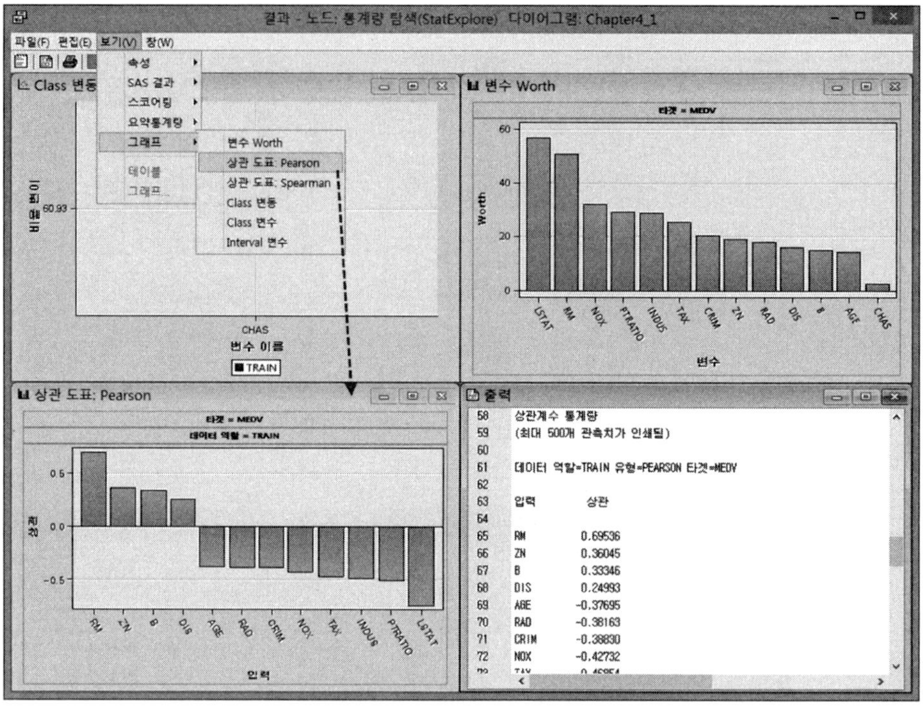

그림 4.5 통계량 탐색(StatExplore) 노드 – 결과

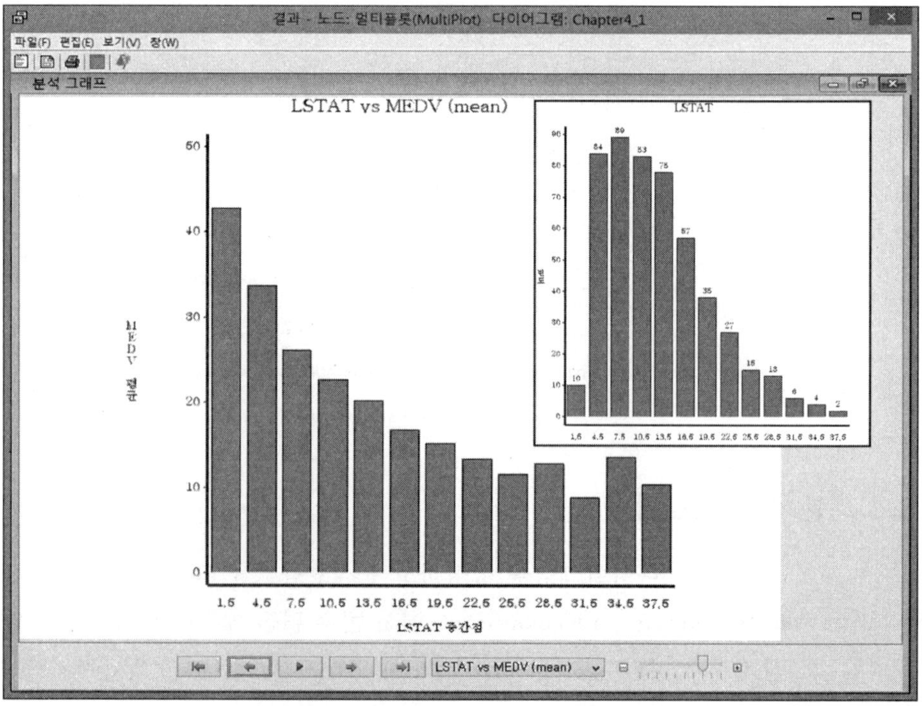

그림 4.6 멀티 플롯(Multi Plot) 노드 – 결과

4.4.2 변수들의 분포에 대한 탐색

다이어그램에서 **통계량 탐색**(StatExplore) 노드를 실행한 후 그 결과를 살펴보도록 하자. 구간형(interval) 목표변수에 대하여 **통계량 탐색**(StatExplore) 노드에서 제공하는 주요 연관성 척도는 다음과 같다.

- **상관계수**: 피어슨의 상관계수(Pearson's Pearson's correlation coefficient). 스피어만의 순위상관계수(Spearman's rank correlation coefficient)도 얻을 수 있는데, 이를 위해서는 **속성 패널**의 **상관계수 통계량** 영역에서 Spearman **상관계수** 필드에 '예'를 설정하면 된다.
- Worth: 일변량 연관성의 정도를 0과 1 사이의 값으로 나타낸 것이다. 구간형 입력변수에 대해서는 상관계수의 제곱, 이산형 입력변수에 대해서는 일원 분산분석(onw-way ANOVA)에서의 R^2와 유사한 개념의 측도이다.

그림 4.5에서 **상관 도표** 윈도우에는 목표변수와 각 입력변수들 간의 단순 상관계수가 제시되어 있다. 여기서 목표변수 MEDV(평균 주택가격)와 가장 큰 상관계수의 절대값을 갖는 변수는 LSTAT(중하류층의 비율, 상관계수=-0.738)이고, 그 다음은 RM(방의 평균 개수, 상관계수=0.695)이라는 것을 볼 수 있다. 또한 **변수** Worth 윈도우에서 LSTAT, RM, NOX(산화질소의 농도) 순으로 목표변수와 연관성이 높다는 것을 볼 수 있다.

다이어그램에서 **멀티 플롯**(Multi Plot) 노드를 실행한 후 그 결과를 살펴보도록 하자. 그림 4.6에서 변수 LSTAT은 왼쪽으로 치우쳐진(오른쪽으로 긴 꼬리를 갖는) 분포를 가지고 있으며, LSTAT 값이 클수록 목표변수 MEDV의 평균이 작아짐을 볼 수 있다(아래쪽의 화살표를 이용하여 그래프를 탐색할 수 있다).

4.4.3 회귀(Regression) 노드의 실행과 결과 보기

회귀분석을 수행하기 전에, 먼저 다이어그램에서 **데이터 분할**(Data Partition) 노드의 설정을 다음과 같이 지정하도록 하자.

데이터 분할(Data Partition) 노드

- **데이터 분할**(Data Partition) 노드의 **속성 패널**에서 **데이터셋 할당** 영역을 **분석용** 70%, **평가용** 30%, **검증용** 0%로 설정한다.

다이어그램의 **회귀**(Regression) 노드를 실행한 후 결과 윈도우(그림 4.7)를 열고, 다음과 같이 그 결과들을 살펴보도록 하자.

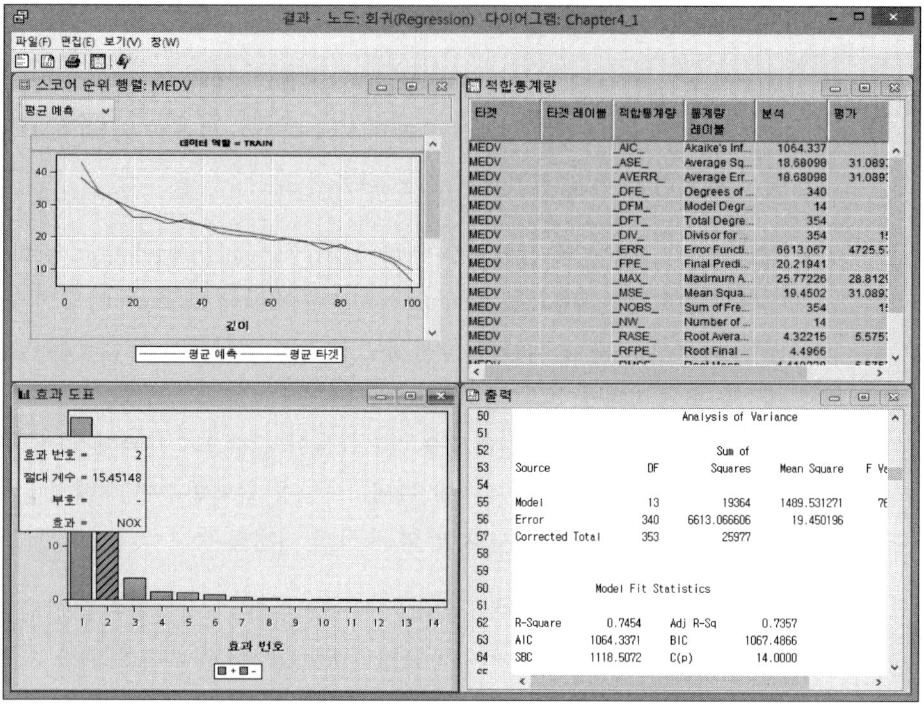

그림 4.7 회귀(Regression) 노드 – 결과

적합통계량(Goodness-of-Fit Statistics)

그림 4.7에서 **적합통계량** 테이블에는 모형의 적합도를 나타내는 여러 가지 통계량들이 제시되어 있다. 여기서 ASE(Average Squared Error, **평균제곱오차**)는 SSE/n으로서 가장 널리 사용되는 모형평가 측도 중 하나이다. 4.1.2절의 R^2의 정의에 의해 ASE와 R^2는 다음과 같은 관계가 있다.

$$R^2 = 1 - \frac{\text{SSE}}{\text{TSS}} = 1 - \frac{n \times \text{ASE}}{\text{TSS}} \tag{4.15}$$

이 예에서는 $R^2 = 1 - (354 \times 18.681)/25977 = 1 - 6613/25977 = 0.745$이다(TSS=25977과 SSE=6613은 **출력** 윈도우의 Analysis of Variance 영역에 제시되어 있다). 즉, 이 회귀모형의 결정계수가 0.745로서 목표변수의 변이 중 약 74.5%가 입력변수들에 의한 회귀식으로 설명된다는 의미이다(분석용 데이터를 기준으로 하는 경우).

스코어 순위 행렬 그래프는 적합의 전체적인 형태를 그래프로 표현해 주는데, **평균 예측** 선과 **평균 타겟** 선이 일치할수록 적합도가 높음을 나타낸다(**모델 비교**(Model Comparision) 노드에서는 여러 방법들의 적합선을 비교할 수 있다).

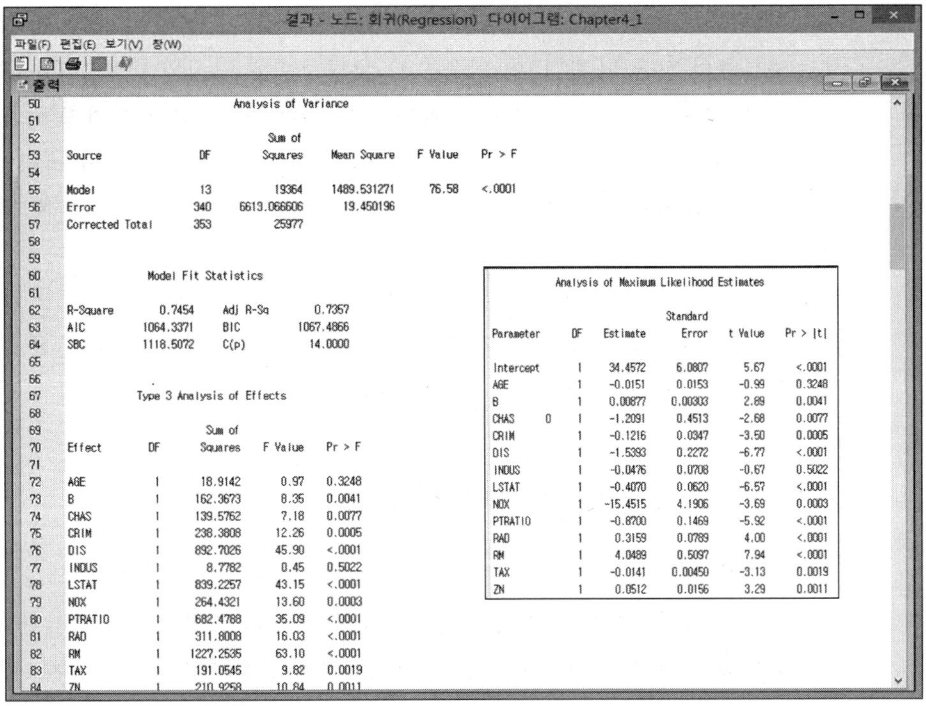

Analysis of Variance

Source	DF	Sum of Squares	Mean Square	F Value	Pr > F
Model	13	19364	1489.531271	76.58	<.0001
Error	340	6613.066606	19.450196		
Corrected Total	353	25977			

Model Fit Statistics

R-Square	0.7454	Adj R-Sq	0.7357
AIC	1064.3371	BIC	1067.4866
SBC	1118.5072	C(p)	14.0000

Type 3 Analysis of Effects

Effect	DF	Sum of Squares	F Value	Pr > F
AGE	1	18.9142	0.97	0.3248
B	1	162.3673	8.35	0.0041
CHAS	1	139.5762	7.18	0.0077
CRIM	1	238.3808	12.26	0.0005
DIS	1	892.7026	45.90	<.0001
INDUS	1	8.7782	0.45	0.5022
LSTAT	1	839.2257	43.15	<.0001
NOX	1	264.4321	13.60	0.0003
PTRATIO	1	682.4788	35.09	<.0001
RAD	1	311.8008	16.03	<.0001
RM	1	1227.2535	63.10	<.0001
TAX	1	191.0545	9.82	0.0019
ZN	1	210.9258	10.84	0.0011

Analysis of Maximum Likelihood Estimates

Parameter		DF	Estimate	Standard Error	t Value	Pr > |t|
Intercept		1	34.4572	6.0807	5.67	<.0001
AGE		1	-0.0151	0.0153	-0.99	0.3248
B		1	0.00877	0.00303	2.89	0.0041
CHAS	0	1	-1.2091	0.4513	-2.68	0.0077
CRIM		1	-0.1216	0.0347	-3.50	0.0005
DIS		1	-1.5393	0.2272	-6.77	<.0001
INDUS		1	-0.0476	0.0708	-0.67	0.5022
LSTAT		1	-0.4070	0.0620	-6.57	<.0001
NOX		1	-15.4515	4.1906	-3.69	0.0003
PTRATIO		1	-0.8700	0.1469	-5.92	<.0001
RAD		1	0.3159	0.0789	4.00	<.0001
RM		1	4.0489	0.5097	7.94	<.0001
TAX		1	-0.0141	0.00450	-3.13	0.0019
ZN		1	0.0512	0.0156	3.29	0.0011

그림 4.8 회귀(Regression) 노드 - 결과: 출력 윈도우

출력 윈도우의 결과

결과 윈도우에서 **출력** 윈도우를 확대하고 몇 가지 주요 내용을 자세히 살펴보도록 하자(그림 4.8).

분산분석표(Anlalysis of Variance Table)에서 F-통계량에 대한 p-값이 0.0001로서 '모든 입력변수의 회귀계수들이 0'이라는 가설은 기각됨을 알 수 있다.

Type 3 Analysis of Effects 영역에 제시된 p-값(Pr>F)을 통해 각 변수들의 유의성을 평가할 수 있다. 유의수준을 0.05로 하는 경우, 13개의 입력변수 중에서 AGE(1940년 이전의 주택비율)와 INDUS(중대형 버스의 비율)를 제외한 11개의 변수에 대해서 p-값이 유의수준보다 작다. 즉, 나머지 11개의 변수들은 목표변수를 설명하는데 유의하게 기여하고 있음을 볼 수 있다. 또한 F/df를 이용하여 상대적인 영향력의 크기를 평가할 수 있다. 여기서는 RM(방의 평균개수), DIS(근무중심까지의 가중거리), LSTAT(중하류층의 비율), PTRATIO(초중등학교 교사의 비율), RAD(주요 도로까지의 접근성), $\cdots$ 순서임을 알 수 있다.

Estimates(추정치) 영역의 내용을 살펴보도록 하자. 여기서 회귀계수 추정치의 부호를 중심으로 그 결과를 해석하여 보면(F/df 값이 큰 첫 5개만 설명한다),

방의 평균개수(RM)가 많을수록, 근무중심까지의 가중거리(DIS)가 짧을수록, 중하류층의 비율(LSTAT)이 낮을수록, 초중등학교 교사의 비율(PTRATIO)이 낮을수록, 주요 도로까지의 접근성(RAD)이 좋을수록 '평균 주택가격'이 높음을 알 수 있다(이와 유사하게 다른 입력변수들에 대해서도 해석해 보기 바란다). 또한 추정된 회귀식은 다음과 같다.

$$\hat{y} = 34.457 - 0.015 \times \text{AGE} + 0.009 \times \text{B} + \cdots + 0.051 \times \text{ZN}$$

독자들은 **의사결정트리**(Decision Tree) 노드의 결과를 살펴보고(연습문제 3-6 참조), **회귀**(Regression) 노드의 결과와 비교하여 보기 바란다.

4.5 분석사례 - 2: 로지스틱 회귀분석

2장에서 BUYTEST 데이터셋에 대하여 **회귀**(Regression) 노드를 이용하여 로지스틱 회귀분석을 수행하는 과정을 다룬 바 있다. 여기서는 이러한 일반적인 회귀모형에 몇 개의 입력변수에 대한 교호작용과 이차항을 추가하여 다항회귀를 수행하는 과정을 수행하여 보겠다. 회귀모형에 교호작용이나 이차항을 추가하는 것은 모형의 예측력을 높이기 위한 한 가지 방법이며, 특히 입력변수들과 목표변수가 비선형적인 관계를 가지고 있을 때 효과적으로 사용될 수 있다.

그러나 앞에서도 언급한 바와 같이 복잡한 모형은 추정과 해석의 관점에서 몇 가지 문제점을 발생시킨다. 즉, 복잡한 모형은 입력변수와 목표변수 간의 관계를 해석하는데 어려울 뿐만 아니라, 추정해야할 모수의 수가 증가하게 되어 회귀계수를 추정하는 데도 수치해석적 문제를 가지게 되는 경우가 있다. 이러한 문제점은 변수선택 방법을 수행함으로서 어느 정도 해결될 수 있을 것이다.

새로운 다이어그램을 생성하고 분석흐름도를 그림 4.9와 같이 작성하여라. 이 다이어그램에는 3개의 **회귀**(Regression) 노드가 포함되어 있는데, 아래쪽 2개의 **회귀**(Regression) 노드는 **이름 바꾸기** 메뉴를 이용하여 '회귀-변수선택'과 '회귀-다항'으로 이름을 변경하여라. 데이터 소스와 **데이터 분할**(Data Partition) 노드에 대한 설정은 2.1절 및 2.2절과 동일하게 지정하여라. 또한 첫 번째 **회귀**(Regression) 노드를 실행하여 2.7절과 같이 결과를 살펴보아라.

4.5.1 변수선택 방법의 적용

다음과 같은 과정을 수행하여 **회귀-변수선택** 노드에 변수선택 방법을 설정하도록 하자.

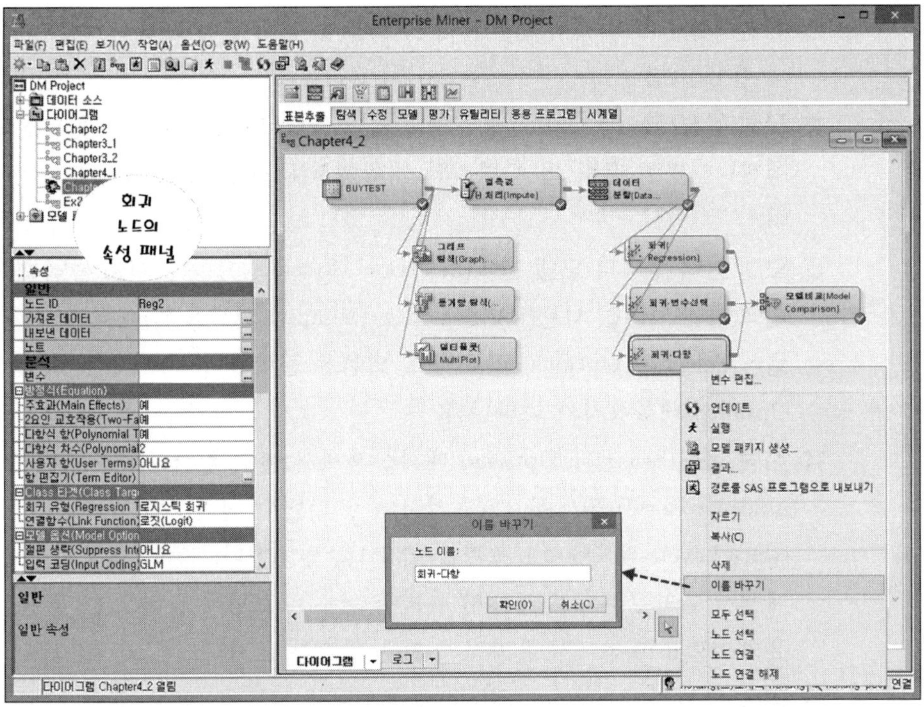

그림 4.9 분석사례 - 2를 위한 다이어그램

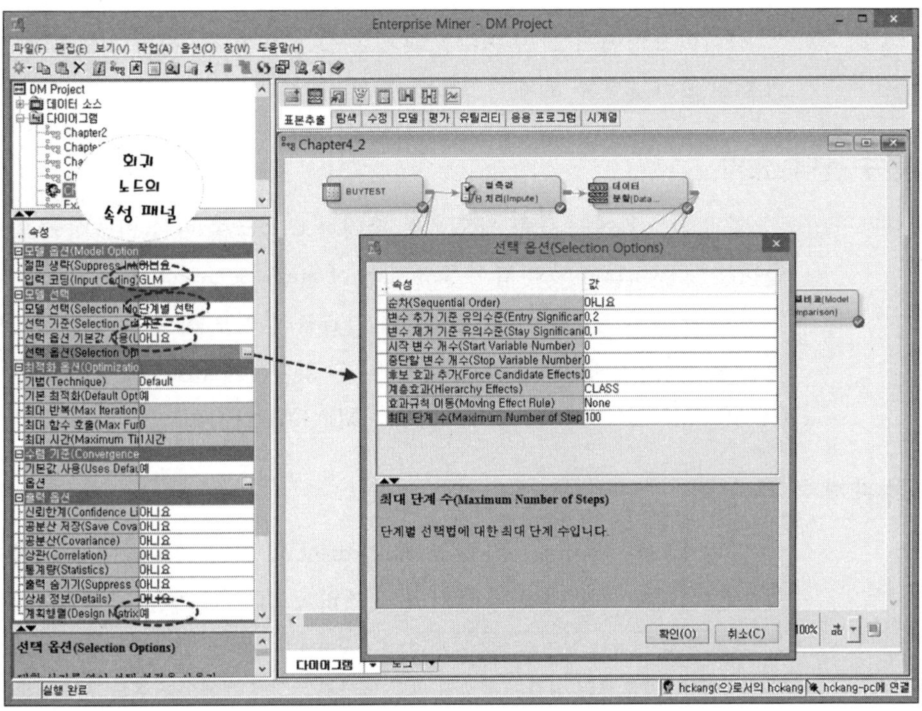

그림 4.10 변수선택 방법의 설정

① 다이어그램에서 **회귀-변수선택** 노드를 클릭하여 이 노드의 **속성 패널**이 나타나게 한다(그림 4.10).

② **모델 옵션**(Model Options) 영역의 **입력 코딩**(Input Coding) 필드를 **GLM**으로 설정한다. 또한 **출력 옵션** 영역의 **계획행렬**(Design Matrix) 필드를 '예'로 설정한다.[4]

③ **모델 선택** 영역의 **모델 선택**(Selection Model) 필드를 **단계별 선택**으로 설정한다. **선택 옵션 기본값 사용**(Use Selection Defaults) 필드를 '아니요'로 설정한 후, **선택 옵션**(Selection Options) 필드의 ... 버튼을 클릭한다. 그러면 **선택 옵션**(Selection Options) 대화상자가 나타난다.

④ **선택 옵션**(Selection Options) 대화상자에서 **변수 추가 기준 유의수준**(Entry Significance Level) 필드에 0.2(초기값=0.05), **변수 제거 기준 유의수준**(Stay Significance Level) 필드에 0.1(초기값=0.05)을 입력한다. 즉, 단계적 변수선택의 매 단계에서 유의수준 0.20 하에서 유의한 변수는 모형에 들어오고, 들어온 변수들 중 유의수준 0.10 하에서 유의하지 않은 변수는 제거되도록 설정한다.

⑤ **최대 단계 수**(Maximum Number of Steps) 필드에 100을 입력한다(이 필드의 값은 반드시 분석에 사용될 변수의 수보다 많거나 같아야 한다).[5] **확인** 버튼을 클릭하여 다이어그램으로 돌아간다.

다이어그램에서 **회귀-변수선택** 노드를 실행한 후, 결과 윈도우를 열고 주요 결과들을 살펴보도록 하자.

변수선택 요약

결과 윈도우에서 **출력** 윈도우를 확대하고 스크롤 바를 이용하여 아래쪽으로 이동하면 그림 4.11에서와 같이 Summary of Stepwise Selection 영역에서 변수선택 과정에 대한 요약결과를 볼 수 있다. 이 결과를 살펴보면, 단계적 변수선택은 10단계를 거쳐 8개의 변수가 선택되었음을 알 수 있다. 선택된 변수들은 BUY12, BUY18, COA6, IMP_AGE, IMP_MARRIED, IMP_OWNHOME, LOC, RETURN24이다.

회귀계수 추정치

그림 4.12의 Analysis of Maximum Likelihood Estimates 영역에서 회귀계수 추정치들을 살펴보도록 하자(추정치와 오즈비에 대한 해석은 2.7절에서와 유사하다).

---

[4]**출력 옵션** 영역의 설정은 변수선택과는 직접적으로 관련이 없으나 더 상세한 출력결과를 얻기 위한 것이다. **입력 코딩** 옵션의 설정에 의한 가변수 코딩에 대해서는 잠시 후에 설명할 것이다.

[5]이 옵션의 초기값이 0으로 되어 있는데, 이는 시스템 오류인 것으로 보인다.

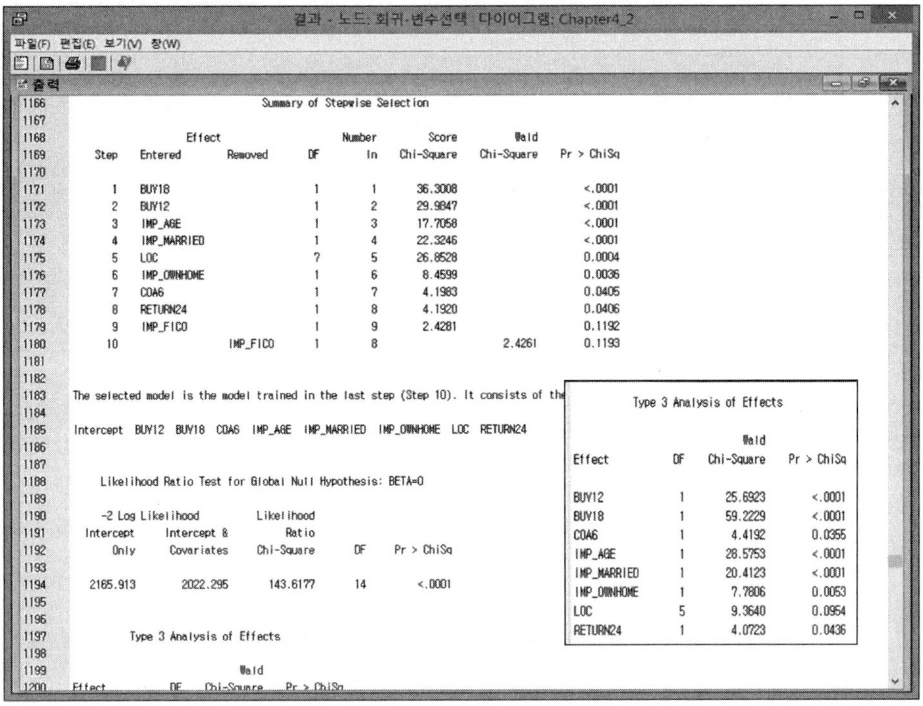

그림 4.11 변수선택 과정의 요약

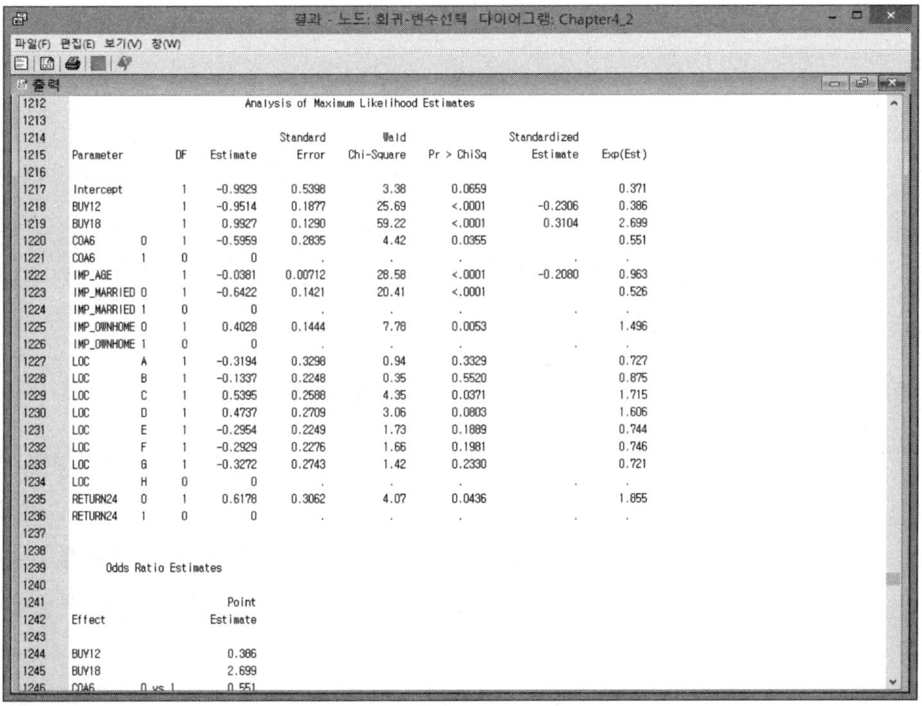

그림 4.12 회귀계수 추정치

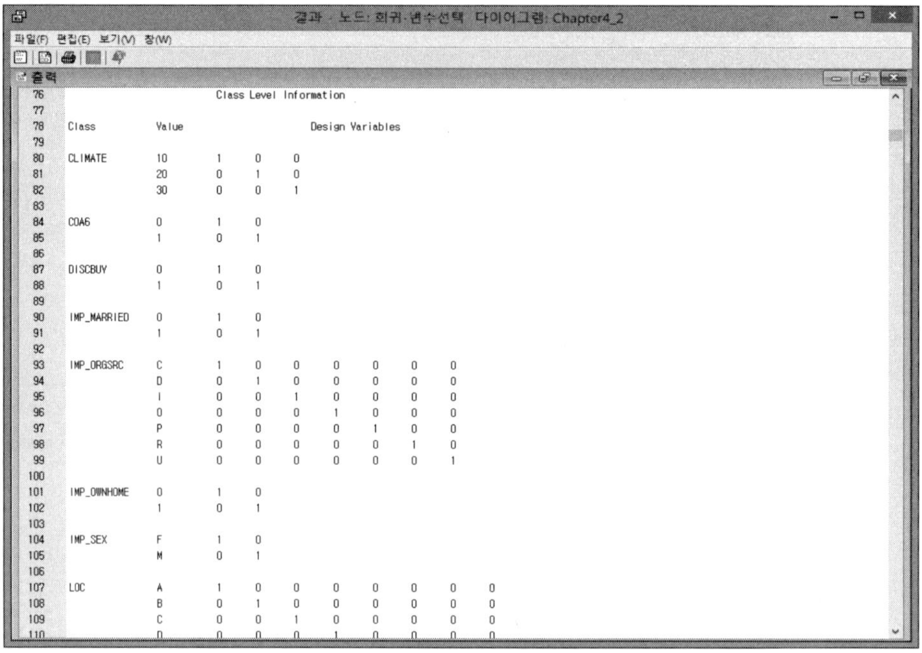

그림 4.13 범주형 변수에 대한 가변수 코딩

이 회귀계수 추정치를 이용하여 반응확률에 대한 예측모형식을 다음과 같이 만들 수 있다.

$$\begin{cases} f = -0.9929 - 0.9514 \times \mathrm{BUY12} + \cdots + 0.6178 \times \mathrm{RETURN24(0)} \\ \hat{P}(y=1) = \exp(f)/[1+\exp(f)] \end{cases}$$

2장에서 설명한 바와 같이 E-Miner의 **스코어**(Score) 노드를 이용하면 이러한 모형식에 의해서 새로운 데이터에 대한 예측값을 쉽게 얻을 수 있기 때문에(4.5.4절 참조), 다른 시스템 상에 이를 구현할 필요가 없다면 사용자가 위와 같은 식을 직접 계산해야 할 필요는 없다.

범주형 변수에 대한 코딩: 가변수(Dummy Variable)

위의 예측식에서 CLIMATE(10), CLIMATE(20), RETURN24(0) 등은 가변수로서, 범주형 변수에 대한 가변수 코딩(coding)은 그림 4.13과 같이 **출력** 윈도우의 결과 중 위쪽 부분에서 볼 수 있다.[6] 회귀분석에서 범주형(binary, ordinal, nominal) 변수는 구간형(interval) 변수와는 달리 분석에 바로 사용할 수 없고, 표

[6] 가변수 코딩방식은 **속성** 패널의 **입력 코딩**(Input Coding) 필드에서 설정할 수 있으며 Deviation과 GLM 방식 중 하나를 선택할 수 있다(그림 4.13의 결과는 GLM 방식에 의한 것이다).

표 4.4 가변수 코딩의 예

CLIMATE	Deviation 방식			GLM 방식		
	D(10)	D(20)	D(30)	D(10)	D(20)	D(30)
10	1	0	0	1	0	0
20	0	1	0	0	1	0
30	-1	-1	0	0	0	0

4.4와 같이 범주의 수만큼 가변수를 생성하여 사용해야 한다.[7]

4.5.2 교호작용과 이차항의 추가

회귀(Regression) 노드에서는 2요인 교호작용(interaction) $x_i \times x_j$ 또는 2차항(quadratic term) x_i^2들을 모형에 포함시킬 수 있다. 다음과 같은 과정을 수행하여 회귀모형에 모든 교호작용과 2차항을 포함시켜 분석을 수행해 보도록 하자.

① 다이어그램에서 **회귀-다항** 노드를 클릭하여 **속성 패널**이 나타나게 한다.

② **속성 패널**의 **방정식**(Equation) 영역에서 **2요인 교호작용**(Two-Factor Interactions) 필드와 **다항식 항**(Polynomial Terms) 필드를 '예'로 설정한다. 이는 모든 2요인 교호작용과 모든 2차항들을 모형에 포함시키도록 설정하는 것이다(그림 4.9의 **속성 패널** 참조).

모델 옵션, **출력 옵션**, **모델 선택** 영역의 옵션들에 대한 설정은 **회귀-변수선택** 노드와 동일하게 설정하여라.

그림 4.14는 **회귀-다항** 노드를 실행한 후 얻은 결과 중 일부를 제시한 것이다. 이 결과를 살펴보면, 11번의 단계적 변수선택 단계를 거쳐 7개의 주효과와 3개의 교호작용이 선택되었음을 볼 수 있다.

이와 같이 **2요인 교호작용**(Two-Factor Interactions) 필드와 **다항식 항**(Polynomial Terms) 필드를 '예'로 설정하면 쉽게 다항 회귀를 수행할 수 있지만, 입력변수가 매우 많을 경우 이러한 방법을 이용하면 **회귀**(Regression) 노드의 수행에 상당한 시간이 소요될 수 있으므로 주의해야 한다(만약 입력변수가 100개라면 교호작용과 2차항은 10,000개가 된다). 이런 경우에는 **변수선택**(Variable Selection)

[7] 실제로는 (범주의 수−1)개 만큼의 가변수가 사용된다. GLM 방식의 경우 각 범주형 변수의 마지막 범주에 대해 회귀계수 추정치가 0임을 살펴보아라. Deviation 방식의 경우 마지막 범주의 추정치는 다른 범주의 추정치들의 합에 −를 취하면 된다.

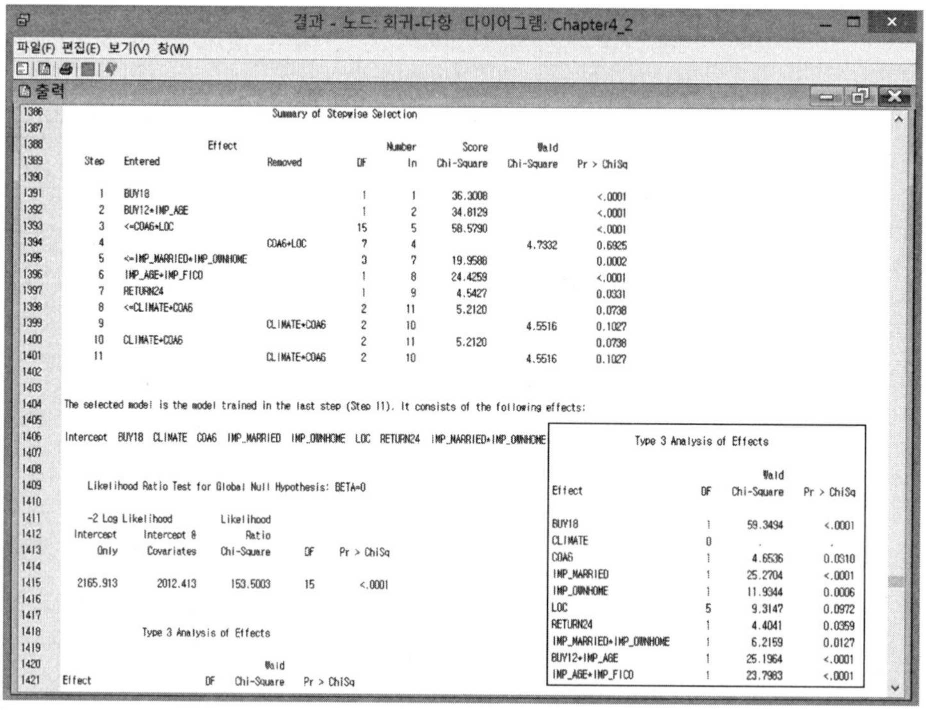

그림 4.14 다항 회귀의 결과

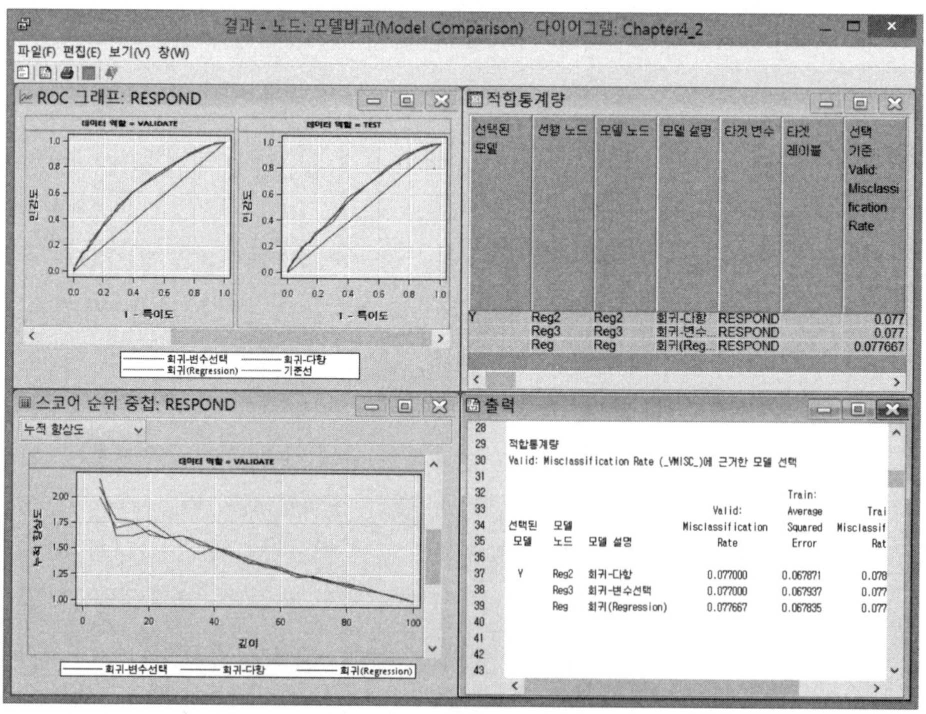

그림 4.15 모델 비교(Model Comparison) 노드 - 결과

노드나 다른 **회귀**(Regression) 노드 또는 **의사결정트리**(Decision Tree) 노드 등을 이용하여 미리 변수를 선택해 두는 것이 효과적일 수 있다. 또한 **속성 패널의 항 편집기**(Term Editor)를 이용하여 주효과, 교호작용, 2차항 중 일부를 분석자가 선택할 수 있다(연습문제 4-10 참조).

4.5.3 모형 평가

다이어그램에서 **모델 비교**(Model Comparison) 노드를 실행한 후, 그 결과를 살펴보도록 하자. 그림 4.15에서 ROC 그래프나 누적 향상도 그래프는 세 모형이 거의 비슷함을 볼 수 있다. 또한 **적합통계량**과 **출력** 윈도우의 결과들을 살펴보면 오분류율, ROC 인덱스, Kolmogorov-Smirnov 통계량, 누적 향상도 등의 통계량 값도 세 모형에 큰 차이가 없음을 볼 수 있다. 따라서 향후 데이터 수집과 모형의 관리라는 측면에서는 변수선택을 적용한 **회귀-변수선택** 노드나 **회귀-다항** 노드에서 구축된 모형을 이용하는 것이 더 효율적일 수 있겠다.

4.5.4 예측확률 계산

회귀-변수선택 노드를 통해 구축된 회귀모형을 이용하여 새로운 데이터셋에 대한 예측확률을 계산해 보도록 하자.

그림 4.16과 같이 다이어그램에 데이터 소스 BUYROLL과 **스코어**(Score) 노드를 추가하여라. 또한 **스코어**(Score) 노드에 데이터 소스 BUYROLL과 **모델 비교**(Model Comparison) 노드를 연결하여라. **스코어**(Score) 노드는 2.5절에서와 같이 특정한 모델 노드에 연결할 수도 있고, 이 예에서와 같이 **모델 비교**(Model Comparison) 노드에 연결할 수도 있다.

① 다이어그램에서 **모델 비교**(Model Comparison) 노드를 클릭하여 이 노드의 **속성 패널**이 나타나게 한다(그림 4.16).

② **속성 패널**에서 **선택 편집기** 필드의 ... 버튼을 클릭한 후, **회귀-변수선택**의 칼럼을 '예'로 설정하고 다른 두 칼럼을 '아니오'로 설정하여라(그림 4.16). 이는 **회귀-변수선택** 노드의 예측식을 **스코어**(Score) 노드에 적용하기 위한 것이다.

③ **선택 편집기**를 닫고, 다이어그램에서 **스코어**(Score) 노드를 실행한다. 결과 윈도우의 내용을 살펴보고 결과 윈도우를 닫는다.

④ 다이어그램에서 **스코어**(Score) 노드를 클릭하여 이 노드의 **속성 패널**이 나타나게 한다(그림 4.17).

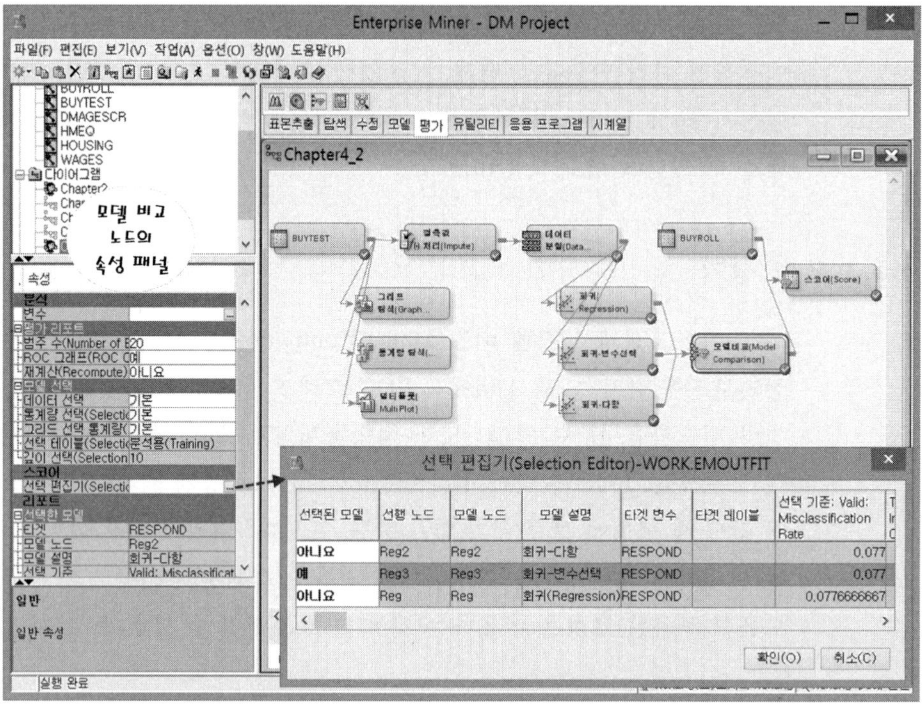

그림 4.16 모델 비교(Model Comparison) 노드 – 속성 패널

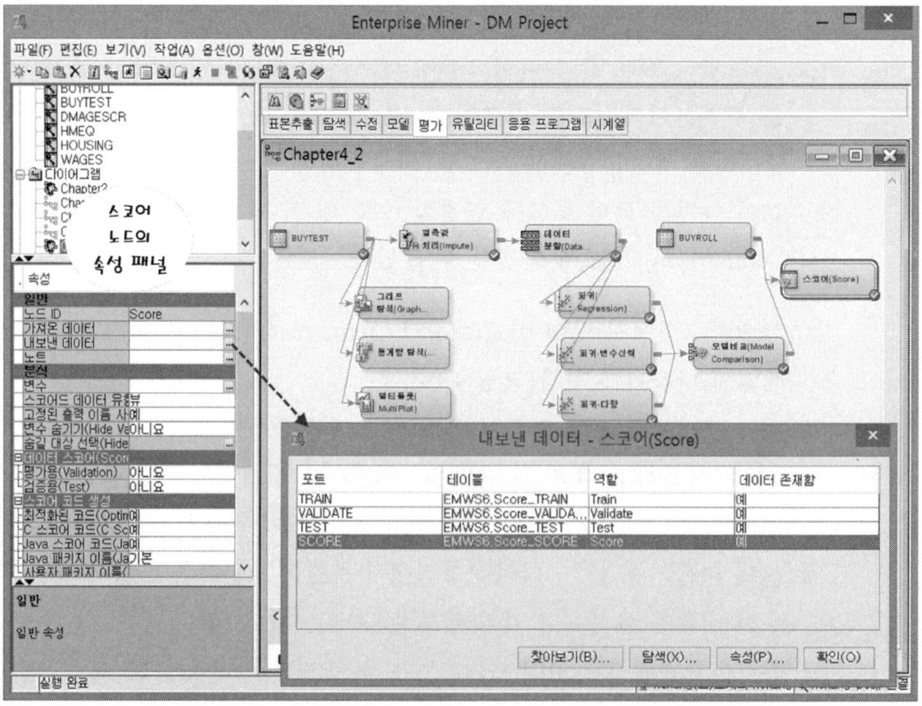

그림 4.17 스코어(Score) 노드 – 속성 패널

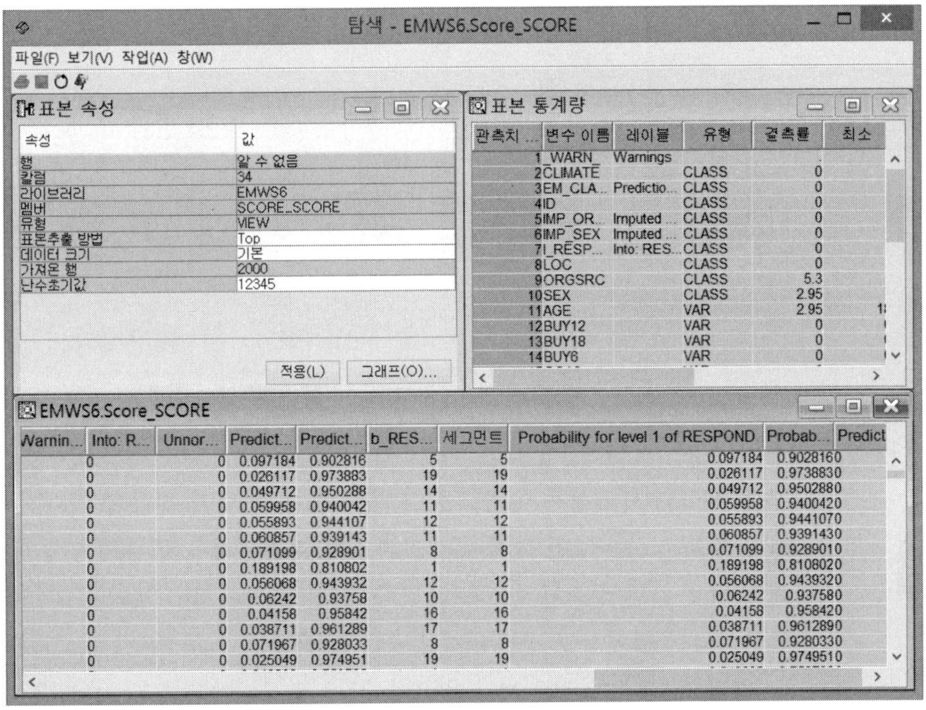

그림 4.18 스코어(Score) 노드 – 탐색

⑤ 속성 패널의 내보낸 데이터 필드의 ... 버튼을 클릭한다. 그러면 내보낸 데이터 대화상자가 나타난다(그림 4.17).

⑥ 내보낸 데이터 대화상자에서 포트 칼럼이 SCORE인 열을 선택하고 탐색(X) 버튼을 클릭한다.

이와 같은 과정을 수행하면 그림 4.18에서와 같이 점수화가 적용된 데이터셋의 내용을 살펴볼 수 있다. 예를 들어, Probability for level 1 of RESPOND 칼럼은 로지스틱 회귀모형에 의해서 추정된 '각 고객이 DM에 반응할 확률'을 나타낸다.

4.6 분석사례 - 3: 신용평점표 작성

평점표(scorecard)는 고객의 특성항목에 점수를 부여하여 어떤 사건에 대한 상대적 위험을 숫자로 나타내는 점수 할당표이다. 예를 들어, 신용평점표(credit scorecard)는 은행, 카드, 보험 등 금융기관에서 고객의 우량과 불량의 가능성을 예측하기 위해 만들어진다.[8]

[8] 3장에서 의사결정나무모형을 이용하여 작성된 표 3.1도 일종의 신용평점표라고 할 수 있다.

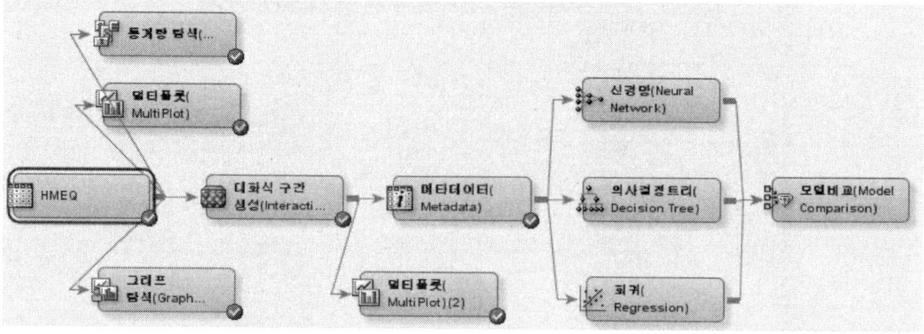

그림 4.19 분석사례-3을 위한 분석흐름도

로지스틱 회귀분석의 중요한 활용분야 중 하나가 신용평점표를 만드는 것이라고 할 수 있는데, 이 절에서는 로지스틱 회귀분석을 이용하여 평점표를 작성하는 과정을 간단히 소개하도록 하겠다. 물론 여기에서 소개되는 과정은 다른 데이터마이닝 작업에서도 얼마든지 응용 가능하다.

평점표(scorecard)를 만들기 위한 사전 준비단계는 우량, 불량을 정의하고, 이와 관련이 있는 변수들을 찾아내어 데이터셋을 준비하는 것이다. 1.3절의 사례(신용평가 문제)가 이와 같은 예가 될 수 있으며, 여기서도 HMEQ 데이터셋을 이용하여 분석사례를 진행할 것이다. 평점표 작성에 관한 자세한 내용은 이 장의 참고문헌들을 참조하기 바란다.

4.6.1 대화식 구간화: Interactive Binning 노드

일반적으로 평점표에 사용되는 특성항목(변수)들은 구간화(범주화) 과정을 거친 후에 분석에 이용된다. 이와 같은 작업은 실제 적용에 있어서 평점표에 대한 이해와 적용을 쉽게 하기 위한 것이며, 평점표가 특정 변수의 특이값에 민감하지 않게 하고 예측력을 높게 하기 위한 목적도 가지고 있다.

대화식 범주화: DEBTINC(구간형 변수)의 경우

새로운 다이어그램을 생성하고 그림 4.19와 같이 분석흐름도를 작성한 후, 다이어그램에서 대화식 구간 생성(Interactive Binning) 노드를 실행하여라. 그러면 그림 4.20과 같은 결과를 얻게 되는데, 여기서 자동으로 수행된 범주화 결과를 살펴볼 수 있다. 예를 들어, 변수 DEBTINC에 대하여 5개로 범주화 되어 있음을 볼 수 있다. 결과 윈도우를 닫고, 다음과 같은 과정을 수행하여 변수 DEBTINC에 대한 대화식 범주화를 수행하여 보도록 하자.

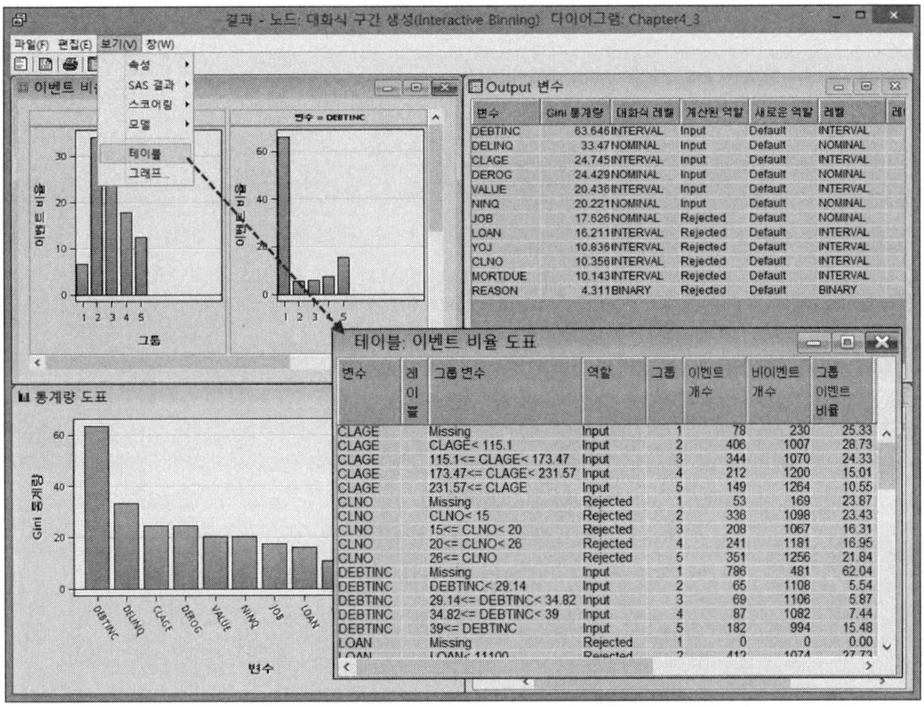

그림 4.20 대화식 구간 생성(Interactive Binning) 노드 – 결과

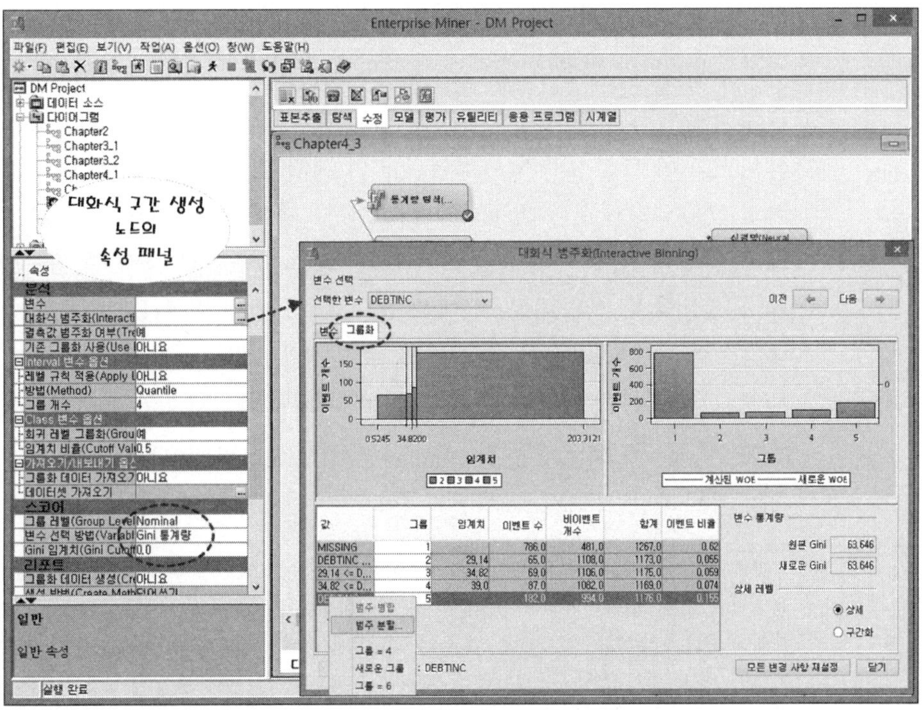

그림 4.21 대화식 구간 생성(Interactive Binning) 노드 – 속성 패널

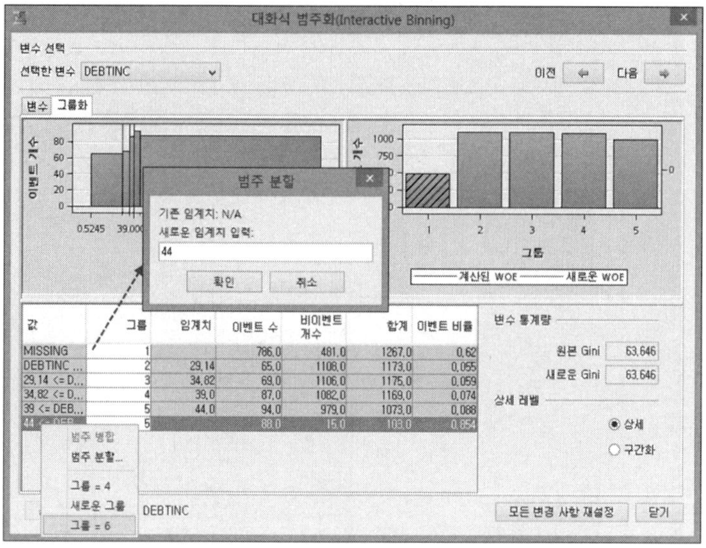

그림 4.22 대화식 범주화 – 범주 분할

① 다이어그램의 **대화식 구간 생성**(Interactive Binning) 노드를 클릭하여 이 노드의 속성 패널이 나타나게 한다(그림 4.21).

② 속성 패널의 **스코어** 영역에서 **그룹 레벨**(Group Level) 필드를 **Nominal**로 변경한다(초기값=**Ordinal**). 또한 **Gini 임계치**(Gini Cutoff) 필드를 '0'으로 변경한다(초기값=20). 이는 모든 변수들에 대하여 범주화를 수행하기 위한 것이다.

③ 속성 패널에서 **대화식 범주화**(Interactive Binning) 필드의 ... 버튼을 클릭한다(**대화식 범주화** 대화상자가 나타난다). 이 대화상자에서 **그룹화** 탭을 클릭한다. 그러면 그림 4.21에서와 범주화에 대한 상세 내용들을 살펴볼 수 있다. 특히, **이벤트 비율**을 살펴보면, 결측값(missing)만으로 이루어진 첫 번째 범주의 이벤트 비율(신용상태 나쁨의 비율)이 매우 높고, 다섯 번째 범주(DEBTINC>=39.0)도 상대적으로 이벤트 비율이 높음을 볼 수 있다.[9]

④ **대화식 범주화** 대화상자에서 범주 5를 선택한 후, 마우스 오른쪽 버튼을 클릭하고 팝업 메뉴에서 **범주 분할** 메뉴를 선택한다(그림 4.21). 그러면 **범주 분할** 대화상자가 나타난다(그림 4.22).

---

[9] 여기에 출력되는 '지니점수'(Gini score)는 각 변수의 일변량적 예측력을 나타낸다(값이 클수록 예측력이 좋음. 연습문제 4-9 참조). 따라서 **대화식 구간 생성**(Interactive Binning) 노드에서 자동으로 이산화가 수행된 경우(원본 Gini)와 사용자에 의해서 설정된 경우(새로운 Gini)의 값에 큰 차이가 나는 것은 바람직하지 않다. 한편, 사전에 입력변수들의 예측력을 검토하기 위해 지니점수를 이용할 수도 있다.

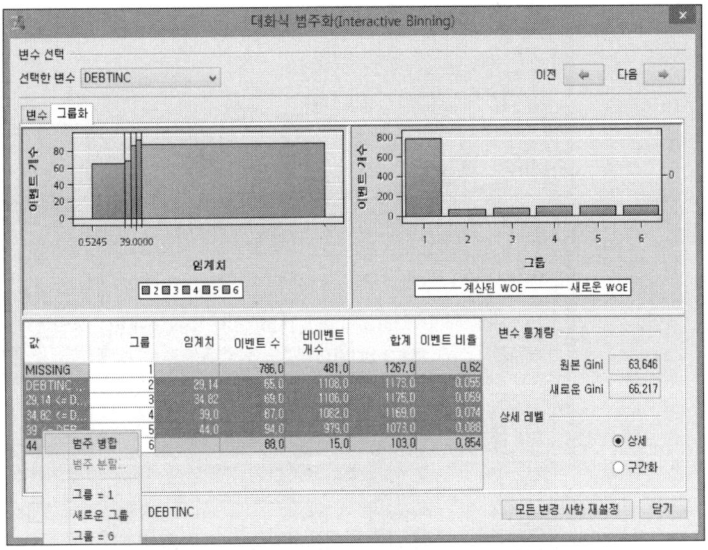

그림 4.23 대화식 범주화 – 범주 병합

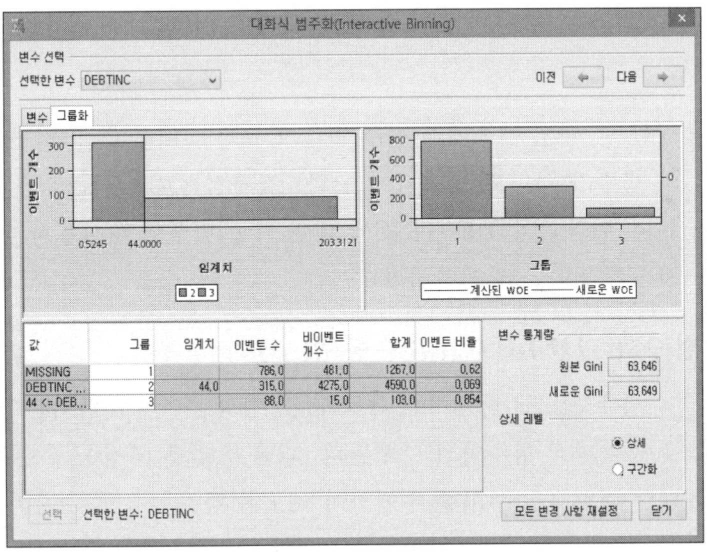

그림 4.24 변수 DEBTINC에 대한 범주화

⑤ **범주 분할** 대화상자에 새로운 임계치 ‘44’를 입력한다(새로운 범주가 나타난다). 새로운 범주를 선택한 후, 마우스 오른쪽 버튼을 클릭하고 팝업 메뉴에서 **그룹=6** 메뉴를 선택한다(그림 4.22).

⑥ 그림 4.23에서와 같이 2번째 범주에서 5번째 범주를 동시에 선택한다(이들 범주들은 이벤트 비율에 큰 차이가 없다).[10] 선택 영역을 마우스 오른쪽 버튼으로 클

[10] 여러 개의 열을 동시에 선택할 때는 Shift-키나 Ctrl-키를 이용하면 된다.

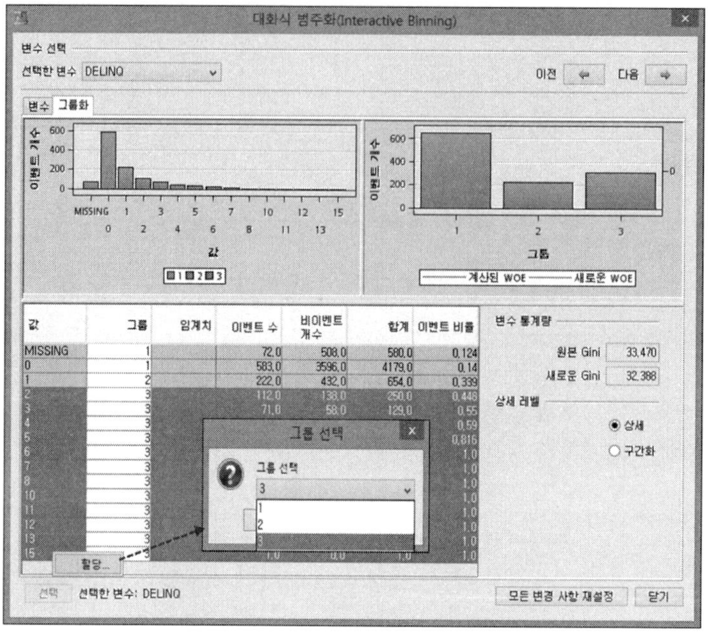

그림 4.25 변수 DELINQ에 대한 범주화

릭한 후, 팝업 메뉴에서 **범주 병합** 메뉴를 선택한다. 그러면 그림 4.24와 같이 4개의 범주가 하나로 병합되게 된다. 결과적으로 3개의 그룹으로 범주화가 수행되는데, 이를 변수 DEBTINC에 대한 최종 범주화로 사용하기로 하자(Gini 값에 큰 차이가 없음을 확인하여라).

대화식 범주화: DELINQ(범주형 변수)의 경우

범주형(binary, ordinal, nominal) 입력변수에 대하여는 범주들을 그룹화 함으로써 대화식 범주화가 수행된다. 다음과 같은 과정을 수행하여 변수 DELINQ에 대한 대화식 범주화를 수행하여 보도록 하자.

① **대화식 범주화** 대화상자에서 다음 화살표를 클릭한다(또는 **선택한 변수** 목록에서 변수 DELINQ를 선택한다).

② 값이 결측값(missing)과 0인 범주들을 동시에 선택한다. 선택 영역을 마우스 오른쪽 버튼으로 클릭하고 팝업 메뉴에서 **할당** 메뉴를 선택한다. **그룹 선택** 대화상자에서 '1'을 선택한다.

③ 값이 2부터 15인 범주들을 동시에 선택한다. 선택 영역을 마우스 오른쪽 버튼으로 클릭하고 팝업 메뉴에서 **할당** 메뉴를 선택한다. **그룹 선택** 대화상자에서 '3'을 선택한다.

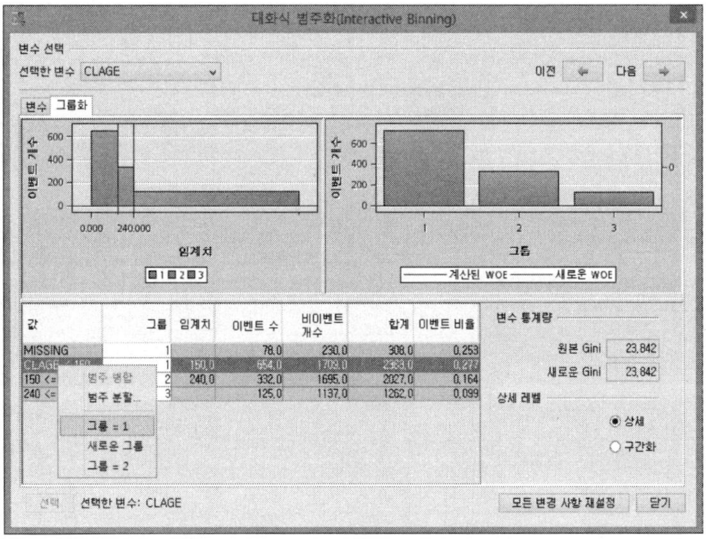

그림 4.26 변수 CLAGE에 대한 범주화

대화식 범주화: 변수 CLAGE의 경우

① 대화식 범주화 대화상자의 선택한 변수 목록에서 변수 CLAGE를 선택한다.

② 앞에서와 유사하게 분할과 병합을 진행하여 4개의 범주 'MISSING, CLAGE<150, 150<=CLAGE<240, 240<=CLAGE'를 구성한다.

③ 'CLAGE<150' 범주를 선택한 후, 마우스 오른쪽 버튼으로 클릭하고 팝업 메뉴에서 **그룹**=1 메뉴를 선택한다. 이러한 방식으로 MISSING과 'CLAGE<150' 범주에 그룹 1, '150<=CLAGE<240' 범주에 그룹 2, '240<=CLAGE' 범주에 그룹 3을 할당한다.

이와 유사한 과정을 반복하여 최종적으로 변수 DEBTINC, DELINQ, CLAGE, VALUE, DEROG에 대한 범주화 및 그룹화를 수행하기 바란다(표 4.5를 참조하여라). **대화식 구간 생성**(Interactive Binning) 노드와 연결된 **멀티플롯**(MultiPlot) 노드를 실행하고 그룹화의 내용을 다시 한 번 확인하기 바란다.

표 4.5 대화식 범주화의 예

그룹	DEBTINC	DELINQ	CLAGE	VALUE	DEROG
1	Missing	Missing, 0	Missing, 150 미만	Missing	Missing
2	44 미만	1	150∼240	47500 미만	0
3	44 이상	2 이상	240 이상	47500∼200000	1 이상
4				200000 이상	

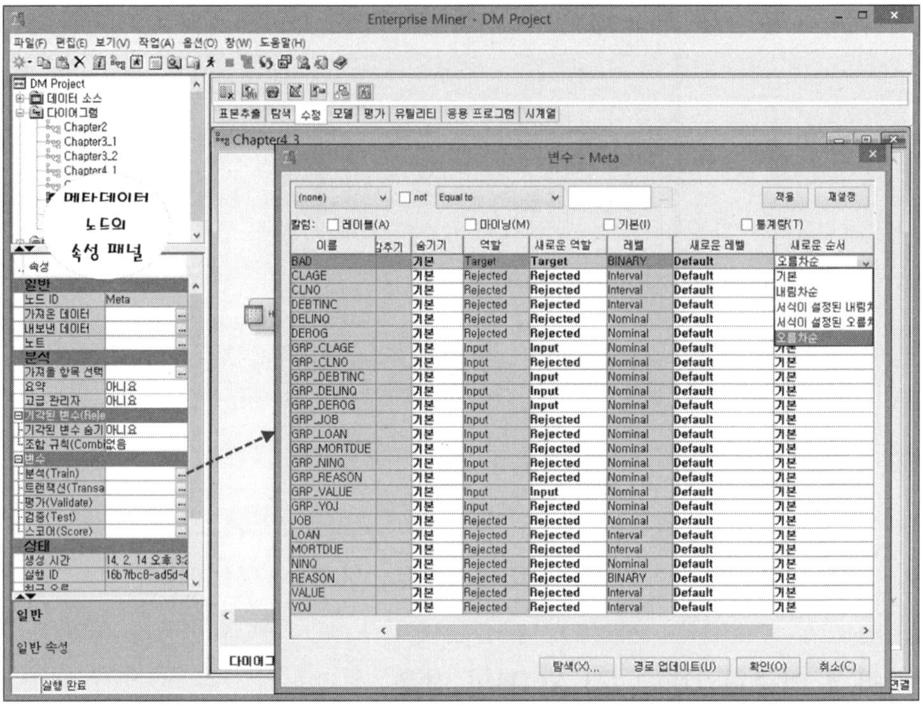

그림 4.27 메타데이터(Metadata) 노드 – 속성 패널

4.6.2 변수들의 설정 변경: Metadata 노드

메타데이터(Metadata) 노드는 분석흐름도의 중간에서 변수들에 대한 역할, 레벨, 순서 등을 변경하고자 할 때 사용된다. 다음과 같이 메타데이터(Metadata) 노드의 설정을 지정하도록 하자(그림 4.27).

① 메타데이터(Metadata) 노드를 실행하고 결과 윈도우를 닫는다.

② 다이어그램에서 메타데이터(Metadata) 노드를 클릭하여 이 노드의 속성 패널이 나타나게 한다(그림 4.27).

③ 변수 설정 대화상자에서 그림 4.27과 같이 각 변수들에 대한 설정을 지정한다.

- 목표변수 BAD의 새로운 역할 칼럼을 Target으로 설정한다. 또한 새로운 순서 칼럼을 오름차순으로 설정한다. 이는 목표범주를 0(신용상태: 좋음)으로 바꾸기 위한 것이다.[11]

[11] BAD는 '0=좋음, 1=나쁨'의 값을 가지고 있다. 모형화 및 모형평가 등 이후의 분석 과정에서 순서를 오름차순으로 설정하면 '0'을 기준으로, 순서를 내림차순으로 설정하면 '1'을 기준으로 결과가 출력된다. 순서 필드의 초기값은 Target(목표변수)에 대하여 내림차순이다.

- 5개의 구간화 변수 GRP_CLAGE, GRP_DEBTINC, GRP_DELINQ, GRP_VALUE, GRP_DEROG의 새로운 역할 칼럼을 Input으로 설정한다.
- 나머지 모든 변수들의 새로운 역할 칼럼을 Rejected로 설정한다.

4.6.3 로지스틱 회귀분석을 이용한 계수 추정

다이어그램에서 **회귀**(Regression)를 클릭하여 이 노드의 **속성 패널**이 나타나게 한 후, 4.5.1절에서와 동일한 방법으로 **모델 옵션**(Model Options) 영역의 **입력 코딩**(Input Coding) 필드를 GLM으로 설정하여라. 또한 **출력 옵션** 영역의 **계획행렬**(Design Matrix) 필드를 '예'로 설정하여라.

표 4.6 로지스틱 회귀분석의 결과(일부)

Type 3 Analysis of Effects

Effect	DF	Wald Chi-Square	Pr > ChiSq
GRP_CLAGE	2	134.3582	<.0001
GRP_DEBTINC	2	1078.8534	<.0001
GRP_DELINQ	2	237.7478	<.0001
GRP_DEROG	2	117.8789	<.0001
GRP_VALUE	3	122.0245	<.0001

Analysis of Maximum Likelihood Estimates

Parameter		DF	Estimate	Standard Error	Wald Chi-Square	Pr>ChiSq	Exp(Est)
Intercept		1	-4.0086	0.3991	100.89	<.0001	55.070
GRP_CLAGE	1	1	-1.3861	0.1389	99.61	<.0001	3.999
GRP_CLAGE	2	1	-0.4884	0.1470	11.04	0.0009	1.630
GRP_CLAGE	3	0	0	.	.	.	.
GRP_DEBTINC	1	1	1.5979	0.3060	27.27	<.0001	0.202
GRP_DEBTINC	2	1	4.5202	0.3067	217.16	<.0001	0.011
GRP_DEBTINC	3	0	0	.	.	.	.
GRP_DELINQ	1	1	1.9949	0.1379	209.27	<.0001	0.136
GRP_DELINQ	2	1	0.9747	0.1688	33.36	<.0001	0.377
GRP_DELINQ	3	0	0	.	.	.	.
GRP_DEROG	1	1	2.0150	0.1920	110.16	<.0001	0.133
GRP_DEROG	2	1	0.9343	0.1213	59.31	<.0001	0.393
GRP_DEROG	3	0	0	.	.	.	.
GRP_VALUE	1	1	-3.5041	0.4898	51.19	<.0001	33.253
GRP_VALUE	2	1	-0.2164	0.2247	0.93	0.3354	1.242
GRP_VALUE	3	1	0.6390	0.1921	11.07	0.0009	0.528
GRP_VALUE	4	0	0	.	.	.	.

다이어그램에서 **회귀**(Regression) 노드를 실행한 후 그 결과를 살펴보도록 하자. 표 4.6은 결과 중 일부를 제시한 것이다. 표 4.6에서 Type 3 Analysis of Effects 부분을 살펴보면, 5개의 변수 모두가 통계적으로 유의함을 알 수 있다. 이는 이들 변수들이 모두 목표변수의 예측에 어느 정도 기여하고 있음을 나타낸다. 또한 Analysis of Maximum Likelihood Estimates 부분을 살펴보면, GRP_VALUE의 범주 2의 것을 제외하고는 대부분의 회귀계수가 통계적으로 유의함을 알 수 있다. 이는 범주화의 과정이 비교적 양호함을 나타낸다고 할 수 있겠다.

회귀계수 추정치를 이용하여 신용상태가 좋을 확률에 대한 예측모형식을 다음과 같이 만들 수 있다.

$$\begin{cases} f = -4.0086 + 1.5979 \times \text{GRP\_DEBTINC}(-1) + \cdots + 0 \times \text{GRP\_DEROG}(2) \\ \hat{P}(y=0) = \exp(f)/[1+\exp(f)] \end{cases}$$

4.6.4 평점표 작성

예측식에서 신용상태의 상대적인 크기만을 고려하고자 한다면 f를 신용점수(credit score)로 사용할 수 있고, 확률의 개념을 나타내고자 한다면 $\hat{P}(y=0)$을 사용하면 될 것이다.[12]

그런데 평점 f는 자연로그 단위로 나타나며 음의 값을 가질수도 있으므로 해석하기가 쉽지 않다. 따라서 필수적은 아니지만 전형적인 방법 중 하나는 POD(Point of Double odds, 오즈를 두 배로 만드는 지점의 수치)를 이용하여 표 4.7과 같이 선형단위로 변환하는 것이다(Scallan, 1999).

회귀계수 추정치의 보정

먼저 각 변수들에 대해 다음과 같이 회귀계수 추정치가 0보다 크거나 같도록 보정한다.

$$\text{보정된 추정치} = (\text{회귀계수 추정치}) - (\text{가장 작은 회귀계수 추정치}) \qquad (4.16)$$

예컨대, 변수 CLAGE의 경우 가장 작은 회귀계수 추정치가 −1.3861이므로, 범주 '240 이상'에 대한 보정된 추정치는 '0 − (−1.3861) = 1.3861'이 된다. 또한 범주 '150∼240'에 대한 보정된 추정치는 '−0.4884 − (−1.3861) = 0.8977', 범주 'Missing, 0'에 대한 보정된 추정치는 '−1.3861 − (−1.3861) = 0'이 된다.

[12] 표본에서의 목표범주의 비율이 모집단에서의 목표범주의 비율(사전확률)과 다른 경우, 여기서 계산된 $\hat{P}(y=0)$는 본래 의미의 사후확률이 아니다. 따라서 약간의 보정이 필요한데, 이러한 내용에 대해서는 6장을 참조하기 바란다.

표 4.7 평점표 작성의 예

변수	범주	회귀계수 추정치	보정된 추정치	평점	범위
DEBTINC	Missing	1.5979	1.5979	115	326
수입 대비	44 미만	4.5202	4.5202	326	(32.1%)
부채비율	44 이상	0.0000	0.0000	0	
CLAGE	Missing, 150 미만	-1.3861	0.0000	0	100
가장 오래된	150∼240	-0.4884	0.8977	65	(9.9%)
거래의 개월 수	240 이상	0.0000	1.3861	100	
DELINQ	Missing, 0	1.9949	1.9949	144	144
부실거래의	1	0.9747	0.9747	70	(14.2%)
수	2 이상	0.0000	0.0000	0	
VALUE	Missing	-3.5041	0.0000	0	299
현재의	47500 미만	-0.2164	3.2877	237	(29.5%)
자산가치	47500∼200000	0.6390	4.1431	299	
	200000 이상	0.0000	3.5041	253	
DEROG	Missing	2.0150	2.0150	145	145
주요 부실	0	0.9343	0.9343	67	(14.3%)
거래의 수	1 이상	0.0000	0.0000	0	
				합계	1014

POD를 이용한 변환

적당한 POD를 정한 후, 다음과 같이 POD를 이용하여 선형단위로 변환한다.

$$\text{평점} = \text{보정된 추정치} \times [\text{POD}/\log(2)] \tag{4.17}$$

예를 들어, POD를 50으로 정했다면(즉, 오즈를 두 배로 만드는 지점의 수치를 50으로 하고자 한다면), DEBTINC의 이산범주 Missing에 대한 '평점'은 '$1.5979 \times [50/\log(2)] = 1.5979 \times [50/0.6931] = 115$'점이 된다.

이러한 과정을 거쳐서 최종적으로 평점표가 완성된다. 표 4.7에서는 변수 DEBTINC의 범위(326)가 가장 크고, 변수 CLAGE의 범위(100)가 가장 작음을 볼 수 있다(이는 평점표에 미치는 각 변수들의 영향력을 나타낸다고 할 수 있다).

이와 같은 평점표를 이용하여 고객들의 신용평점을 쉽게 계산할 수 있다. 예를 들어, 어떤 고객이 DEBTINC='44 미만', CLAGE='150~240', DELINQ='0', VALUE='200000 이상', DEROG='0'이라면, 그 고객의 평점은 $326 + 65 + 144 + 253 + 67 = 852$점이 된다.

이러한 초기 평점표가 작성된 후에는 로지스틱 회귀분석의 결과와 평점표에 대한 타당성 검토를 통해 이산범주의 재 병합이나 분리, 새로운 변수의 추가 등의 수정작업이 진해될 수도 있다. 예컨대, 표 4.7의 경우 변수 DEBTINC의 'Missing'과 '44 이상'을 병합하거나, 변수 VALUE의 세 번째와 네 번째 범주를 병합하는 것을 고려해 볼 수 있겠다.

4.6.5 평점표의 타당성 평가

평점표는 사건이 일어날 오즈에 의해서 고객들을 순위화 하도록 설계되며, 전체적으로 불량 고객군이 우량 고객군보다 낮은 평점을 가지는 것이 바람직하다. 따라서 우량고객과 불량고객에 대한 평점의 분포가 잘 분리되는 것이 바람직하며, 이러한 '분리'의 정도를 측정하기 위해 흔히 K-S(Kolmogrov-Smirnov) 통계량과 ROC(Receiver Operation Characteristic) 곡선이 사용된다.

K-S(Kolmogrov-Smirnov) 통계량

K-S 통계량은 누적 우량비율과 불량비율 분포의 최대 차이값을 의미하며, 이는 표 4.8에서와 같이 계산될 수 있다(이 표의 일부는 SAS Code 노드를 이용하여 쉽게 얻을 수 있다. 연습문제 4-8 참조).

먼저 표 4.8의 '빈도'는 각 평점그룹 내에서의 우량, 불량, 전체의 빈도가 제시되어 있다. 그 다음에는 각 평점그룹 내에서 우량과 불량의 비율이 계산되어 있다. 여기서 평점이 높아질수록 우량의 비율이 높아지고 불량의 비율이 낮아짐을 볼 수 있는데, 이는 고객들의 우량과 불량을 잘 순위화 하고 있음을 나타낸다. 또한 이러한 정보를 이용하여 대출의 승인과 거절에 대한 기준을 결정할 수도 있을 것이다.

그 다음에는 전체에서 차지하는 우량과 불량의 단순비율 및 누적비율이 계산되어 있으며, 마지막 열에는 누적 불량비율과 우량비율의 차이가 계산되어 있다. 그리고 마지막 열에서 가장 큰 값을 찾으면 이 것이 바로 K-S 통계량이 된다(표 4.8에서는 K-S 값이 67.6이다).

표 4.8 K-S(Kolmogrov-Smirnov) 통계량의 계산

평점그룹	빈도			평점그룹		전체		누적		K-S
	우량	불량	전체	우량%	불량%	우량%	불량%	우량%	불량%	
0-50	0	0	0	-	-	0.0	0.0	0.0	0.0	0.0
50-100	0	1	1	0.0	100.0	0.0	0.1	0.0	0.1	0.1
100-150	0	8	8	0.0	100.0	0.0	0.7	0.0	0.8	0.8
150-200	0	14	14	0.0	100.0	0.0	1.2	0.0	2.0	2.0
200-250	0	8	8	0.0	100.0	0.0	0.7	0.0	2.7	2.7
250-300	0	26	26	0.0	100.0	0.0	2.2	0.0	4.9	4.9
300-350	0	18	18	0.0	100.0	0.0	1.5	0.0	6.4	6.4
350-400	0	26	26	0.0	100.0	0.0	2.2	0.0	8.6	8.6
400-450	4	86	90	4.4	95.6	0.1	7.2	0.1	15.8	15.7
450-500	19	126	145	13.1	86.9	0.4	10.6	0.5	26.4	25.9
500-550	14	101	115	12.2	87.8	0.3	8.5	0.8	34.9	34.1
550-600	55	176	231	23.8	76.2	1.2	14.8	2.0	49.7	47.7
600-650	173	208	381	45.4	54.6	3.6	17.5	5.6	67.2	61.6
650-700	221	97	318	69.5	30.5	4.6	8.2	10.2	75.4	65.2
700-750	128	61	189	67.7	32.3	2.7	5.1	12.9	80.5	67.6
750-800	487	79	566	86.0	14.0	10.2	6.6	23.1	87.1	64.0
800-850	1259	95	1354	93.0	7.0	26.4	8.0	49.5	95.1	45.6
850-900	366	16	382	95.8	4.2	7.7	1.3	57.2	96.4	39.2
900-950	1898	43	1941	97.8	2.2	39.8	3.6	97.0	100.0	3.0
950-1000	84	0	84	100.0	0.0	1.8	0.0	98.8	100.0	1.2
1000-	63	0	63	100.0	0.0	1.3	0.0	100.0	100.0	0.0
전체	4771	1189	5960	80.1	19.9	100.0	100.0	최대값(K-S)		67.6

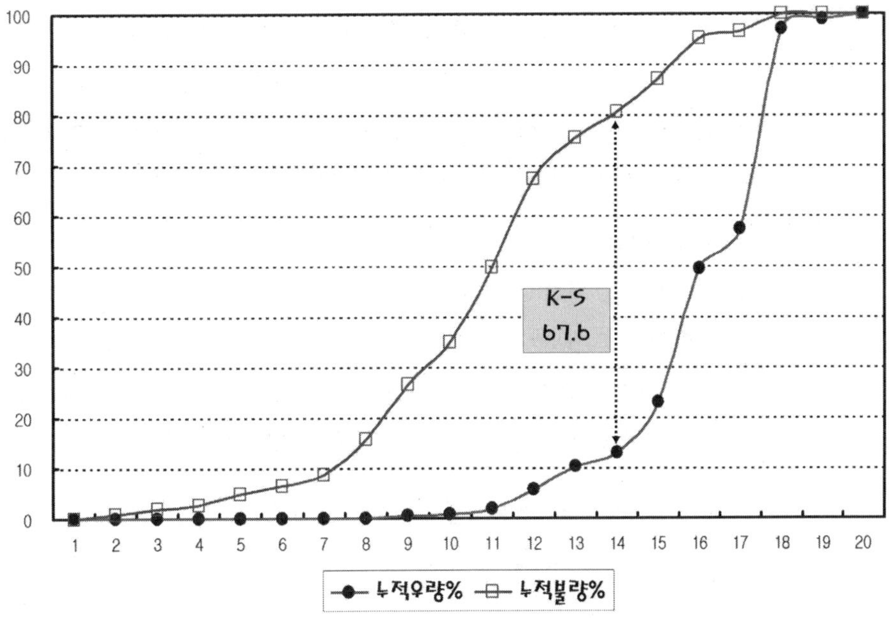

그림 4.28 우량, 불량의 누적비율 분포

이론적으로 K-S 값의 범위는 0~100이지만, 실제로는 약 25~75점 사이에서 나타난다. K-S의 가치를 판단하는 일반적인 지침은 다음과 같다(김민정, 2003).

- 20 이하: 이용가치가 희박한
- 20~40: 적당한(이용할 만한)
- 40~50: 좋은
- 50~60: 매우 좋은
- 60~75: 경이로운
- 75 이상: 지나치게 좋은(잘 못된 것이 있는지 의심할 만한)

ROC(Receiver Operation Characteristic) 곡선

ROC 곡선은 판별분석 분야에서 판별의 정확도를 도표로 평가하기 위해 전통적으로 사용되어져 온 것 중 하나이다. 원래 ROC 곡선은 신호감지 이론(Signal Detection Theory)으로부터 출발한 개념이다. 신호 전송을 선로를 이용하는 경우, 전달하고자 하는 신호만이 온전히 대상물까지 전송이 되는 경우는 매우 드물며, 중간의 잡음(noise)이 섞이게 된다. 이런 경우에 있어, 신호의 수신자는 신호를 잡음으로 오해하거나 잡음을 신호로 잘못 받아들이게 되는 문제를 가지게 된다. 이러한 오류를 줄이기 위해 최선의 신호전달체계를 연구하게 되었고, 그 과정에서 도출된 것이 ROC 곡선이다.

ROC 곡선을 작성하기 위해서는 민감도와 특이도라는 정확도의 측도를 이해하여야 하는데, 이 것들은 어떤 절단값(cut-off value)을 기준으로 우량과 불량을 예측하였을 때 나타나는 정확도를 의미한다(이는 6장에서 다시 자세히 다룰 것이다). 먼저 다음과 같은 기호를 정의하도록 하자.

– n: 전체 개체수

– n_1: 우량으로 관측된 개체수

– n_0: 불량으로 관측된 개체수

– n_{11}: 우량으로 관측된 n_1개의 개체 중 우량으로 정분류된 개체수

– n_{00}: 불량으로 관측된 n_0개의 개체 중 불량으로 정분류된 개체수

- 정확도(Accuracy; 정분류율) $= (n_{11} + n_{00})/n$
- 오분류율(Misclassification Rate) $= [(n_1 - n_{11}) + (n_0 - n_{00})]/n$
- 민감도(Sensitivity) $= n_{11}/n_1$
- 특이도(Specificity) $= n_{00}/n_0$

표 4.9 민감도와 특이도

절단값	빈도		누적		정분류		예측 정확도		
	우량	불량	우량	불량	우량	불량	정확도	민감도	특이도
0	-	-	-	-	4771	0	0.801	1.000	0.000
50	0	1	0	1	4771	1	0.801	1.000	0.001
100	0	8	0	9	4771	9	0.801	1.000	0.008
150	0	14	0	23	4771	23	0.801	1.000	0.019
200	0	8	0	31	4771	31	0.801	1.000	0.026
250	0	26	0	57	4771	57	0.801	1.000	0.048
300	0	18	0	75	4771	75	0.801	1.000	0.063
350	0	26	0	101	4771	101	0.801	1.000	0.085
450	4	86	4	187	4767	187	0.800	0.999	0.157
500	19	126	23	313	4748	313	0.797	0.995	0.263
550	14	101	37	414	4734	414	0.794	0.992	0.348
600	55	176	92	590	4679	590	0.785	0.981	0.496
650	173	208	265	798	4506	798	0.756	0.944	0.671
700	221	97	486	895	4285	895	0.719	0.898	0.753
750	128	61	614	956	4157	956	0.697	0.871	0.804
800	487	79	1101	1035	3670	1035	0.616	0.769	0.870
850	1259	95	2360	1130	2411	1130	0.405	0.505	0.950
900	366	16	2726	1146	2045	1146	0.343	0.429	0.964
950	1898	43	4624	1189	147	1189	0.025	0.031	1.000
1000	84	0	4708	1189	63	1189	0.011	0.013	1.000
Max	63	0	4771	1189	0	1189	0.000	0.000	1.000

민감도	1-특이도	C
0.000	0.000	0.000
0.013	0.000	0.000
0.031	0.000	0.000
0.429	0.036	0.008
0.505	0.050	0.006
0.769	0.130	0.051
0.871	0.196	0.055
0.898	0.247	0.045
0.944	0.329	0.075
0.981	0.504	0.168
0.992	0.652	0.146
0.995	0.737	0.084
0.999	0.843	0.106
1.000	0.915	0.072
1.000	0.937	0.022
1.000	0.952	0.015
1.000	0.974	0.022
1.000	0.981	0.007
1.000	0.992	0.012
1.000	0.999	0.007
1.000	1.000	0.001
합계		0.902

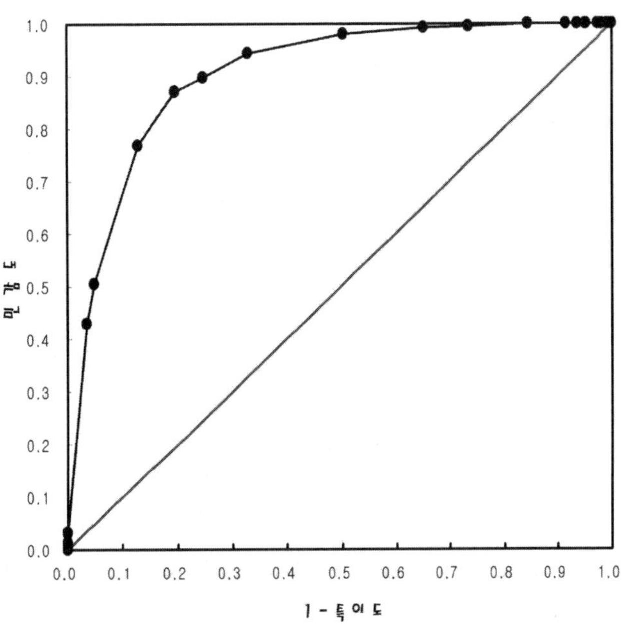

그림 4.29 ROC(Receiver Operation Characteristic) 그래프

표 4.9의 경우를 예로 들어보자. 예컨대, 절단값을 0으로 한다고 해보자(즉, 모든 고객을 우량으로 예측한다고 해보자). 그러면 우량인 고객 $n_1 = 4,771$명 중 $n_{11} = 4,771$명을 모두 제대로 분류한 셈이 되고, 불량인 고객 $n_0 = 1,189$명 중에서는 $n_{00} = 0$명을 제대로 분류한 셈이 된다. 이 때 '정확도=(4771+0)/5960=80.1%', '민감도=4771/4771=100%', '특이도=0/1189=0%'이다. 이제 500점을 절단값으로 한다고 해보자(즉, 500점 이상인 경우를 우량으로 예측한다고 해보자). 그러면 우량인 고객 $n_1 = 4,771$명 중 $n_{11} = 4,748$명을 모두 제대로 분류한 셈이 되고, 불량인 고객 $n_0 = 1,189$명 중에서는 $n_{00} = 313$명을 제대로 분류한 셈이 된다. 이 때 '정확도=(4748+313)/5960=79.7%', '민감도=4748/4771=99.5%', '특이도=313/1189=26.3%'이다.

이러한 식으로 각 절단값에 대한 민감도와 특이도를 계산한 후, 대응되는 '민감도'를 수직축, '1-특이도'를 수평축으로 하여 연결선을 그리면 ROC 곡선을 그림 4.29와 같이 작성할 수 있다.

이러한 ROC 그래프에서 대각선은 우연에 의한 ROC 곡선을 의미한다(즉, 예측력이 전혀 없는 모형에 대한 ROC 곡선을 의미한다). 따라서 좋은 성능을 가진 모형일수록 ROC 곡선은 대각선 위쪽에 위치하게 된다. 또한 ROC 곡선 아래의 면적(ROC 인덱스)이 예측모형의 성능을 측정하는 값으로 사용될 수 있다. 대각선의 밑면적이 0.5이므로, ROC 인덱스는 0.5와 1 사이에 존재하게 되며, 1에 가까울수록 예측모형의 성능이 좋음을 나타낸다.

ROC 인덱스를 계산하는 방법은 다음과 같다. 먼저, 그림 4.29에서와 같이 '민감도'와 대응되는 '1-특이도'를 오름차순으로 정렬한다(즉, 평점그룹의 내림차순으로 정렬한다). 이 때, i번째 행의 '민감도'와 '1-특이도'를 각각 SE_i와 SP_i라고 하면,

$$c = \sum_{i=2}^{r} (SE_i + SE_{i-1}) \times (SP_i - SP_{i-1}) / 2 \qquad (4.18)$$

와 같이 사다리꼴 공식을 응용하여 계산할 수 있다(여기서 r은 행의 수). 그림 4.29에서는 $c = 0.902$로서 이 평점표의 성능이 상당히 좋은 편임을 알 수 있다.

모델 비교(Model Comparison) 노드

다이어그램에서 모델 비교(Model Comparison) 노드를 실행한 후, ROC 그래프, 누적 반응검출률, 적합통계량 등을 중심으로 그 결과를 자세히 살펴보기 바란다(그림 4.30). 한편, 특정 그래프를 클릭한 후, '보기(V) → 테이블' 메뉴를 클릭하면 그 그래프와 연결된 테이블을 볼 수 있다(그림 4.31).

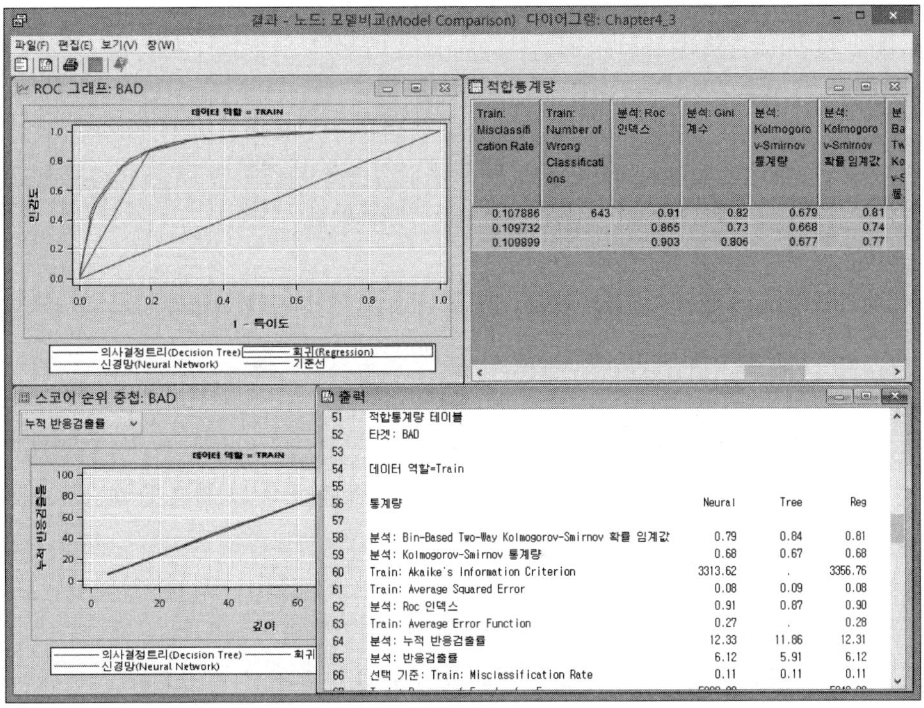

그림 4.30 모델 비교(Model Comparison) 노드 – 결과

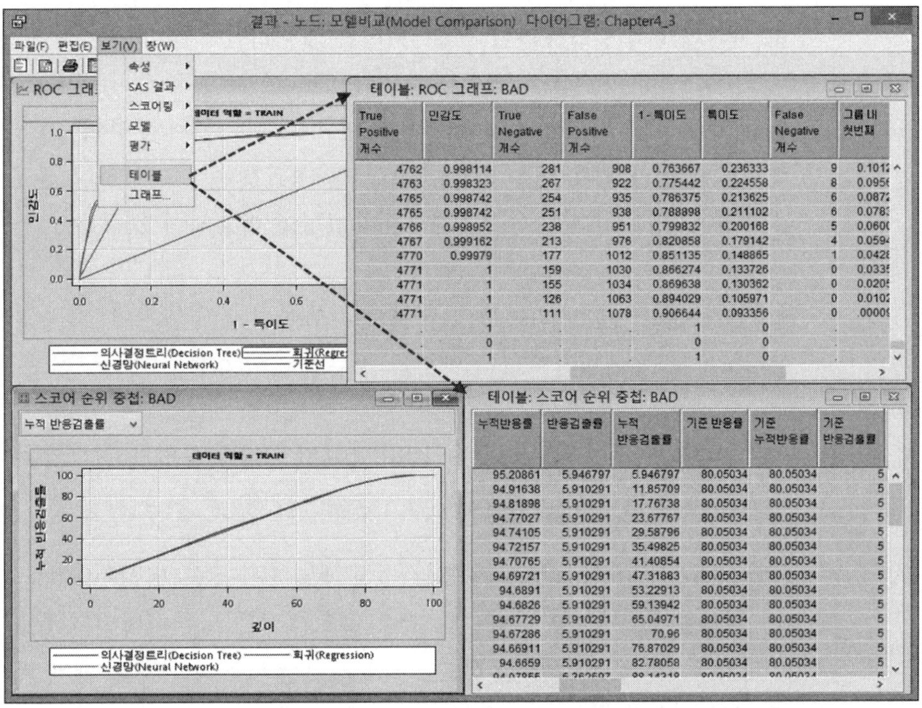

그림 4.31 모델 비교(Model Comparison) 노드 – 결과: 테이블 보기

4.7 연습문제

4-1. WAGES 데이터셋에 대하여 선형 회귀분석을 수행하여라(변수선택 방법 등 **회귀**(Regression) 노드의 다양한 옵션들을 변경하여 최적의 결과를 얻어 보고, 그 결과를 3.5절의 결과와 비교하여 보아라).

4-2. ZDMLCENS 데이터셋에 대하여 로지스틱 회귀분석을 수행하여라(그 결과를 연습문제 3-5의 결과와 비교하여 보아라).

4-3. ZGENERAL 데이터셋에 대해 변수 MAJORDER과 COOKIE를 목표변수로 하여 로지스틱 회귀분석을 각각 수행하여라(그 결과를 연습문제 3-9의 결과와 비교하여 보아라).

4-4. HMEQ 데이터셋에 대하여 모든 입력변수들에 대한 구간화(범주화)를 시도하여라. 또한 구간화의 결과를 이용하여 최적의 평점표를 작성하여라(구간화의 타당성 검토 및 유용한 변수의 탐색 등을 4.6절의 절차에 따라 수행하여 보아라).

4-5. BUYTEST 데이터셋에 대하여 4.6절의 절차에 따라 평점표를 작성하여라(이것을 반응평점표라고 부를 수 있을 것이다).

4-6. BUYTEST 데이터셋에 대하여, 연습문제 3-8에서와 같이 'RESPOND=1'인 데이터만 골라낸 후 변수 PURCHTOT를 목표변수로 지정하여 선형 회귀분석을 수행하여라(그 결과를 연습문제 3-8의 결과와 비교하여 보아라).

4-7. DMABASE 데이터셋에 대하여 회귀분석을 수행하여라(그 결과를 연습문제 3-7의 결과와 비교하여 보아라).

4-8. 4.6절의 분석흐름도(그림 4.19)에 그림 4.32와 같이 **SAS 코드**(SAS Code) 노드와 **그래프 탐색**(Graph Explore) 노드를 추가한 후 다음 과정을 수행하여라.

(가) **SAS 코드**(SAS Code) 노드의 **속성 패널**에서 **코드 편집기**(Code Editor)를 열고, **분석용 코드** 영역에 다음과 같은 프로그램을 입력하여라(연습문제 2-2를 참조하기 바란다). 이 프로그램은 'ex4_8_sas.txt'라는 이름으로 예제 데이터셋과 함께 저장되어 있다.

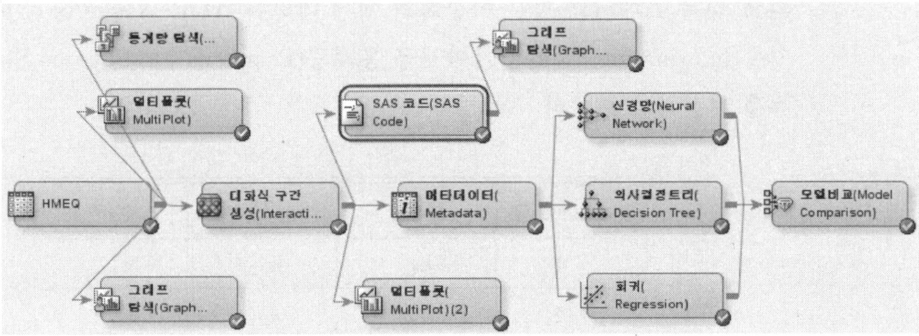

그림 4.32 연습문제 4-8을 위한 분석흐름도(그림 4.19 참조)

```
DATA &EM_EXPORT_TRAIN;
    SET &EM_IMPORT_DATA;
        score=0;
        IF GRP_DEBTINC=1 THEN score=score+115;
            ELSE IF GRP_DEBTINC=2 THEN score=score+326;
            ELSE IF GRP_DEBTINC=3 THEN score=score+0;
        IF GRP_CLAGE=1 THEN score=score+0;
            ELSE IF GRP_CLAGE=2 THEN score=score+65;
            ELSE IF GRP_CLAGE=3 THEN score=score+100;
        IF GRP_DELINQ=1 THEN score=score+144;
            ELSE IF GRP_DELINQ=2 THEN score=score+70;
            ELSE IF GRP_DELINQ=3 THEN score=score+0;
        IF GRP_VALUE=1 THEN score=score+0;
            ELSE IF GRP_VALUE=2 THEN score=score+237;
            ELSE IF GRP_VALUE=3 THEN score=score+299;
            ELSE IF GRP_VALUE=4 THEN score=score+253;
        IF GRP_DEROG=1 THEN score=score+145;
            ELSE IF GRP_DEROG=2 THEN score=score+67;
            ELSE IF GRP_DEROG=3 THEN score=score+0;
        score_g=INT(score/50);
RUN;

PROC TABULATE DATA=&EM_EXPORT_TRAIN;
    CLASS bad score_g;
    TABLE score_g ALL, (bad ALL)*N*F=7.0
          bad*ROWPCTN*F=7.1 bad*COLPCTN*F=7.1 / MISSTEXT='0';
RUN;
```

(나) 다이어그램에서 SAS 코드(SAS Code) 노드를 실행한 후, 결과 윈도우의 내용을 살펴보아라(표 4.8 참조).

(다) 다이어그램에서 그래프 탐색(Graph Explore) 노드를 실행한 후, 변수 SCORE와 SCORE_G의 내용을 살펴보아라.

4-9. 다음 표에서와 같은 이산화의 예에 대하여 WOE(Weight of Evidence), 정보지수(Information Value), 카이제곱 통계량(Pearson's Chi-Squared Statistic)의 값 등을 계산하여 보아라.

이산범주	Event	Non-Event	전체
1	n_{11}	n_{12}	n_{1+}
2	n_{21}	n_{22}	n_{2+}
$\cdots$	$\cdots$	$\cdots$	$\cdots$
r	n_{r1}	n_{r2}	n_{r+}
전체	n_{+1}	n_{+2}	n_{++}

이산화의 예(변수 CLAGE)

이산범주	Event	Non-Event	전체
1	1939	732	2671
2	1695	332	2027
3	1137	125	1262
전체	4771	1189	5960

- PE_i (Event 중 i번째 범주에서 발생한 Event) $= n_{i1}/n_{+1}$,
- PN_i (Non-Event 중 i번째 범주에서 발생한 Non-Event) $= n_{i2}/n_{+2}$,
- WOE_i (범주 i의 Relative Risk) $= \log(PN_i/PE_i)$,
- Information Value $= \sum_{i=1}^{r}(PN_i - PE_i) \times WOE_i$,
- FE_i (범주 i에서 기대되는 Event의 수) $= n_{i+} \times (n_{+1}/n_{++})$,
- FN_i (범주 i에서 기대되는 Non-Event의 수) $= n_{i+} \times (n_{+2}/n_{++})$,
- Chi-Squared Statistic $= \sum_{i=1}^{r}(n_{i1} - FE_i)^2/FE_i + \sum_{i=1}^{r}(n_{i2} - FN_i)^2/FN_i$,
- df (Degree of Freedom) $= r - 1$.

4-10. 분석사례-2의 다이어그램에 대하여 다음과 같은 과정을 수행하여라. 이는 주효과(main effect), 교호작용(interaction), 2차항(quadratic term) 중 일부를 사용자가 선택하여 모형에 삽입하기 위한 것이다.

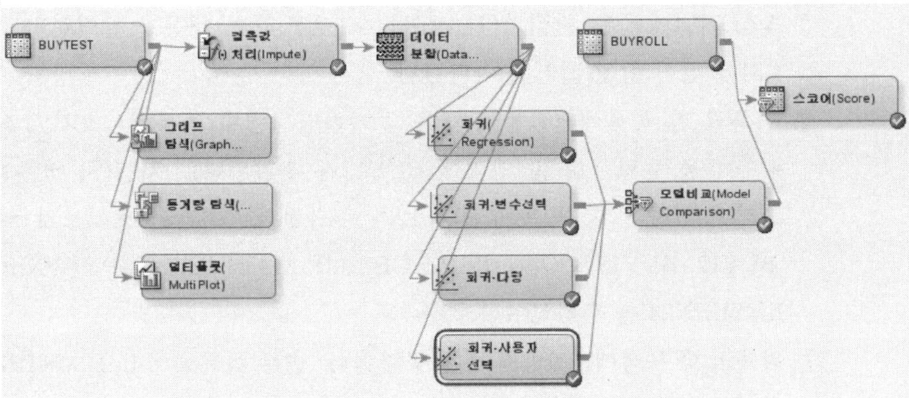

그림 4.33 연습문제 4-10을 위한 분석흐름도(그림 4.9 참조)

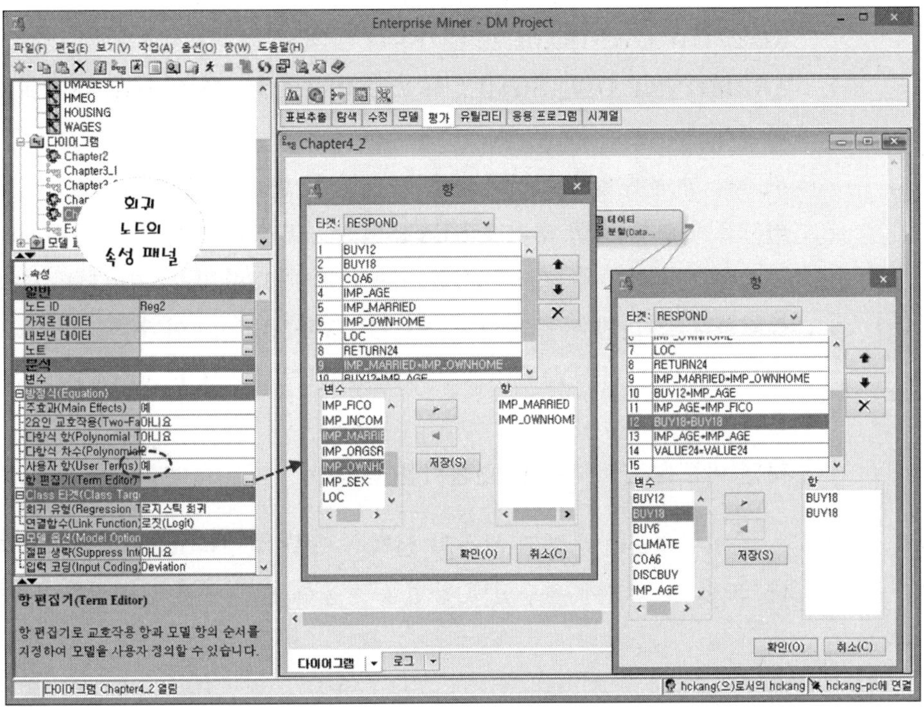

그림 4.34 회귀(Regression) 노드 – 속성 패널과 항 편집기

① 다이어그램에 새로운 **회귀**(Regression) 노드를 추가하고, **이름 바꾸기** 메뉴를 이용하여 이 노드의 이름을 **회귀-사용자 선택**으로 변경한다. 또한 이 노드를 실행한 후, 결과 윈도우를 닫는다.

② 다이어그램에서 **회귀**(다항 회귀) 노드를 클릭하고, **속성 패널**의 **사용자 항**(User

Terms) 필드를 '예'로 설정한다.

③ **속성 패널**에서 **항 편집기**(Term Editor) 필드의 ... 버튼을 클릭한다. 그러면 그림 4.34와 같이 **항 편집기**가 나타난다.

④ 위쪽의 항 목록에서 1번째 행을 클릭한다. **변수** 목록에서 BUY12를 클릭하고 ▶ 버튼을 클릭한다(**항** 영역에 BUY12가 추가된다). **저장(S)** 버튼을 클릭한다. 그러면 위쪽의 항 목록에 BUY12가 추가된다. 이러한 방식으로 8개의 주효과 'BUY12, BUY18, COA6, IMP_AGE, IMP_MARRIED, IMP_OWNHOME, LOC, RETURN24'를 추가하여라.

⑤ 위쪽의 항 목록에서 9번째 행을 클릭한다. **변수** 목록에서 IMP_MARRIED를 클릭하고 ▶ 버튼을 클릭한다(**항** 영역에 IMP_MARRIED가 추가된다). 다시 **변수** 목록에서 IMP_OWNHOME을 클릭하고 ▶ 버튼을 클릭한다(**항** 영역에 IMP_OWNHOME이 추가된다). **저장(S)** 버튼을 클릭한다. 그러면 위쪽의 항 목록에 'IMP_MARRIED*IMP_OWNHOME'이 추가된다. 이러한 방식으로 3개의 교호작용 'IMP_MARRIED*IMP_OWNHOME, BUY12*IMP_AGE, IMP_AGE*IMP_FICO'를 추가하여라.[13]

⑥ 위쪽의 항 목록에서 12번째 행을 클릭한다. **변수** 목록에서 BUY18을 클릭하고 ▶ 버튼을 클릭한다(**항** 영역에 BUY18이 추가된다). 다시 **변수** 목록에서 BUY18을 클릭하고 ▶ 버튼을 클릭한다(**항** 영역에 BUY18이 또 추가된다). **저장(S)** 버튼을 클릭한다. 그러면 위쪽의 항 목록에 'BUY18*BUY18'이 추가된다. 이러한 방식으로 3개의 2차항 'BUY18*BUY18, IMP_AGE*IMP_AGE, VALUE24* VALUE24'를을 추가하여라.[14]

⑦ **확인** 버튼을 클릭하여 **항 편집기**를 닫는다.

다이어그램에서 **회귀-사용자 선택** 노드를 실행하고 그 결과를 살펴보기 바란다. 또한 이 노드에 변수선택 방법을 적용하고 그 결과를 살펴보기 바란다.

더 읽을 거리

- 강현철, 김은석, 이성건, 이슬지, 채윤석, 최병정, 최종후, 한상태 (2014). "(빅데이터 분석을 위한) SAS Enterprise Miner 기능과 사용법", 자유아카데미.

[13] 유용한 교호작용에 관한 정보는 다른 **회귀**(Regression), **의사결정트리**(Decision Tree), **변수 선택**(Variable Selection) 노드 등의 결과로부터 얻을 수 있을 것이다.

[14] 2차항 추가는 Interval 변수에 대해서만 가능하다. 따라서 데이터 소스에서 이 변수들은 레벨이 Interval로 설정되어 있어야 한다.

- 김민정 역 (Mays, E.) (2003). "신용평점의 이해와 활용" (Handbook of Credit Scoring), 이파로스.
- 최종후, 권기만, 김수택 (2002). "신용평점 모형", 자유아카데미.
- 허명회 (1989). "SAS 범주형 자료분석", 자유아카데미.
- 허명회, 서혜선 (1996). "SAS 회귀분석", 자유아카데미.
- SAS Institute Inc. (2012). *The Logistic Procedure of SAS/STAT User's Guide in SAS Online Document*, Cary, NC: SAS Institute Inc.
- SAS Institute Inc. (2012). *The Reg Procedure of SAS/STAT User's Guide in SAS Online Document*, Cary, NC: SAS Institute Inc.
- SAS Institute Inc. (2002). *Predictive Modelling Using Logistic Regression, Course Notes*, Cary, NC: SAS Institute Inc.
- Scallan, G. (1999). *Building Better Scorecards*, Austin, TX: Austin Logistics.

제 5 장
신경망분석

Neural Network Analysis

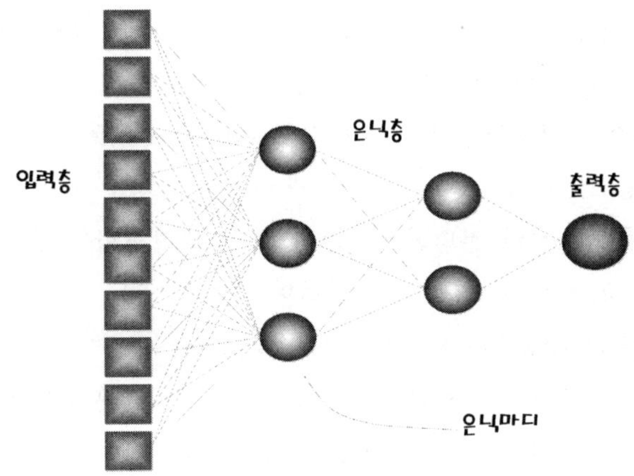

그림 5.1 MLP(Multilayer Perceptron)의 구조

인공신경망(artificial neural networks)에 관한 연구는 뇌 신경생리학으로부터 영감을 얻어 시작되었다. 데이터분석 분야에서 신경망은 복잡한 구조를 가진 데이터에서의 예측 문제를 해결하기 위해서 사용되는 유연한 비선형모형(nonlinear models)의 하나로 분류될 수 있다. 그러나 신경생리학과의 유사성 때문에 일반적으로 다른 통계적 예측모형에 비해 보다 흥미롭게 받아들여지고 있다.

5.1 신경망의 구조와 개념 - MLP 신경망

신경망은 은닉마디(hidden units)라고 불리는 독특한 구성요소에 의해서 일반적인 통계모형과 구별되어진다. 은닉마디는 인간의 신경세포를 모형화한 것으로써, 각 은닉마디는 입력변수들의 결합(combination)을 수신하여 목표변수에 전달한다. 이때 결합에 사용되는 계수(coefficient)들을 연결강도(synaptic weights)라고 부르며, 활성함수는 입력값을 변환하고 이를 입력으로 사용하는 다른 마디로 출력하게 된다.

5.1.1 MLP(Multilayer Perceptron) 신경망

신경망에는 여러 가지 다양한 모형이 있으나, 그 중에서도 데이터분석을 위해 가장 널리 사용되는 모형은 MLP(Multilayer Perceptron, 다층인식자) 신경망이다. MLP는 입력층, 은닉마디로 구성된 은닉층, 그리고 출력층으로 구성된 전방향(feed-forward) 신경망이다. 그림 5.1은 입력층, 2개의 은닉층, 그리고 출력층으로 이루어진 MLP 신경망의 구조이다.

- 입력층(Input Layer): 각 입력변수에 대응되는 마디들로 구성되어 있다. 명목형(nominal) 변수에 대해서는 각 수준에 대응하는 입력마디를 가지게 되는데, 이는 통계적 선형모형에서 가변수(dummy variable)를 사용하는 것과 같다.
- 은닉층(Hidden Layer): 여러 개의 은닉마디로 구성되어 있다. 각 은닉마디는 입력층으로부터 전달되는 변수값들의 선형결합(linear combination)을 비선형함수(nonlinear function)로 처리하여 출력층 또는 다른 은닉층에 전달한다.
- 출력층(Output Layer): 목표변수(target)에 대응하는 마디들을 갖는다. 여러 개의 목표변수 또는 세 개 이상의 수준을 가지는 명목형 목표변수가 있을 경우에는 여러 개의 출력마디들이 존재한다.

앞장의 내용을 자세히 읽어본 독자라면, 은닉층이 존재하지 않는 MLP 신경망은 선형 또는 비선형 회귀모형과 동일하게 된다는 것을 알 수 있을 것이다. 실제로 대부분의 신경망모형은 대응되는 통계모형을 가지고 있다.

5.1.2 결합함수와 활성함수

입력층과 출력층 그리고 하나의 은닉층에 두 개의 은닉마디를 가지는 다소 간단한 MLP의 구조를 수식으로 도식화하면 다음과 같다.[1]

$$\begin{cases} H_1 = f_1(b_1 + w_{11}X_1 + w_{21}X_2 + \cdots + w_{p1}X_p) \\ H_2 = f_2(b_2 + w_{12}X_1 + w_{22}X_2 + \cdots + w_{p2}X_p) \\ Y = g(b_0 + w_{10}H_1 + w_{20}H_2) \end{cases} \tag{5.1}$$

결합함수(Combination Function)

결합함수는 입력층 또는 은닉층의 마디들을 결합하는 형태를 의미한다. 예를 들어, 위 식에서 각 은닉마디 H_1과 H_2는 입력변수들을 선형결합(즉, $b_1+w_{11}X_1+w_{21}X_2+\cdots+w_{p1}X_p$)하여 이를 변환한다. 대부분의 신경망에서는 결합함수로 이와 같은 선형함수(linear function)를 사용하지만, 다른 형태의 결합함수를 사용하는 신경망들도 있다. 예를 들어, 5.5절에서 소개할 RBF 신경망은 결합함수로 원형기준함수(radial basis function)를 사용한다. E-Miner에서는 이들을 포함하여 다양한 결합함수를 사용할 수 있다.

활성함수(Activation Function)

입력변수 또는 은닉마디의 결합을 변환하는 함수를 의미하며, 위의 식에서 f와 g는 각각 활성함수와 출력활성함수(output activation function)라고 불린다. 활

[1]신경망 분야에서는 b_0, b_1, b_2와 같은 절편항(intercept)을 Bias라고 부르기도 한다.

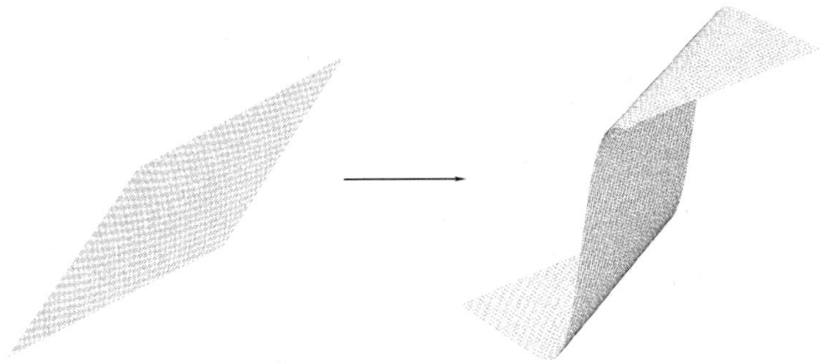

그림 5.2 활성함수(Activation Function)의 역할

성함수는 보통 S-자형의 비선형곡선의 형태를 가지게 되어 스쿼싱함수(squashing function)라고 불리기도 한다. 활성함수와 출력활성함수는 동일한 함수를 사용하는 것이 일반적이다.

활성함수는 통계적 선형모형에서의 연결함수(link function)의 역함수와 유사한 의미를 가지며, 가장 보편적으로 사용되는 활성함수는 다음과 같은 로지스틱(logistic) 함수와 쌍곡탄젠트(hyperbolic tangent) 함수이다.

$$\begin{aligned}&\text{Logistic Function : } f(x) = 1/(1+e^{-x})\\&\text{Hyperbolic Tangent Function : } f(x) = (e^{x}-e^{-x})/(e^{x}+e^{-x})\end{aligned} \tag{5.2}$$

한편, 목표변수가 제한된 범위를 가지지 않는 연속형 변수인 경우에는, 출력활성함수로 항등함수(identity function)를 사용하여 다음과 같이 출력마디가 생성되도록 하는 경우도 있다.

$$\text{Identity Function : } Y = b_0 + w_{01}H_1 + w_{02}H_2 \tag{5.3}$$

결합함수와 마찬가지로 E-Miner에서는 목적에 따라서 다양한 활성함수를 사용할 수 있다.

5.2 신경망의 특징과 적용상의 문제점

E-Miner에서는 MLP 및 RBF(Radial Basis Fuction) 신경망과 이들을 기초로 하여 변형된 몇 개의 신경망들을 이용하여 신경망분석을 수행할 수 있다. 또한, E-Miner에서는 전통적인 신경망이 가지는 수치해석적인 비수렴성, 과적합(over-fitting)과 같은 단점을 보완하기 위해서 통계적인 여러 가지 기법들을 사용할 수

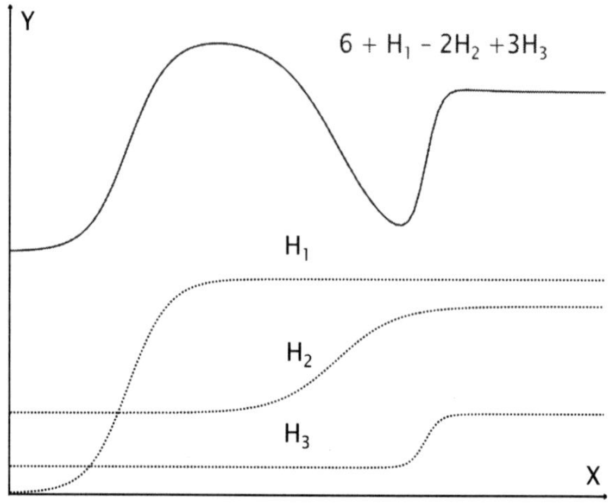

그림 5.3 MLP에 의한 비선형곡선의 적합

있도록 하고 있다. 이 절에서는 몇 가지 관점에서 신경망이 다른 분석모형과 가지는 차이점에 대해서 간단히 논의할 것이다.

5.2.1 범용근사자(Universal Approximator)

MLP는 종종 범용근사자라고 불리기도 하는데, 이는 이론적으로는 적절한 활성함수와 적당한 수의 은닉마디를 가지는 MLP는 모든 비선형 곡선(또는 표면)을 매우 정확하게 근사시킬 수 있다는 것을 의미한다.

예를 들어, 두 변수 Y와 X의 관계가 그림 5.3의 실선과 같이 비선형곡선의 형태를 가지는 경우에 MLP를 이용하여 두 변수의 관계를 모형화하는 것을 생각해 보자. 사실 이 경우에는 그림의 점선에서와 같은 형태를 가지는 세 개의 은닉마디를 이용하여 적합시킬 수 있는데, 이는 다음과 같은 수식으로 표현할 수 있다.

$$\begin{cases} H_i = 1/(1+e^{-(b_i+w_iX)}),\ i=1,\ 2,\ 3, \\ Y = b_0 + w_{01}H_1 + w_{02}H_2 + w_{03}H_3 \end{cases} \tag{5.4}$$

즉, 이 경우 연구자는 활성함수로 로지스틱 함수를 사용할 것(일반적으로 어떤 활성함수를 사용하느냐는 크게 중요한 문제가 아니다)과 은닉마디의 수를 3개로 할 것만을 결정하면 된다.

이 문제를 비선형 회귀모형으로 적합하는 경우에는 두 변수가 가지는 대략적인 형태, 예를 들면

$$Y = a + b_1X + b_2X^2 + \cdots + b_pX^p \text{ 또는 } Y = ae^{bx} \tag{5.5}$$

와 같은 관계를 연구자가 미리 파악하고 있어야 하기 때문에 매우 어렵게 된다. 여러 개의 입력변수를 가지고 있는 경우에는 이러한 함수 형태를 미리 파악한다는 것 자체가 대부분 거의 불가능하다. 따라서 신경망은 많은 입력변수를 가지고 있으며 입력변수들과 목표변수 간의 관계가 복잡한 비선형 형태를 가질 때 유용하다. 즉, 은닉층은 파악하기 어려운 다차항(polynomial term) 또는 복잡한 비선형성을 근사시키는 역할을 수행하는 것이다.

5.2.2 목적함수(Objective Function)

적절한 수의 은닉층과 은닉마디의 수가 결정되면, 그 다음에 해야 할 일은 데이터로부터 연결강도라고 불리는 계수(coefficient)들을 추정하는 것이다(신경망 분야에서는 이를 '훈련'이라고 부른다). 즉, 신경망에 대해서 주어진 데이터를 가장 잘 반영하는 계수값을 찾아내는 것인데, 이는 오차함수(error function)라고도 불리는 목적함수(objective function)를 최소로 하는 문제가 된다. 일반적으로 주로 사용되는 목적함수는 일반적인 선형모형에서 흔히 오차제곱합(Sum of Squared Errors)이라고 불리는 다음과 같은 함수이다.

$$\text{SSE} = \sum_{i=1}^{n}(Y_i - P_i)^2 \tag{5.6}$$

여기서 Y_i와 P_i는 각각 i번째 개체의 실제값과 예측값이다. 이 목적함수를 식 5.1의 경우에 대해서 표현하면 다음과 같다.

$$\text{SSE} = \sum_{i=1}^{n}(Y_i - P_i)^2 = \sum_{i=1}^{m}(Y_i - b_0 - w_{01}H_{1i} - w_{02}H_{2i} - w_{03}H_{3i})^2. \tag{5.7}$$

한편, 통계적 모형에서는 목표변수의 분포를 가정하여 보다 다양한 형태의 목적함수를 고려할 수 있다. 예를 들어, 목표변수가 이진변수(binary variable)일 때 베르누이 분포를 따른다는 가정하의 최대우도추정(MLE, Maximum Likelihood Estimation)을 생각하면 다음과 같은 목적함수를 최소화하는 것을 생각할 수 있다.

$$\text{Log Likelihood} = -\sum_{i=1}^{n}[Y_i \log(P_i) + (1 - Y_i)\log(1 - P_i)] \tag{5.8}$$

이러한 최대우도 목적함수는 데이터마이닝과 관련이 있든 없든, 최적이면서 편리한 여러 가지 통계적 성질을 가지고 있으며, 신경망의 계수를 구하는 최적화 문제를 때로는 더 쉽게 해결할 수 있다. E-Miner에서는 목표변수의 형태에 따라서 다양한 목적함수를 사용할 수 있다.

5.2.3 최적화와 비수렴성

신경망에서 목적함수를 최적화하는 계수값을 찾는 것은 매우 어려운 작업이다. 신경망과 같은 비선형모형에는 이에 대한 분석적인 해가 존재하지 않기 때문에, 일반적으로 다음과 같은 수치해석적인 반복적 최적화방법을 사용한다.

1) 각 계수에 대해서 임의의 초기값을 부여한다.
2) "새로운 값 = 이전 값 + 수정값"과 같은 공식을 이용하여 계수값을 개선한다.
3) 수렴할 때까지(즉, 이전 값과 새로운 값의 차이가 거의 없을 때까지) 반복적으로 수행한다.

역전파(backpropagation)는 신경망의 계수추정을 위해 개발된 기울기 하강(gradient descent) 알고리즘 중의 하나이다. 이것은 비교적 간단한 계산과정을 사용하지만 종종 매우 비효율적인 경우도 있다. 한편, 수치해석 분야에서는 비선형 목적함수(objective function)를 최적화하기 위한 많은 알고리즘들이 개발되어 있다. E-Miner에서는 Levenberg-Marquardt, quasi-Newton, conjugate-gradient와 같은 다양한 알고리즘을 이용하여 신뢰성 있는 계수를 효율적으로 추정할 수 있도록 하고 있다.

추정의 비수렴성 문제는 신경망과 같은 비선형함수에 대한 최적화에서 매우 보편적으로 발생하는 문제이다. 만약 초기값이 국부최소값(local minimum)에 가까우면 추정치는 전체최소값(global minimum)이 아닌 국부최소값으로 수렴할 것이며, 국부최소값에서의 모수 추정치는 실제 데이터를 정확하게 추정하지 못할 가능성이 많다. 이러한 문제를 해결하기 위한 한 방법은 여러 개의 초기값으로부터 해를 구하고 이를 비교하여 사용하는 것이다. 그러나 어떤 알고리즘과 초기값을 사용하든지 간에 전체최소값을 보장하지는 않는다.

사실 활성함수는 은닉마디나 출력마디의 범위를 일정한 범위 이내(흔히 0과 1 사이)로 제한하는 역할을 수행하기도 하는데, 신경망분석에 들어가기 이전에 입력변수와 출력변수에 대해 적절한 변환 또는 표준화(standardization)를 취하는 것도 최적화 문제를 해결하기 위한 한 가지 방법이 될 수 있다.

5.2.4 은닉층과 은닉마디의 개수

신경망은 다양한 모형을 포함하는 매우 유연한 모형이다. 그러나 데이터로부터 계수를 추정해야 하기 때문에 실제로 MLP는 이론과 같이 유연하지 못하다. 또한 주어진 함수를 근사화하기 위해 매우 많은 수의 은닉마디가 필요할 수도 있다. 은닉층과 은닉마디가 많으면 많을수록 신경망은 더욱 복잡해지며, 추정해야 할 계수의 수가 급격히 증가하기 때문에 최적화가 훨씬 어렵게 된다. 사실, 적절한 은닉층과 은닉마디의 수를 결정하기 위해서 시행착오(trial-and- error)적인 방법이외의 별 다른 대안이 없는 경우가 많다.

5.2.5 결과에 대한 해석의 어려움

회귀분석이나 의사결정나무는 분석의 결과를 비교적 쉽게 해석하고 이로부터 유용한 정보를 얻을 수 있다. 반면에 신경망은 매우 유연하기는 하지만 결과를 해석하는 것이 매우 어렵다. 즉, 로지스틱 회귀분석이 제공하는 것과 같은 계수들에 대한 간편한 해석이 불가능하여, 어떤 입력변수가 중요한지 또는 그것들이 어떻게 상호 작용하는지를 결정하기가 어렵다.

데이터마이닝에서 해석의 용이함이 언제나 예측모형의 중요한 특성이 되는 것은 아니다. 더 많은 해석적 용이함을 가지고 있으면서도 예측에 덜 효과적인 모형보다는, 매우 정확한 예측을 생산해 내는 신경망이 더 선호되는 경우가 많기 때문이다. 그럼에도 불구하고 해석적 어려움은 실제적인 단점이 될 수 있다. 변수의 중요성과 그것들 간의 상호작용을 이해하는 것은 향후 데이터 수집작업을 향상시킬 수도 있다. 또한, 신용평가 등과 같은 문제에 있어서 왜 그러한 예측이 이루어졌는지에 관한 사유가 법적인 요구사항이 되는 경우도 있다. 더구나, 수리적 지식이 부족한 연구자 또는 고객이 주어진 예측모형을 이해할 수 있다면 그들에게 방법론의 가치를 납득시키기가 용이할 것이다.

5.3 분석사례 - 1: 신경망과 로지스틱 회귀의 비교

여기서는 앞에서 다룬 바 있는 BUYTEST 데이터셋을 이용하여 신경망분석을 수행하는 과정을 설명할 것이다. 또한 신경망분석의 결과와 로지스틱 회귀분석의 결과를 비교하여 볼 것이다.

분석흐름도 작성

신경망(Neural Network) 노드에서는 초기 설정으로 한 개의 은닉층을 가지는 MLP를 이용하여 신경망분석을 수행하도록 되어 있다. 우선 신경망분석의 과정과 개념을 쉽게 설명하기 위해서, 두 개의 변수 AGE와 INCOME만을 입력변수(input variable)로 하여 신경망분석을 수행하여 보자.

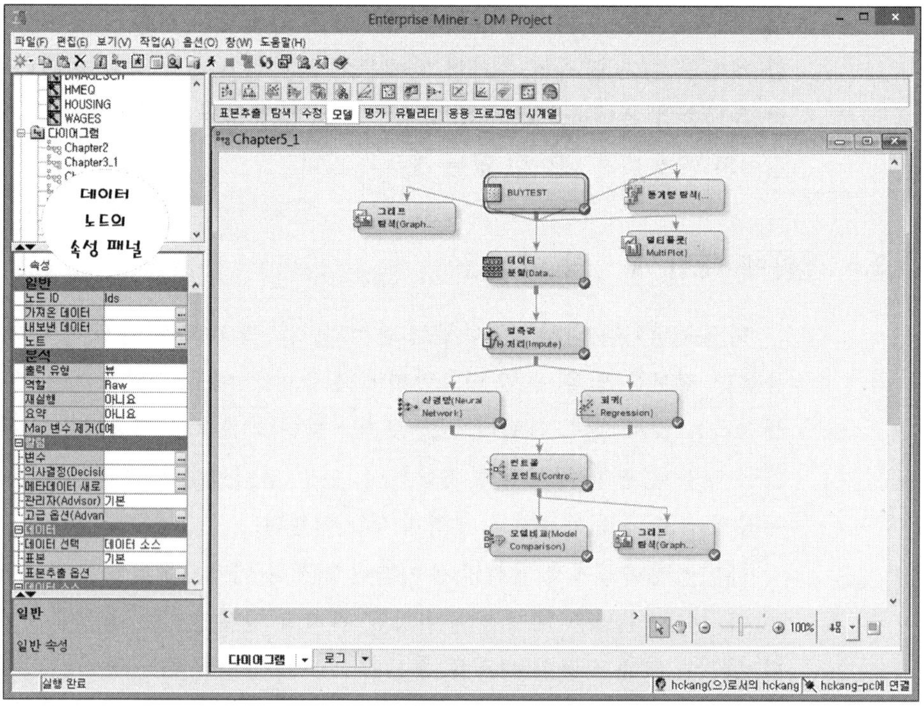

그림 5.4 분석사례-1을 위한 다이어그램

먼저 그림 5.4와 같이 분석흐름도를 작성한 후[2], 다음과 같이 데이터 소스와 데이터 분할(Data Partition) 노드의 설정을 지정하여라.

데이터 노드: BUYTEST

① 다이어그램의 데이터 노드 BUYTEST를 마우스 오른쪽 버튼으로 클릭한 후, 팝업 메뉴에서 **변수 편집** 메뉴를 선택한다.

② **변수 편집** 대화상자에서 변수 RESPOND의 역할을 Target으로 설정한다. AGE와 INCOME을 제외한 모든 변수의 역할을 Rejected로 설정한다.

데이터 분할(Data Partition) 노드

① 다이어그램 작업영역에서 **데이터 분할**(Data Partition) 노드를 클릭하여 이 노드의 속성 패널이 나타나게 한다.

② **데이터셋 할당** 영역에서 **분석용**, **평가용**, **검증용** 데이터의 비율을 50%, 50%, 0%으로 지정한다.

[2]여기서 사용된 **컨트롤 포인트**(Control Point 노드는 분석흐름도를 단순하게 작성하기 위해서 사용되었으며, 이는 여러 개의 연결선을 그려야 하는 수고를 덜어준다.

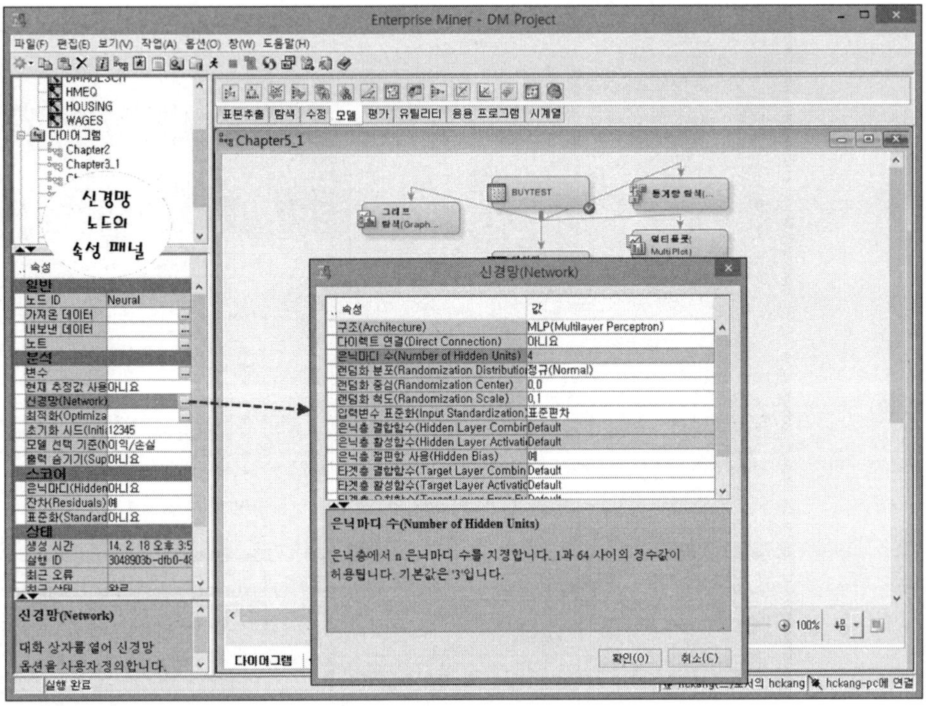

그림 5.5 신경망(Neural Network) 노드 – 속성 패널

5.3.1 신경망(Neural Network) 노드의 설정과 실행

신경망(Neural Network) 노드의 속성 패널에서 신경망(Network) 필드의 ... 버튼을 클릭하면(그림 5.5), 은닉마디의 수 및 타켓층의 결합함수와 활성함수 등에 대한 옵션을 설정할 수 있는 대화상자가 나타난다. 여기서는 은닉마디 수(Number of Hidden Units) 필드에 '4'를 설정하도록 하자(초기값=3). 그 외에 옵션들은 초기값을 유지하고 분석을 진행하도록 하자.[3]

한편, 구조(Architecture) 필드를 사용자 정의로 설정하면 타켓층의 결합함수와 활성함수 등 보다 다양한 옵션들에 대한 설정을 변경할 수 있다(이는 신경망분석에 익숙한 전문적인 사용자를 위해 신경망 형성의 전반에 걸쳐 사용자가 원하는 방식을 선택할 수 있도록 한 것이다). 신경망분석의 초보자일 경우에는 우선 초기값에 의해 네트워크의 구성을 시험적으로 시도하여 보고, 신경망분석에 익숙해짐에 따라서 사용자 정의에 의한 선택사항을 설정해 보는 것이 바람직하다.

[3]은닉층과 타겟층(출력층)의 결합함수와 활성함수에 대한 초기 설정값은 목표변수의 유형에 따라 달라진다. 이항형 목표변수의 경우, 은닉층의 활성함수에 대한 초기 설정값은 쌍곡탄젠트 함수이고, 타겟층의 활성함수에 대한 초기 설정값은 로지스틱 함수이다.

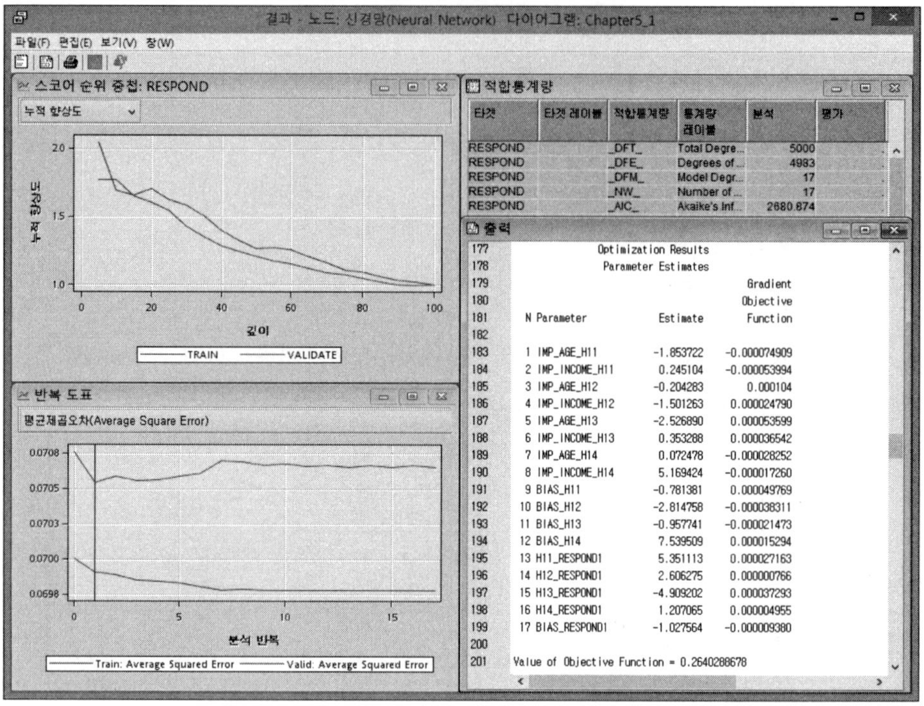

그림 5.6 신경망(Neural Network) 노드 – 결과

다이어그램에서 신경망(Neural Network) 노드를 실행하고 그 결과를 살펴보도록 하자(그림 5.6).

반복 도표 윈도우는 반복적 최적화에 따른 평균제곱오차(average squared error)의 변화를 보여주고 있다(이 예에서는 17회의 반복적 최적화가 진행되었음을 볼 수 있다). 그림 5.6에서 반복회수(iteration number)에 따라서 분석용과 평가용 데이터에 대한 오차함수 값의 변화를 볼 수 있다. 이를 살펴보면, 분석용 데이터에 대한 오차함수 값은 당연하게도 반복회수가 증가함에 따라서 감소하지만, 평가용 데이터에 대한 오차함수 값은 어느 정도 감소하다가 다시 증가하고 있다. 신경망(Neural Network) 노드에서는 평가용 데이터의 오차함수 값이 최소가 되는 반복에서의 추정치를 선택하는데, 이 예의 경우는 반복회수 1에서 오차함수 값이 최소가 됨을 볼 수 있다.

출력 윈도우의 Optimization Results: Parameter Estimates 영역에서 최종적인 모수 추정치들을 살펴볼 수 있다. 이 결과에서 한 개의 은닉층에 4개의 은닉마디를 가진 MLP가 수행되었음을 볼 수 있으며(여기서 H의 첨자 중 앞의 것은 층의 번호이고 뒤의 것은 마디의 번호이다), 이 결과를 이용하여 반응확률에 대한 예측

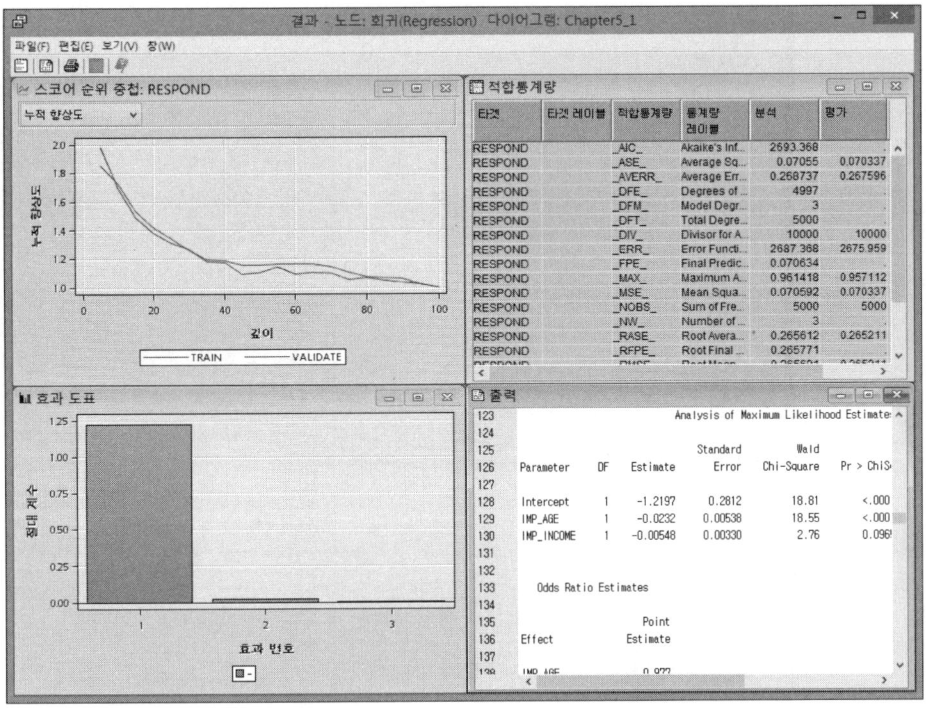

그림 5.7 회귀(Regression) 노드 - 결과

식을 도식화하면 다음과 같다(여기서 f는 쌍곡탄젠트 함수이고 g는 로지스틱 함수이다).

$$\begin{cases} H_{11} = f(-0.781381 - 1.853722AGE + 0.245104INCOME) \\ H_{12} = f(-2.814758 - 0.204283AGE - 1.501263INCOME) \\ H_{13} = f(-0.957741 - 2.526890AGE + 0.353288INCOME) \\ H_{14} = f(7.539509 + 0.072478AGE + 5.169424INCOME) \\ \hat{P}(Y=1) = g(-1.0276 + 5.3511H_{11} + 2.6063H_{12} - 4.9092H_{13} + 1.2071H_{14}) \end{cases}$$

5.3.2 회귀(Regression) 노드의 실행

다이어그래에서 **회귀**(Regression) 노드를 실행하고 그 결과를 살펴보도록 하자(그림 5.7). **출력** 윈도우의 Analysis of Maximum Likelihood Estimates 영역에서 회귀계수 추정치를 볼 수 있다. 이 결과를 이용하여 반응확률에 대한 예측식을 도식화하면 다음과 같다.

$$\begin{cases} H = -1.2197 - 0.0232AGE - 0.00548INCOME \\ \hat{P}(Y=1) = \exp(H)/\left[1 + \exp(H)\right] \end{cases}$$

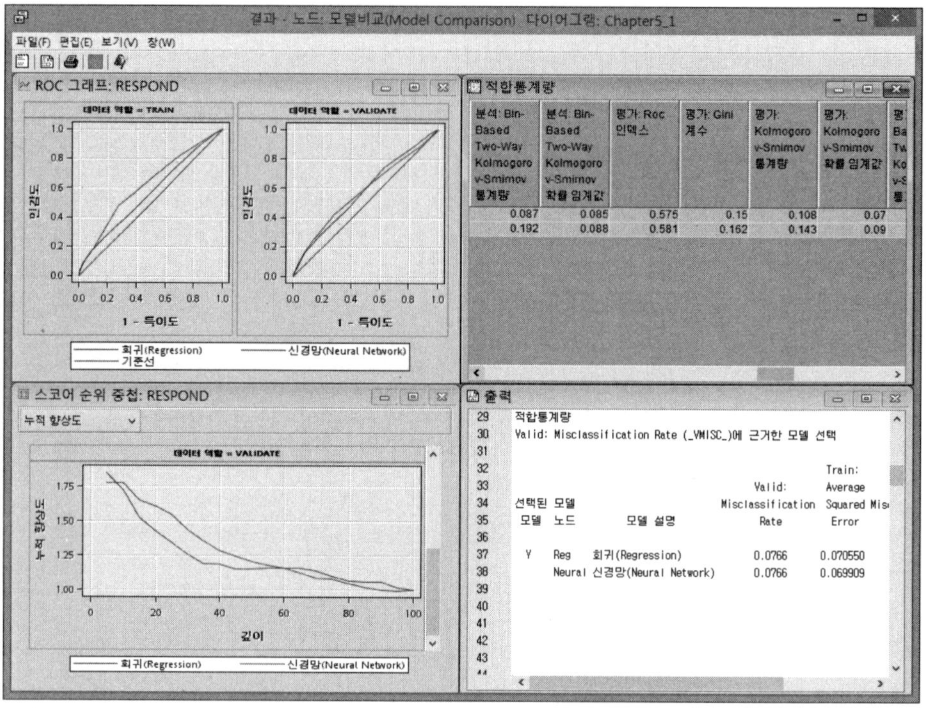

그림 5.8 모델 비교(Model Comparison) – 결과

5.3.3 모형 평가

다이어그램에서 모델 비교(Model Comparison) 노드를 실행하고 그 결과를 살펴보도록 하자(그림 5.8). 평가용 데이터에 대한 오분류율(misclassification rate), ROC 인덱스, Kolmogorov-Smirnov 통계량 등에 대한 비교를 통해, 두 모형이 성능이 거의 비슷하지만 신경망모형이 로지스틱 회귀모형에 비해 약간 좋은 편이라는 것을 볼 수 있다. 그러나 앞에서 살펴보았듯이 신경망모형은 상당히 복잡하며 해석하기가 어렵다는 단점을 가지고 있다. 따라서 연구자는 예측 및 해석적 측면을 잘 고려하여 최종적인 모형을 선택하는 것이 바람직하다(5.4절에서 의사결정나무를 이용하여 신경망모형을 간접적으로 해석하는 방법을 다룰 것이다).

5.4 분석사례 - 2: 의사결정나무를 이용한 신경망모형의 해석

신경망분석의 단점 중의 하나는 얻어진 모형을 해석하기가 어렵다는 것이다. 이러한 문제를 해결하는 한 가지 방법은 다른 형태의 비선형모형이라 할 수 있는 의사결정나무를 이용하여 신경망 예측모형에 대한 근사적인(approximate) 모형

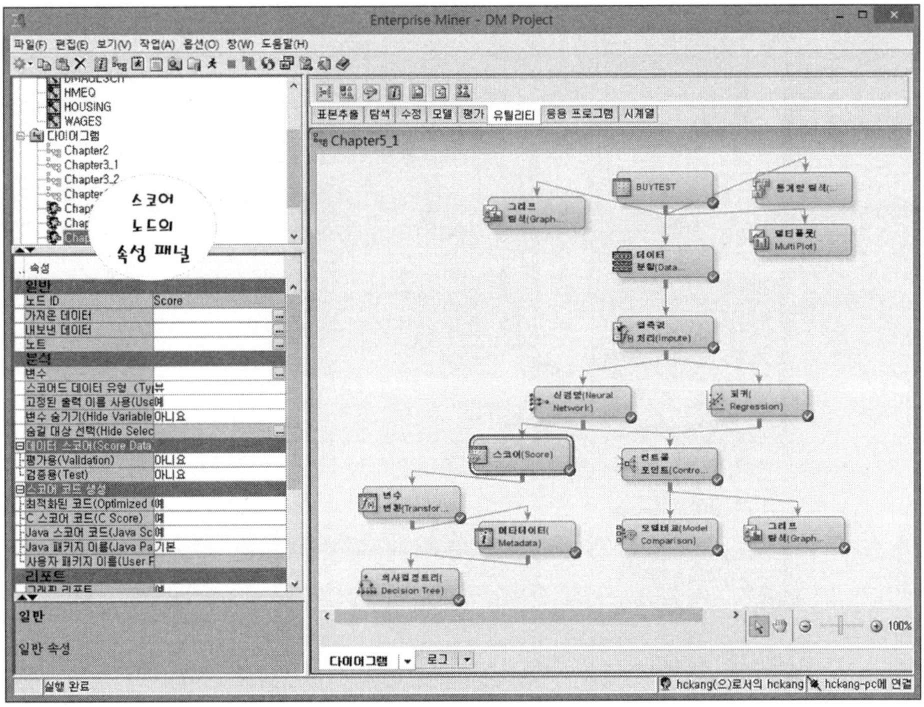

그림 5.9 분석사례-2를 위한 다이어그램

을 만들고 이를 통해 해석해 보는 것이다(강현철 외, 2000).

앞절의 다이어그램에 **스코어**(Score) 노드, **변수 변환**(Transform Variables) 노드, **메타데이터**(Metadata) 노드, **의사결정트리**(Decision Tree) 노드를 추가하여 그림 5.9와 같이 분석흐름도를 작성하여라.

5.4.1 새로운 변수의 생성: Transform Variables 노드

변수 변환(Transform Variables) 노드는 기존의 변수를 변환하여 새로운 변수를 만들고자 할 때 사용된다. 다음과 같은 과정을 통해 신경망모형의 의사결정규칙을 나타내는 새로운 변수 DECISION을 생성하여라.

① **변수 변환**(Transform Variables) 노드를 실행한 후, 결과 윈도우를 닫는다.

② **변수 변환**(Transform Variables) 노드의 **속성 패널**에서 **수식**(Formulas) 필드의 ... 버튼을 클릭한다. 그러면 그림 4.10과 같이 수식 대화상자가 나타난다.

③ 수식 대화상자 상단의 **생성**(변환추가) 아이콘을 클릭한다. 그러면 **변환 추가** 대화상자가 나타난다.

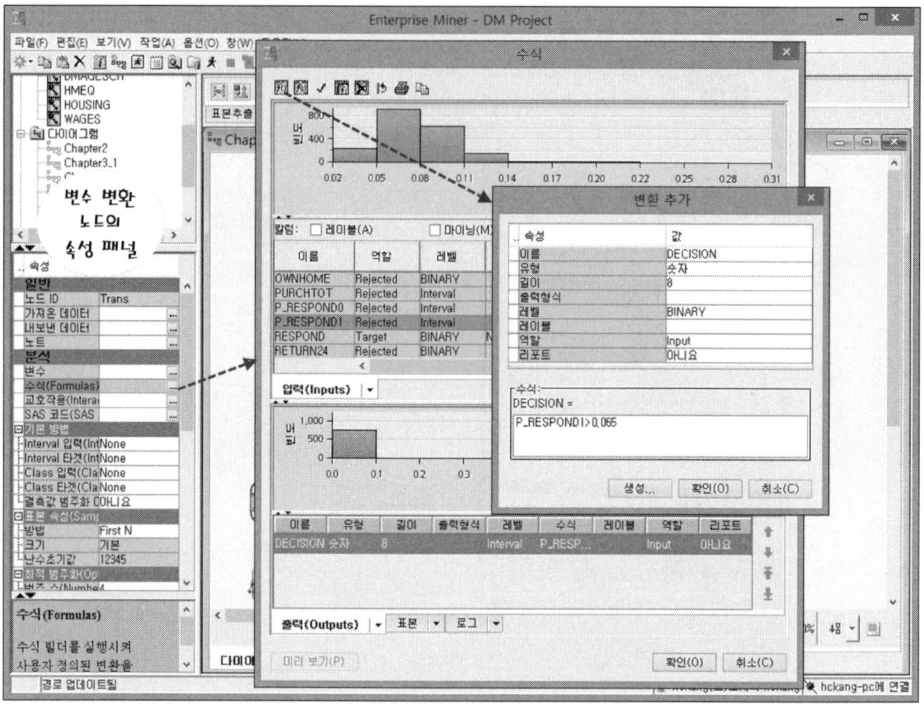

그림 5.10 변수 변환(Transform Variables) 노드 – 속성 패널과 수식 대화상자

④ **변환 추가** 대화상자에서 **이름** 필드에 'DECISION'을 입력한다. 또한 **레벨** 필드를 Binary로 설정한다.

⑤ **변환 추가** 대화상자에서 수식 영역에 'P_RESPOND1>0.065'를 입력한다. 이렇게 하면 'P_RESPOND1>0.065'이면 1을, 그렇지 않으면 0을 가지는 새로운 변수 DECISION이 생성된다. 이때 0.065는 신경망모형에 대한 평가를 통해서 예측모형의 임계값(cutoff value)으로 결정된 값이라고 하자(임계값의 결정에 대하여는 6장에서 자세히 다룰 것이다). **확인(O)** 버튼을 클릭하여 **변환 추가** 대화상자를 닫는다.

⑥ **수식** 대화상자에서 **미리보기(P)** 버튼을 클릭하여 그래프가 제대로 나타나는지를 확인한다. **확인(O)** 버튼을 클릭하여 **수식** 대화상자를 닫는다.

5.4.2 변수 설정의 변경: Metadata 노드

다이어그램에서 **메타데이터**(Metadata) 노드를 실행한 후 결과 윈도우를 닫고, **메타데이터**(Metadata) 노드의 **속성 패널**에서 변수의 역할과 레벨을 다음과 같이 변경하여라(그림 5.11).

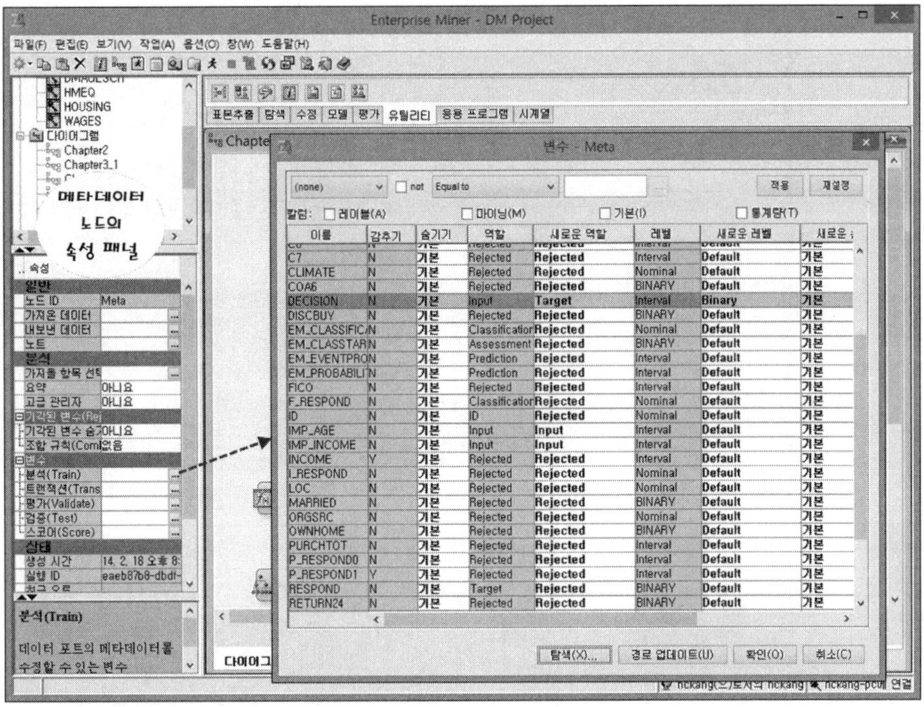

그림 5.11 메타데이터(Metadata) 노드 – 속성 패널과 변수 편집 대화상자

- 변수 DECISION의 **새로운 역할** 칼럼을 Target으로 설정하고, **새로운 레벨** 칼럼을 Binary로 설정한다.
- 신경망분석에서 입력변수로 사용된 변수 IMP_AGE와 IMP_INCOME을 제외한 모든 변수의 **새로운 역할** 칼럼을 Rejected로 설정한다(변수 RESPOND에 대해서도 Rejected로 설정해야 한다).

5.4.3 근사 의사결정나무 살펴보기

다이어그램에서 **의사결정트리**(Decision Tree) 노드를 실행한 후, 그 결과를 살펴보도록 하자. 먼저, **누적 향상도** 그래프를 통해 근사의 정도가 상당히 좋음을 볼 수 있다(그림 5.12). 결과 윈도우에서 **트리** 그래프를 확대하면 그림 5.13과 같이 의사결정나무의 전체적인 모습을 살펴볼 수 있다. 이렇게 하여 얻어진 의사결정나무는 신경망 예측모형에 대한 근사모형(approximate model)이라고 할 수 있으며, 이 결과를 살펴봄으로써 신경망 예측모형을 부분적으로나마 이해할 수 있을 것이다. 또한 동일한 데이터에 대해서 의사결정나무분석을 따로 시행하여 모형을 비교해 보는 것도 신경망 예측모형을 해석하는 데 도움이 될 것이다.

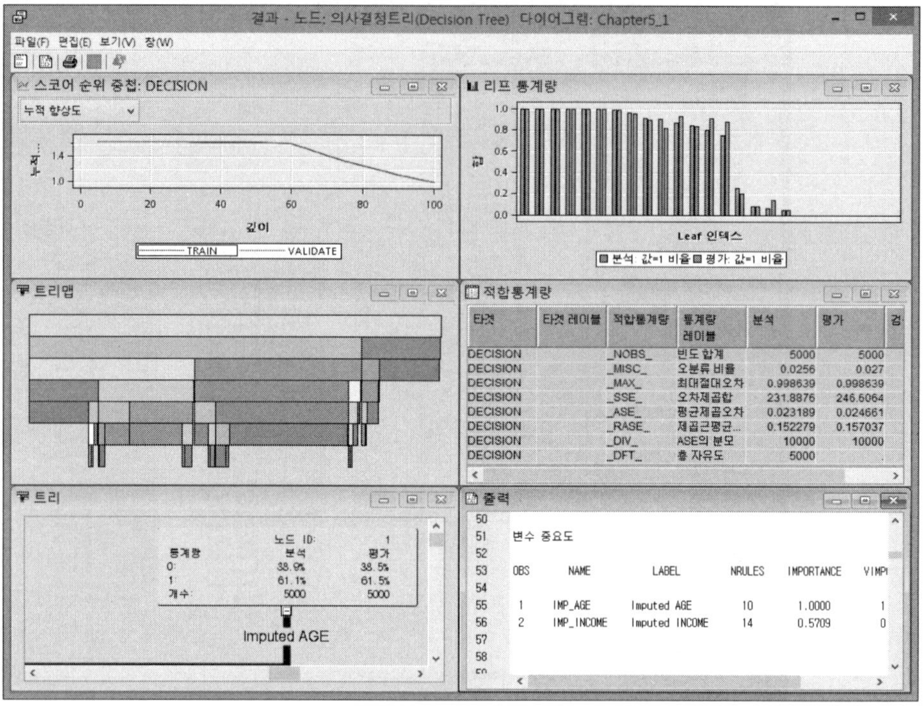

그림 5.12 의사결정트리(Decision Tree) 노드 – 결과

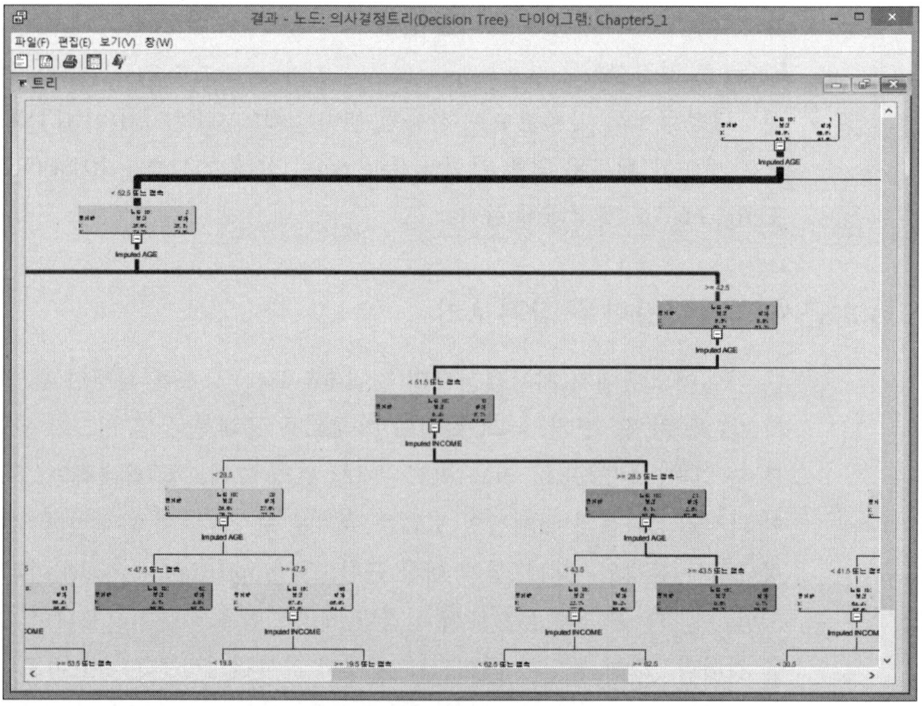

그림 5.13 신경망 예측모형에 대한 근사 의사결정나무

5.5 참조: RBF 신경망과 EBF 신경망

MLP에 비해서 그다지 자주 사용되지는 않지만 E-Miner에서 사용할 수 있는 신경망으로서 RBF라는 것이 있다. RBF(radial basis function) 신경망은 원래 신경의학에서 시작되었다는 점에서 엄밀한 의미의 신경망이라 할 수 없지만, 대부분의 논의에서는 신경망 체계 하에서 RBF를 다루고 있다. 이 절에서는 RBF 신경망의 구조에 대해서 간단히 설명할 것이다.

RBF(Radial Basis Function, 원형기준함수) 신경망

RBF 신경망에는 은닉층이 한 개만 있으며 수학적 형태는 MLP 신경망과 유사하나, 은닉층에서의 결합함수로 다음과 같은 원형기준함수를 사용한다는 점이 다르다.

$$H_i = \exp\left(-\frac{(x_1 - c_{1i})^2 + (x_2 - c_{2i})^2 + \cdots + (x_k - c_{ki})^2}{r_i^2}\right) \tag{5.9}$$

RBF 신경망에서 추정해야할 모수의 수는 MLP에서와 동일하나 그 추정방법은 상이한 경우가 많다. 은닉마디의 개수를 k라고 할 때, 일반적으로 RBF 신경망에서는 먼저 k개의 중점(center) c_{1i}, c_{2i}, $\cdots$, c_{ki}와 반경(radius) r_i를 군집분석(cluster analysis)과 같은 자율추정방법(unsupervised method)에 의해서 추정하고, 다음에 은닉층으로부터 출력층으로 전달되는 계수를 지도추정방법(supervised method)에 의해서 추정한다. 즉, 은닉층에서의 모수를 먼저 추정하고 그 다음에 출력층에서의 모수를 추정하는 것인데, 이러한 2단계 추정방법을 흔히 혼합형 추정방법(hybrid method)이라고 한다.

이와 같은 추정방법은 MLP 신경망에서와 같이 모든 모수를 동시에 추정하는 방법보다 계산과정이 간단하고 시간이 적게 걸린다는 장점이 있으나, 수렴성의 측면에서 볼 때 MLP 신경망에 비해서 효율적인 것은 아니다. 즉, RBF 신경망은 전체최소값(global minimum)에 수렴하지 않을 가능성이 많은데, 특히 중점을 잘못 잡거나 은닉마디의 수가 충분하지 않은 경우에 이러한 현상이 발생한다. 따라서, RBF 신경망은 다수의 은닉마디를 요구할 때가 많으며, 필요한 은닉마디의 수는 문제의 차원(변수)이 많아질수록 급속하게 증가한다. 또한 RBF 신경망은 불필요하거나 중복된 입력자료에 대하여 민감하다.

EBF(Elliptical Basis Function, 타원형기준함수) 신경망

EBF 신경망을 이용하면 RBF 신경망이 갖는 적용상의 문제를 어느 정도 보완할 수 있는데, EBF 신경망에는 보통 2개의 은닉층이 있다.

첫 번째 은닉층은 입력변수의 단순 선형결합(항등 활성함수)으로 다음과 같이 표현된다.

$$z_j = b_j + w_{1j}X_1 + w_{2j}X_2 + \cdots + w_{pj}X_p \qquad (5.10)$$

이러한 첫 번째 은닉층은 입력층의 차원을 감소시키며, 입력공간을 회전시킨다.

두 번째 은닉층은 앞에서 설명한 RBF로 구성된다. 즉,

$$H_i = \exp\left(-\frac{(x_1 - c_{1i})^2 + (x_2 - c_{2i})^2 + \cdots + (x_k - c_{di})^2}{r_i^2}\right) \qquad (5.11)$$

이와 같이 EBF 신경망은 첫 번째 은닉층에서 입력층의 차원을 축소시킴으로써 RBF 신경망이 가지는 문제점을 보완한 것이다.

5.6 연습문제

5-1. BUYTEST 데이터셋의 모든 입력변수들을 이용하여 신경망분석을 수행하여라. 또한 그 결과를 의사결정나무 및 회귀분석의 결과와 비교하여 보아라.

5-2. HMEQ 데이터셋에 **의사결정트리**(Decision Tree), **회귀**(Regression), **신경망**(Neural Network) 노드를 수행하고 그 결과들을 비교하여라. 또한 신경망 예측모형에 대한 근사 의사결정나무를 만들고 이를 해석하여 보아라.

5-3. HOUSING 데이터셋에 대하여 신경망분석과 선형 회귀분석을 수행하여라. 또한 두 모형의 예측식을 표현하여 보아라.

5-4. 그림 5.14와 같이 다이어그램을 작성하고 다음과 같은 과정을 수행하여라.

(가) 데이터셋 ZCUSTDET를 이용하여 새로운 데이터 소스를 생성하여라. 이 데이터셋은 한 가정용품 회사에서 지난 2년간의 판매자료를 기초로 구축한 것이며, 여기에는 49개의 변수들이 포함되어 있다(부록 참조).

(나) 데이터 노드와 연결된 **그래프 탐색**(Graph Explore) 노드를 실행하고 그 결과를 살펴보아라. 또한 **변수 편집** 메뉴를 이용하여 SEX, AGE, AMOUNT, DINING 등의 분포를 살펴보아라.

(다) **변수 변환**(Transform Variables) 노드를 이용하여 'DINING>0'이면 1을, 그렇지 않으면 0을 가지는 새로운 변수 DINEBIN을 생성하여라. 변수 DINING은 세 가지 품목(Kitchen, Dishes, Flatware)에 대한 구입회수를 나타낸다.

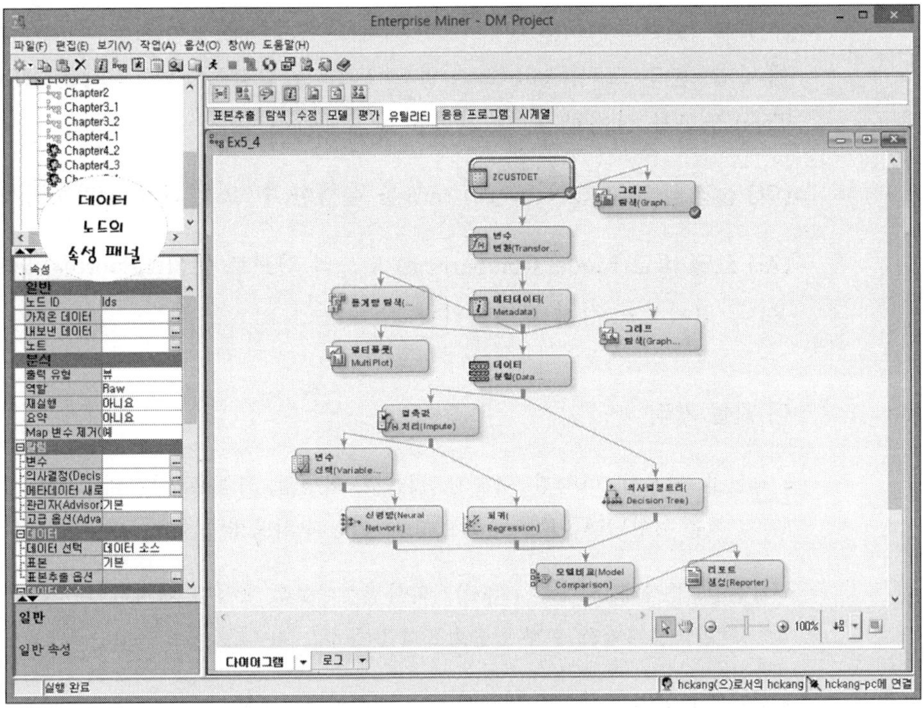

그림 5.14 연습문제 5-4를 위한 다이어그램

(라) 메타데이터(Metadata) 노드에서 각 변수들의 역할과 레벨을 다음과 같이 변경하여라.

- 변수 DINEBIN에 대하여 **새로운 역할** 칼럼을 Target으로 설정하고, **새로운 레벨** 칼럼을 Binary로 설정한다.
- 변수 DINING, KITCHEN, DISHES, FLATWARE의 **새로운 역할** 칼럼을 Rejected로 설정한다. 이들 변수들은 목표변수인 DINEBIN의 결과를 나타내기 때문이다.
- 변수 ACCTNUM(고객번호)의 **새로운 역할** 칼럼을 ID로 지정한다.
- 변수 CUSTDATE(가입한 날짜)의 **새로운 역할** 칼럼을 Rejected로 지정한다.

(마) **데이터 분할**(Data Partition) 노드에서 분석용, 평가용, 검증용 데이터의 비율을 각각 50, 25, 25로 설정하여라.

(바) **회귀**(Regression) 노드의 **속성 패널**에서 **모델 선택**(Selection Model) 필드를 **단계적 선택**으로 지정하여라. **회귀**(Regression) 노드를 실행한 후 그 결과를 살펴보아라.

(사) 의사결정트리(Decision Tree) 노드의 속성 패널에서 리프 크기(Leaf Size) 필드에 '5'를, 분리 크기(Split Size) 필드에 '10'을 입력하여라. 의사결정트리(Decision Tree) 노드를 실행한 후 그 결과를 살펴보아라.

(아) 신경망(Neural Network) 노드를 실행한 후 그 결과를 살펴보아라.

(자) 모델 비교(Model Comparison) 노드와 리포트 생성(Reporter) 노드를 실행한 후, 그 결과들을 각각 살펴보아라.

더 읽을 거리

- 강현철, 김은석, 이성건, 이슬지, 채윤석, 최병정, 최종후, 한상태 (2014). "(빅데이터 분석을 위한) SAS Enterprise Miner 기능과 사용법", 자유아카데미.
- 강현철, 한상태, 최종후 (2000). 의사결정나무를 활용한 데이터마이닝 예측모형 해석, "한국통계학회 춘계 학술발표회 논문집", 39-44.
- 김대수 (1992). "신경망 이론과 응용", 하이테크정보.
- Bing, C. and Titterington, D.M. (1994). Neural Network: A Review from a Statistical Perspective, *Statistical Science*, Vol. 9, 2-24.
- Bishop, C.M. (1995), *Neural Networks for Pattern Recognition*, Oxford: Oxford University Press.
- Friedman, J. (1994). An Overview of predictive Learning and Function Approximation, from *Statistics to Neural Networks*: (Cherkassky, Friedmann and Wechsler, Eds), Berlin: Springer-Verlag, 1-61.
- SAS Institute Inc. (1999). *Neural Network Modelling, Course Notes*, Cary, NC: SAS Institute Inc.
- Sarle, W.S. (1994). Neural Networks and Statistical Models, *Proceedings of the Nineteenth Annual SAS Users Group International Conference.*
- Smith, M. (1996). *Neural Networks for Statistical Modelling*, International Thomson Computer Press.
- Tao, K.M. (1993). A closer look at the radial basis function (RBF) networks, *Conference Record of The Twenty-Seventh Asilomar Conference on Signals, Systems and Computers* (Singh, A., ed.), Vol. 1, 401-405.

- Werntges, H.W. (1993). Partitions of unity improve neural function approximation, *Proceedings of the IEEE International Conference on Neural Networks*, Vol. 2, 914-918.
- SAS Institute Inc. (2005). *Enterprise Miner Software: Applying Data Mining Techniques*, Cary, NC: SAS Institute Inc.
- SAS Institute Inc. (2012). *Getting Started with SAS Enterprise Miner 12.1*, Cary, NC: SAS Institute Inc.
- SAS Institute Inc. (2012). *SAS Enterprise Miner 12.1 Reference Help*, Cary, NC: SAS Institute Inc.
- SAS Institute Inc. (2013). *Data Mining Using Enterprise Miner Software: A Case Study Approach*, Third Edition, Cary, NC: SAS Institute Inc.

제 6 장
예측모형에 대한 평가

Assessment of Predictive Model

하나의 데이터를 분석할 때, 가능한 여러 모형들을 상정하여 분석하는 것이 바람직하다. 따라서 최적의 모형을 얻기 위해서는 여러 모형을 비교·평가해야 하고, 이를 통해 하나의 모형이 선택되면 선택된 모형이 다른 모형에 비해 우수하다는 사실을 입증해야 한다.

6.1 모형평가의 기본 개념

일반적인 모형평가의 기준으로는 '같은 모집단 내의 다른 데이터에 적용하는 경우 얼마나 안정적인 결과를 제공해 주는가?'(즉, 일반화의 가능성)의 문제나 혹은 '모형이 얼마나 효과적으로 구축되었는가?'(즉, 얼마나 적은 입력변수로 모형을 구축했는가?) 등 여러 각도에서 생각할 수 있다. 그러나, 무엇보다도 우선적으로 고려되어야 할 사항은 '구축된 모형이 얼마나 예측과 분류에서 뛰어난 성능을 보이는가?'를 알아보는 것이다. 이는 아무리 안정적이고 효과적인 모형도 실제 문제에 적용했을 경우 빗나간 결과만을 양산한다면 아무런 의미가 없기 때문이다. 따라서, 모형평가란 예측을 위해 구축된 모형이 '임의의 모형'(random model) 보다 과연 우수한지, 고려된 서로 다른 모형들 중 어느 것이 가장 우수한 예측력을 보유하고 있는지 등을 비교하고 분석하는 과정이라 할 수 있다.

1.3절에서 데이터마이닝 예측모형은 목표변수가 연속형인 경우와 범주형인 경우로 크게 구분할 수 있다고 하였다. 따라서 성능이 좋은 모형을 찾기 위한 기준도 목표변수의 형태에 의해 다르게 고려되어야만 한다.

6.1.1 목표변수가 구간형인 경우

목표변수가 구간형(interval; 연속형, continuous)인 경우(예를 들어, 구매금액)에는 입력변수를 통해 목표변수의 값을 예측하는 모형을 만드는 것이 목적이다(그림 1.12 참조). 이때 분석용(평가용, 검증용) 데이터에 대해서 실제값 y와 예측값 $\hat{y}$의 차이

$$e_i = y_i - \hat{y}_i, \quad i = 1,\ 2,\ \cdots,\ n \tag{6.1}$$

를 **잔차**(residual) 혹은 **오차**(error)라고 하는데, 물론 이러한 예측오차는 작을수록 좋다. 따라서 오차를 이용하여 다음과 같은 여러 가지 모형평가 통계량들이 사용될 수 있다(여기서 n은 표본크기, p는 입력변수의 개수).

- ASE(Average Squared Error) $= \text{SSE}/n = \sum_{i=1}^{n}(y_i - \hat{y}_i)^2/n$
- MSE(Mean Squared Error) $= \text{SSE}/(n-p) = \sum_{i=1}^{n}(y_i - \hat{y}_i)^2/(n-p)$

- AIC(Akaike's Information Criterion) = $n\log(\mathrm{SSE}/n) + 2(p+1)$
- SBC(Schwarz's Bayesian Criterion) = $n\log(\mathrm{SSE}/n) + p\log(n)$

오차에 기초한 이와 같은 통계량들은 그 값이 작을수록 예측모형의 성능이 좋음을 나타낸다.

한편, 4장에서 설명한 다음과 같은 통계량도 자주 사용되는데,

- R-Square(R^2, 결정계수) = $1 - \mathrm{SSE}/\mathrm{TSS}$
- Adjusted R-Square($Adj\text{-}R^2$, 수정결정계수) = $1 - (n-1)(1-R^2)/(n-p-1)$

특히 R^2는 예측모형에 대한 설명력의 측도로 자주 사용되며, 1에 가까울수록 예측모형의 설명력이 높다는 것을 나타낸다($0 \leq R^2 \leq 1$).

이러한 통계량들은 목표변수가 구간형인 경우 E-Miner의 각 모형화 노드에서 대부분 제공된다. 이들에 대한 자세한 설명은 4장과 6장의 참고문헌들을 참조하기 바란다.

6.1.2 목표변수가 범주형인 경우

목표변수가 범주형(binary, nominal) 경우(예를 들어, 신용불량 여부)에는 입력변수를 통해 목표변수의 각 범주에 대한 가능성(확률)을 예측하는 모형을 만드는 것이 목적이 되며, 예측모형을 통해 새로운 개체를 분류하고자 한다(그림 1.11 참조). 따라서 이 경우에는 목표변수의 실제값과 예측확률을 직접 비교하는 것이 가능하지 않기 때문에, 모형평가가 다소 복잡한 과정을 거치게 된다. 이 장의 나머지 부분은 주로 이러한 내용들을 다룰 것이다.

6.2 모델 비교(Model Comparison) 노드

모델 비교(Model Comparison) 노드는 앞에서 설명한 여러 가지 적합통계량들을 제공하며, 여러 개의 예측모형을 비교하여 평가하는 기능을 가지고 있다.

6.2.1 분석사례 - 1: 구간형 목표변수

새로운 다이어그램을 생성하고 4.4절에서 다루었던 HOUSING 데이터셋을 이용하여 그림 6.1과 같이 분석흐름도를 작성하여라. 여기서 목표변수는 MEDV(평균 주택가격)으로, 그림 4.4에서 볼 수 있듯이 주요 요약통계량들은 최소값=5, 최대값=50, 평균=22.53, 표준편차=9.20 등이다.

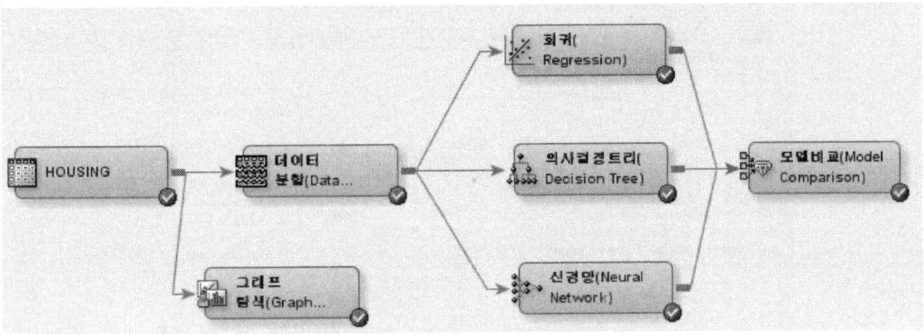

그림 6.1 분석사례 - 1을 위한 분석흐름도

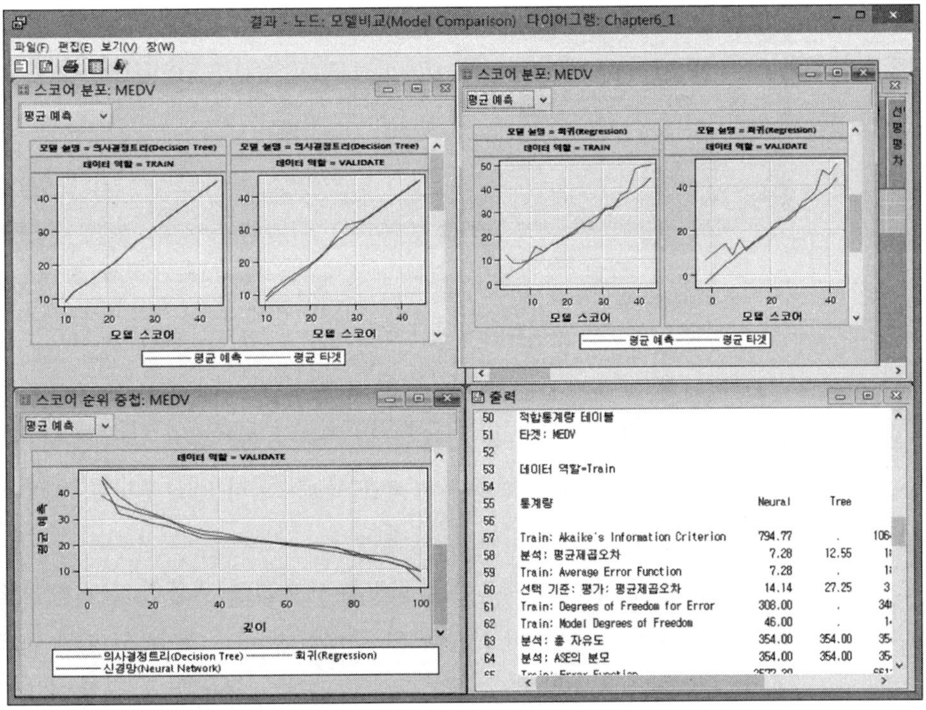

그림 6.2 모델 비교(Model Comparison) 노드 – 결과

먼저, **데이터 분할**(Data Partition) 노드에서 분석용, 평가용, 검증용, 데이터의 비율을 70%, 30%, 0%로 설정하여라.

모델 비교(Model Comparison) 노드를 실행한 후 결과 윈도우를 열면 그림 6.2와 같은 결과들을 얻을 수 있는데, 이 결과들을 자세히 살펴보도록 하자.

스코어 분포 그래프는 '예측값 대 예측값'(평균 예측)과 '예측값 대 실제값'(평균 타겟) 그래프를 함께 나타낸 것이다. 당연히 **평균 예측** 선은 기울기가 1인 직

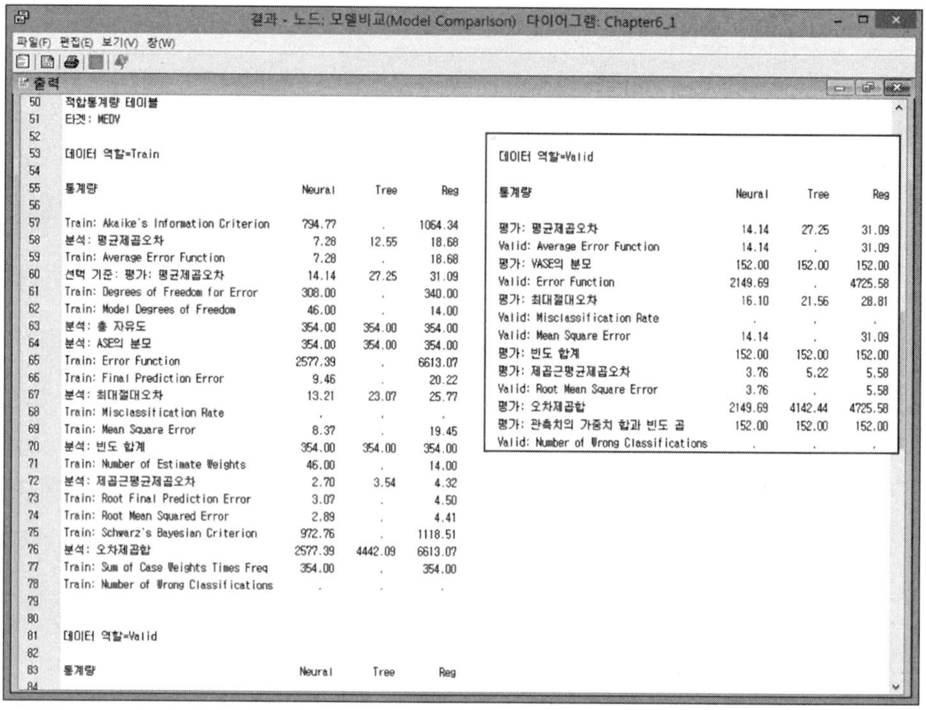

그림 6.3 모델 비교(Model Comparison) 노드 – 결과: 출력

선의 형태를 가지게 되고, **평균 예측** 선과 **평균 타겟** 선이 비슷할수록 모형이 좋은 예측을 수행하고 있음을 나타낸다. 그림 6.2의 경우, 회귀모형은 의사결정나무에 비하여 좋지 않은 형태를 가짐을 볼 수 있다(스크롤바를 움직여서 세 모형의 그래프를 비교해 보기 바란다).

스코어 순위 중첩 그래프는 가로축에 예측값의 백분위, 세로축에 예측값을 대응시켜 그래프로 나타낸 것이다. 이 그래프는 상위 등급(깊이)에서 예측값이 높고 등급이 낮아질수록 예측값이 크게 하락하는 형태를 보일 때 좋은 예측모형임을 나타낸다(이는 잠시 후에 설명할 누적 향상도 그래프의 경우와 유사하다). 그림 6.2의 경우, 회귀모형에 비해 신경망모형과 의사결정나무가 우수함을 나타내고 있다.

그림 6.3은 **출력** 윈도우를 확대한 것으로, 적합통계량들의 값들을 자세히 살펴볼 수 있다. 여기서 가장 널리 사용되는 ASE(Average Squared Error, 평균제곱오차)을 비교해 보도록 하자. 표 6.1의 요약 결과를 보면 분석용과 평가용 데이터 모두에 대하여 신경망모형이 가장 예측력이 좋음을 알 수 있다.

이 예에서 선형모형(linear model)인 회귀모형이 비선형모형(nonlinear model)인

표 6.1 모형평가 결과의 요약: ASE

		신경망모형	의사결정나무	회귀모형(1)	회귀모형(2)
ASE	분석용	7.28	12.55	18.68	9.18
	평가용	14.14	27.25	31.09	16.07

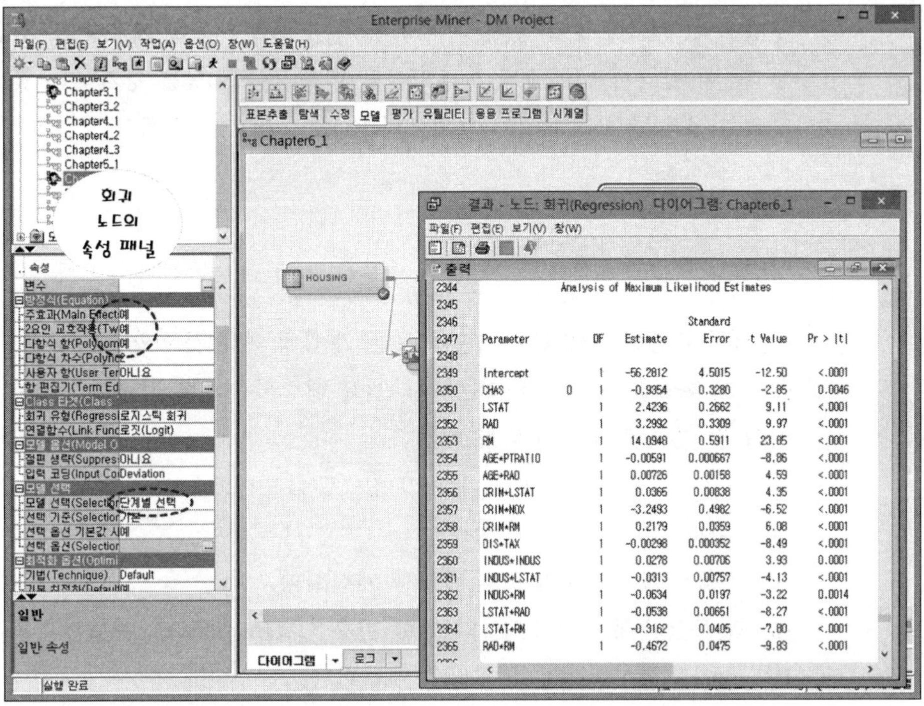

그림 6.4 회귀(Regression) 노드 – 속성 패널과 출력 결과

신경망모형이나 의사결정나무에 비하여 예측력이 상당히 좋지 않으므로, 몇몇 입력변수들과 목표변수 사이에 비선형관계가 존재하고 있음을 암시한다. 따라서 회귀모형을 사용할 경우 구간화(범주화) 또는 변수변환 등을 통해 예측력을 높이기 위한 노력이 필요하다고 하겠다(변수변환에 대해서는 7장에서 다룰 것이다). 여기서는 **회귀**(Regression) 노드의 **속성 패널**에서 2요인 **교호작용**(Two-Factor Interactions) 필드와 **다항식 항**(Polynomial Terms) 필드를 '예'로 설정하고(이는 모든 2요인 교호작용과 모든 2차항들을 모형에 포함시키도록 설정하는 것이다. 그림 6.4 참조), **모델 선택**(Selection Model) 필드를 **단계별 선택**으로 설정하고 분석을 수행하여 보도록 하자. 표 6.1의 회귀모형(2)의 결과는 이러한 작업을 통해 얻어진 것으로, 회귀모형(1)에 비하여 ASE가 상당히 감소하였음을 볼 수 있다. 회

귀(Regression) 노드의 결과에서 선택된 주효과, 교호작용, 2차항들의 목록과 회귀계수를 살펴보기 바란다.

6.2.2 분석사례 - 2: 이항형 목표변수

앞의 장들에서는 여러 가지 기법들을 이용하여 예측모형을 만드는 과정을 다루었으며, 예측모형을 통해 각 개체에 대한 사후확률을 예측할 수 있음을 설명하였다. 이 절에서는 예측된 사후확률을 이용하여 모형을 평가하는 것으로서 가장 널리 사용되는 향상도(lift) 그래프와 ROC 그래프에 대해서 설명할 것이다.

향상도 그래프(Lift Chart)

향상도 그래프는 다음과 같은 과정을 통해 만들어진다.

(1) 예측모형을 통해 데이터셋의 모든 개체에 대해 사후확률을 구한다.
(2) 사후확률의 크기에 따라 데이터셋을 내림차순으로 정렬한다. 즉, 사후확률에 따라 각 개체에 대해 순위를 매긴다.
(3) 데이터셋을 균일하게 K개의 그룹으로 나눈다. 즉, 데이터세트의 개체들을 등급화 한다.
(4) 각 등급에서 목표범주의 빈도를 계산한다.
(5) 각 등급에서 표 6.1에서와 같이 반응률(%Response), 반응검출률(%Captured Response), 향상도(lift) 통계량을 계산한다.

이와 같은 계산과정은 4.6절의 K-S 통계량을 계산하는 것과 상당히 유사하다.

예를 들어, 데이터셋의 표본크기가 2,000이고, 범주 1과 0의 개수가 각각 381개와 1,619개라고 하자(표 6.2 참조). 이 때 전체 데이터셋에서의 반응률은 381/2000 = 19.0%가 되는데 이를 **기준선 반응률**(Base Line %Response)이라고 한다. 또한 사후확률을 기준으로 10등급으로 나누어(각 등급에는 200개의 개체가 할당된다), 각 등급에서 1과 0의 빈도를 센 결과가 표 6.2와 같다고 하자. 이제 이러한 결과를 기초로 다음과 같은 통계량들을 계산할 수 있다.

- **반응률**(%Response) : 각 등급에서 목표범주 1의 비율을 나타낸다.
- **향상도**(Lift) : 기준선 반응률에 비해 각 등급에서의 반응률이 얼마나 높은지를 나타낸다.
- **반응검출률**(%Captured Response): 목표범주 1에 속하는 개체들이 각 등급에 얼마나 분포하고 있는지를 나타낸다.

표 6.2 향상도 테이블(Lift Table)

	빈도			반응률		
등급	합계	Y=1	Y=0	%Response	Lift	%Captured
1	200	174	26	174/200=87.0	87.0/19.0=4.57	174/381=45.6
2	200	110	90	110/200=55.0	55.0/19.0=2.89	110/381=28.8
3	200	38	162	38/200=19.0	19.0/19.0=1.00	38/381= 9.9
4	200	14	186	14/200= 7.0	7.0/19.0=0.36	14/381= 3.6
5	200	11	189	11/200= 5.5	5.5/19.0=0.28	11/381= 2.8
6	200	10	190	10/200= 5.0	5.0/19.0=0.26	10/381= 2.6
7	200	7	193	7/200= 3.5	3.5/19.0=0.18	7/381= 1.8
8	200	10	190	10/200= 5.0	5.0/19.0=0.26	10/381= 2.6
9	200	3	197	3/200= 1.5	1.5/19.0=0.07	3/381= 0.7
10	200	4	196	4/200= 2.0	2.0/19.0=0.10	4/381= 1.0
전체	Base Line %Response = 381/2000 = 19.0%					

표 6.3 누적 향상도 테이블(Cumulative Lift Table)

	빈도			반응률		
등급	합계	Y=1	Y=0	%Response	Lift	%Captured
1	200	174	26	174/200=87.0	87.0/19.0=4.57	174/381=45.6
2	400	284	116	284/400=71.0	71.0/19.0=3.73	284/381=74.5
3	600	322	278	322/600=53.6	53.6/19.0=2.82	322/381=84.5
4	800	336	464	336/800=42.0	42.0/19.0=2.21	336/381=88.1
5	1000	347	653	347/1000=34.7	34.7/19.0=1.82	347/381=91.0
6	1200	357	843	357/1200=29.7	29.7/19.0=1.56	357/381=93.7
7	1400	364	1036	364/1400=26.0	26.0/19.0=1.36	364/381=95.5
8	1600	374	1226	374/1600=23.3	23.3/19.0=1.23	374/381=98.1
9	1800	377	1423	377/1800=20.9	20.9/19.0=1.10	377/381=98.9
10	2000	381	1619	381/2000=19.0	19.0/19.0=1.00	381/381=100

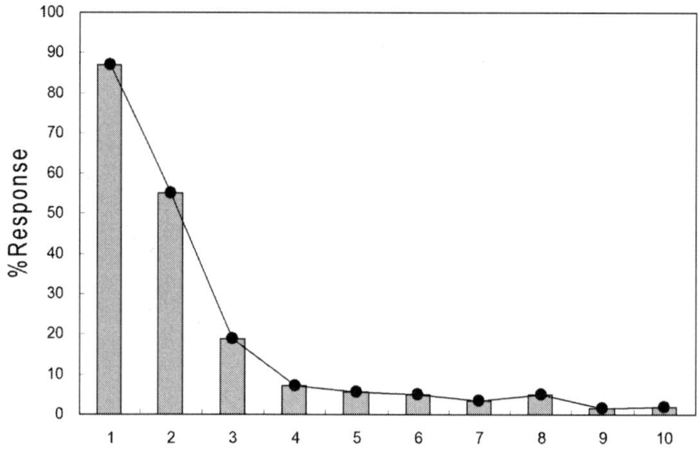

그림 6.5 향상도 그래프

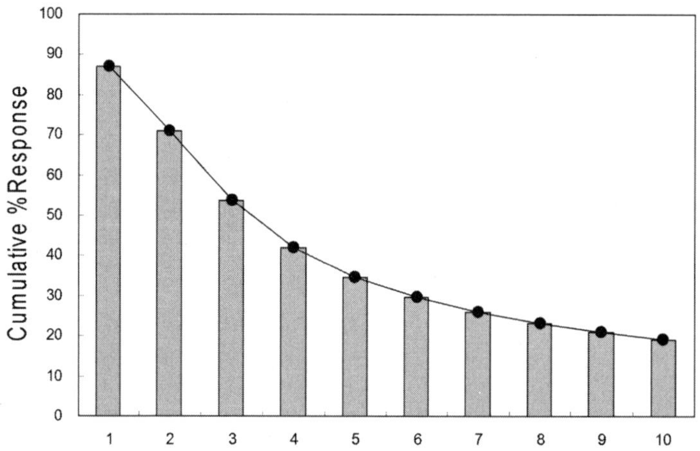

그림 6.6 누적 향상도 그래프

이러한 통계량들을 그림 6.5 및 그림 6.6과 같이 그래프로 표현한 것을 **향상도 그래프**라고 한다. 여기서 각 등급은 사후확률에 따라 매겨진 순위이므로, 좋은 예측모형이라면 당연히 상위 등급에서는 더 높은 반응률(혹은 향상도), 하위 등급에서는 더 낮은 반응률을 보여야만 한다. 만약 등급에 관계 없이 반응률(향상도)에 별 차이가 없다면 이는 예측모형의 성능이 좋지 않음을 나타낸다.

이러한 향상도 통계량들은 예측모형에 대한 평가에 이용될 수 있을 뿐만 아니라, 데이터마이닝의 실제 적용에서 고객관계관리 캠페인을 수행하는 과정에서도 응용될 수 있다.

예를 들어, 표 6.2와 표 6.3이 어느 대형 할인점의 판촉광고 캠페인을 위해 구축된 모형으로부터 얻어졌다고 하자. 또한 이 할인점의 회원은 10,000명이라고 하자.

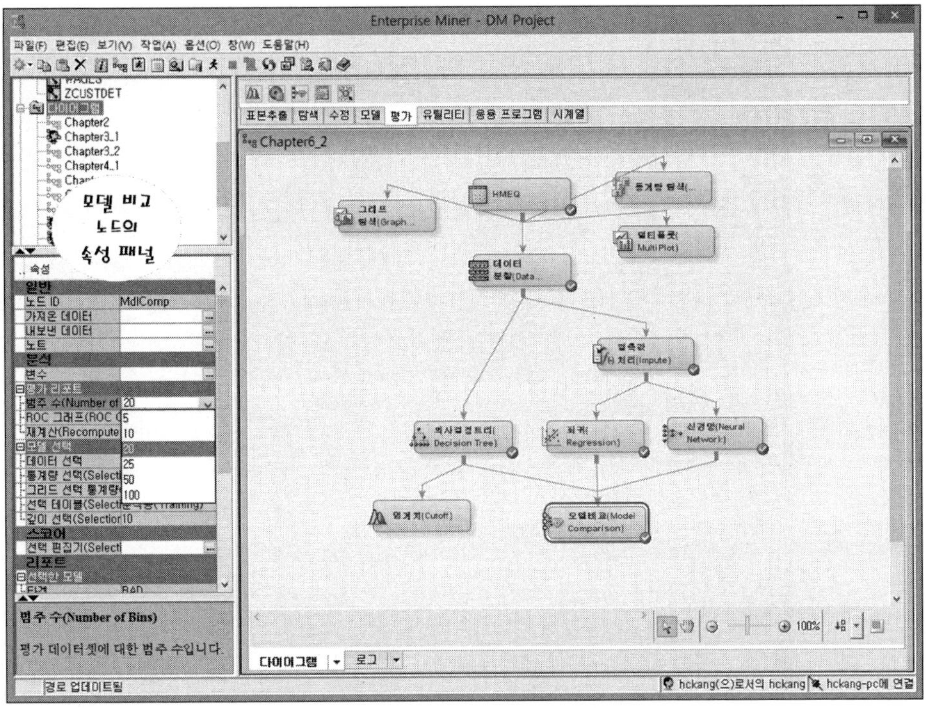

그림 6.7 분석사례 - 2를 위한 다이어그램

먼저 회원 모두에게 광고우편을 보내는 경우 기대되는 반응률은 19.0%(1,900명)이라고 할 수 있다(만약 광고우편 하나를 보내는데 1,000원의 비용이 든다면 총 1,000만원의 비용이 필요하게 된다). 그런데 구축된 예측모형을 이용할 경우, 표 6.2에서 4등급부터는 반응률이 7% 이하로 떨어짐을 볼 수 있다. 따라서 상위 30%인 3,000명에게만 광고우편을 보내는 것을 한 가지 전략으로 고려할 수 있겠다(이 경우에는 300만원의 비용이 필요하다).

또한 상위 30%를 목표고객(target customer)으로 하여 판촉광고 캠페인을 수행하는 경우, 표 6.3으로부터 기대 반응률이 53.6%이며 따라서 대략 1,608명이 반응할 것으로 기대할 수 있다. 이것은 포획(capture) 가능한 반응고객의 84.5%에 이를 것으로 기대된다.

향상도 그래프를 이용한 모형평가

새로운 다이어그램을 생성하고 분석흐름도를 그림 6.7과 같이 작성하여라. 또한, 데이터 노드 HMEQ와 데이터 분할(Data Partition) 노드의 설정이 다음과 같이 되어 있음을 확인하여라.

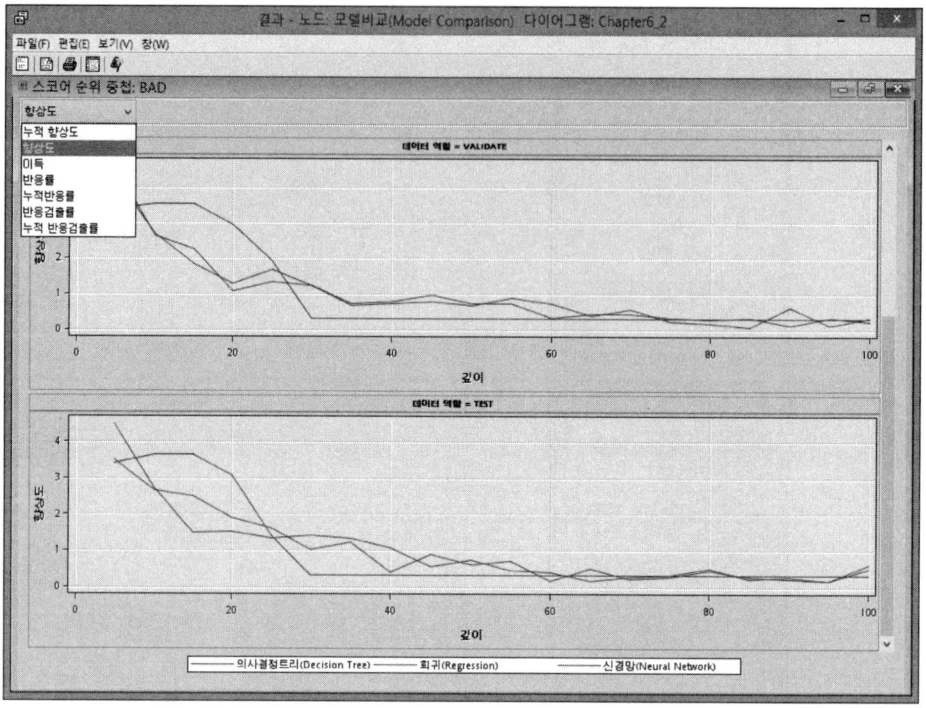

그림 6.8 모델 비교(Model Comparison) 노드 – 결과: 스코어 순위 중첩

데이터 노드: HMEQ

- 변수 BAD의 역할 칼럼을 Target으로 설정한다.

데이터 분할(Data Partition) 노드

- 분석용, 평가용, 검증용 데이터의 비율을 각각 40, 30, 30으로 설정한다(초기값).

다이어그램에서 **모델 비교**(Model Comparison) 노드를 실행한 후 그 결과를 살펴보도록 하자. 그림 6.8은 **스코어 순위 중첩** 그래프를 크게 확대한 것이다. 여기서 (누적)향상도, (누적)반응률, (누적)반응검출률 그래프들을 모두 살펴보기 바란다.

그림 6.8에 제시된 것은 평가용과 검증용 데이터에 대한 향상도 그래프이다. 이를 살펴보면 **의사결정트리**(Decision Tree) 노드의 향상도가 상위 등급에서는 **회귀**(Regression)나 **신경망**(Neural Network) 노드의 향상도보다 더 높고, 하위 등급에서는 **회귀**(Regression)나 **신경망**(Neural Network) 노드의 향상도보다 더 낮음을 볼 수 있다. 따라서 이 경우에는 **의사결정트리**(Decision Tree) 노드의 예측모형이 더 좋은 성능을 가지고 있다고 할 수 있다. 물론 모형화 과정에서 여러 가지

표 6.4 최적 향상도(최고의 성능을 가지는 모형)

등급	빈도			%Response	
	합계	Y=1	Y=0	Non-Cumulative	Cumulative
1	200	200	0	200/200= 100	200/200= 100
2	200	181	19	181/200=90.5	381/400=95.2
3	200	0	200	0/200= 0.0	381/600=63.5
4	200	0	200	0/200= 0.0	381/800=47.6
5	200	0	200	0/200= 0.0	381/1000=38.1
6	200	0	200	0/200= 0.0	381/1200=31.7
7	200	0	200	0/200= 0.0	381/1400=27.2
8	200	0	200	0/200= 0.0	381/1600=23.8
9	200	0	200	0/200= 0.0	381/1800=21.1
10	200	0	200	0/200= 0.0	381/2000=19.0
전체	Base Line %Response = 381/2000 = 19.0%				

옵션을 변경함으로서 **회귀**(Regression)나 **신경망**(Neural Network) 노드의 예측모형이 더 좋은 성능을 가지도록 유도할 수 있다면, 이러한 결과는 다르게 나타날 수도 있다.

최적 향상도 그래프

표 6.2의 데이터 대하여 표 6.4와 같은 가상의 경우를 생각해 보자. 즉, 어떤 예측모형을 만들어서 사후확률을 계산하여 순위를 매겼더니, 순위가 1인 개체부터 381위인 개체에 대한 목표변수의 값이 모두 'Y=1'이라고 해보자(당연히 나머지 모든 개체들의 목표변수의 값은 'Y=0'이 된다). 이는 예측된 반응확률이 높은 그룹에서 실제로 반응이 모두 일어났다는 것을 의미하므로, 주어진 데이터에 대해 만들 수 있는 최적의 성능을 가진 예측모형을 얻었음을 나타낸다(즉, 예측과 실제가 완벽히 일치하였음을 나타낸다).

그림 6.9에서와 같이 '**편집(E)** → **데이터 옵션**' 메뉴를 이용하면 기준 향상도와 최적 향상도를 살펴볼 수 있다. 데이터 옵션 대화상자에에서 여러 **역할 할당 허용**에 체크하고 BASELIFT(기준 향상도), BESTLIFT(최적 향상도), LIFT(향상도)의 **역할** 칼럼을 Y로 설정하면, 그림 6.10에서와 같이 향상도 그래프에 기준 향상

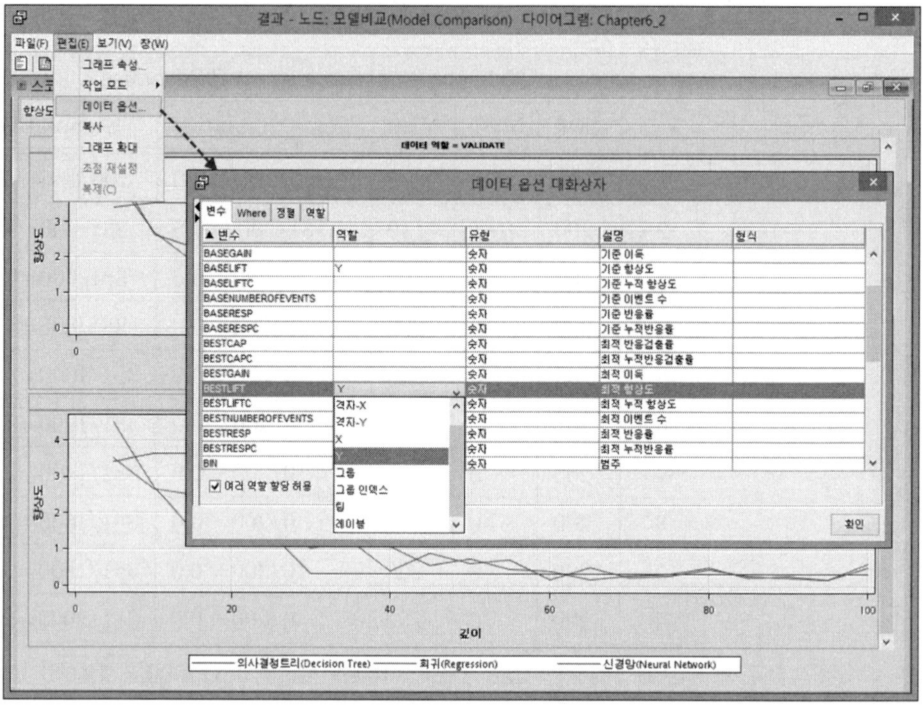

그림 6.9 데이터 옵션 대화상자

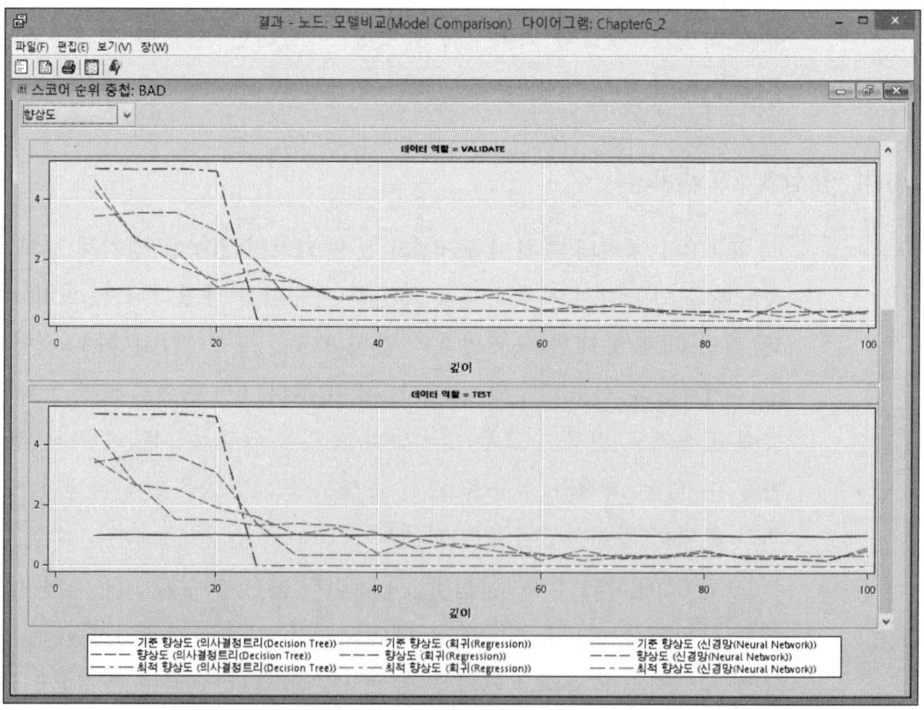

그림 6.10 최적 향상도 그래프

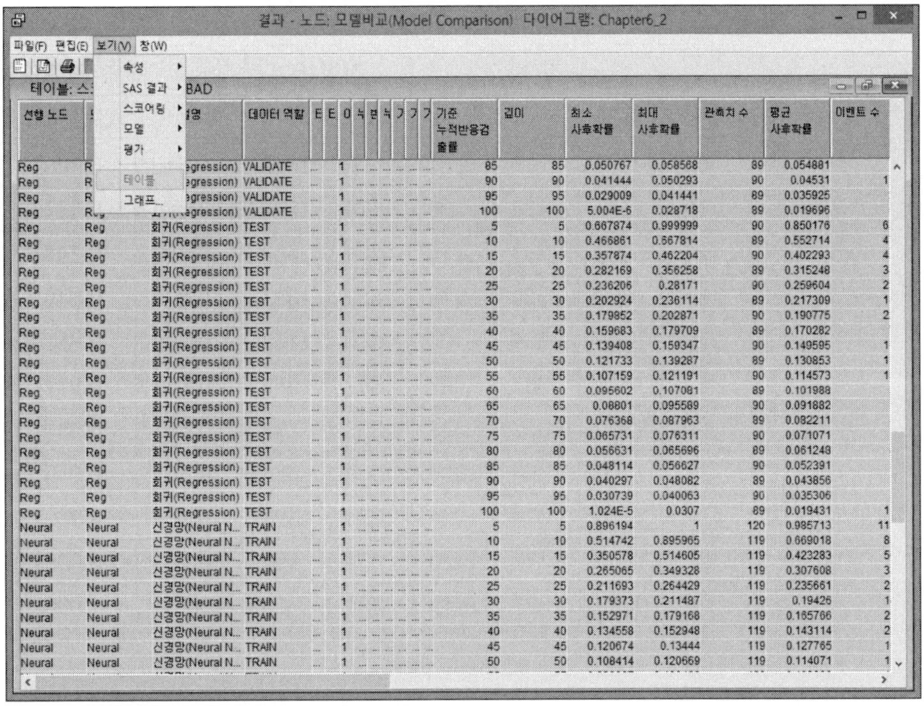

선행 노드		명	데이터 역할	E	E	0	누	변	누	기	기	기	기준 누적반응검출률	깊이	최소 사후확률	최대 사후확률	관측치 수	평균 사후확률	이벤트 수
Reg	R	egression)	VALIDATE	...		1	...	...	...	...	...	...	85	85	0.050767	0.058568	89	0.054881	
Reg	R	egression)	VALIDATE	...		1	...	...	...	...	...	...	90	90	0.041444	0.050293	90	0.04531	1
Reg	R	egression)	VALIDATE	...		1	...	...	...	...	...	...	95	95	0.029009	0.041441	89	0.035925	
Reg	Reg	회귀(Regression)	VALIDATE	...		1	...	...	...	...	...	...	100	100	5.004E-6	0.028718	89	0.019696	
Reg	Reg	회귀(Regression)	TEST	...		1	...	...	...	...	...	...	5	5	0.667874	0.999999	90	0.850176	6
Reg	Reg	회귀(Regression)	TEST	...		1	...	...	...	...	...	...	10	10	0.466861	0.667814	89	0.552714	4
Reg	Reg	회귀(Regression)	TEST	...		1	...	...	...	...	...	...	15	15	0.357874	0.462204	90	0.402293	4
Reg	Reg	회귀(Regression)	TEST	...		1	...	...	...	...	...	...	20	20	0.282169	0.356258	89	0.315248	3
Reg	Reg	회귀(Regression)	TEST	...		1	...	...	...	...	...	...	25	25	0.236206	0.28171	90	0.259604	2
Reg	Reg	회귀(Regression)	TEST	...		1	...	...	...	...	...	...	30	30	0.202924	0.236114	89	0.217309	1
Reg	Reg	회귀(Regression)	TEST	...		1	...	...	...	...	...	...	35	35	0.179852	0.202871	90	0.190775	2
Reg	Reg	회귀(Regression)	TEST	...		1	...	...	...	...	...	...	40	40	0.159683	0.179709	89	0.170282	
Reg	Reg	회귀(Regression)	TEST	...		1	...	...	...	...	...	...	45	45	0.139408	0.159347	90	0.149595	1
Reg	Reg	회귀(Regression)	TEST	...		1	...	...	...	...	...	...	50	50	0.121733	0.139287	89	0.130853	1
Reg	Reg	회귀(Regression)	TEST	...		1	...	...	...	...	...	...	55	55	0.107159	0.121191	90	0.114573	1
Reg	Reg	회귀(Regression)	TEST	...		1	...	...	...	...	...	...	60	60	0.095602	0.107081	89	0.101988	
Reg	Reg	회귀(Regression)	TEST	...		1	...	...	...	...	...	...	65	65	0.08801	0.095589	90	0.091882	
Reg	Reg	회귀(Regression)	TEST	...		1	...	...	...	...	...	...	70	70	0.076368	0.087963	89	0.082211	
Reg	Reg	회귀(Regression)	TEST	...		1	...	...	...	...	...	...	75	75	0.065731	0.076311	90	0.071071	
Reg	Reg	회귀(Regression)	TEST	...		1	...	...	...	...	...	...	80	80	0.056631	0.065696	89	0.061248	
Reg	Reg	회귀(Regression)	TEST	...		1	...	...	...	...	...	...	85	85	0.048114	0.056627	90	0.052391	
Reg	Reg	회귀(Regression)	TEST	...		1	...	...	...	...	...	...	90	90	0.040297	0.048082	89	0.043856	
Reg	Reg	회귀(Regression)	TEST	...		1	...	...	...	...	...	...	95	95	0.030739	0.040063	90	0.035306	
Reg	Reg	회귀(Regression)	TEST	...		1	...	...	...	...	...	...	100	100	1.024E-5	0.0307	89	0.019431	1
Neural	Neural	신경망(Neural N...	TRAIN	...		1	...	...	...	...	...	...	5	5	0.896194	1	120	0.985713	11
Neural	Neural	신경망(Neural N...	TRAIN	...		1	...	...	...	...	...	...	10	10	0.514742	0.895965	119	0.669018	8
Neural	Neural	신경망(Neural N...	TRAIN	...		1	...	...	...	...	...	...	15	15	0.350578	0.514605	119	0.423283	5
Neural	Neural	신경망(Neural N...	TRAIN	...		1	...	...	...	...	...	...	20	20	0.265065	0.349328	119	0.307608	3
Neural	Neural	신경망(Neural N...	TRAIN	...		1	...	...	...	...	...	...	25	25	0.211693	0.264429	119	0.235661	2
Neural	Neural	신경망(Neural N...	TRAIN	...		1	...	...	...	...	...	...	30	30	0.179373	0.211487	119	0.19426	1
Neural	Neural	신경망(Neural N...	TRAIN	...		1	...	...	...	...	...	...	35	35	0.152971	0.179168	119	0.165766	2
Neural	Neural	신경망(Neural N...	TRAIN	...		1	...	...	...	...	...	...	40	40	0.134558	0.152948	119	0.143114	2
Neural	Neural	신경망(Neural N...	TRAIN	...		1	...	...	...	...	...	...	45	45	0.120674	0.13444	119	0.127765	1
Neural	Neural	신경망(Neural N...	TRAIN	...		1	...	...	...	...	...	...	50	50	0.108414	0.120669	119	0.114071	1

그림 6.11 향상도 테이블

도와 최적 향상도가 함께 표시된다. 즉, 이론적으로 가능한 최고의 성능을 가지는 예측모형(물론 이러한 예측모형을 실제로 만드는 것은 거의 불가능할 것이다)에 대비하여 현재 만들어진 모형들을 비교할 수 있다. 좋은 예측모형이라면 가급적 최적(best) 향상도 그래프에는 가깝고 기준(base) 향상도 그래프로부터는 멀리 떨어져 있어야 할 것이다.

또한 안정성 있는 예측모형이라면 분석용, 평가용, 검증용 데이터에 대한 향상도 그래프들이 크게 다르지 않아야 할 것이다.

향상도 테이블 보기

그림 6.11에서와 같이 '**보기(V) → 테이블**' 메뉴를 선택하면 향상도 그래프와 관련된 정보들을 테이블 형태로 살펴볼 수 있다. 이러한 정보는 어떤 등급에 해당하는 사후확률의 임계치(cutoff value)가 얼마인지를 알고자 할 때 유용하게 사용될 수 있다. 예를 들어, 그림 6.11에서 **최소 사후확률** 칼럼을 살펴보면(이 결과는 **회귀**(Regression) 노드에 대한 것이다), 검증용 데이터에 의한 상위 30%에 해당하는 임계치는 0.203이다.

표 6.5 민감도와 특이도

등급	누적 빈도			정분류		예측 정확도		
	합계	Y=1	Y=0	Y=1	Y=0	정확도	민감도	특이도
0	-	-	-	0	1619	0.810	0.000	1.000
1	200	174	26	174	1593	0.884	0.457	0.984
2	400	284	116	284	1503	0.894	0.745	0.928
3	600	322	278	322	1341	0.832	0.845	0.828
4	800	336	464	336	1155	0.746	0.882	0.713
5	1000	347	653	347	966	0.657	0.911	0.597
6	1200	357	843	357	776	0.567	0.937	0.479
7	1400	364	1036	364	583	0.474	0.955	0.360
8	1600	374	1226	374	393	0.384	0.982	0.243
9	1800	377	1423	377	196	0.287	0.990	0.121
10	2000	381	1619	381	0	0.191	1.000	0.000

한편, **모델 비교**(Model Comparison) 노드의 **속성 패널**에서 **범주 수**(Number of Bins) 필드의 설정을 변경하고(그림 6.7 참조), **모델 비교**(Model Comparison) 노드를 다시 실행하면 수평축의 간격을 바꿀 수 있다(이러한 과정을 수행하여 그 결과를 살펴보기 바란다).

ROC 그래프

4.6절에서 설명한 바와 같이 ROC(Receiver Operation Characteristic) 곡선은 판별분석 분야에서 예측모형의 성능을 도표로 평가하기 위해 전통적으로 사용되어져 온 것 중 하나이다. 특히 이는 정확도(정분류율)라는 관점에서 모형의 성능을 살펴볼 수 있다. 여기서는 표 6.2의 예를 통해 ROC 곡선의 특징을 다시 한 번 살펴보도록 하자.

표 6.5에서 모든 개체를 범주 0으로 분류한다고 해보자. 그러면 'Y=1'인 개체 381개 중에서는 0개를 제대로 분류한 셈이 되고, 'Y=0'인 개체 1,619개 중에서는 1,619개를 제대로 분류한 셈이 된다. 따라서 '정확도=(0+1619)/2000=81.0%', '민감도=0/381=0%', '특이도=1619/1619=100%'이다.

이제, 1등급 이상을 범주 1로 분류한다고 해보자(즉, 2등급 이하는 범주 0으로 분류한다). 그러면 'Y=1'인 개체 381개 중에서는 174개를 제대로 분류한 셈이 되고, 'Y=0'인 개체 1,619개 중에서는 1,593개를 제대로 분류한 셈이 된다. 따라서

표 6.6 정오분류표(Confusion Matrix; Classification Table)

		예측 범주		합계
		1	0	
실제 범주	1	n_{11}	n_{10}	n_{1+}
	0	n_{01}	n_{00}	n_{0+}
합계		n_{+1}	n_{+0}	n

		예측 범주		합계
		1	0	
실제 범주	1	174	207	381
	0	26	1,593	1,619
합계		200	1,800	2,000

- n_{11}: TP(true positive), n_{10}: FN(false negative)
  n_{01}: FP(false positive), n_{00}: TN(true negative)

- 정확도(Accuracy, 정분류율) $= (n_{11} + n_{00})/n$
- 오분류율(Misclassification Rate) $= (n_{10} + n_{01})/n$
- 민감도(Sensitivity, True Positive Rate) $= n_{11}/n_{1+}$
- 특이도(Specificity, True Negative Rate) $= n_{00}/n_{0+}$
- 1−특이도(False Positive Rate) $= n_{01}/n_{0+}$
- 이벤트 정밀도(Event Precision Rate) $= n_{11}/n_{+1}$

이 경우에는 '정확도=(174+1593)/2000=88.4%', '민감도=174/381=45.7%', '특이도=1593/1619=98.4%'이다.

이러한 방식으로 계속 계산을 하면 표 6.5와 같이 각 분류기준에 따른 정확도, 민감도, 특이도를 모두 구할 수 있다. 또한 대응되는 '민감도'를 수직축, '1-특이도'를 수평축으로 하여 연결선을 그리면 ROC 곡선을 그림 6.12와 같이 작성할 수 있다. 이러한 ROC 그래프에서 대각선은 우연에 의한 ROC 곡선을 의미한다(즉, 예측력이 전혀 없는 모형에 대한 ROC 곡선을 의미한다). 따라서 좋은 성능을 가진 모형일수록 ROC 곡선은 대각선 위쪽에 위치하게 된다. 또한 ROC 곡선 아래의 면적(ROC 인덱스)이 예측모형의 성능을 측정하는 값으로 사용될 수 있다. 대각선의 밑면적이 0.5이므로, ROC 인덱스는 0.5와 1 사이에 존재하게 되며, 1에 가까울수록 예측모형의 성능이 좋음을 나타낸다.

민감도	1-특이도	C
0.000	0.000	0.000
0.457	0.016	0.007
0.745	0.072	0.041
0.845	0.172	0.085
0.882	0.287	0.101
0.911	0.403	0.106
0.937	0.521	0.110
0.955	0.640	0.114
0.982	0.757	0.115
0.990	0.879	0.120
1.000	1.000	0.121
합계		0.921

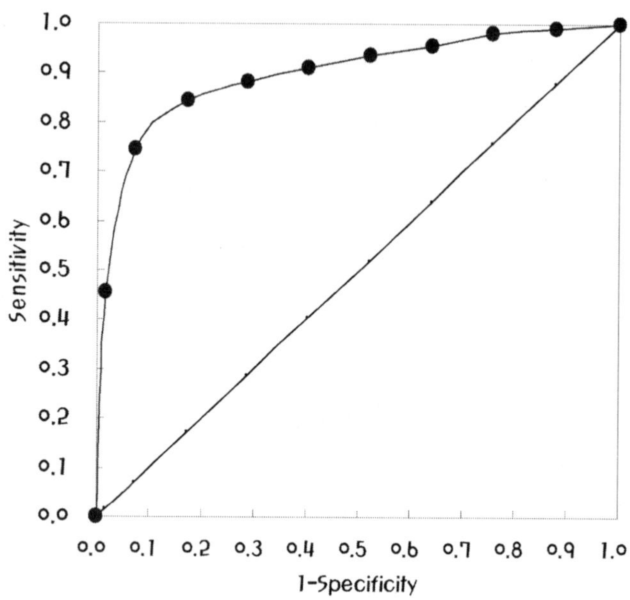

그림 6.12 ROC(Receiver Operation Characteristic) 그래프

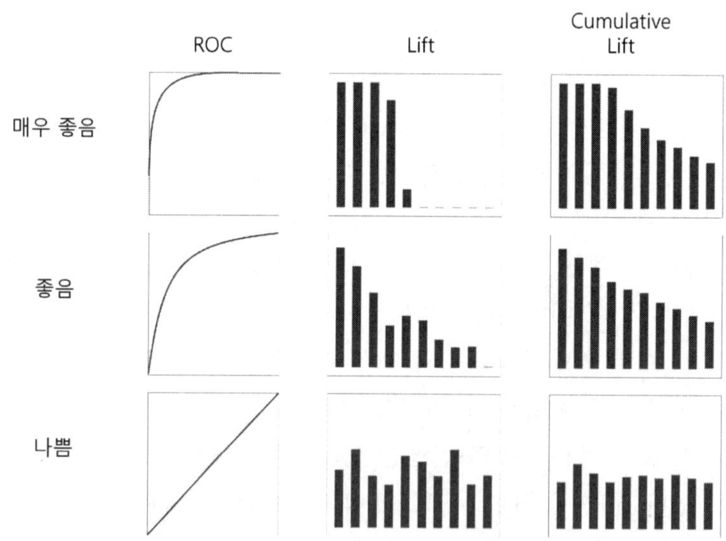

그림 6.13 ROC 곡선과 향상도 그래프의 관계

ROC 곡선 아래의 면적(ROC 인덱스)은 4.6절에서와 동일한 방법으로 계산할 수 있다. 그림 6.12에서는 'ROC 인덱스=0.921'로서 이 모형의 성능이 상당히 좋은 편임을 알 수 있다.

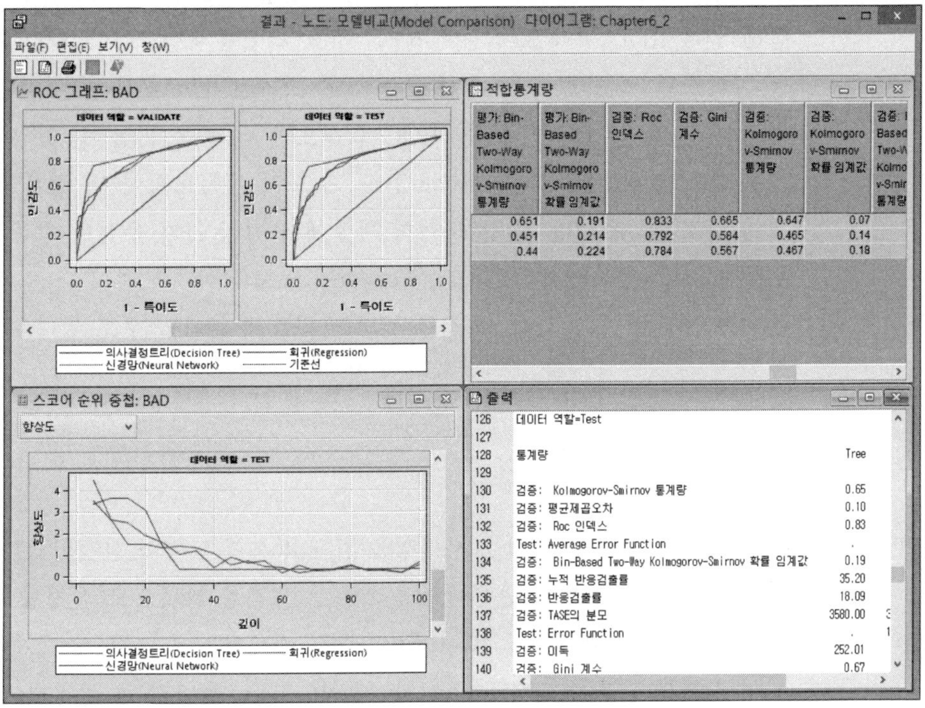

그림 6.14 모델 비교(Model Comparison) 노드 – 결과

표 6.7 모형평가 결과의 요약

		의사결정나무	신경망모형	회귀모형
오분류율	분석용	0.11	0.13	0.15
	평가용	0.13	0.15	0.16
	검증용	0.12	0.16	0.17
ROC 인덱스	분석용	0.84	0.83	0.81
	평가용	0.84	0.80	0.78
	검증용	0.83	0.79	0.78
Kolmogorov-Smirnov 통계량	분석용	0.65	0.52	0.48
	평가용	0.65	0.45	0.44
	검증용	0.65	0.47	0.47
상위 10% 누적 반응률	분석용	79.07%	85.36%	72.80%
	평가용	69.54%	72.63%	69.83%
	검증용	70.20%	72.07%	61.45%
상위 10% 누적 반응률검출률	분석용	39.78%	42.95%	36.63%
	평가용	34.87%	36.41%	35.01%
	검증용	35.20%	36.13%	30.81%

그림 6.14는 이절의 분석사례에 대하여 **모델 비교**(Model Comparison) 노드를 통해 얻은 ROC 그래프이다(표 6.7은 주요 적합통계량들을 요약한 것이다). 이를 살펴보면 세 모형 모두에 대해서 ROC 그래프가 비교적 좋은 편이나, **의사결정트리**(Decision Tree) 노드의 ROC 그래프가 더 좋음을 볼 수 있다. 따라서 이 경우에는 **의사결정트리**(Decision Tree) 노드의 예측모형이 더 좋은 성능을 가지고 있다고 할 수 있다. 물론 모형화 과정에서 여러 가지 옵션을 변경함으로써 **회귀**(Regression)나 **신경망**(Neural Network) 노드의 예측모형이 더 좋은 성능을 가지도록 유도할 수 있다면, 이러한 결과는 다르게 나타날 수도 있다.

6.3 임계치(Cutoff) 노드

모형화와 평가를 통해 의사결정을 위해 적용할 모형이 선정되었다면, 그 다음의 관심은 어느 정도의 반응확률을 가지는 고객을 타겟으로 설정할 것인가의 문제일 것이다. 이때 **임계치**(Cutoff) 노드는 예측확률에 의해 각 개체를 분류하기 위해 적절한 임계치(cutoff value; threshold value, 절단값)을 결정하고자 할 때 유용하게 사용될 수 있다. 여기서 분류(classification)란 한 개체의 예측확률에 의해 그 개체가 목표변수의 어느 범주에 속할지를 결정하는 문제를 뜻한다.

6.2절에서 K개의 등급으로 데이터를 나눈 후 향상도 그래프나 ROC 그래프를 작성하는 방법을 다루었다. 그런데 이러한 작업은 예측확률의 값에 따라서 이루어질 수도 있다.

표 6.8은 HMEQ 데이터셋의 평가용 데이터 30%(1,788개)에 대하여 어떤 모형을 설정하고, 각 임계치에 따른 정오분류표, 정확도, 민감도, 특이도를 정리한 예이다. 예를 들어, 예측확률 0.5를 기준으로 0.5 이상이면 'Y=1'로 예측하고 0.5 미만이면 'Y=0'으로 예측한다고 할 때, 정확도=82.4%, 민감도=32.8%, 특이도=95.5%이다. 즉, 임계치의 기준을 0.5로 하면 너무 많은 불량고객을 우량고객으로 예측하게 된다. 일반적으로는 적절한 절단값을 정하기 위해서 정확도가 주로 사용되지만, 민감도나 특이도도 주의 깊게 살펴보아야만 한다. 예컨대, HMEQ 데이터셋의 경우 목표변수 BAD의 범주 1은 불량고객이고 0은 우량고객이다. 아마도 은행에서는 대출 시 불량고객을 정확히 골라내는 것이 더 중요할 것이므로 정확도 못지 않게 민감도가 중요하게 고려되어야만 할 것이다(이를 위해서는 임계치를 매우 낮게 설정해야 할 것이다). 물론, 민감도가 다소 낮더라도 특이도가 높은 것이 더 바람직한 경우도 있을 것이다.

표 6.8 절단값에 따른 정확도, 민감도, 특이도

절단값	정분류		오분류		예측 정확도		
	Y=1	Y=0	Y=1	Y=0	정확도	민감도	특이도
0.00	378	0	0	1410	0.211	1.000	0.000
0.05	367	243	11	1167	0.341	0.971	0.172
0.10	326	657	52	753	0.550	0.862	0.466
0.15	278	948	100	462	0.686	0.735	0.672
0.20	241	1118	137	292	0.760	0.638	0.793
0.25	210	1190	168	220	0.783	0.556	0.844
0.30	184	1249	194	161	0.801	0.487	0.886
0.35	164	1284	214	126	0.810	0.434	0.911
0.40	147	1310	231	100	0.815	0.389	0.929
0.45	133	1329	245	81	0.818	0.352	0.943
0.50	124	1349	254	61	0.824	0.328	0.957
0.55	110	1363	268	47	0.824	0.291	0.967
0.60	100	1374	278	36	0.824	0.265	0.974
0.65	87	1381	291	29	0.821	0.230	0.979
0.70	78	1390	300	20	0.821	0.206	0.986
0.75	64	1397	314	13	0.817	0.169	0.991
0.80	53	1403	325	7	0.814	0.140	0.995
0.85	47	1405	331	5	0.812	0.124	0.996
0.90	39	1409	339	1	0.810	0.103	0.999
0.95	25	1410	353	0	0.803	0.066	1.000
1.00	0	1410	378	0	0.789	0.000	1.000

일반적으로 임계치(Cutoff) 노드는 두 번 이상 실행되어야 하는데, 첫 번째 실행을 통해 전반적인 결과들을 살펴보고, 이후의 실행에서 최적의 임계치를 얻기 위해 여러 가지 절단 방법과 사용자 정의 임계치를 적용하여 분석을 진행해 보아야 한다.

그림 6.7의 다이어그램에서 임계치(Cutoff) 노드를 실행하고 그 결과를 살펴보도록 하자(그림 6.15). 전체 비율 그래프에서 임계치가 대략 0.3 정도 이상이면 정분류율, 민감도(TP-비율), 특이도(TN-비율)가 모두 일정 수준 이상이 됨을 볼 수 있다. 그 지점을 클릭하면 Precision Recall 곡선(이벤트 정밀도 대 TP-비율 그래프)과 ROC 윈도우에도 그림 6.15와 같이 해당 지점이 표시되는데, 이 지점이 이벤트 정밀도도 어느 정도 높은 수준임을 볼 수 있다. 또한 출력 윈도우에서 0.33이 최적 임계치로 탐색되었음을 볼 수 있다.

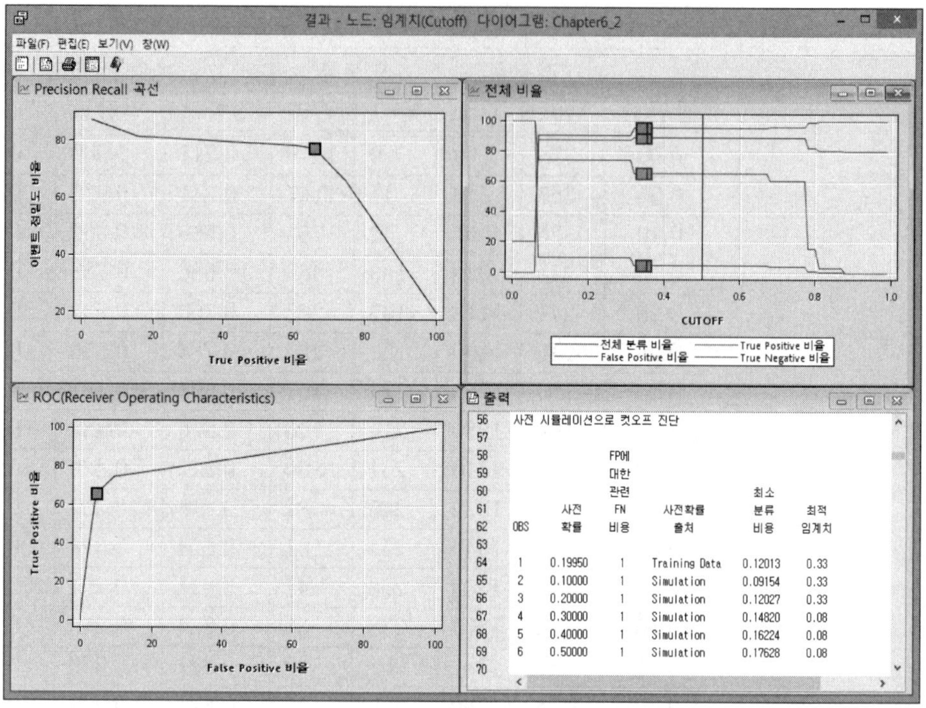

그림 6.15 임계치(Cutoff) 노드 – 결과

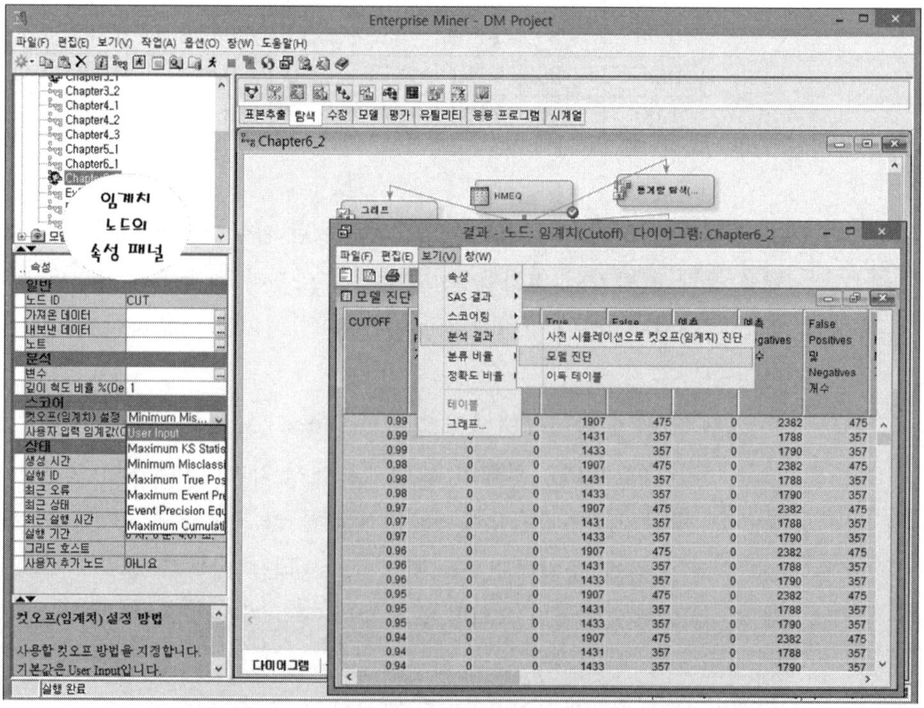

그림 6.16 임계치(Cutoff) 노드 – 결과: 모델 진단 테이블

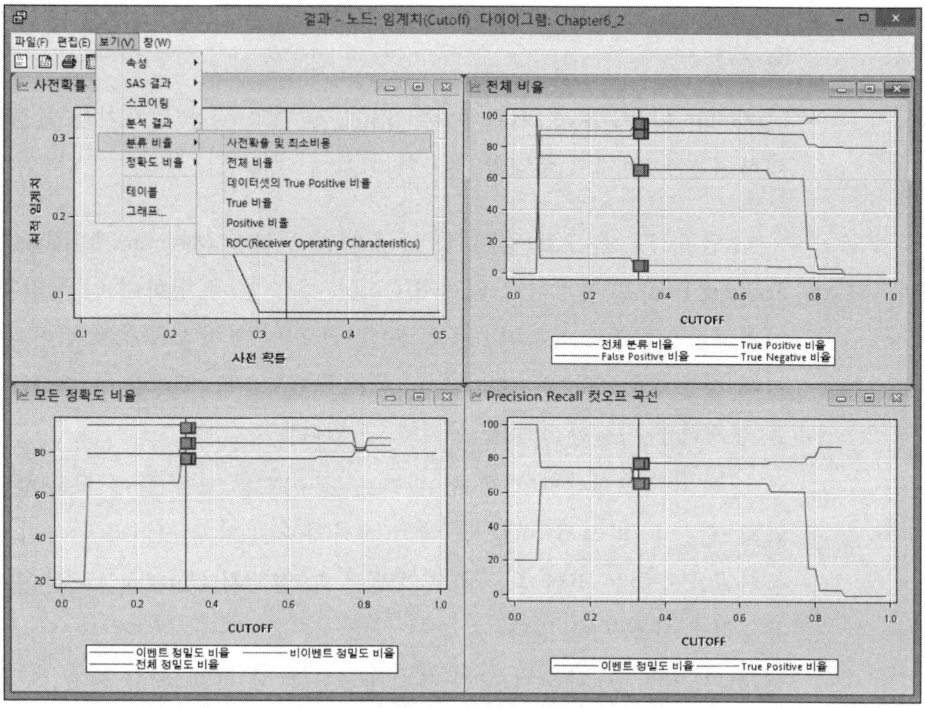

그림 6.17 임계치 설정에 따른 결과

한편, 그림 6.16에서와 같이 '보기(V) → 분석결과 → 모델 진단' 메뉴를 선택하면 각 임계치 기준에 따른 정확도 통계량들을 상세히 살펴볼 수 있다.

임계치(Cutoff) 노드에서는 다음과 같은 방법들에 의하여 임계치를 탐색할 수 있는데, 속성 패널의 컷오프(임계치) 설정 방법 필드에서 원하는 방법을 설정하면 된다(그림 6.16).

- User Input: 사용자 입력 임계값(Cutoff User Input) 필드에 사용자가 임계치를 설정한다.
- Maximum KS Statistic: 분석용 데이터의 사전확률(prior probability)을 임계치로 설정한다(사전확률에 대하여는 6.4절에서 설명할 것이다).
- Minimum Misclassification Cost Training Prior: 사전확률을 반영한 예측오류 'FP×(1-prior)+FN×prior'가 최소가 되는 임계치를 설정한다.
- Maximum True Pos Rate: 민감도(True Positive Rate)가 최대가 되는 임계치를 설정한다.
- Maximum Event Precision From Training Prior: 이벤트 정밀도가 최대가 되는 임계치를 설정한다.

- Event Precision Equal Recall 이벤트 정밀도와 민감도가 최대가 되는 임계치를 설정한다.
- Maximum Cumulative Profit 누적 이득이 최대가 되는 임계치를 설정한다(이득에 대하여는 6.4절에서 설명할 것이다)..

그림 6.17은 컷오프(임계치) 설정 방법 필드를 Minimum Misclassification Cost Training Prior로 설정하고 임계치(Cutoff) 노드를 실행하여 얻은 결과이다. 최적 임계치가 0.33으로 설정되었음을 볼 수 있으며(이 지점에 세로 선이 나타나 있다), 이때 정분류율=89.4%, 민감도=65.7%, 특이도=95.3%임을 볼 수 있다(해당 지점을 클릭하면 이러한 정보를 살펴볼 수 있다).

실제 예측모형에서 정확도, 민감도, 특이도를 모두 높게 하는 임계치는 존재하지 않는다. 따라서, 이들 중 어느 하나가 지나치게 크거나 지나치게 작지 않은 절단값을 정하는 것이 좋은 경우가 많은데, 임계치(Cutoff) 노드는 이러한 작업에 유용하게 사용될 수 있다.

한편, 보기(V) 메뉴의 여러 하위메뉴들(분석 결과, 분류 비율, 정확도 비율)을 이용하면 다양한 그래프와 테이블을 얻을 수 있다. 여기에서 제공하는 모든 그래프와 테이블을 살펴보기 바란다.

6.4 의사결정(Decisions) 노드

'표본크기(sample size)가 얼마나 되어야 하는가?' 이것은 모형을 개발하고자 하는 경우에 나타나는 일반적인 질문 중 하나이지만, 불행하게도 정확한 해답은 없다. 표본크기는 '목표집단의 반응률이 어느 정도로 예측되는가?'(목표집단의 반응률이 낮을수록 더 많은 데이터가 필요하다.), '모형개발을 위해 얼마나 많은 변수들을 사용할 계획인가?'(많은 변수들을 고려할수록 더 많은 데이터가 필요하다.)와 같은 여러 가지 요인들에 의존한다.

모형개발의 목적은 각 입력변수들의 수준에서 목표변수의 값을 예측하는 것이다. 따라서 입력변수들에 대한 모든 수준의 조합에서 유의성이 측정될 수 있도록 표본을 만드는 것이 바람직하다. 이러한 이유로 인해 모집단에서의 목표범주의 비율보다 표본에서의 목표범주의 비율이 훨씬 높아지게 되는 경우가 종종 있다. 예컨대, 십만 개의 우량과 오백 개의 불량을 가지는 표본보다 오천 개의 우량과 이천 개의 불량을 가지는 표본이 모형개발의 관점에서는 더 좋을 수 있다.

의사결정(Decision) 노드를 이용하면 모집단과 표본에서의 목표변수의 비율이 서로 다를 경우 이를 보정하여 예측확률을 추정할 수 있다. 또한 이 노드는 고객 관리 전략에 따른 비용과 이득을 고려하여 기대이득을 계산하는 기능도 가지고 있다.

6.4.1 사전확률(Prior Probability)

모집단에서의 목표변수의 비율과 표본에서의 목표변수의 비율이 다른 경우를 **편의표본**(biased sample)이라고 하며, 이때 표본에서 계산된 사후확률(posterior probability)은 참 사후확률에 대한 편의 추정값이 된다.

먼저 모집단에서의 목표변수(Y=0, 1)의 비율에 사전정보, 즉 사전확률(Prior Probability)을 π_0, π_1이라 하고, 표본에서의 목표변수의 비율을 ρ_0, ρ_1이라고 하자. 그러면 모집단과 표본의 비율차이를 보정한 사후확률의 불편(unbiased) 추정치 $\hat{p} = \hat{P}(Y = 1|x)$는 다음과 같이 계산될 수 있다(SAS Institute, 2002).

$$\hat{p} = \frac{\hat{p}^* \rho_0 \pi_1}{(1 - \hat{p}^*)\rho_1 \pi_0 + \hat{p}^* \rho_0 \pi_1} \tag{6.2}$$

여기서 $\hat{p}^*$는 표본에서 계산된 사후확률의 추정치이다. 위 식에서 만약 $\rho_0 = \pi_0$, $\rho_1 = \pi_1$이면, $\hat{p} = \hat{p}^*$가 됨을 알 수 있다.

그런데 보정된 사후확률 $\hat{p}$가 보정되지 않은 사후확률 $\hat{p}^*$의 순위를 바꾸지는 않기 때문에, 단순히 $\hat{p}^*$를 반응(Y=1)에 대한 상대적인 가능성의 크기로만 해석하고자 한다면 이와 같은 보정이 반드시 필요한 것은 아니다.

분석사례 - 3: 사전확률과 이득을 고려하기

새로운 다이어그램을 생성하고 그림 6.18과 같이 분석흐름도를 작성하여라. 데이터 노드에 대한 설정은 2.1절과 동일하게 지정하여라. 또한 **데이터 분할**(Data Partition) 노드에서 분석용, 평가용, 검증용 데이터의 비율을 40%, 30%, 30%로 설정하여라.

다음과 같은 과정을 수행하여 목표변수의 범주별 사전확률을 설정해 보도록 하자.

① **의사결정**(Decision) 노드의 **속성 패널**에서 **의사결정 적용**(Apply Decisions) 필드를 '예'로 설정한다(그림 6.18).

② **속성 패널**에서 **사용자 정의 편집기**(Custom Editor) 필드의 ... 버튼을 클릭한다.[1]

[1]사용자 정의 편집기는 데이터 소스의 속성 패널에서 의사결정(Decisions) 필드를 이용하여 활성

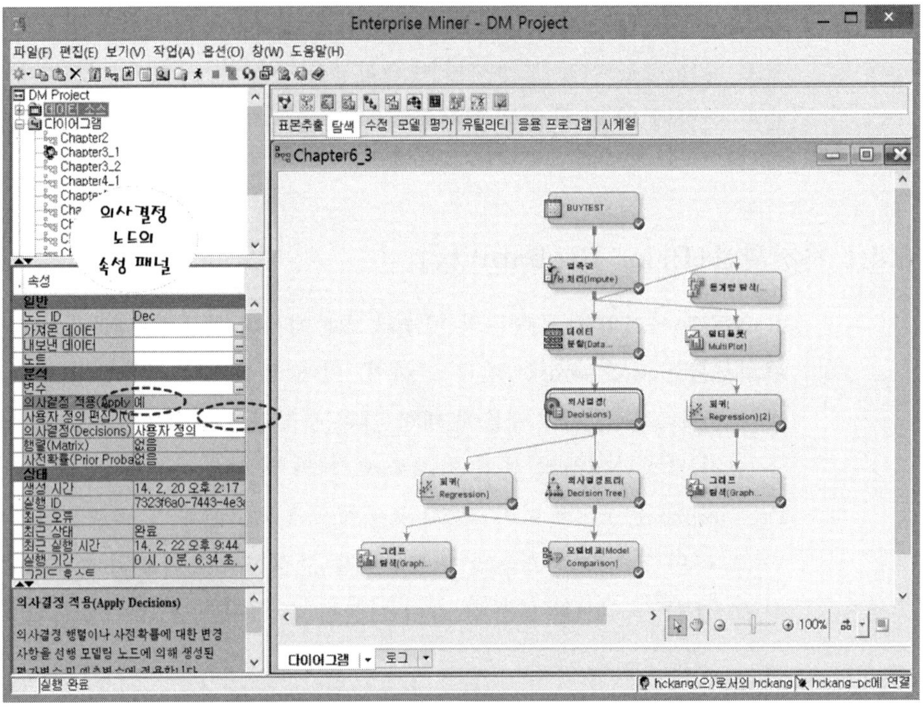

그림 6.18 분석사례 - 3을 위한 다이어그램

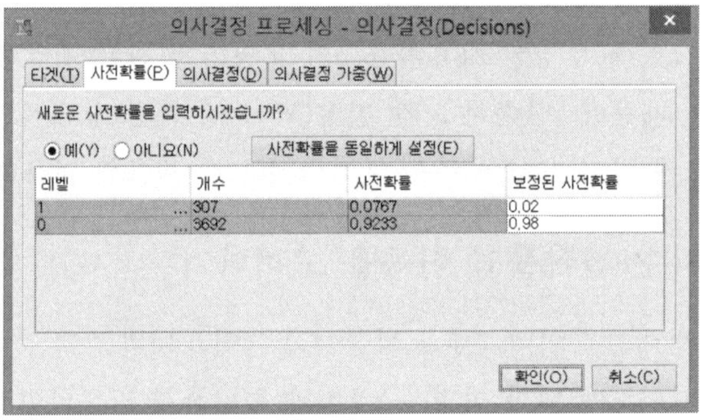

그림 6.19 사용자 정의 편집기 – 사전확률

③ 사용자 정의 편집기에서 사전확률(P) 탭을 클릭한다(그림 6.19). 새로운 사전확률을 입력하시겠습니까? 필드를 '예'로 설정한다. 보정된 사전확률 칼럼에 $\pi_1 = 0.02$, $\pi_0 = 0.98$을 입력한다. 초기에는 0.0767과 0.9233으로 지정되어 있을 것이다(표본에서 'RESPOND=1'의 비율이 7.67%임을 볼 수 있다).[2]

화 시킬 수도 있다.

[2]여기서 사전확률을 동일하게 설정(E) 버튼을 클릭하면 보정된 사전확률 칼럼에 $\pi_0 = \pi_1 = 0.5$가 지정된다.

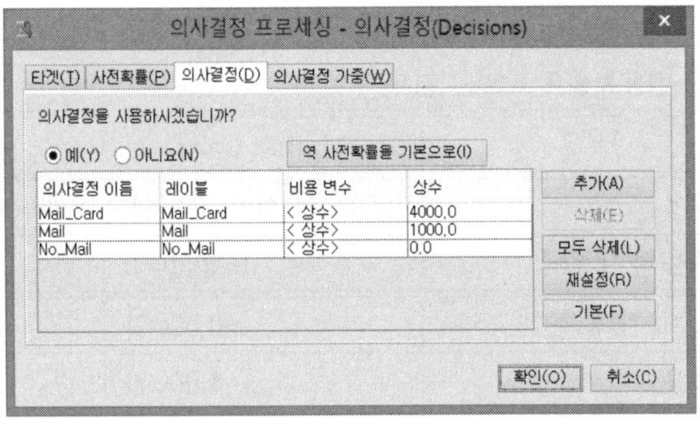

그림 6.20 사용자 정의 편집기 – 의사결정

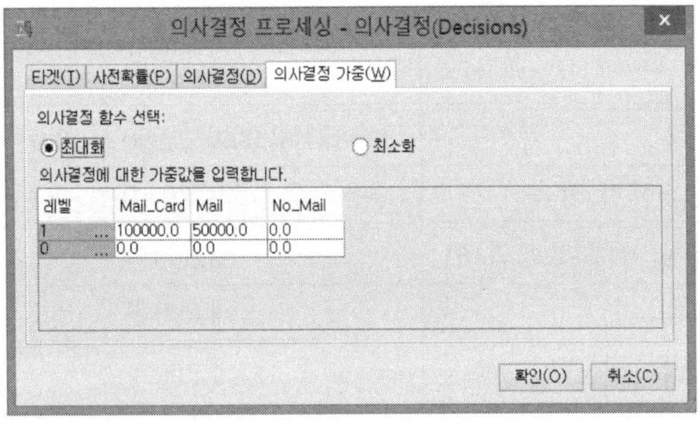

그림 6.21 사용자 정의 편집기 – 의사결정 가중

다이어그램에서 두 개의 **회귀**(Regression) 노드와 연결된 **그래프 탐색**(Graph Explore) 노드를 각각 실생한 후 결과를 비교해 보기 바란다. 특히, 반응에 대한 예측확률 P_RESPOND1이 사전확률의 설정에 의해 보정되어 있음을 확인하기 바란다.

6.4.2 이득행렬(Profit Matrix)

향상도 그래프를 통해 기대 반응률을 계산할 수 있음을 앞에서 살펴보았다. 한편, **의사결정**(Decision) 노드에 대한 설정을 통해 기대이득을 계산할 수 있는데, 여기서는 이득행렬을 이용하여 기대이득을 계산하고 고객들을 분류하는 사례를 수행하여 보도록 하자.

① 앞에서와 동일하게 **사용자 정의 편집기**를 열고 **의사결정(D)** 탭을 클릭한다(그림 6.20). **의사결정을 사용하시겠습니까?** 필드를 '예'로 설정한다.

표 6.9 기대이득의 계산

(1) 반응확률이 0.60인 경우

	Mail & Card	Mail	No Mail
반응	0.60×100,000=60,000	0.60×50,000=30,000	0.60×0=0
반응하지 않음	0.40×0=0	0.40×0=0	0.40×0=0
합계(기대 구매금액)	60,000원	30,000원	0원
비용	-4,000원	-1,000원	0원
기대이익	56,000원	29,000원	0원
최종 기대이익	56,000원(Decision: Mail & Card)		

(2) 반응확률이 0.03인 경우

	Mail & Card	Mail	No Mail
반응	0.03×100,000=3,000	0.03×50,000=1,500	0.03×0=0
반응하지 않음	0.97×0=0	0.97×0=0	0.97×0=0
합계(기대 구매금액)	3,000원	1,500원	0원
비용	-4,000원	-1,000원	0원
기대이익	-1,000원	500원	0원
최종 기대이익	500원(Decision: Mail)		

② **추가** 버튼을 클릭하여 새로운 **의사결정 이름**이 나타나게 한다.

③ **의사결정 이름**과 **레이블** 칼럼에 그림과 같이 세 개의 캠페인 전략 'Mail_Card'(광고우편과 고객카드를 함께 발송함), 'Mail'(광고우편만 발송함), 'No_Mail'(광고우편을 발송하지 않음)을 입력한다. **비용 변수** 칼럼을 모두 **상수**로 변경하고 각각의 캠페인 전략에 따른 비용을 4000, 1000, 0으로 지정한다(그림 6.20).

④ **사용자 정의 편집기**를 열고 **의사결정 가중(W)** 탭을 클릭한다. 그림 6.21과 같이 이득행렬(profit matrix)을 설정한다. 즉, 이는 광고우편과 고객카드를 받은 고객이 반응하였을 때 평균 구매금액이 100,000원이고, 광고우편만 받은 고객의 경우는 50,000원이라고 지정하는 것이다. 반응하지 않았을 때의 기대수입은 모두 0이라고 가정하자.

이 분석사례에서 각각의 광고우편 발송 전략에 따른 기대이득은 표 6.9와 같이 계산된다. 예를 들어, 반응확률이 0.60인 어떤 고객이 '광고우편과 고객카드'를 받은 후에 이에 반응하여 상품을 구매할 기대 구매금액은 '0.60×100,000=60,000'이

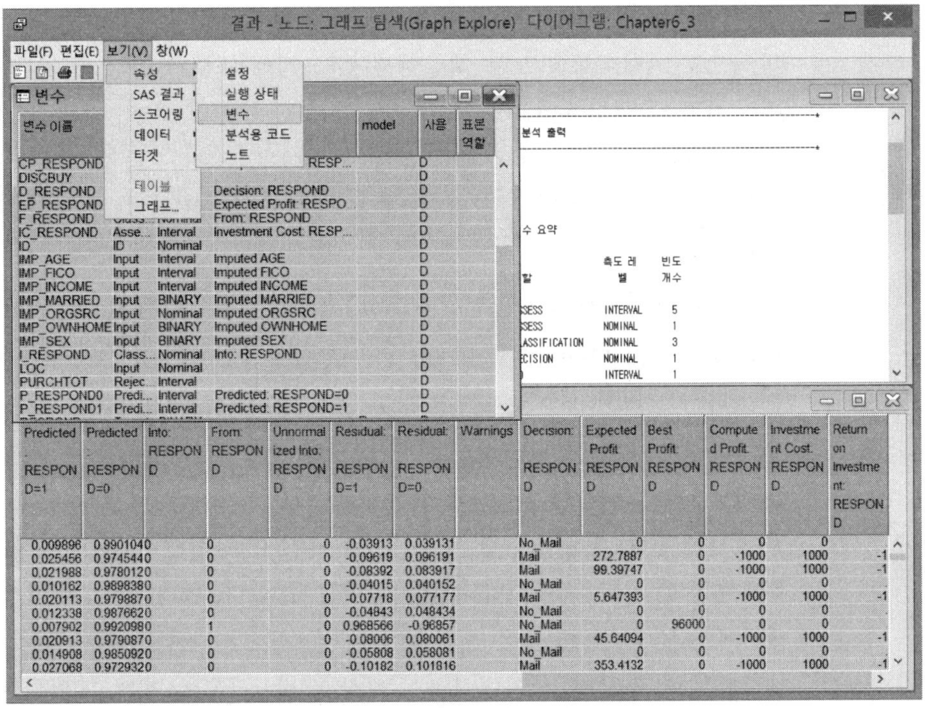

그림 6.22 그래프 탐색(Graph Explore) 노드 – 결과

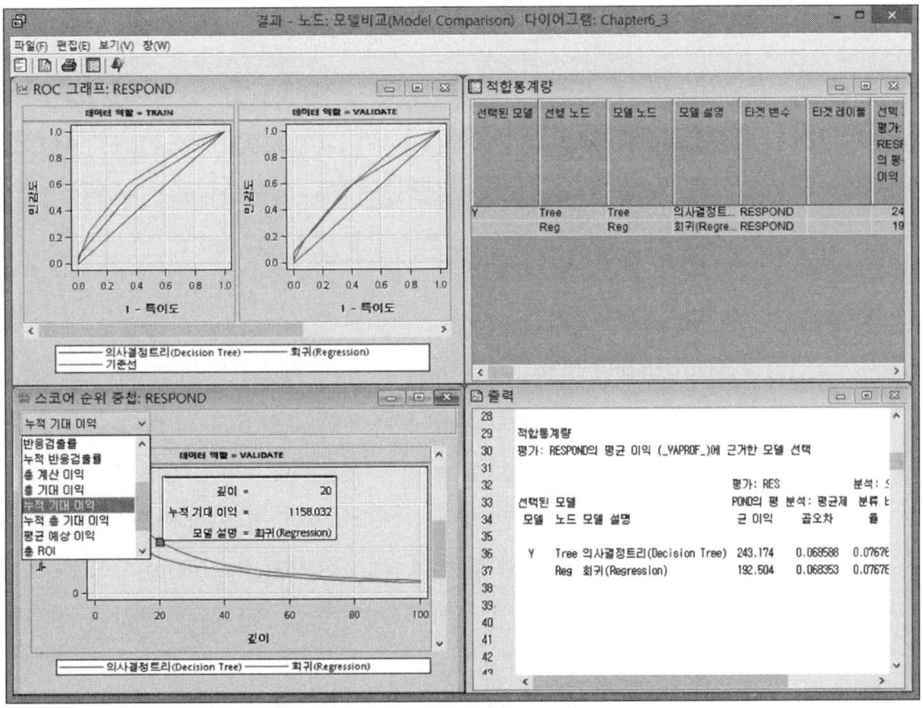

그림 6.23 모델비교(Model Comparison) 노드 – 결과

고, 여기에서 비용 4,000원을 제하면 56,000원이라는 기대이득이 계산된다. 이러한 식으로 기대이득을 모두 계산하면 이 고객에 대해서 가장 큰 기대이득이 예상되는 전략은 '광고우편과 고객카드를 함께 발송함'이 되고, 이 전략에 따른 기대이득 56,000원이 이 고객에 대한 최종 기대이득이 된다. 한편, 반응확률이 0.03인 고객에 대해서는 최선의 전략은 '광고우편만 발송함'이고, 이 때의 기대이득은 500원이다.

다이어그램에서 **의사결정**(Decision) 노드 아래의 **회귀**(Regression) 노드와 연결된 **그래프 탐색**(Graph Explore) 노드를 실행하면 그림 6.22와 같은 결과를 얻을 수 있다. D_RESPOND 칼럼에서 각 고객에 대한 의사결정(decision)을 볼 수 있으며, EP_RESPOND 칼럼에는 그러한 전략에 따른 기대이득(expected profit)이 계산되어 있다. 또한 다이어그램에서 **모델비교**(Model Comparison) 노드를 실행하면 그림 6.23과 같은 결과를 얻을 수 있는데, **스코어 순위 중첩** 그래프에서는 이득에 기초한 여러 가지 그래프들을 살펴볼 수 있다. 예를 들어, **누적 기대 이득** 그래프에서 구매확률이 높은 상위 20%에게 그림 2.20과 같은 의사결정 전략을 수행한다면 1,158원의 평균 기대이득이 예상된다는 것을 살펴볼 수 있다(평가용 데이터 기준).

6.5 기타 모형화 노드들

지금까지 설명한 의사결정나무분석, 회귀분석, 신경망분석 이외에도 예측모형을 개발하기 위해 사용될 수 있는 다른 몇 가지 방법들도 있다. 여기서는 E-Miner에서 제공되는 다른 모형화 노드들에 대해 간단히 소개하도록 하겠다.

독자들은 그림 6.24와 같은 분석흐름도를 작성한 후, 각 모형화 노드들과 **모델비교**(Model Comparison) 노드를 실행하고 그 결과를 살펴보기 바란다.

앙상블(Ensemble) 노드

때로는 전혀 다른 형태를 가지는 여러 모형들의 예측치(또는 예측확률)를 결합함으로써 예측의 정확도를 높일 수도 있다. 가장 간단한 형태의 결합은 여러 예측치들의 평균을 취하는 것이다(이는 여러 명의 심사자가 한 명의 심사자보다 더 나은 결과를 내는 것과 유사하다). **앙상블**(Ensemble) 노드는 여러 모형에 의한 예측치들을 가중평균의 형태로 결합하여 새로운 예측값을 생성하기 위해 사용된다(그림 6.24 및 그림 6.25 참조).

또한 **그룹 시작**(Start Groups) 노드와 **그룹 종료**(End Groups) 노드를 이용하

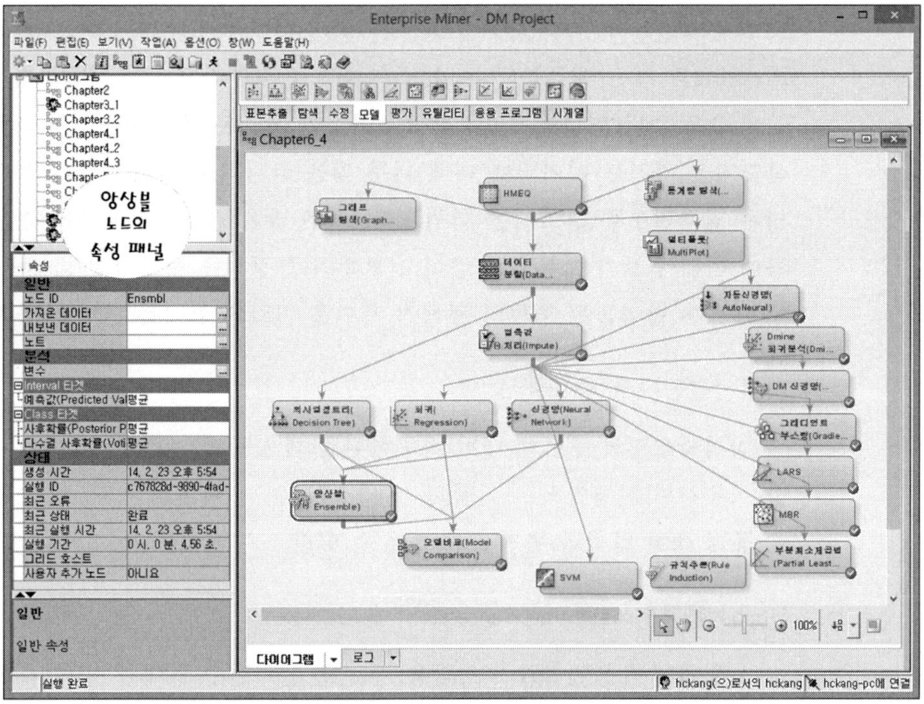

그림 6.24 여러 가지 모형화 노드들

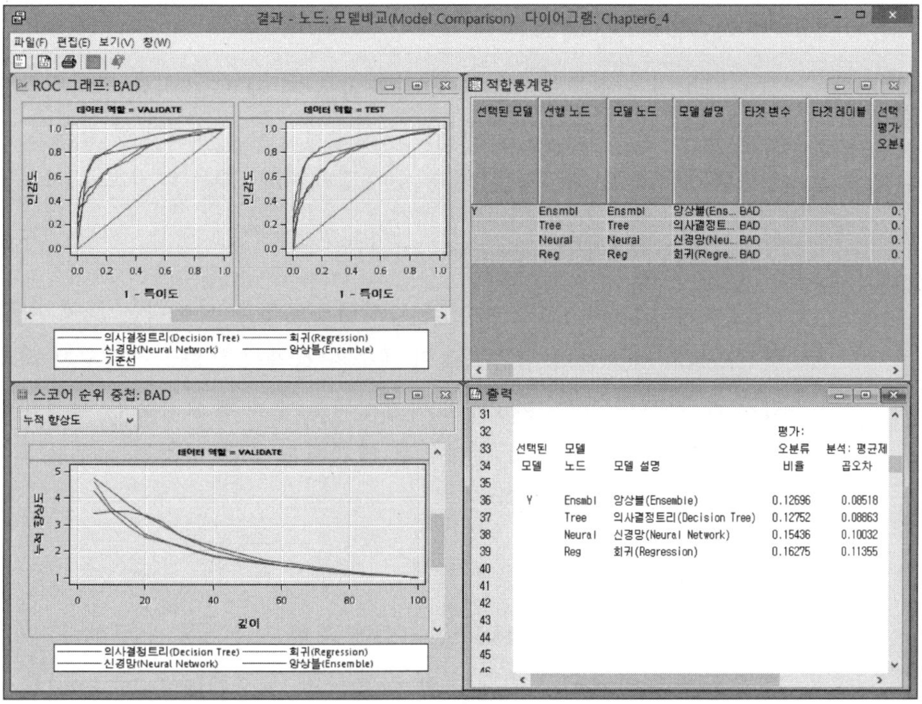

그림 6.25 모델비교(Model Comparison) 노드 – 결과: 앙상블(Ensemble) 노드와의 비교

여 Bagging(bootstrap aggregation), Arcing(adaptive resampling and combining), Boosting과 같은 재표본(resampling) 방법을 적용함으로써 예측모형의 정확성을 높일 수도 있다(연습문제 6-8 참조). 이러한 재표본 방법들은 상대적으로 작은 표본크기를 가지는 데이터에 대해 너무 많은 끝마디를 가지는 의사결정나무, 너무 많은 입력변수들을 가지는 회귀모형, 너무 많은 은닉노드를 가지는 신경망모형 등에 대해 겉보기 오류율을 줄이고 모형의 안정성을 높이기 위해 사용된다. 그러나 재표본 방법들은 모형의 해석적 측면을 어렵게 한다는 단점을 가지고 있다.

자동신경망(AutoNeural) 노드

신경망모형의 구조에 대한 자동화된 탐색 도구를 제공한다. 분석자는 이 노드를 이용하여 신경망의 아키텍쳐, 은닉층의 수, 은닉마디의 수, 오차함수, 활성함수 등에 대한 탐색과 변경을 수행할 수 있다.

Dmine 회귀분석(Dmine Regression) 노드

모형화에 유용한 2원 교호작용, 구간형 입력변수에 대한 AOV16 변수, 범주형 입력변수에 대한 그룹화 변수 등을 자동으로 탐색하고 모형화를 수행한다(AOV16 변수, 그룹화 변수에 대해서는 7장에서 설명한다).

DM 신경망(DMNeural) 노드

신경망과 주성분분석(principal components analysis)을 결합하여 가법 비선형 모형(additive nonlinear model)을 적합한다. 이는 5.6절에서 설명한 RBF 및 EBF 신경망과 원리가 유사하며, 종종 신경망에 대한 좋은 대안으로 사용될 수 있다.

그래디언트 부스팅(Gradient Boosting) 노드

그래디언트 부스팅은 하나의 의사결정모형을 사용하는 것에 비해 여러 의사결정모형의 예측을 종합함으로써 예측의 정확성을 향상시키고자 하는 앙상블 기법의 하나이다. 이는 형성된 의사결정나무에 의해 오분류된 개체에는 다음 반복에서 높은 가중치를 주고 정분류된 개체에는 낮은 가중치를 주는 과정을 반복하여 최종 분류기를 형성한다.

LARs 노드

LAR(least angle regression) 기법에 의한 모형화를 수행한다. 이는 데이터에 매우 많은 입력변수가 존재할 때 유용하며, 벌점화(penalization)를 통한 축소추정법(shrinkage etimation)을 이용하여 변수선택과 모형적합을 동시에 진행한다.

MBR(Memory-Based Reasoning) 노드

MBR(기억기반 추론) 노드에서는 새로운 개체가 주어지면 이 것과 가장 가까운 입력변수들을 가지는 k개의 개체들을 분석용 데이터에서 찾고, 그 k개의 개체들이 가지는 목표변수의 값을 이용하여 새로운 개체에 대한 예측을 수행한다. 이러한 점에서 MBR을 'k-근접이웃'(k-nearest neighbor) 분류기라고도 한다. MBR 노드의 **속성 패널**에서 근접 수(number of neighbors) k를 지정할 수 있으며 디폴트는 $k = 16$이다.

예를 들어, $k = 10$일 때 목표변수가 미지인 새로운 개체가 주어졌다고 하자. 그러면 MBR 노드는 분석용 데이터의 모든 개체에 대해서 새로운 개체와의 유클리드 거리(Euclidean distance)를 계산하고, 가장 가까운 10개의 개체들을 골라낸다. 만약 이 10개의 개체 중 'Y=1'인 개체가 7개라면, 새로운 개체에 대한 사후확률은 7/10=0.7이 된다. 예측대상이 되는 개체의 수가 많은 경우에는 이러한 과정에 상당히 많은 시간이 걸릴 수도 있기 때문에 MBR과 같은 방법은 종종 '게으른'(lazy) 분류기라고 불리기도 한다.

부분최소제곱법(Partial Least Squares) 노드

부분최소제곱법은 다중 선형회귀의 다변량적 확장이다. 이는 주성분과 유사한 잠재변수(latent variable)의 개념을 이용하여 예측을 수행하며, 입력변수가 매우 많고 다중공선성의 문제가 있을 때 유용하다.

규칙추론(Rule Induction) 노드

규칙추론은 노드는 희귀(rare) 사건에 대한 분류에 유용하다. 이 노드는 희귀사건이 정확하게 분류된 개체를 분석용 데이터에서 제거하고 다음 반복을 수행하는 과정을 통해 분류를 수행한다.

SVM 노드

로지스틱 회귀모형이나 의사결정나무 등의 판별모형가 사후확률을 추정하는데 반해서 SVM(support vector machine)은 확률에 대한 추정을 하지 않고 분류결과에 대한 예측만을 수행한다. 분류의 효율만을 고려하면 SVM이 사후확률을 추정하는 판별모형에 비하여 일반적으로 예측력이 높을 수 있으나, 사후확률의 추정을 요구하는 분야에서는 잘 사용되지 않는다. SVM은 벌점화(penalization) 기법의 하나로 간주할 수 있으며 개체의 수는 적고 변수의 수가 매우 많을 때 유용하다.

6.6 연습문제

6-1. BUYTEST 데이터셋에 대해 의사결정나무분석, 회귀분석, 신경망분석을 적용하고 그 결과들을 비교하여 보아라.

6-2. HMEQ 데이터셋에 대해 의사결정나무분석, 회귀분석, 신경망분석을 적용하고 그 결과들을 비교하여 보아라.

6-3. HOUSING 데이터셋에 대해 의사결정나무분석, 회귀분석, 신경망분석을 적용하고 그 결과들을 비교하여 보아라.

6-4. DMABASE 데이터셋에 대해 의사결정나무분석, 회귀분석, 신경망분석을 적용하고 그 결과들을 비교하여 보아라.

6-5. 연습문제 2-2의 분석사례에 대하여 다음과 같은 과정을 수행하여라.

(가) 다이어그램에 **의사결정**(Decisions) 노드를 추가하고 목표변수의 bad와 good의 사전확률을 0.1과 0.9로 지정하여라.

(나) **의사결정**(Decisions) 노드에서 두 가지 캠페인(의사결정) 전략 'Accept'와 'Reject'를 설정하여라(비용은 모두 0으로 가정하자).

(다) 이득행렬(profit matrix)을 다음과 같이 설정하여라.

	Accept	Reject
bad	-5	0
good	1	0

(라) 다이어그램의 각 노드들을 수행하고 그 결과를 살펴보아라. 특히, **의사결정**(Decisions) 노드와 **모델 비교**(Model Comparison) 노드의 여러 결과들을 살펴보기 바란다.

6-6. 연습문제 5-4의 분석사례에 대하여 다음과 같은 과정을 수행하여라.

(가) 다이어그램에 **의사결정**(Decisions) 노드를 추가하고 두 가지 캠페인(의사결정) 전략 'Mail'과 'No Mail'을 설정하여라('Mail'에 대한 비용은 10으로 가정하자).

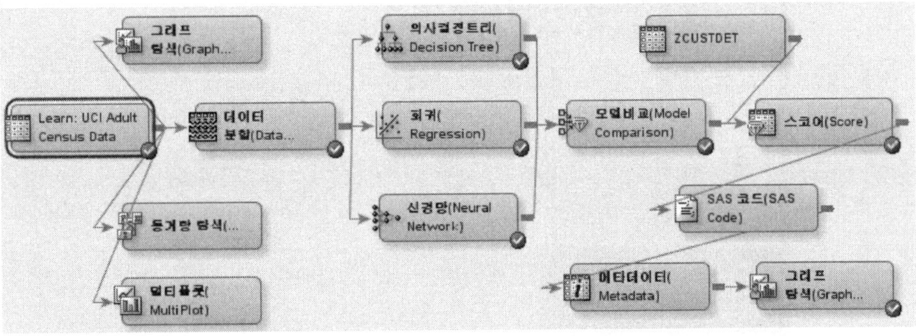

그림 6.26 연습문제 6-7을 위한 분석흐름도

(나) 이득행렬(profit matrix)을 다음과 같이 설정하여라.

	Mail	No Mail
1	90	0
0	0	0

(다) 다이어그램의 각 노드들을 수행하고 그 결과를 살펴보아라. 특히, **의사결정**(Decisions) 노드와 **모델 비교**(Model Comparison) 노드의 여러 결과들을 살펴보기 바란다.

6-7. ZDMLCENS(UCI Adult Census Data) 데이터셋에 대하여 다음과 같은 과정을 수행하여라(그림 6.26).

(가) 다이어그램의 데이터 노드에서 각 변수에 대한 설정을 부록과 같이 지정하여라. 또한 목표변수 CLASS의 '>50K'와 '<=50K'의 사전확률을 0.02와 0.98로 설정하여라.

(나) 이득행렬(profit matrix)을 다음과 같이 설정하여라.

	Mail	No Mail
>50K	39.2	0
<=50K	-0.8	0

(다) **의사결정트리**(Decision Tree), **회귀**(Regression), **신경망**(Neural Network) 노드 각각에 대하여 최고의 성능을 가지는 모형들을 개발하여 보아라.

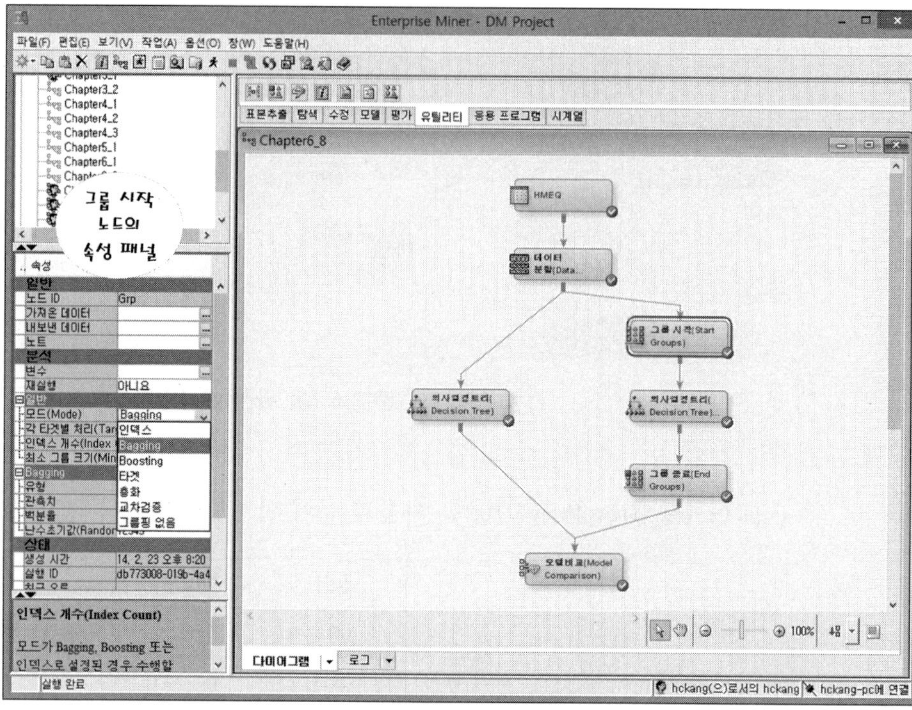

그림 6.27 Bagging 방법을 위한 다이어그램

(라) **모델 비교**(Model Comparison) 노드를 실행한 후, 여러 가지 모형평가 도구를 고려하여 가장 좋은 모형을 선택하여라. 또한 **모델 비교**(Model Comparison) 노드의 **선택 편집기**(Selection Editor)에서 이 모형을 선택하여라(2장의 그림 2.39 참조).

(마) 새로운 스코어 데이터 소스 ZDMTCENS를 **스코어**(Score) 노드에 연결하여라. 연습문제 2-2에서와 유사한 방법으로 **SAS 코드**(SAS Code) 노드와 **메타데이터**(Metadata) 노드의 설정을 수행하여라. **그래프 탐색**(Graph Explore) 노드를 실행하고 예측된 사후확률과 기대수익을 살펴보아라.

6-8. (참조: 재표본 방법의 이용) HMEQ 데이터셋에 대하여 다이어그램을 그림 6.27과 같이 작성한 후, 다음과 같은 과정을 수행하여라.

(가) **그룹 시작**(Start Groups) 노드의 **속성 패널**에서 **모드**(Mode) 필드를 Bagging으로 설정하고, **인덱스 개수**(Index Count) 필드를 '20'으로 설정하여라(이는 재표본의 반복회수를 설정하는 것이다).

(나) **그룹 시작**(Start Groups) 노드와 연결된 **의사결정트리**(Decision Tree) 노드의 **속성 패널**에서 **서브트리**(Subtree) 영역의 **방법**(Method) 필드를 Largest로 설정하여라(이는 가지치기를 수행하지 않도록 설정하는 것이다).

(다) **모델 비교**(Model Comparison) 노드를 실행하여라. 이때 **그룹 시작**(Start Groups), **의사결정트리**(Decision Tree), **그룹 종료**(End Groups) 노드가 반복적으로 수행되는 것을 볼 수 있을 것이다.

(라) **모델 비교**(Model Comparison) 노드의 결과를 살펴보아라.

(마) ZGENERAL 데이터셋에 대하여 (가)~(라)의 과정을 수행하여라(이때 변수 MAJORORDER의 역할을 Target으로, 변수 COOKIE의 역할을 Rejected로 설정하여라).

더 읽을 거리

- 강현철, 김은석, 이성건, 이슬지, 채윤석, 최병정, 최종후, 한상태 (2014). "(빅데이터 분석을 위한) SAS Enterprise Miner 기능과 사용법", 자유아카데미.
- SAS Institute Inc. (1998). "Enterprise Miner Software: Applying Data Mining Techniques", Cary, NC: SAS Institute Inc.
- SAS Institute Inc. (1999). *Neural Network Modelling, Course Notes*, Cary, NC: SAS Institute Inc.
- SAS Institute Inc. (2000). Data Mining Using Enterprise Miner Software: A Case Study Approach, First Edition, Cary, NC: SAS Institute Inc.
- SAS Institute Inc. (2001). *Decision Tree Modelling, Course Notes*, Cary, NC: SAS Institute Inc.
- SAS Institute Inc. (2002). *Predictive Modelling Using Logistic Regression, Course Notes*, Cary, NC: SAS Institute Inc.
- SAS Institute Inc. (2003). "Getting Started with SAS Enterprise Miner", Cary, NC: SAS Institute Inc.
- SAS Institute Inc. (2012). *SAS Enterprise Miner 12.1 Reference Help*, Cary, NC: SAS Institute Inc.

제 III 부

데이터 사전처리와 자율예측

Pre-Processing and Unsupervised Prediction

육체노동은 우리의 생존을 위하여 필요하며, 우리가 그 존재 자체를 망각하고 있다는 사실은 모든 육체노동에 대하여 동일하다. 광부가 하는 일이 끔찍하게 어려우면서도 누군가는 반드시 그 일을 하여야 하지만, 우리의 일상 경험과는 너무도 멀리 격리되어 있어, 혈관에 피가 흐르는 것을 잊고 살듯이 그들의 존재를 망각하고 있기 때문에 광부가 육체노동자의 전형으로 생각되기도 한다.

– George Orwell (1937), *The Road to Wigan Pier* –

제 7 장 데이터 탐색과 변형

Data Exploring and Modifying

데이터의 탐색과 변형은 데이터의 모형화 단계 이전에 데이터에 대한 기초통계, 이상치 및 결측치 확인, 변수변환을 이용한 파생변수의 생성 및 중요변수 선택 등의 과정을 의미한다. 이 장에서는 E-Miner에서 제공되는 데이터의 탐색 및 변형의 도구를 이용하여 모형개발의 효율성을 높일 수 있는 여러 기법들을 예제를 중심으로 소개할 것이다.

7.1 변수 변환(Transform Variables) 노드

적절하게 변환된 변수들은 모형의 예측력을 높이는데 기여할 수 있는데(4장에서 설명한 구간화의 과정도 이러한 목적을 가지고 있다), **변수 변환**(Transform Variables) 노드는 변수들의 분포와 적절한 변환을 탐색하기 위해 유용하게 사용될 수 있다. 먼저, 그림 7.1과 같이 연습문제 2-2의 다이어그램에 **변수 변환**(Transform Variables) 노드와 여러 노드들을 추가하고 편집한 후 다음 과정을 수행하여라.

그림 7.1은 **변수 변환**(Transform Variables) 노드의 **속성 패널** 중 일부를 보여주고 있는데, 여기서 **분석** 영역에 있는 네 가지 편집기를 이용하여 변수 변환을 수행할 수 있다.

- **변수**: **변수 편집** 대화상자에서 각 변수에 대한 변수변환 방법을 설정할 수 있다.
- **수식(Formulas)**: 수식을 입력하여 변수변환을 수행할 수 있다(그림 5.10 참조).
- **교호작용(Interactions)**: 추가할 교호작용들을 설정할 수 있다(그림 4.34 참조). 구간형(interval) 변수들 간의 교호작용 변수는 곱으로 정의되고, 클래스(class) 변수들 간의 교호작용 변수는 가변수(dummy variable)들의 곱으로 정의되며, 구간형 변수와 클래스 변수 간의 교호작용 변수는 구간형 변수와 가변수들의 곱으로 정의된다.
- **SAS 코드(SAS Code)**: SAS 프로그램에 익숙한 사용자는 SAS 코드를 직접 작성 및 편집할 수 있다.

또한 **속성 패널**의 **기본 영역** 영역에서 구간형 변수와 클래스(범주형) 변수들에 대한 기본 변환을 미리 설정해 놓을 수도 있다.

7.1.1 단순 변환

변수 변환(Transform Variables) 노드에서 구간형(연속형) 변수들에 대하여 설정할 수 있는 단순 변환(simple transformation)은 다음과 같다.

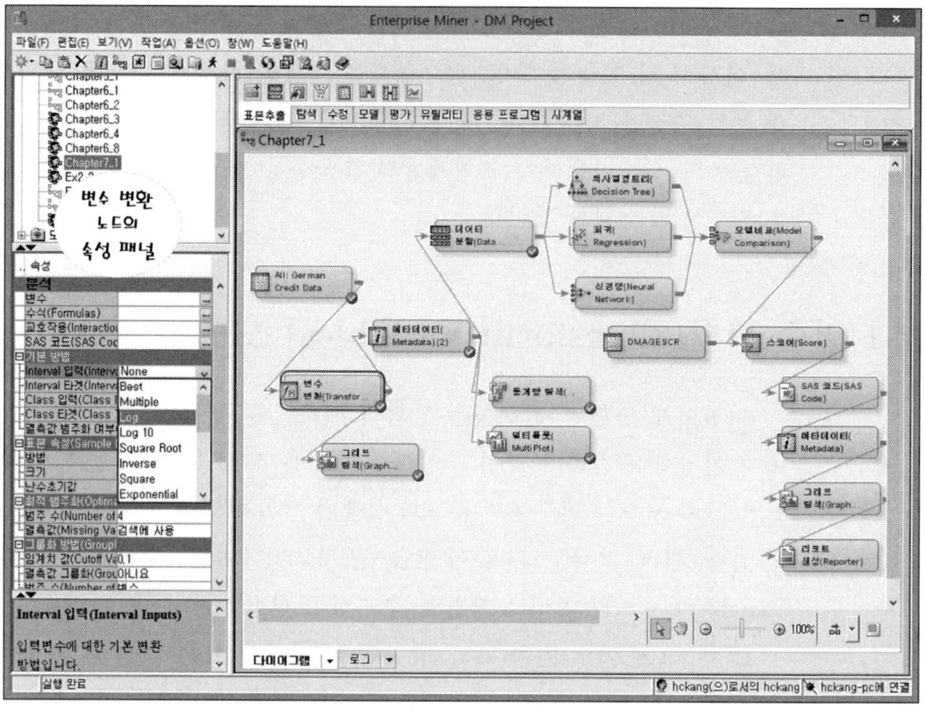

그림 7.1 변수 변환(Transform Variables) 노드 등이 추가된 다이어그램

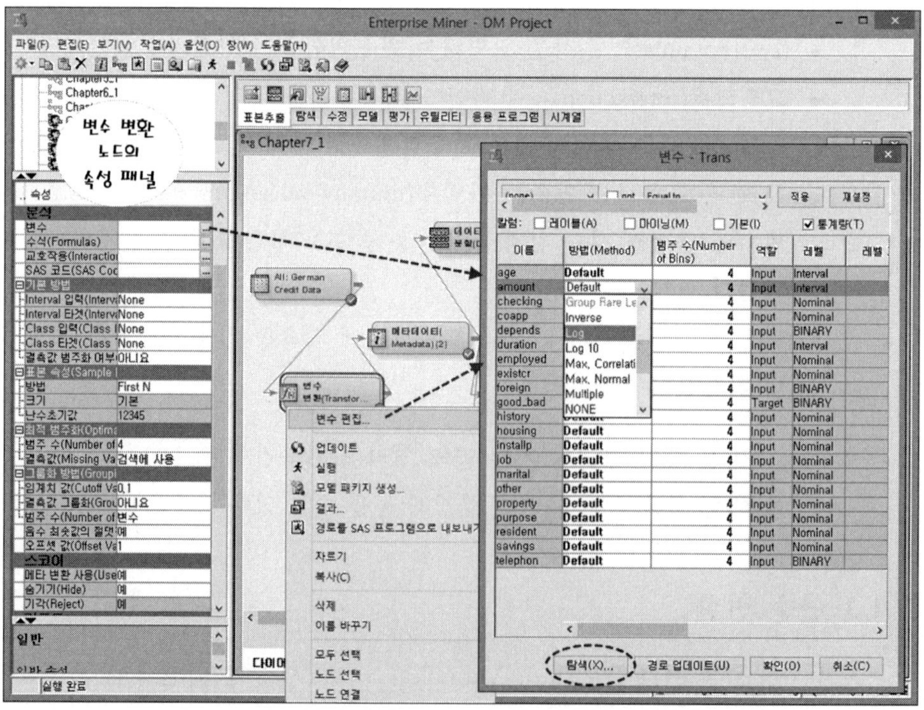

그림 7.2 변수 변환(Transform Variables) 노드 – 변수 편집 대화상자

- 자연로그(log): $Y = \log(X)$
- 상용로그(log 10): $Y = \log_{10}(X)$
- 제곱근(square root): $Y = \sqrt{X}$
- 역(inverse): $Y = 1/X$
- 제곱(square): $Y = X^2$
- 지수(exponential): $Y = \mathrm{EXP}(X) = e^X$. ($e$는 $e = 2.71828...$의 값을 가지는 무리수)
- 중심화(centering): $Y = X - \bar{X}$. ($\bar{X}$는 평균)
- 표준화(standardize): $Y = (X - \bar{X})/s_X$. (s_X는 표준편차)
- 범위(range): $Y = (X - \min_X)/(\max_X - \min_X)$. ($\min_X$는 최소, $\max_X$는 최대)

변수 편집 대화상자

변수 변환(Transform Variables) 노드의 **속성 패널**에서 **변수** 필드의 ... 버튼을 클릭하거나, **변수 변환**(Transform Variables) 노드를 마우스 오른쪽 버튼으로 클릭하고 팝업 메뉴에서 **변수 편집** 메뉴를 선택하면 그림 7.2에서와 같이 **변수 편집** 대화상자가 나타난다.

변수 편집 대화상자에서 변수 AMOUNT를 클릭하고 **탐색**(X) 버튼을 클릭하여라. 그러면 그림 7.3과 **변수 탐색** 결과가 나타나는데, 변수 AMOUNT는 왼쪽으로 상당히 치우쳐져 있으며 오른쪽에 극단치들이 있음을 볼 수 있다. 즉, 왜도(skewness)가 상당히 큰 양(+)의 값을 가지고 있다.

이와 같이 왜도가 상당히 큰 양의(혹은 음의) 값을 가지는 경우, 그 변수는 극단치(outlier; 이상치)가 어느 정도 존재한다는 것을 의미한다. 또한 고려하고 있는 모형에서 정규성(normality)과 같은 가정을 하든 그렇지 않든 간에 극단치는 모형의 성능에 부정적인 영향을 미치는 경우가 많다. 따라서 모형개발에 있어 변환, 대체, 제거 등의 방법을 사용하여 극단치의 영향을 줄이는 것이 바람직하다.

로그(Log) 변환

변수 AMOUNT에서와 같이 왼쪽으로 치우쳐진(왜도가 큰 양의 값을 가지는) 분포를 대칭에 가깝게 만드는 방법 중 하나는 로그 변환을 수행하는 것이다. 그림 7.2에서와 같이 **변수 편집** 대화상자에서 변수 AMOUNT의 **방법**(Method) 칼럼을 Log로 설정하고 **변수 편집** 대화상자를 닫도록 하자.

다이어그램에서 **변수 변환**(Transform Variables) 노드를 실행하고 결과를 살펴보기 바란다. 결과 윈도우에서 변환된 변수의 이름과 공식 등을 볼 수 있을 것이다.

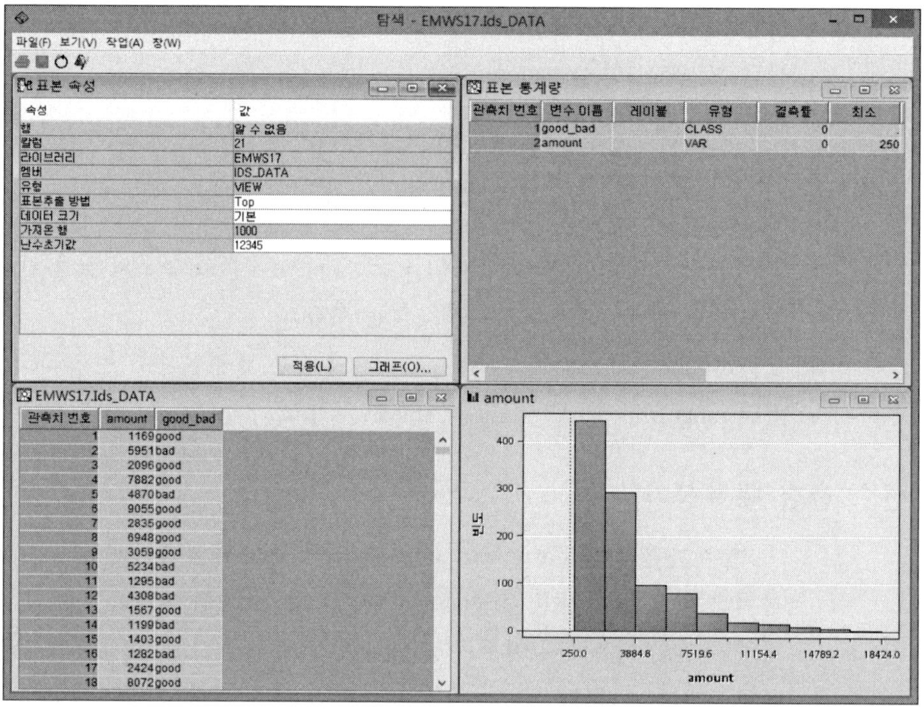

그림 7.3 변수 탐색 – 결과

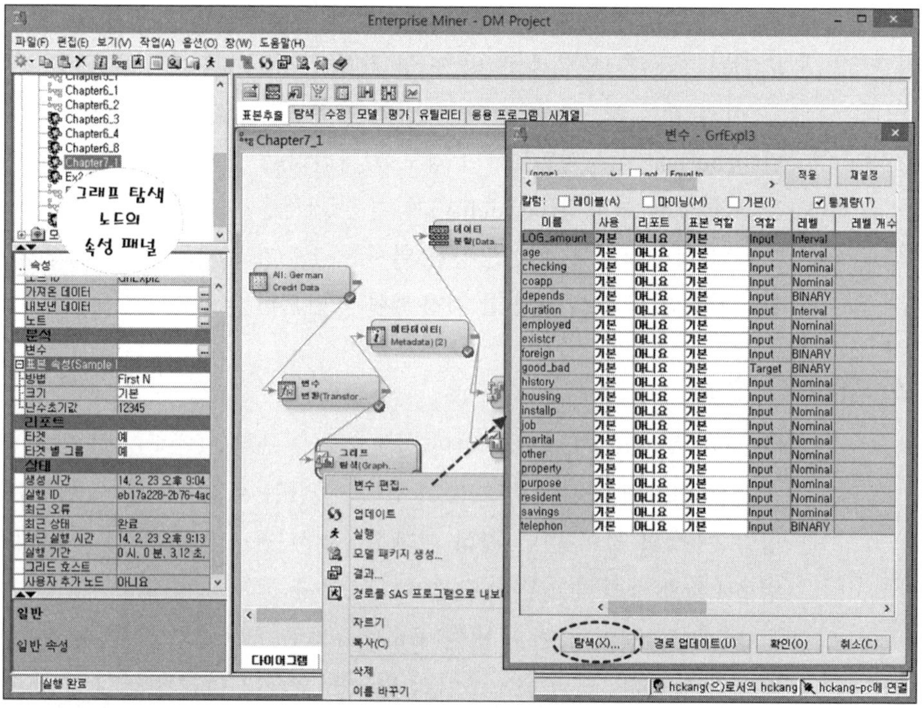

그림 7.4 그래프 탐색(Graph Explore) 노드 – 변수 편집 대화상자

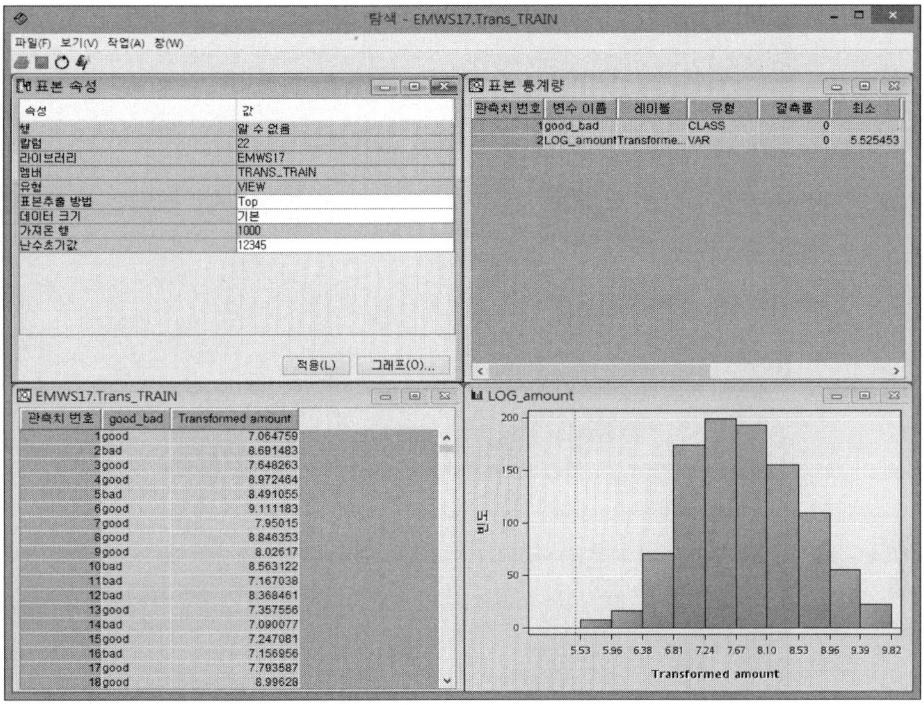

그림 7.5 그래프 탐색(Graph Explore) 노드 – 결과: LOG_AMOUNT

변환된 변수의 분포 탐색

변수변환을 통해 새롭게 생성된 변수 LOG_AMOUNT의 분포를 살펴보기 위해 다음과 같은 과정을 수행하여라.

① 다이어그램에서 **그래프 탐색**(Graph Explore) 노드를 실행한 후, 그 결과를 살펴보고 결과 윈도우를 닫는다(변수 LOG_AMOUNT의 내용을 살펴보기 바란다).

② **그래프 탐색**(Graph Explore) 노드를 마우스 오른쪽 버튼으로 클릭한 후, 팝업 메뉴에서 **변수 편집** 메뉴를 선택한다(그림 7.4).

③ **변수 편집** 대화상자에서 변수 LOG_AMOUNT를 클릭하고 **탐색(X)** 버튼을 클릭한다(그림 7.4).

그림 7.5에서 변환된 변수 LOG_AMOUNT의 분포가 거의 대칭에 가까움을 볼 수 있다.

7.1.2 범주화(구간화) 변환

구간형(연속형) 변수에 대한 범주화(binning, 구간화) 변환은 극단치가 모형의

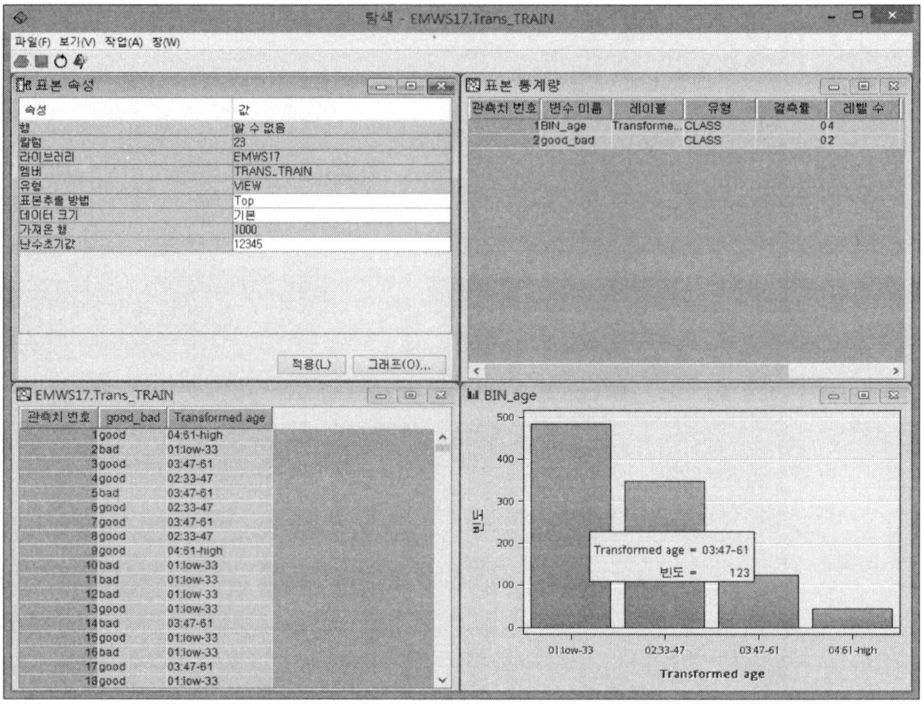

그림 7.6 그래프 탐색(Graph Explore) 노드 – 결과: BIN_AGE

성능에 미치는 영향을 줄일 뿐만 아니라, 목표변수와 입력변수가 가지는 비선형적 관계를 모형에 고려할 수 있는 좋은 대안 중 하나이다.

변수 변환(Transform Variables) 노드에서는 구간형 변수에 대해서 다음과 같은 세 가지 그룹화 변환을 제공하고 있다.

- Bucket: 범위를 등간격으로 나누어 범주화를 수행한다.
- Quantile: 각 그룹에 동일한 개체가 할당되도록 범주화를 수행한다.
- Optimal Binning for Relationships to Target: 목표변수와의 연관성을 고려하여 최적 그룹화를 찾는다. 그러나 이 방법은 종종 최적 그룹화를 탐색하는 데 실패하여 수행되지 않는 경우도 있다.

여기서는 변수 AGE에 대하여 Bucket 변환을 취해 보도록 하겠다. 앞에서와 같이 **변수 변환**(Transform Variables) 노드의 **변수 편집** 대화상자를 열도록 하자(그림 7.4). **변수 편집** 대화상자에서 변수 AGE의 **방법**(Method) 칼럼을 Bucket로 설정하고, **범주 수**(Number of Bins) 필드에 '4'를 설정하여라(초기값=4). 다이어그램에서 **변수 변환**(Transform Variables) 노드와 **그래프 탐색**(Graph Explore) 노드를 실행하고 그 결과를 각각 살펴보기 바란다(변수 BIN_AGE의 내용을 살펴보기 바란다). 또한 **그래프 탐색**(Graph Explore) 노드에서 **변수 편집** 메뉴를 이용하여 변수 BIN_AGE의 분포를 살펴보기 바란다(그림 7.6).

7.1.3 최적 변환

앞에서 설명한 변환들 이외에 구간형(연속형) 변수에 대해서는 다음과 같은 변환들도 사용할 수 있다.

- Best: 여러 가지 변환 방법들을 적용하고, 목표변수와 카이제곱검정의 결과가 가장 우수한 변환을 선택한다.
- Multiple: 이후의 **변수 선택**(Variable Selection) 노드를 위해 여러 개의 변환을 생성한다.
- Maximize Normality Power: 정규분포의 이론적인 분위수와 가장 가까운 표본 분위수를 가지는 방법을 선택하여 변환한다.
- Maximize Correlation with Target Power: 목표변수와의 제곱상관계수가 가장 큰 변수 변환 방법을 선택하여 변환한다(구간형 목표변수일 경우만 작동한다).
- Equalize Spread with Target Levels Power: 목표변수의 범주별 분산들의 분산을 최소화시키는 방법으로 변환한다(범주형 목표변수일 경우만 작동한다).
- Optimal Maximum Equalize Spread with Target Leve: 목표변수의 범주별로 흩어진 정도를 비슷하게 하는 최적화된 방법으로 변환한다(범주형 목표변수일 경우만 작동한다).

7.1.4 클래스 변수에 대한 변환

변수 변환(Transform Variables) 노드에서 클래스(범주형) 변수들에 대하여 설정할 수 있는 변환들은 다음과 같다.

- Group rare levels: 아주 적은 빈도를 가진 범주들을 '_OTHER_' 범주로 묶는다. 예를 들어, 임계치 값이 '0.1'로 설정되면 10% 미만을 차지하는 범주들이 그룹화된다. **임계치 값**(Cutoff Value)은 **속성 패널**의 **그룹화 방법**(Grouping Method) 영역에서 설정할 수 있다.
- Dummy Indicators: 가변수들을 생성한다. 가변수는 군집분석 등에서 유용하게 사용될 수 있다.[1]

[1] 가변수(dummy variable)에 대하여는 4.5절을 참조하여라.

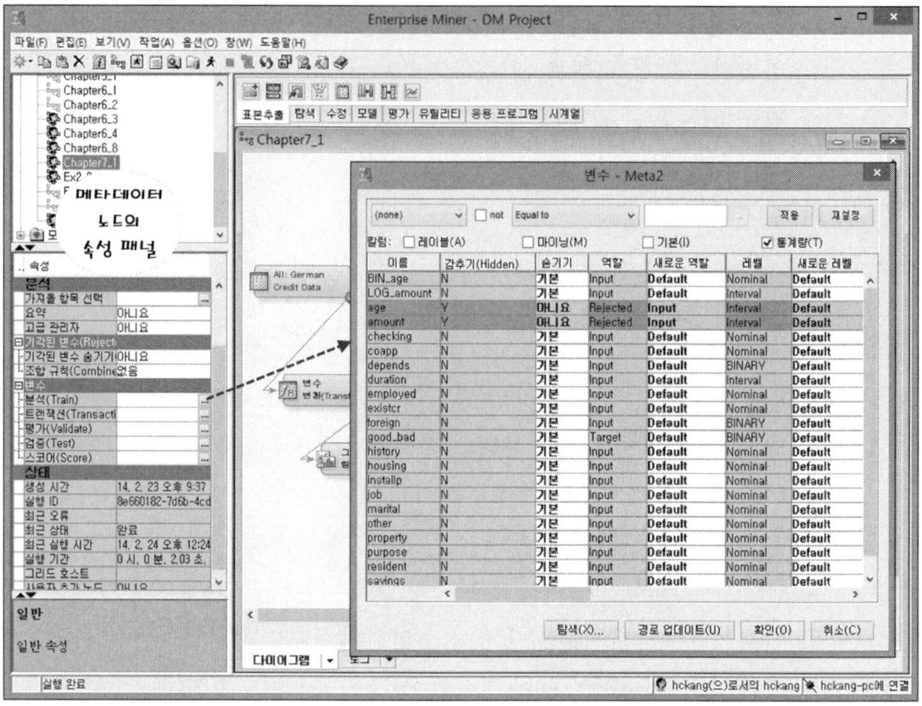

그림 7.7 메타데이터(Metadata) 노드 – 변수 편집 대화상자

기본적으로 **변수 변환**(Transform Variables) 노드는 원변수를 다음 단계의 노드에 전달하지 않는다. 따라서 이러한 설정을 변경하려면 **변수 변환**(Transform Variables) 노드 다음에 **메타데이터**(Metadata) 노드를 연결하여 **숨기기**와 **새로운 역할** 칼럼 등을 설정해 주어야 한다(그림 7.1).[2]

앞에서와 유사하게 각 변수들에 대하여 변수변환을 수행해 보기 바란다. 또한 **통계량 탐색**(StatExplore) 노드와 **멀티플롯**(Multi Plot) 노드를 실행하고 그 결과들을 살펴보기 바란다.

7.2 결측값 처리(Impute) 노드

데이터에 존재하는 오류값(error), 결측값(missing), 이상치(outlier)에 대한 처리는 예측모형의 성능에 큰 영향을 줄 수도 있다는 것을 1.2절에서 설명한 바 있다. **결측값 처리**(Impute) 노드와 **값 대체**(Replacement) 노드는 이와 같은 데이터

[2]변수 변환(Transform Variables) 노드의 속성 패널에서 스코어 영역의 메타 변환 사용(Use Meta Transformation), 숨기기(Hide), 기각(Reject) 필드에 대한 설정을 변경할 수도 있다.

에 대한 사전처리를 효율적으로 처리할 수 있도록 도움을 준다.

데이터마이닝에 사용되는 대부분의 데이터는 결측값을 가지고 있다. 일반적으로 데이터 수집에 있어 기존 실험이나 조사 등과 같이 사전에 데이터 수집 계획을 거친 경우에도 결측치가 존재하는 것이 현실이므로, 심지어 이러한 과정 없이 온라인 상으로 수집된 데이터에는 더 많은 결측값이 존재하게 된다. 결측값은 전산입력자의 입력오류, 시스템의 장애로 인한 전송오류, 관찰대상자의 응답거부, 데이터 수집 후 정제과정에서의 누락 등 다양한 원인에 기인한다.

결측값은 원인과 기록방법을 정밀하게 조사하여 자료를 정정하고 기록방법을 변경해야 하며, 필요 시에는 자료를 보정해야 한다. 특히 회귀분석이나 신경망분석과 같은 모형화 방법에서는 여러 변수의 값 중 어느 하나라도 결측값이 존재하면 해당 개체 자체가 분석에서 제외된다. 따라서 결측값이 존재하는 데이터를 대상으로 데이터마이닝 작업을 수행하는 경우에는 여러 가지 문제점이 발생할 수 있으므로 결측값을 적절한 값으로 대체할 필요가 있다.

여기서는 HEMEQ 데이터셋을 이용하여 그림 7.8과 같이 다이어그램을 작성하고 **결측값 처리**(Impute), **값 대체**(Replacement), **변수 선택**(Variabe Selection) 노드의 기능에 대한 사용법을 설명하도록 하겠다.

7.2.1 구간형 변수에 대한 결측값 대체

구간형(연속형) 변수에 대한 결측값 대체를 위해 다음과 같은 방법들을 사용할 수 있다(초기 설정값은 해당 변수의 평균을 이용하는 것이다).

- **대표값을 이용한 대체**: 평균(mean), 최대값(maximum), 최소값(minimum), 중앙값(median), 범위의 중간값(midrange: (최대값+최소값)/2), 분포기반 값(distribution-based: 확률분포에 기초하여 해당 변수의 값들 중 하나를 선택) 등 해당 변수의 대표값을 이용하여 대체한다.
- **의사결정나무를 이용한 대체**: 해당 변수를 목표변수로 취급하고 나머지 입력변수들을 예측변수로 하여 회귀나무를 구축한 후, 이를 이용한 예측값으로 대체한다. 의사결정나무의 구축에 사용될 옵션들은 **속성 패널의 방법 옵션**(Method Options) 영역에 있는 **트리기법에 의한 결측값 처리**(Tree Imputation) 필드에서 설정할 수 있다.
- **로버스트 통계량을 이용하는 방법**: 절사 중간값(mid-minimum spacing: 양쪽에서 일정한 비율을 잘라낸 후 최대값과 최소값의 중간값을 위한 것), Tukey's biweight, Hubers, Andrew's wave 등 로버스트(robust) M-통계량을 이용하여 대체한다.

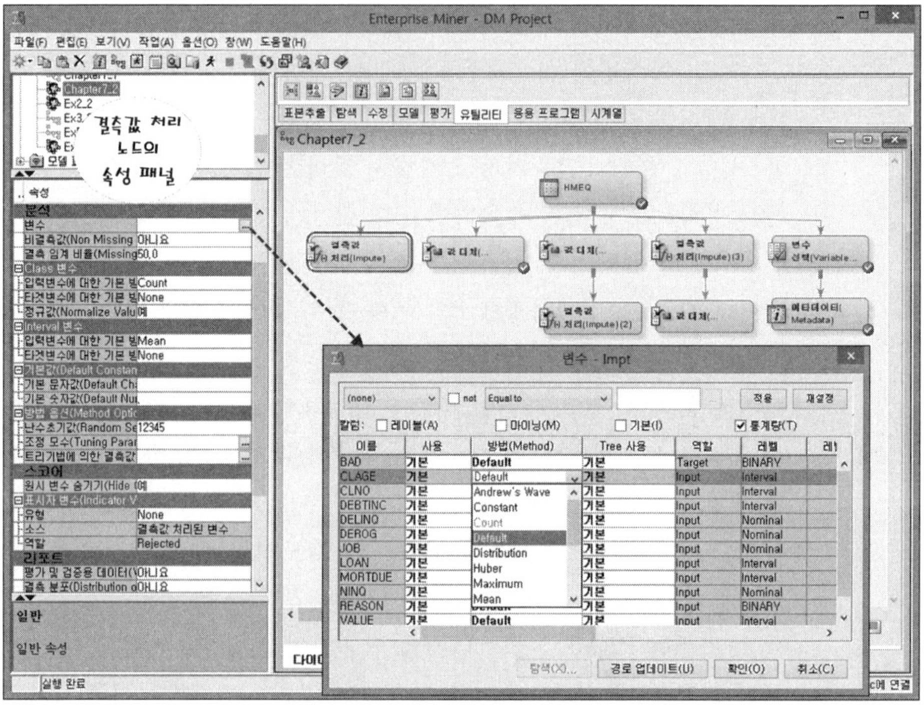

그림 7.8 결측값 처리 및 값 대체를 위한 다이어그램

- **상수값으로 대체**: 속성 패널의 기본 숫자값(Default Number Value) 필드에 입력되어 있는 특정한 숫자로 대체한다.
- **대체하지 않음**: 결측값을 대체하지 않은 채로 유지한다(none).

7.2.2 클래스 변수에 대한 결측값 대체

클래스(범주형) 변수에 대한 결측값 대체를 위해 다음과 같은 방법들을 사용할 수 있다(초기 설정값은 해당 변수의 최빈값을 이용하는 것이다).

- **대표값을 이용한 대체**: 최빈값(mode, count: 가장 많은 빈도를 차지하는 값), 분포기반 값(distribution-based: 확률분포에 기초하여 해당 변수의 값들 중 하나를 선택) 등 해당 변수의 대표값을 이용하여 대체한다.
- **의사결정나무를 이용한 대체**: 해당 변수를 목표변수로 취급하고 나머지 입력변수들을 예측변수로 하여 분류나무를 구축한 후, 이를 이용한 예측값으로 대체한다. 의사결정나무의 구축에 사용될 옵션들은 **방법 옵션**(Method Options) 영역에 있는 **트리기법에 의한 결측값 처리**(Tree Imputation) 필드에서 설정할 수 있다.

- 상수값으로 대체: 속성 패널의 기본 문자값(Default Character Value) 필드에 입력되어 있는 특정한 문자로 대체한다.
- 대체하지 않음: 결측값을 대체하지 않은 채로 유지한다(none).

7.3 값 대체(Replacement) 노드

이상치는 예측모형의 성능에 큰 영향을 줄 수도 있다. 따라서 분석의 목적에 적합하지 않은 특이한 개체를 예측모형의 구축에서 제외하거나, 이상치를 적절한 값으로 대체하는 등의 작업을 수행할 필요가 있게 된다. 앞에서 설명한 구간화(그룹화)도 오류값, 이상치, 결측값의 영향력을 줄일 수 있는 좋은 전략 중 하나이다.

7.3.1 구간형 변수에 대한 이상치 대체

구간형(연속형) 변수에 대한 이상치 대체를 위한 초기 설정값으로 사용되는 방법은 다음과 같다. 먼저 하한값=평균$-n\times$표준편차, 상한값=평균$+n\times$표준편차로 임계값을 설정한다. 임계값 계산을 위한 n은 속성 패널의 Interval 변수 영역에 있는 임계값(Cutoff Values) 필드에서 설정할 수 있다(초기값=3). 만약 어떤 값이 하한값보다 작으면 하한값으로, 상항값보다 크면 상한값으로 대체한다.

구간형 변수에 대한 이상치 대체를 위해서는 다음과 같은 방법들을 사용할 수 있다.

- 평균의 표준편차: 평균으로부터 n 표준편차보다 큰 값을 대체한다(초기 설정값).
- 평균 절대 편차(MAD): 중위수로부터 n 편차보다 큰 값을 대체한다.
- 사용자 지정 한계: 값 대체 편집기에서 사용자가 직접 한계 지정 방법을 설정한다(그림 7.9 참조). 값 대체 편집기에서 한계 지정 방법 칼럼이 '기본'으로 설정된 변수에 대해서는 값 대체가 진행되지 않는다.
- 메타데이터 한계: 데이터 소스를 생성할 때 또는 입력 데이터 소스에서 변수 편집을 통해 메타데이터 한계로 지정된 한계를 적용한다.
- 최빈 중심(Modal Center): 최빈 중심으로부터 n 간격(spacing)보다 큰 값을 대체한다.
- 극 백분위수(Extreme percentiles): 상위 p번째 백분위수보다 큰 값과 하위 p번째 백분위수보다 작은 값을 대체한다.
- 없음(None): 대체를 수행하지 않는다.

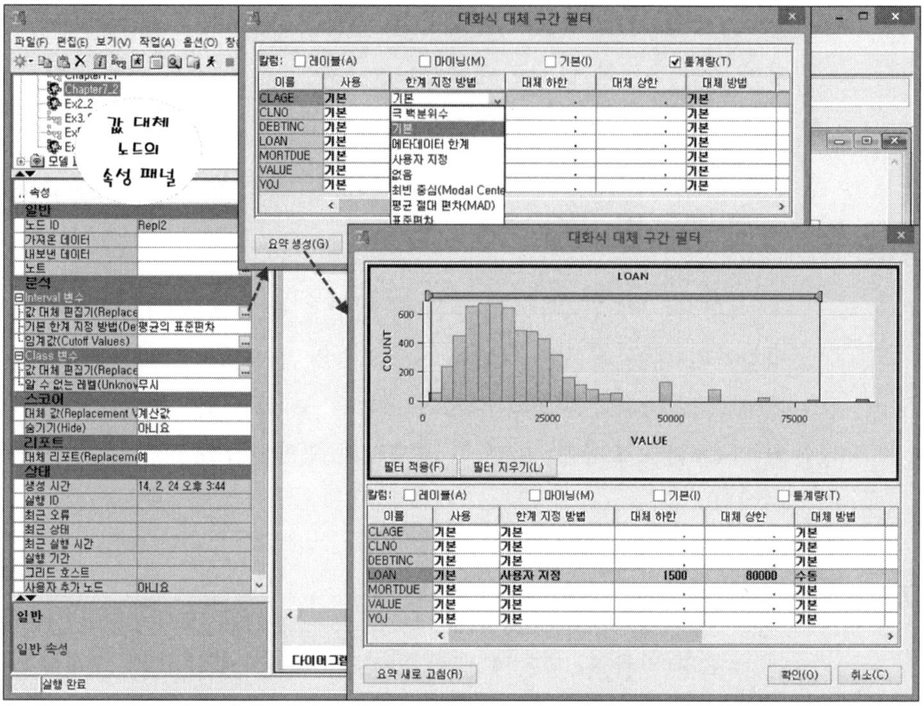

그림 7.9 값 대체(Replacement) 노드 – 값 대체 편집기: 구간형 변수

특정 구간형 변수에 대한 이상치 대체는 그림 7.9와 같이 **값 대체**(Replacement) 노드의 **값 대체 편집기**를 이용하여 설정할 수 있다.

① **속성 패널**의 Interval **변수** 영역에서 **값 대체 편집기**(Replacement Editor) 필드의 ... 버튼을 클릭한다(**대화식 대체 구간 필터** 대화상자가 나타난다).

② **대화식 대체 구간 필터** 대화상자에서 **요약 생성**(G) 버튼을 클릭한다(히스토그램이 나타난다).

③ 제시된 히스토그램을 살펴보고 적절한 **대체 하한**과 **대체 상한**을 입력하고, **한계 지정 방법** 필드를 **사용자 지정**으로 설정한다. 또는 히스토그래에서 스크롤바를 이용하여 하한과 상한을 설정하고 **필터 적용**(F) 버튼을 클릭한다.

예를 들어, 그림 7.9는 변수 LOAN에 대하여 1500 이하의 값은 1500(대체 하한)으로, 80000 이상의 값은 80000(대체 상한)으로 대체하도록 지정한 것이다.

7.3.2 클래스 변수에 대한 이상치 대체

특정 클래스 변수에 대한 이상치 대체는 그림 7.10과 같이 **값 대체 편집기**를

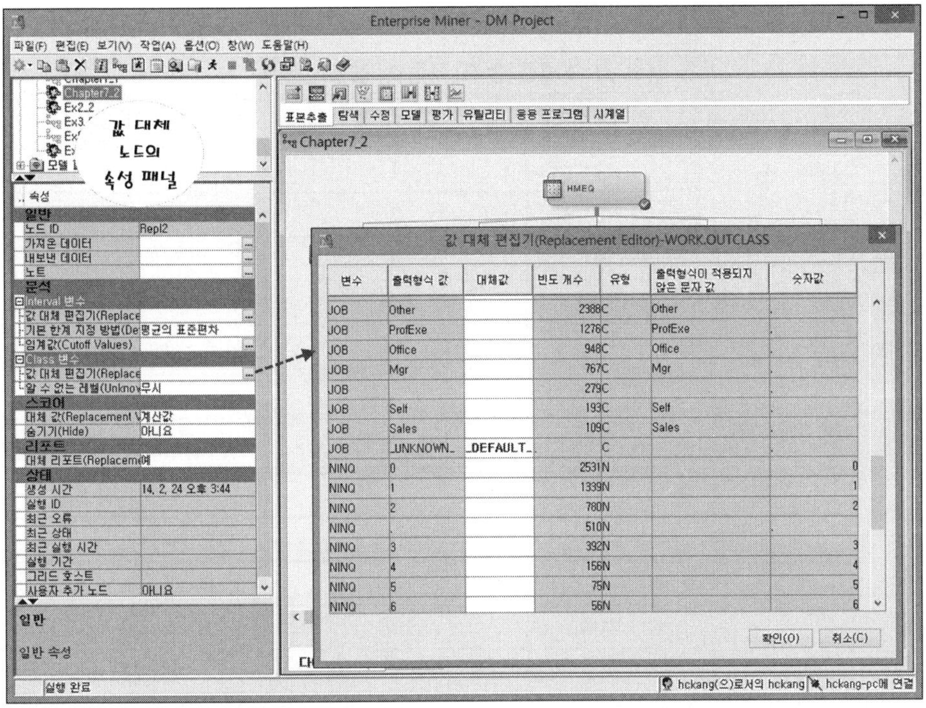

그림 7.10 값 대체(Replacement) 노드 – 값 대체 편집기: 클래스 변수

이용하여 설정할 수 있는데, 이상치 뿐만 아니라 기존의 값을 새로운 값으로 대체하기 위해서 **값 대체 편집기**를 이용할 수 있다. 예를 들어, GENDER라는 변수에는 'F', 'M', 'f'가 입력되어 있다고 하자. 그러나 실제 범주값은 'F', 'M'만 존재해야 하고, 'f'는 'F'의 입력오류라고 가정하자. 값 대체 편집기를 통해서 'f'에 해당하는 **대체값** 필드에 'F'로 입력함으로써 값을 대체할 수 있다.

7.3.3 값 대체와 결측값 처리의 순서

때로는 결측값 처리와 값 대체를 함께 적용해야 할 경우가 있는데, 이때 분석 흐름도에서 **값 대체**(Replacement) 노드와 **결측값 처리**(Impute) 노드의 순서에 주의해야 한다(그림 7.8 참조).

예를 들어, 다음과 같이 대체 규칙이 지정된 경우를 생각하자.

– 원래 관찰값: 1, 3, 4, 100, .(결측치)

– 값 대체 방법: 50 이상은 50으로 대체한다.

– 결측값 처리 방법: 평균(mean)으로 대체한다.

표 7.1 값 대체와 결측값 처리의 순서에 따른 결과

(a) 값 대체를 먼저 적용한 경우

원 데이터	값 대체	결측값 처리(최종)
1	1	1
3	3	3
4	4	4
100	50	50
.	.	14.5=(1+3+4+50)/4

(b) 결측값 처리를 먼저 적용한 경우

원 데이터	결측값 처리	값 대체(최종)
1	1	1
3	3	3
4	4	4
100	100	50
.	27=(1+3+4+100)/4	27

값 대체(Replacement) 노드를 먼저 적용한 경우에는 표 7.1의 (a)와 같은 결과를 얻게 되나, **결측값 처리**(Impute) 노드를 먼저 적용한 경우에는 표 7.1의 (b)과 같은 결과를 얻게 된다. 일반적으로 **값 대체**(Replacement) 노드를 먼저 적용하고 **결측값 처리**(Impute) 노드를 다음에 배치하는 것이 바람직하다.

7.4 변수 선택(Variable Selection) 노드

일반적으로 대용량 데이터에는 기존의 조사나 실험에 의한 자료에서 발생하는 변수의 수와는 비교할 수 없을 정도로 변수가 많다. 때로는 데이터의 용량이 컴퓨터의 처리능력을 넘어서는 경우도 있고, 모형화에 시간이 너무 많이 소요되어 이를 기다릴 수 없는 경우도 있다. 이러한 경우 **변수 선택**(Variable Selection) 노드는 쓸모 있는 변수들을 빠르게 선택하여 준다.

다만 **변수 선택**(Variable Selection) 노드에서는 간단한 알고리즘을 통해 변수를 선택하므로, 옵션들을 적절히 설정하여 너무 많은 변수들이 제거되지 않도록 해야 한다. 또한 최종적인 변수의 선택은 회귀분석이나 의사결정나무분석과 같은 정교한 모형화 방법을 통해서 수행하는 것이 바람직하다.

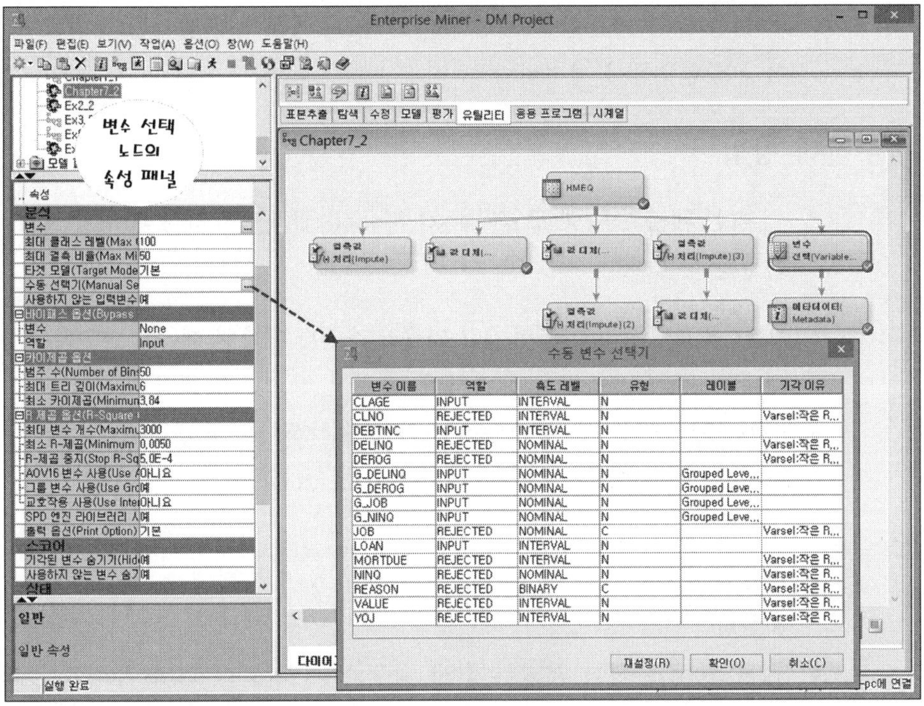

그림 7.11 변수 선택(Variable Selection) 노드 – 수동 변수 편집기

앞절에서와 동일하게 HMEQ 데이터셋을 이용하여 그림 7.11과 같은 다이어그램을 작성하고 **변수 선택**(Variable Selection) 노드의 기능에 대하여 설명하도록 하겠다.

7.4.1 변수선택 방법에 대한 설정값

변수 선택(Variable Selection) 노드의 **분석** 영역에서는 결측값과 변수선택 방법에 대한 설정값을 변경할 수 있다.

결측값에 대한 옵션

결측값이 어느 정도 존재하는 경우에는 이를 대체하여 사용하는 것이 가능하지만, 결측값이 너무 많은 변수는 분석에 앞서 제거시키는 것이 바람직한 경우가 많다. 데이터마이닝의 과정에서 이를 일일이 찾아 제거하기에는 데이터의 용량이 너무 큰 경우 시간과 경제적인 면에서 번거로움이 많다. 따라서 **변수 선택**(Variable Selection) 노드에서는 이를 기계적으로 처리할 수 있도록 옵션을 설정할 수 있다. **속성 패널**에서 **최대 결측 비율**(Max Missing Percentage) 필드에 제거 기준이 될 백분률을 지정하면 된다. 초기값에 의해서는 결측값의 비율이 50% 이상인 변수들이 제거된다.

변수선택 방법

속성 패널의 타겟 모델(Target Model) 필드에서 다음과 같은 변수선택 방법을 설정할 수 있다.

- 기본: 목표변수가 이항형이고 자유도가 400 이상일 때(즉, 변수의 수가 매우 많을 때)는 카이제곱 방법을 선택하며, 그렇지 않으면 R-제곱 방법을 이용한다.
- 카이제곱: 카이제곱 통계량에 의한 변수선택이 수행된다.
- R-제곱: 결정계수(coefficient of determination, R^2)에 의한 변수선택이 수행된다.
- R-제곱 및 카이제곱: 구간형 목표변수의 경우는 결정계수만을 이용하여 변수선택을 수행한다. 범주형 목표변수의 경우 R-제곱 방법과 카이제곱 방법을 모두 적용한다.
- 없음(None): 속성 패널의 최대 클래스 레벨(Max Class Level)과 최대 결측 비율(Max Missing Percentage) 필드에서 설정된 옵션만을 이용하여 변수선택이 수행된다..

7.4.2 결정계수를 이용한 변수선택

결정계수(coefficient of determination, R-square)는 예측모형에 대한 설명력의 측도로 사용될 수 있다는 것을 앞장에서 설명한 바 있다. 변수 선택(Variable Selection) 노드에서는 속성 패널의 R 제곱 옵션(R-Square Options) 영역에서 설정된 옵션들을 적용하여 변수선택을 수행한다.

변수 선택(Variable Selection) 노드에서 R^2를 이용하여 목표변수와 연관성이 높은 입력변수를 선택하는 방법은 다음과 같다.

상관계수를 이용한 변수선택

각 입력변수와 목표변수 간의 단순 상관계수(correlation)를 계산한 후, 상관계수의 제곱이 기준값보다 작은 입력변수를 제거한다. 최소 R-제곱(Minimum R-Square) 필드에서 기준값을 설정할 수 있으며, 초기값은 0.005이다.

결정계수를 이용한 단계적 변수선택

4장에서 설명한 전진선택법(forward selection)을 이용하여 단계적으로 변수를 선택한다. 이때 R^2의 증가량이 기준값보다 작은 변수가 나타나면 변수선택을 중단한다. **R-제곱 중지**(Stop R-Square) 필드에서 기준값을 설정할 수 있으며, 초기값은 0.0005이다.

이원 교호작용(2-way Interaction)의 탐색

교호작용 사용(Use Interactions) 필드에 '예'를 설정하면 이원 교호작용의 효과에 대한 유용성을 탐색하여 준다. 예를 들어, 변수 JOB과 REASON에 대하여 교호작용 JOB*REASON이 유용한지를 탐색한다. 이러한 정보는 다음의 회귀분석이나 신경망분석에서 유용하게 사용될 수 있다.

비선형성을 고려한 AOV16 변수의 탐색(구간형 변수의 경우)

AOV16 변수 사용(Use AOV16 Variables) 필드에 '예'를 설정하면 구간형 변수에 대하여 비선형성을 고려한 구간화(범주화) 변수를 탐색하여 준다. 이러한 과정은 **대화식 구간 생성**(Interactive Binning) 노드나 **변수 변환**(Transform Variables) 노드에서와 유사하다. 이때 최대 16개까지의 이산범주를 가지는 구간화 변수(이를 AOV16 변수라고 한다)가 생성되고, 원래의 입력변수보다 AOV16 변수가 더 유용한지를 탐색한다. 즉, AOV16 변수를 이용한 R^2가 원래 변수를 이용하여 구한 R^2보다 훨씬 크다면, 그 변수는 목표변수와 비선형 관계에 있다고 판단할 수 있다.

그룹화 변수의 탐색(범주형 변수의 경우)

그룹 변수 사용(Use Group Variables) 필드에 '예'를 설정하면 클래스(범주형) 변수에 대하여 범주의 수를 줄일 수 있는지를 탐색하여 준다. 즉, 범주형 변수에 대하여 어떤 범주들을 병합했을 때 R^2의 손실이 크지 않다면(기준값은 원래 변수의 R^2 값의 5%), 이들 범주를 병합하여 새로운 Group 변수를 생성하여 준다. 이러한 작업은 모형화 과정에서 추정해야할 모수를 줄일 수 있게 함으로서, 모형의 효율성과 안정성을 높일 수 있도록 도움을 줄 수 있다.

다이어그램의 **변수 선택**(Variable Selection) 노드를 실행하고 그 결과를 살펴보도록 하자. 그림 7.12는 **교호작용 사용**(Use Interactions), **AOV16 변수 사용**(Use AOV16 Variables), **그룹 변수 사용**(Use Group Variables) 필드에 모두 '예'를 설정하고 얻은 결과이다.

예를 들어, 변수 MORTUDE는 AOV16 변수의 R^2가 더 크므로 제외된다. 결과에서 AOV16_MORTUDE라는 새로운 변수가 입력변수로 선택되었음을 볼 수 있다. 변수 JOB은 그룹화 변수가 더 선호되므로 제외된다. 결과에서 새로운 그

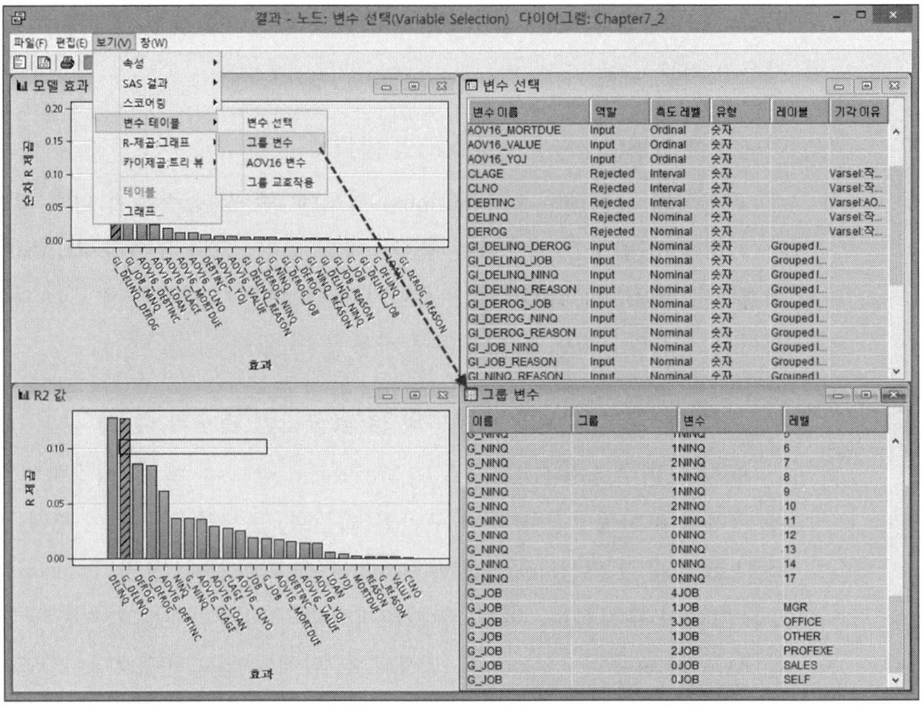

그림 7.12 변수 선택(Variable Selection) 노드 – 결과: R-제곱 방법

룹화 변수 G_JOB이 생성되어 있음을 볼 수 있다. 원래 범주의 수는 6(결측값을 포함하여 7)이지만 그룹화 변수 G_JOB의 범주는 4이다. 또한, 그룹화된 교호작용 변수 GI_JOB_REASON이 생성되어 있음을 볼 수 있다.

그룹 변수, AOV16 변수, 그룹 교호작용에 대한 상세한 정보는 결과 윈도우에서 '보기(V) → 변수 테이블' 메뉴를 이용하여 얻을 수 있다(그림 7.12).

7.4.3 카이제곱 통계량을 이용한 변수선택

타겟 모델(Target Model) 필드에서 카이제곱을 설정하면 카이제곱 통계량을 이용하여 변수들을 선택하여 준다. 이때 각 입력변수에 대하여 의사결정나무분석에서와 유사하게 카이제곱 통계량을 계산하여 변수선택을 하게 된다. 카이제곱 옵션 영역에서 설정할 수 있는 옵션은 다음과 같다.

- 범주 수(Number of Bins): 구간형 입력변수에 대하여 여기에 설정된 수만큼 이산 범주를 만든다(초기값=50).
- 최대 트리 깊이(Maximum Pass Number): 각 입력변수들에 대해 의사결정나무를

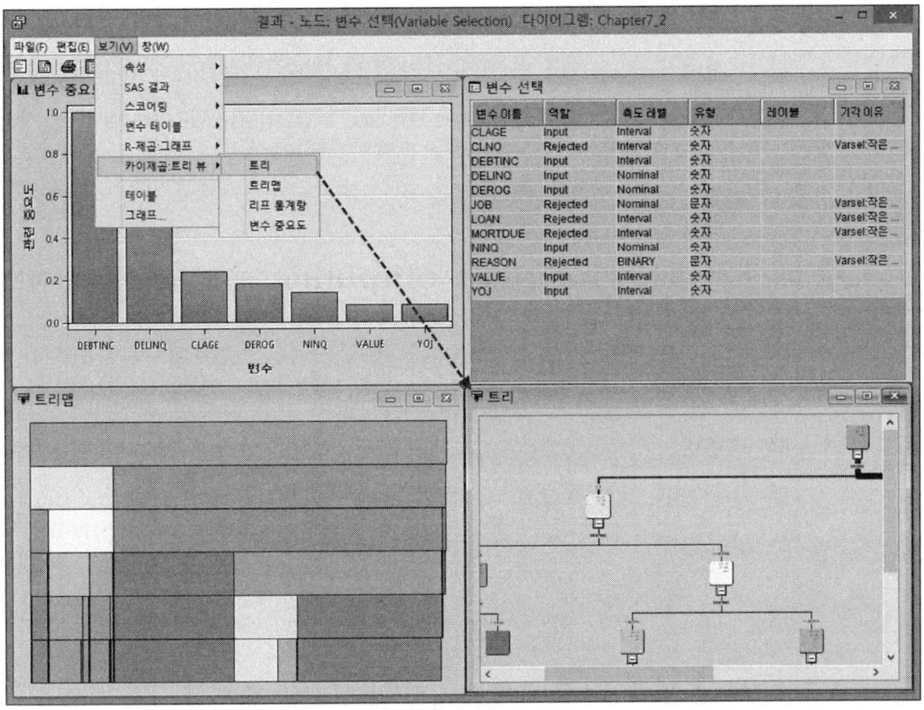

그림 7.13 변수 선택(Variable Selection) 노드 – 결과: 카이제곱 방법

형성할 때 최대 깊이를 설정한다(초기값=6).

- **최소 카이제곱(Minimum Chi-Square)**: 의사결정나무를 통해 카이제곱 통계량을 계산한 후, 여기에 지정된 값보다 작은 변수는 제외한다. 초기값은 3.84이다(이 것은 자유도가 1인 카이제곱 통계량의 5% 유의수준에 해당하는 값이다).

변수선택 방법을 카이제곱 방법으로 설정한 후, **변수 선택**(Variable Selection) 노드를 실행하고 그 결과를 살펴보도록 하자. 그림 7.13에서 변수 CLNO, JOB, LOAN, MORTUDE, REASON 등이 카이제곱 통계량의 기준에 의해서 제외되었음을 볼 수 있다. 변수선택을 위해 적용된 의사결정나무에 대한 상세한 정보는 결과 윈도우에서 '보기(V) → 카이제곱: 트리 뷰' 메뉴를 이용하여 얻을 수 있다.

한편, **변수 선택**(Variable Selection) 노드가 실행된 후, **속성 패널**에서 **수동 선택기**(Manual Selector) 필드를 이용하여 분석자가 변수들의 **역할**을 수동으로 설정할 수 있다(그림 7.11).

기본적으로 **변수 선택**(Variable Selection) 노드는 원변수를 다음 단계의 노드에 전달하지 않는다. 따라서 이러한 설정을 변경하려면 **변수 선택**(Variable Selection) 노드 다음에 **메타데이터**(Metadata) 노드를 연결하여 **숨기기**와 **새로운 역할** 칼럼 등을 설정해 주어야 한다(그림 4.11). 또는, **변수 선택**(Variable Selection) 노드의 **속성 패널**에서 **스코어 영역의 기각된 변수 숨기기**(Hides Rejected Variables)와 **사용하지 않는 변수 숨기기**(Hides Unused Variables) 필드에 대한 설정을 변경할 수도 있다.

7.5 주성분분석(Principal Components) 노드

주성분분석은 차원의 단순화를 통해 서로 상관되어 있는 변수들 간의 복잡한 구조를 분석하는 데 그 목적을 두고 있으며, 이를 위하여 입력변수 $x_1, x_2, \cdots, x_p$들을 선형변환시켜 주성분(principal component)이라고 불리는 서로 독립적인 새로운 인공 변수들을 유도한다. 여기서 선형변환(linear transformation)은 다음과 같은 입력변수들의 가중결합을 의미한다.

$$y = a_1x_1 + a_2x_2 + \cdots + a_px_p \tag{7.1}$$

주성분은 입력변수들이 가진 전체 변이(분산)에 대한 성분의 설명력을 순차적으로 최대화 하도록 유도되며(최대 p개까지의 주성분이 추출될 수 있다), 이때 가중계수 $a_1, a_2, \cdots, a_p$를 주성분계수(principal components coefficient)라고 한다.[3] 이러한 주성분은 군집분석이나 회귀분석과 같은 다음 단계의 분석에서 유용하게 사용될 수 있다.

주성분분석은 많은 입력변수들이 있을 때 더욱 유용하지만, 여기서는 설명을 위해 간단한 사례를 다루어 보도록 하겠다.

먼저, 데이터셋 JEANTYPE를 이용하여 데이터 소스를 생성하여라. 이때 변수 STOREID의 역할을 ID로 설정하고 TYPE_A, TYPE_B, TYPE_C, TYPE_D의 역할을 Input으로 설정하여라.

새로운 다이어그램을 생성하고 그림 7.14와 같이 분석흐름도를 작성하여라. 다이어그램에서 **주성분분석**(Principal Components) 노드를 실행하고 그 결과를 살펴보도록 하자.

고유값 도표와 테이블의 결과를 살펴보면(그림 7.15), 4개의 주성분이 추출되었고 고유값은 2.918, 0.914, 0.147, 0.021임을 볼 수 있다. 또한, 전체 분산에 대한 각 주성분의 설명비율은 첫 번째가 73.0%이고 두 번째가 22.9%이며, 첫 2개의 주성분의 누적 설명비율이 95.8%임을 볼 수 있다. 따라서 고유값 기준(일반적인 기

[3]주성분분석의 자세한 내용은 "(예제로 배우는) SAS 다변량 자료분석 입문, 자유아카데미"를 참조하기 바란다.

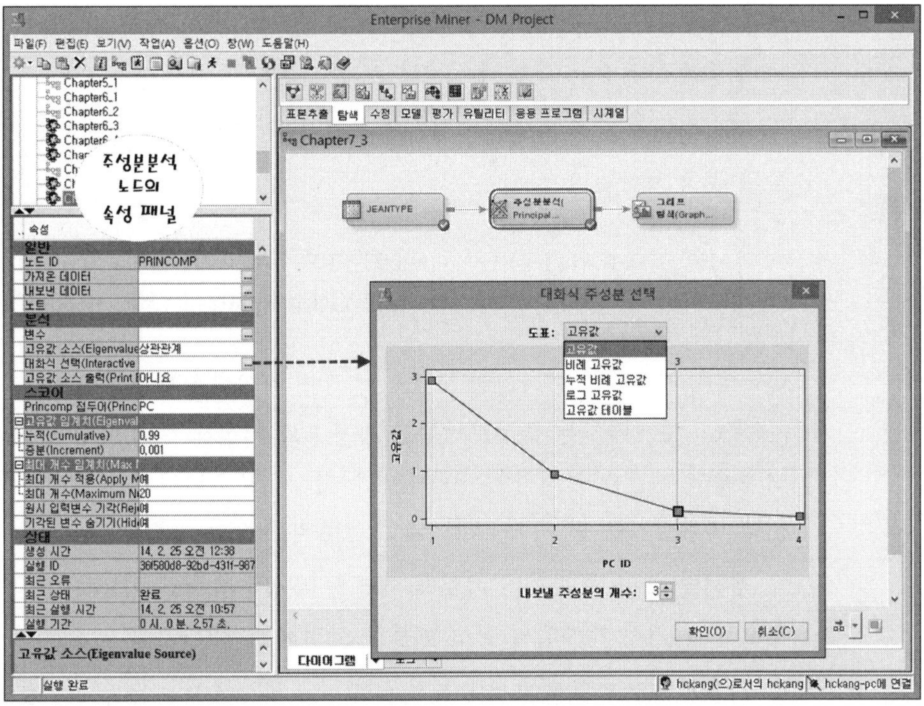

그림 7.14 주성분분석을 위한 다이어그램

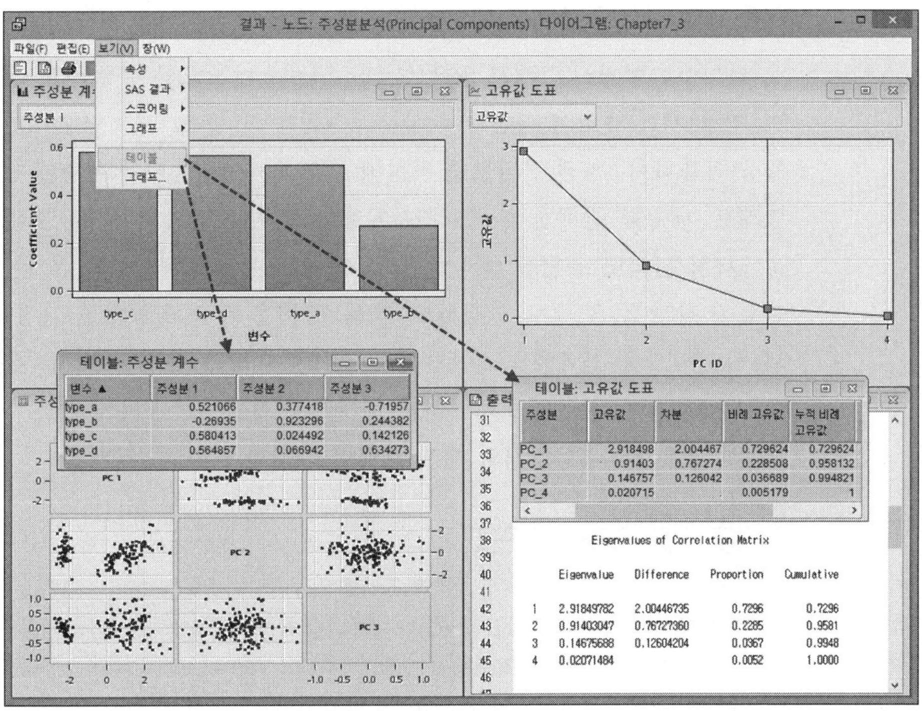

그림 7.15 주성분분석(Principal Components) 노드 – 결과

준은 고유값이 1 이상인 주성분을 취하는 것이다)과 설명비율을 고려할 때 첫 2개의 주성분을 취하는 것이 좋을 것으로 생각된다.

주성분계수를 이용하여 첫 2개의 주성분점수(principal component score)는 다음과 같이 계산된다.

$$\begin{cases} \mathrm{PC}_1 & = 0.521\mathrm{TYPE_A} - 0.269\mathrm{TYPE_B} + 0.580\mathrm{TYPE_C} + 0.564\mathrm{TYPE_D} \\ \mathrm{PC}_2 & = 0.377\mathrm{TYPE_A} + 0.923\mathrm{TYPE_B} + 0.024\mathrm{TYPE_C} + 0.067\mathrm{TYPE_D} \end{cases}$$

나머지 주성분점수도 이러한 식으로 계산될 수 있다.[4] **주성분분석**(Principal Components) 노드에서는 주성분점수를 자동으로 계산해 주기 때문에 분석자는 다음 단계에서 이들을 선택하여 사용하면 된다. 그림 7.14에서와 같이 **대화식 주성분 선택** 대화상자를 이용하여 **내보낼 주성분의** 개수를 설정할 수 있다.

주성분 행렬 그래프는 이렇게 계산된 주성분점수를 이용하여 산점도를 그린 것으로, 여기서 개체들의 군집성 등을 살펴볼 수 있다.

기본적으로 **주성분분석**(Principal Components) 노드는 원변수를 다음 단계의 노드에 전달하지 않는다. 따라서 이러한 설정을 변경하려면 **주성분분석**(Principal Components) 노드 다음에 **메타데이터**(Metadata) 노드를 연결하여 **숨기기**와 **새로운 역할** 칼럼 등을 설정해 주어야 한다.[5]

다이어그램에서 **그래프 탐색**(Graph Explore) 노드를 실행하고 결과를 살펴보면, 각 개체에 대하여 계산된 주성분점수들을 볼 수 있다(그림 7.16). 주성분점수들을 이용하여 3차원 산점도를 작성해 보도록 하자. 풀다운 메뉴에서 '**보기(V)** → **그래프**' 메뉴를 선택한 후, **그래프 유형 선택** 대화상자에서 **3D 그래프**를 선택하고 **3차원 산점도** 유형을 클릭하여라. **다음** 버튼을 클릭한 후, 세 주성분의 **역할** 칼럼을 각각 X, Y, Z로 설정하고, **다음** 버튼을 계속 클릭하면 그림 7.17과 같은 3차원 산점도를 얻게 된다. 여기서 '**편집(E)** → **작업 모드** → **회전**' 메뉴를 선택한 후, 그래프를 마우스로 드래그하면 그래프를 회전시키면서 살펴볼 수 있다. 그림 7.17의 경우 2개 혹은 3개의 개체 군집이 존재함을 볼 수 있다.

---

[4]속성 패널의 고유값 소스(Eigenvalue Source) 필드가 **상관관계**로 설정되어 있으므로, 주성분점수를 계산하기 전에 입력변수들이 표준화 되어야 한다.

[5]**주성분분석**(Principal Components) 노드의 **속성 패널**에서 **최대 개수 임계치**(Max Number Cutoff) 영역의 **원시 입력변수 기각**(Reject Original Input Variables)과 **기각된 변수 숨기기**(Hide Rejected Variables) 필드에 대한 설정을 변경할 수도 있다.

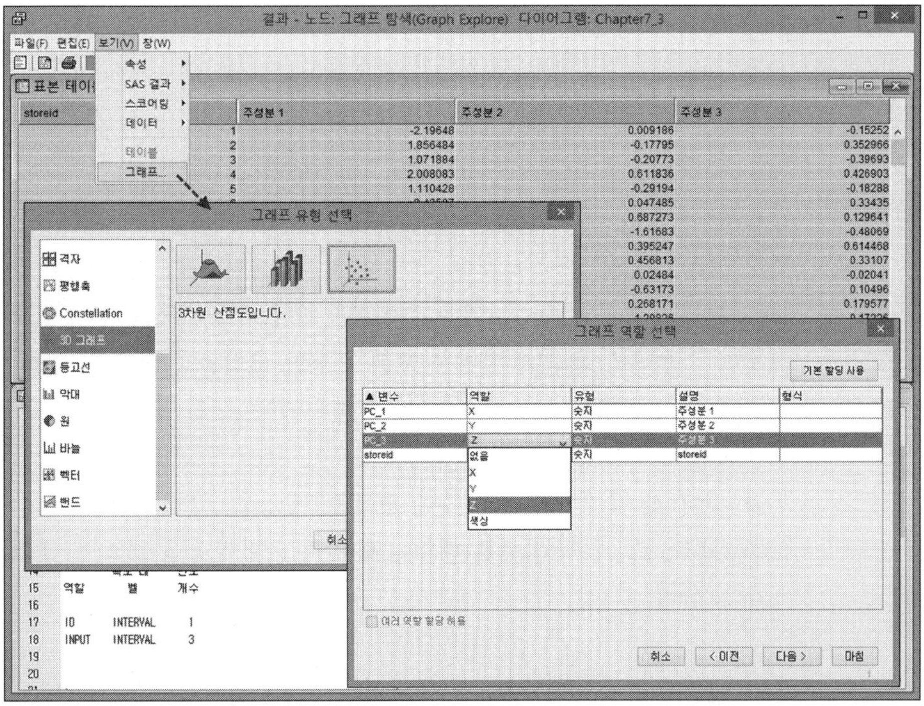

그림 7.16 그래프 탐색(Graph Explore) 노드 – 결과

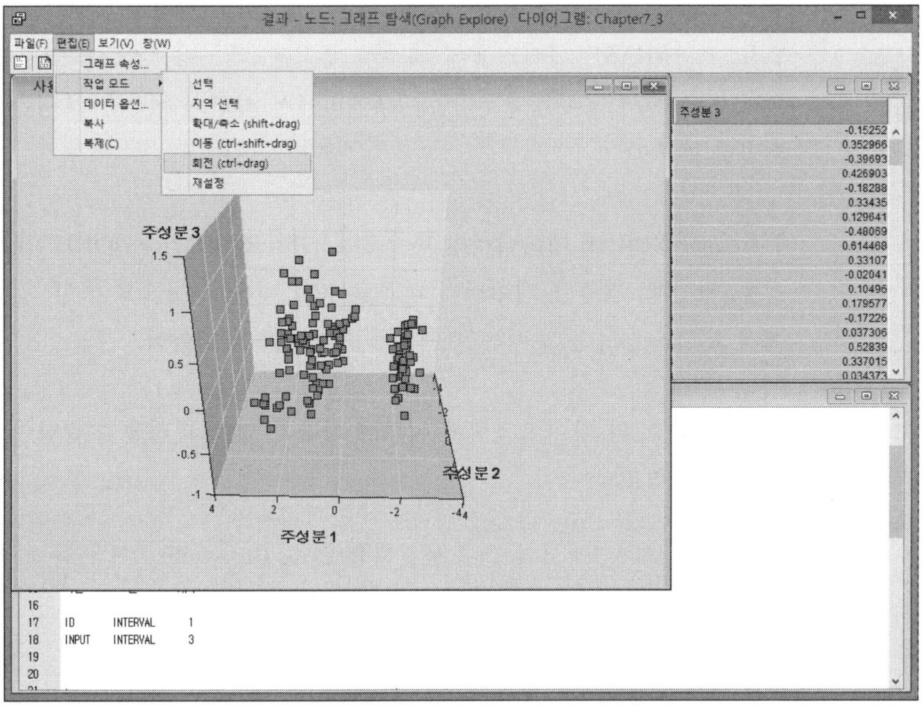

그림 7.17 3차원 산점도

7.6 연습문제

7-1. BUYTEST 데이터셋에 대하여 **변수 선택**(Variable Selection) 노드를 이용하여 변수선택을 수행하여 보아라.

7-2. BUYTEST 데이터셋에 대하여 분석용, 평가용, 검증용 데이터의 비율을 40%, 30%, 30%으로 하고, 검증용 데이터에서 최고의 성능을 보이는 예측모형을 개발하여 보아라(지금까지 다룬 모든 모형화 방법들과 탐색 및 변환 기법들을 사용해 보기 바란다).

7-3. HMEQ 데이터셋에 대하여 분석용, 평가용, 검증용 데이터의 비율을 40%, 30%, 30%으로 하고, 검증용 데이터에서 최고의 성능을 보이는 예측모형을 개발하여 보아라.

7-4. HOUSING 데이터셋에 대하여 분석용, 평가용, 검증용 데이터의 비율을 40%, 30%, 30%으로 하고, 검증용 데이터에서 최고의 성능을 보이는 예측모형을 개발하여 보아라.

7-5. DMABASE 데이터셋에 대하여 분석용, 평가용, 검증용 데이터의 비율을 40%, 30%, 30%으로 하고, 검증용 데이터에서 최고의 성능을 보이는 예측모형을 개발하여 보아라.

7-6. ZGENERAL 데이터셋의 변수 MAJORORDER와 COOKIE 각각에 대해 분석용, 평가용, 검증용 데이터의 비율을 40%, 30%, 30%으로 하고, 검증용 데이터에서 최고의 성능을 보이는 예측모형을 개발하여 보아라.

7-7. 그림 7.1의 다이어그램에 대하여 다음과 같은 과정을 수행하여라(연습문제 2-2 및 6-5 참조).

(가) 연습문제 6-5에서와 같이 사전확률(Prior Probability)과 이득행렬(Profit Matrix)을 설정하여라.

(나) **변수 변환**(Transform Variables) 노드를 이용하여 모든 입력변수들에 대해 최적의 변환을 탐색하여라.

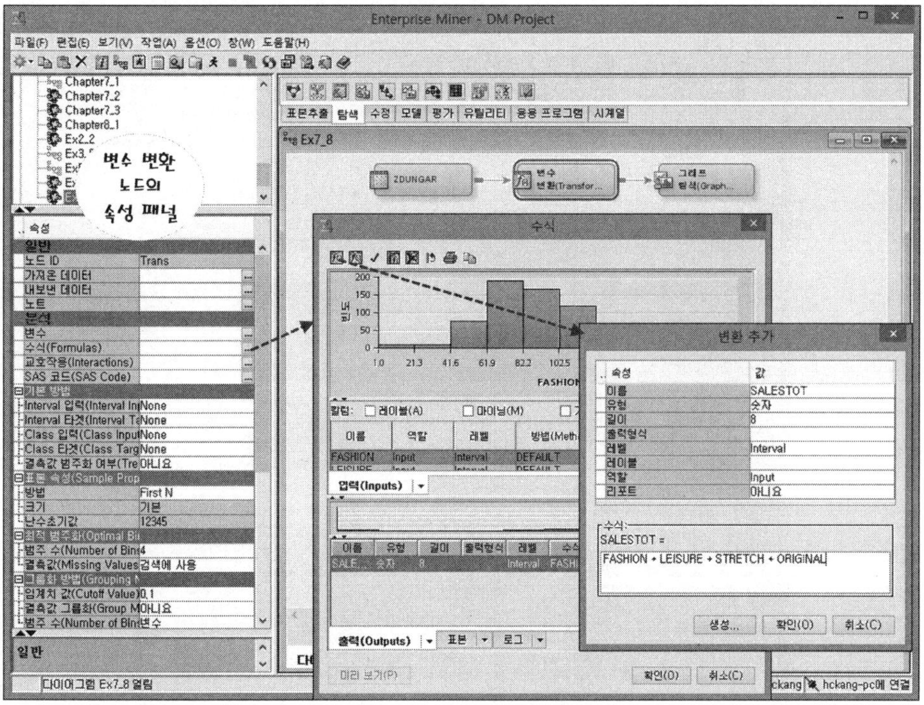

그림 7.18 변수 변환(Transform Variables) 노드 – 수식 편집기

(다) **의사결정트리**(Decision Tree), **회귀**(Regression), **신경망**(Neural Network) 노드 각각에 대하여 최고의 성능을 가지는 모형들을 개발하여 보아라.

(라) **모델 비교**(Model Comparison) 노드를 실행한 후, 여러 가지 모형평가 도구를 고려하여 가장 좋은 모형을 선택하여라. 또한 **모델 비교**(Model Comparison) 노드의 **선택 편집기**(Selection Editor)에서 이 모형을 선택하여라(2장의 그림 2.39 참조).

(마) **스코어**(Score) 노드와 **그래프 탐색**(Graph Explore) 노드를 실행한 후, 예측된 사후확률과 기대이득 등을 중심으로 새롭게 생성된 변수들을 살펴보아라.

7-8. 그림 7.18과 같이 다이어그램을 생성한 후 다음과 같은 과정을 수행하여라.

(가) 데이터셋 ZDUNGAR을 이용하여 데이터 소스를 생성하여라. 이때 변수 STOREID의 역할을 ID로 설정하여라(나머지 4개의 변수의 역할은 모두 Input이다).

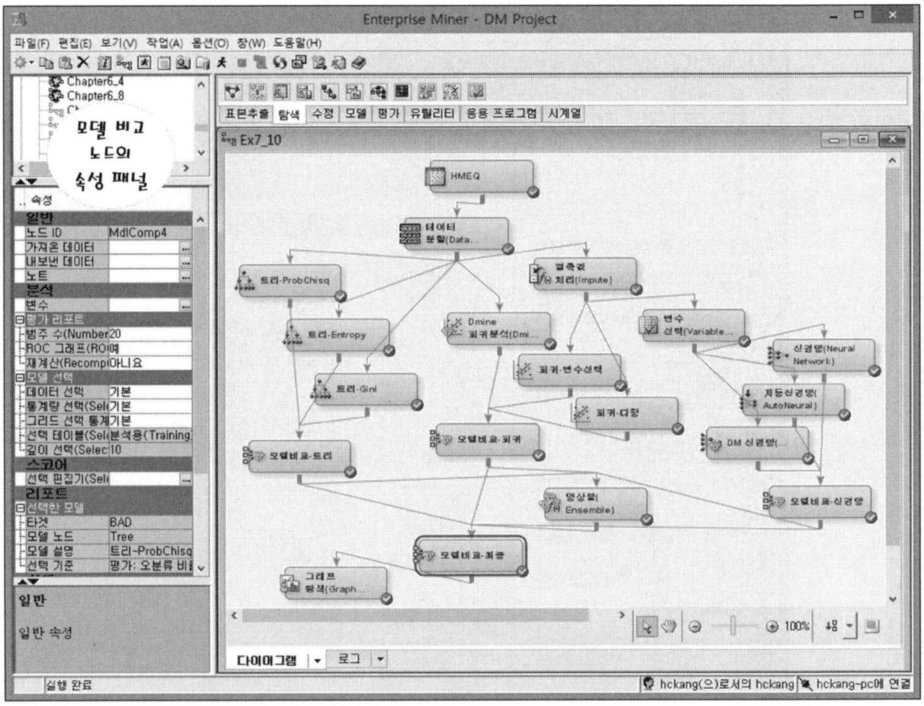

그림 7.19 연습문제 7-10을 위한 다이어그램

(나) **변수 변환**(Transform Variables) 노드의 수식 편집기를 이용하여 새로운 변수 SALESTOT를 생성하여라(그림 7.19).

- SALESTOT = FASHION + LEISURE + STRETCH + ORIGINAL

(다) **그래프 탐색**(Graph Explore) 노드를 실행하고 결과를 살펴보아라. 또한 **변수 편집** 메뉴에 있는 기능들을 이용하여 각 변수들의 분포를 살펴보아라.

7-9. DMABASE 데이터셋을 이용하여 주성분분석을 수행하여라. 이때 변수 DISIVION, LEAGUE, POSITION, TEAM의 역할을 Rejected로 설정하여라(다른 변수들의 역할은 부록과 동일하게 설정하여라).

7-10. 그림 7.19와 같이 분석흐름도를 작성하고, 다음과 같은 과정을 수행하여 보아라.

(가) **데이터 분할**(Data Partition) 노드의 **속성 패널**에서 분석용, 평가용, 검증용 데이터의 비율을 70%, 30%, 0%로 지정하여라.

(나) 그림 7.19에는 다음과 같이 **분리 규칙**(Splitting Rule) 영역의 Nominal 기준(Nominal Criterion) 필드가 설정된 세 개의 **의사결정트리**(Decision Tree) 노드가 포함되어 있다. 이들과 연결된 **모델 비교**(Model Comparison) 노드를 실행하고 결과를 살펴보아라. 가장 좋은 예측모델로 선택된 노드의 결과를 살펴보아라.

- 트리-ProbChisq: 분리기준으로 카이제곱 통계량의 p-값이 설정된 의사결정나무.
- 트리-Entropy: 분리기준으로 엔트로피 지수가 설정된 의사결정나무.
- 트리-Gini: 분리기준으로 지니 지수가 설정된 의사결정나무.

(다) 그림 7.19에는 다음과 같은 Dmine **회귀분석**(Dmine Regression) 노드와 두 개의 **회귀**(Regression) 노드가 포함되어 있다. 이들과 연결된 **모델 비교**(Model Comparison) 노드를 실행하고 결과를 살펴보아라. 가장 좋은 예측모델로 선택된 노드의 결과를 살펴보아라.

- Dmine 회귀분석(Dmine Regression) 노드: **속성 패널의 AOV16 변수 사용**(Use AOV16 Variables), **그룹 변수 사용**(Use Group Variables), **교호작용 사용**(Use Interactions) 필드를 모두 '예'로 설정한 경우(6.5절 참조).
- 회귀-변수선택: **속성 패널의 모델 선택**(Selection Model) 필드를 **단계별 선택**으로 설정한 경우.
- 회귀-다항: **속성 패널의 2요인 교호작용**(Two-Factor Interactions)과 **다항식 항**(Polynomial Terms) 필드를 '예'로 설정하고, **모델 선택**(Selection Model) 필드를 **단계별 선택**으로 설정한 경우.

(라) 그림 7.19에는 **신경망**(Neural Network) 노드, **자동신경망**(AutoNeural) 노드, DM **신경망**(DMNeural) 노드가 포함되어 있다. 이들과 연결된 **모델 비교**(Model Comparison) 노드를 실행하고 결과를 살펴보아라. 가장 좋은 예측모델로 선택된 노드의 결과를 살펴보아라.

(마) 분석흐름도 가장 아래의 **모델 비교**(Model Comparison) 노드를 실행하고 결과를 살펴보아라. 가장 좋은 예측모델로 선택된 노드의 결과를 살펴보아라.

더 읽을 거리

- 강현철, 김은석, 이성건, 이슬지, 채윤석, 최병정, 최종후, 한상태 (2014). "(빅데이터 분석을 위한) SAS Enterprise Miner 12.1 사용법", 자유아카데미.
- 강현철, 한상태, 김기영, 전명식 (2005). "(예제로 배우는) SAS 다변량 자료분석 입문",

자유아카데미.

- SAS Institute Inc. (1998). "Enterprise Miner Software: Applying Data Mining Techniques", Cary, NC: SAS Institute Inc.
- SAS Institute Inc. (1999). *Neural Network Modelling, Course Notes*, Cary, NC: SAS Institute Inc.
- SAS Institute Inc. (2000). Data Mining Using Enterprise Miner Software: A Case Study Approach, First Edition, Cary, NC: SAS Institute Inc.
- SAS Institute Inc. (2001). *Decision Tree Modelling, Course Notes*, Cary, NC: SAS Institute Inc.
- SAS Institute Inc. (2002). *Predictive Modelling Using Logistic Regression, Course Notes*, Cary, NC: SAS Institute Inc.
- SAS Institute Inc. (2012). *Getting Started with SAS Enterprise Miner 12.1*, Cary, NC: SAS Institute Inc.
- SAS Institute Inc. (2012). *SAS Enterprise Miner 12.1 Reference Help*, Cary, NC: SAS Institute Inc. Inc.

제 8 장
군집분석

Cluster Analysis

관찰이나 실험 등을 통해 얻은 연구대상의 개체들을 분류한다는 것은 과학적 연구의 가장 근본이 되는 목표 중 하나라고 볼 수 있다. 군집분석(cluster analysis)은 군집의 개수나 구조에 관한 특별한 가정없이 개체들 사이의 유사성 또는 거리(비유사성)에 근거하여 자연스러운 군집을 찾고 다음 단계의 분석을 꾀하는 탐색적인 통계분석 기법이다. 여기서는 대용량 데이터에 대해서 가장 널리 사용되는 k-평균 군집방법(k-means clustering)을 중심으로 군집분석의 주요 개념과 활용사례를 살펴보고자 한다.

8.1 군집분석의 개념

군집분석은 주어진 개체 중에서 유사한 것들을 몇몇의 집단으로 그룹화하여, 각 집단의 성격을 파악함으로서 데이터 전체의 구조에 대한 이해를 돕고자 하는 탐색적 데이터분석 방법이다. 특히 대용량 데이터에 대해서는 개개의 관찰치를 요약하는 것보다는 전체를 유사한 관찰치들의 군집(cluster)으로 구분하여, 복잡한 전체보다는 그들을 잘 대표하는 군집들을 관찰함으로서 전체 데이터에 대한 의미 있는 정보를 얻어낼 수 있을 것이다.

예를 들어, 한 의류업자가 전국의 689개의 매장에 4가지 유형의 청바지를 공급하고 있다고 하자. 앞으로의 제품 납품계획과 더불어 지점별 차별화된 마케팅 전략을 위해서는, 전체 689개의 지점 각각에 대한 전략을 세우는 것보다는 비슷한 판매유형을 갖는 3 혹은 4개의 집단으로 구분해 전략을 세우는 것이 효율적일 것이다. 즉, 각 지점별 유사성을 표현하는 판매유형을 기준으로 비슷한 유형을 갖는 지점들이 동일한 군집으로, 상이한 지점들은 서로 다른 군집으로 구분되도록 하면 될 것이다. 표 8.1은 689개 매장에 대해 판매유형을 기준으로 3개의 군집으로 구분한 결과로서 각 군집의 평균을 요약한 것이다.

표 8.1 군집별 평균 프로파일

군집(Segment)	n	매출액	제품 유형별 판매비율			
			Fashion	Leisure	Stretch	Original
1	632	4402.9	2.1%	44.3%	10.8%	42.8%
2	10	2199.6	0.2%	38.2%	14.4%	47.3%
3	47	3394.7	2.5%	50.2%	0.8%	46.6%
전체	689	4302.1	2.1%	44.6%	10.2%	43.1%

표 8.2 구간형 데이터에 대한 거리

거 리	공 식
Euclidean distance	$\sqrt{\sum_{k=1}^{p}(x_{ik}-x_{jk})^2}$
Squared Euclidean distance	$\sum_{k=1}^{p}(x_{ik}-x_{jk})^2$
City Block distance	$\sum_{k=1}^{p}\lvert x_{ik}-x_{jk}\rvert$
L_m(Minkowski distance)	$[\sum_{k=1}^{p}\lvert x_{ik}-x_{jk}\rvert^m]^{1/m}$
Chebychev distance	$\max_k \lvert x_{ik}-x_{jk}\rvert$

표 8.1을 살펴보면 '군집 1'(632개 매장)은 전반적으로 매출액이 큰 그룹, '군집 2'(10개 매장)는 매출액 규모는 작지만 다른 군집에 비해서 Stretch 유형의 판매 비율이 높은 그룹, '군집 3'(47개 매장)은 Leisure 유형의 판매비율이 높고 Stretch 유형의 판매비율이 낮은 그룹임을 알 수 있다. 따라서, 이들 각 군집의 특성에 따라 물류계획이나 주력상품 선정 등의 전략을 세우면 될 것이다.

군집분석은 데이터 그 자체에만 의존하여 데이터 탐색과 자료를 요약하는, 사전에 정의된 어떠한 특수한 목적(예를 들어, 제품 구매/비구매에 가장 많이 영향을 주는 변수는 무엇인가?)이 없는 데이터분석 기법이다. 즉, 전체 데이터를 군집을 통해 잘 구분하는 것이 분석의 최대목적이라 할 수 있다. 따라서 동일한 군집의 개체들은 유사한 성격을 갖도록, 또한 서로 다른 군집에 속한 개체들 사이에는 상대적으로 서로 다른 성격을 갖도록 군집이 형성되어야 할 것이다.

8.1.1 거리(Distance): 비유사성의 측도

거리(distance; 비유사성, dissimilarity)는 개체들 간의 먼 정도를 의미하며, i번째와 j번째 개체 사이의 거리 d_{ij}는 일반적으로 다음과 같은 조건을 만족함을 가정한다.

$$\begin{cases} (1)\ d_{ij} \ge 0,\ d_{ii}=0,\ i,j=1,\ 2,\ \cdots,\ n, \\ (2)\ d_{ij}=d_{ji},\quad i,j=1,\ 2,\ \cdots,\ n, \\ (3)\ d_{ij}+d_{jk} \ge d_{ik},\ i,j,k=1,\ 2,\ \cdots,\ n. \end{cases} \tag{8.1}$$

개체 $i(=1,\ 2,\ \cdots,\ n)$에 대하여 p개의 변수(속성)에 대한 측정값을 얻었을 때, p개의 변수 모두가 어떤 속성에 대한 크기(양)를 나타낸다고 하자. 이 경우 두 개체 $\mathbf{x}_i=(x_{i1},\ x_{i2},\ \cdots,\ x_{ip})'$와 $\mathbf{x}_j=(x_{j1},\ x_{j2},\ \cdots,\ x_{jp})'$ 사이의 거리 측도로 자주 사용되는 것들은 표 8.2와 같다.

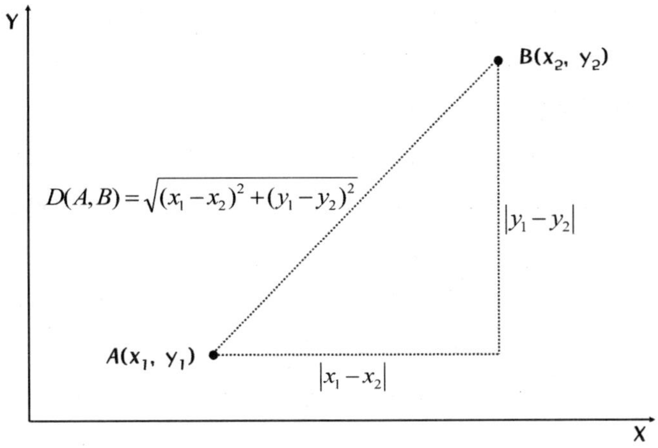

그림 8.1 두 점 사이의 유클리드 거리

이들 중 유클리드 거리는 가장 널리 사용되는 것으로, 이는 p-차원 공간 상에서 두 벡터 $\mathbf{x}_i$와 $\mathbf{x}_j$의 거리를 나타낸다. 또한 L_m은 일반화된 형태의 거리로서 $m = 2$인 경우에는 유클리드 거리, $m = 1$인 경우에는 시티블록 거리가 된다.

그런데, 이러한 거리들은 척도불변성(scale invariance)을 가지지 않으므로(즉, 변수들의 측정단위에 의존하므로) 사용에 주의가 요구된다. 따라서 각 변수의 표준편차나 범위 등으로 나누어 측정단위를 없애는 표준화를 고려하는 것이 더 바람직한 경우가 많다. 예를 들어, 표준편차에 의해 표준화된(standardized) 유클리드 거리는 다음과 같이 표현할 수 있다.

$$d_{ij} = \sqrt{\sum_{k=1}^{p} [(x_{ik} - x_{jk})/s_k]^2} \tag{8.2}$$

범주형 변수의 경우에는 거리라는 개념의 적용이 쉽지 않다. 일반적으로 범주형으로 측정되는 두 개체 사이의 거리는 두 개체가 서로 다른 범주에 속한 회수를 이용하기도 하는데, 다음의 예를 살펴보자. 성, 학력, 출신지역으로 관찰된 세 개의 개체가 다음과 같다고 하자.

A=(남자, 고졸, 경기)

B=(여자, 고졸, 전남)

C=(남자, 대졸, 경기)

이 경우, 개체 A와 B의 거리는 2(불일치수=2), A와 C의 거리는 1(불일치수=1), B와 C의 거리는 3(불일치수=3)이 된다.

그러나 분석대상이 되는 변수들에 연속형과 범주형이 혼합되어 있을 때는 이와 같은 방법은 더 이상 유용하지 않다. 따라서 일반적인 군집분석에서는 최소한 순서형 범주를 갖는 이산형 변수까지를 분석대상으로 하는 경우가 많다(E-Miner에서는 명목형 변수에 대해 가변수를 만든 후 유클리드 거리를 계산하여 사용한다).

한편, 사전에 분석자의 판단에 따라서 개체를 군집화하는데 있어서 특별히 중요하게 여기는 변수가 있을 경우, 이를 분석과정에 포함시키기 위해 변수별로 가중치를 줄 수가 있다. 예를 들어, 청바지 유통업자의 예에서 분석자가 마케팅 계획의 수립에 있어서 매장별 매출액이 가장 중요한 변인이라 생각한다면, 이를 구분하는 것이 다른 변수의 구분보다 중요함을 분석에 포함할 수 있다(이러한 과정은 분석사례를 통해서 살펴보도록 하겠다). 그러나 가중치에 대한 문제는 매우 민감한 것으로서 가중치를 부여한 분석과 그렇게 하지 않은 분석이 완전히 다른 결과를 얻게 될 수도 있다는 사실을 기억하기 바란다.

8.1.2 군집의 유형

일반적으로 사용되는 군집의 유형은 다음과 같다. 이와 같은 다양한 군집의 유형에 대한 각각의 특징과 내용은 이 장의 참고문헌들을 참조하기 바란다.

- 상호배반적 (Disjoint) 군집: 각 관찰치가 상호배반적인 여러 군집 중 오직 하나에만 속한다(예: 한국인, 중국인, 일본인).
- 계보적 (Hierarchical) 군집: 한 군집이 다른 군집의 내부에 포함되는 형태로 군집 간의 중복은 없으며 군집들이 매단계 계층적인 구조를 이룬다(예: 생물표본의 분류에서 '종–속–과–목' 등과 같은 계보).
- 중복 (Overlapping) 군집: 두 개이상의 군집에 한 관찰치가 동시에 소속되는 것을 허용한다.
- 퍼지 (Fuzzy) 군집: 관찰치가 소속되는 특정한 군집을 표현하는 것이 아니라 각 군집에 속할 가능성을 표현한다.

이와 같이 군집분석은 그 기준의 설정에 따라, 즉 유사성이나 혹은 비유사성의 정의나 군집의 형태 등에 따라 매우 다양한 방법들이 있다. 또한 주어진 데이터에 대한 사전정보 없이 탐색적으로 자료를 파악하는 방법이므로 초기의 군집수의 결정 등 분석자의 주관에 따라 결과가 상당히 다를 수 있다. 따라서 한번에 분석을 완전히 끝내는 경우는 거의 없고, 매회 결과를 잘 관찰해 결과적으로 의미있는 정보요약을 얻어내야 한다.

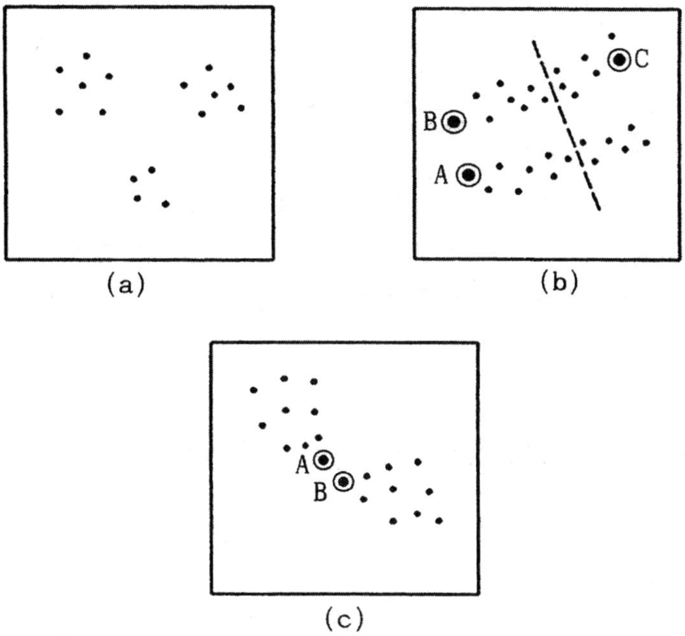

그림 8.2 여러 가지 군집의 형태

군집분석을 수행함에 있어 어려운 문제 중 하나는 다음 그림 8.2에서와 같이 실제 군집의 형태가 매우 다양하다는 것이다. 예컨대, 그림 (a)에서와 같이 각 군집이 구형인 경우에는 대부분의 군집방법들이 만족할 만한 결과를 제공하지만, 그림 (b)와 같이 군집의 모양이 긴 경우에는 개체들 사이의 거리를 단순히 유클리드 거리로 측정하면 잘못된 결과를 얻게 된다. 즉, 개체 B는 C와 같은 군집에 속하는데도 A와 더 가깝다고 판정할 수 있게 된다. 또한, 그림 (c)에서는 개체 A와 B가 두 군집 사이의 고리역할을 하여 군집방법에 따라서는 단순히 하나의 군집으로 결론지을 수도 있다.

한편, 자료의 개괄적인 구조가 명백하지 않은 경우 서로 다른 군집분석 방법은 상당히 다른 결과를 유도할 수 있으며 따라서 발견된 군집의 타당성에 대한 검토는 매우 중요하다고 할 수 있다. 또한 대부분의 군집분석 방법들은 특이값에 굉장히 민감하므로 이를 사전에 세밀히 검토하여 제거하는 것이 바람직하다. 군집의 타당성을 검토함에 있어 다음과 같은 몇 가지 직관적인 방법들이 일반적으로 추천된다. (i) 동일한 자료에 대해 다른 가정에 기초를 둔 여러 가지 군집방법을 적용하였을 때 대부분의 방법에서 제공된 결과가 유사한가를 살펴보는 일이다. (ii) 주어진 자료를 임의적으로 두 부분으로 나누고 각 부분을 독립적으로 군집시키는 방법이다. 이 때 만약 군집들이 안정되어 있다면 그 결과는 유사할 것이다. (iii) 어떤 군집분석 방법에 의하여 얻어지는 군집의 안정성을 알아보기 위하여 몇 개의 변수를 제거하는 것이 군집의 구조에 어떤 영향을 미치게 될 것인가를 고찰하는 방법이다.

대부분의 경우 군집분석은 다음 단계의 데이터분석을 위한 탐색적인 면도 아울러 가지고 있다고 할 수 있다. 따라서 얻어진 군집분석의 결과들을 그냥 받아들이기 보다는, 군집의 형태나 특이값의 존재 유무 등에 대한 보다 세밀한 검토를 통해 다음 단계를 진행하는 것이 바람직하다.

8.2 k-평균 군집방법(k-Means Clustering)

군집분석 방법들은 통상 계보적 군집방법과 최적분리 군집방법으로 구분될 수 있다.

계보적(hierarchical) 군집분석에서는 일반적으로 가까운 개체들을 하나씩 묶어감으로써 군집을 형성해 나간다. 즉, 먼저 가장 가까운 두 개의 개체를 묶어서 하나의 군집을 만들고 나머지 $(n-2)$개의 개체는 각각이 하나의 군집을 이루도록 한다. 그 다음에는 이렇게 만들어진 $(n-1)$개의 군집들 중에서 가장 가까운 두 개의 군집을 묶어 $(n-2)$개의 군집을 만든다. 이와 같은 과정은 군집들 간의 거리의 측도를 기준으로 각 단계마다 한 쌍씩 서로 병합되어, 최종적으로 n개의 개체들을 모두 묶어 하나의 군집을 만드는 단계까지 계속한다.

그런데, 이와 같은 계보적 군집분석은 어떤 개체가 일단 다른 군집에 속하면 다시는 같은 군집에 속하지 못하는 성질을 가지고 있다. 한편, 계보적 군집방법의 병합과정은 덴드로그램(dendrogram)을 사용하여 간단히 표현할 수 있으며(그림 8.3), 이는 전체 군집들 간의 구조적 관계를 살펴보는데 매우 유용하다. 그러나 개체 수가 커지면 이와 같은 유용성이 떨어질 뿐만 아니라, 거리행렬의 계산에 매우 많은 시간과 컴퓨터 용량이 필요하므로 적용에 제약이 따르게 된다.

최적분리 군집방법은 계보적인 방법으로 군집을 형성하지 않고 관찰값들을 몇 개의 군집으로 분리시키는 방식을 택하고 있다. 이러한 방법들은 통상적으로 미리 규정된 판정기준을 최적화시키도록 시도하고 있으며, 대부분의 경우 연구자에 의해 군집의 개수가 미리 결정되어 있어야 한다(이에 대해서는 분석사례를 통해 다룰 것이다). 한편, 계보적인 방법에서 초기에 부적절한 병합 또는 분리가 일어났을 때 회복될 수 없다는 단점을 최적분리 방법에서는 개체의 재할당을 통해 극복할 수 있다.

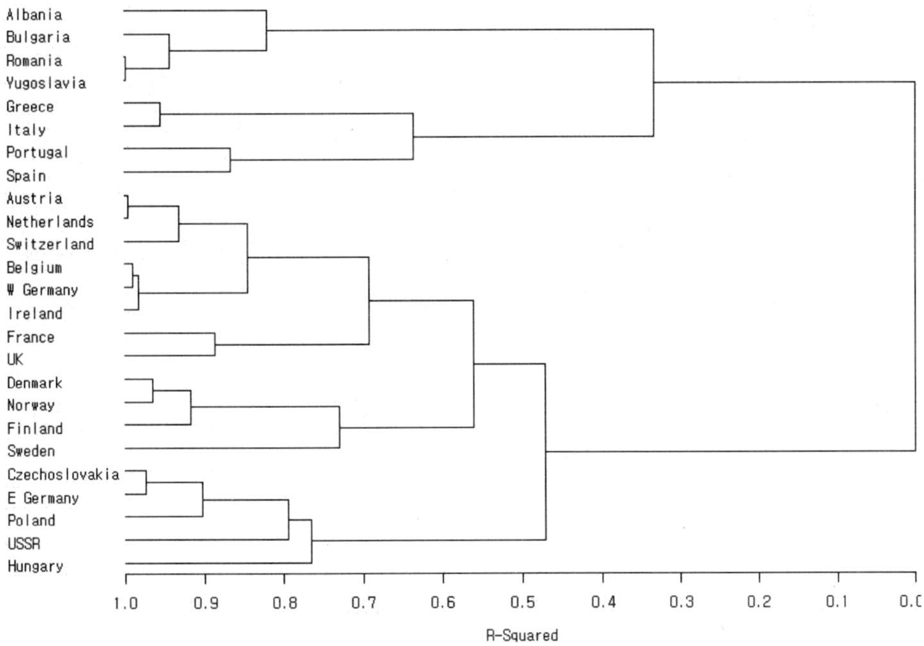

그림 8.3 덴드로그램 (Dendrogram)

8.2.1 *k*-평균 군집방법의 절차

일반적으로 최적분리 군집분석은 하나 이상의 정량적 변수들로부터 계산되는 유클리드 거리에 기초하여 군집이 형성된다. 또한 통상 다음과 같은 단계를 거쳐 분석이 수행되는데, 이러한 방법을 *k*-평균(means) 군집분석이라고도 한다.

(1) 군집 초기값의 선택

주어진 군집의 개수(k)만큼 군집 초기값(cluster seed)이 선택된다. 이 때 초기값을 선택하기 위해 주로 사용되는 방법들은 다음과 같다. (i) 자료에서 처음 k개의 개체들을 초기값으로 선택한다. (ii) 자료에서 임의로 k개의 개체들을 골라 초기값으로 선택한다. (iii) 주어진 군집의 개수보다 많은 초기값들을 각 변수의 표준편차 간격으로 고르고, 오차제곱합에 기초를 둔 판정기준이 충족될 때까지 군집의 수를 감소시킨다.

(2) 초기 군집의 형성

각 개체들에 대하여 군집 초기값(중심)들과의 거리를 계산하고, 거리가 가장 가까운 초기값에 개체들을 할당한다. 이 때 각 개체가 할당될 때마다 해당 군집의 중심이 그 군집에 속하는 개체들의 평균벡터로 다시 계산된다.

(3) 개체들의 재할당

각 개체들을 가장 가까운 군집중심(cluster center)에 재할당하고 군집의 중심(평균벡터)을 다시 계산한다. 군집중심들의 변화가 일정 수준 이하가 될 때까지 이와 같은 과정이 반복되어 최종군집이 형성된다.

예를 들어, 2개 변수에 대해 측정된 7개 개체의 관찰값들이 아래와 같이 주어져 있고 이들을 2개의 군집으로 분리시키는 경우를 다루어 보자.

$$\mathbf{X} = \begin{matrix} \\ (1) \\ (2) \\ (3) \\ (4) \\ (5) \\ (6) \\ (7) \end{matrix} \begin{matrix} x_1 & x_2 \\ \left(\begin{matrix} 1.0 & 1.0 \\ 1.5 & 2.0 \\ 3.0 & 4.0 \\ 5.0 & 7.0 \\ 3.5 & 5.0 \\ 4.5 & 5.0 \\ 3.5 & 4.5 \end{matrix}\right) \end{matrix}$$

먼저 두 개 군집의 초기값으로 유클리드 거리가 가장 먼 두 개체 1과 4의 좌표를 선택해 보기로 한다. 즉, 군집 초기값을 $c_1^0 = (1.0,\ 1.0)$, $c_2^0 = (5.0,\ 7.0)$으로 선택하자. 다음 단계로서 각 개체들을 가장 가까운 초기값에 대응되는 군집에 할당시키고 평균벡터가 각 단계에서 다시 계산된다. 이 과정을 자세히 제시하면 다음과 같다.

개체 번호	가까운 군집	군집 1 구성원	군집 1 군집중심	군집 2 구성원	군집 2 군집중심
1	1	(1)	(1.0, 1.0)		
2	1	(1, 2)	(1.2, 1.5)		
3	1	(1, 2, 3)	(1.8, 2.3)		
4	2	(1, 2, 3)	(1.8, 2.3)	(4)	(5.0, 7.0)
5	2	(1, 2, 3)	(1.8, 2.3)	(4, 5)	(4.2, 6.0)
6	2	(1, 2, 3)	(1.8, 2.3)	(4, 5, 6)	(4.3, 5.7)
7	2	(1, 2, 3)	(1.8, 2.3)	(4, 5, 6, 7)	(4.1, 5.4)
반복 1의 결과		(1, 2, 3)	(1.8, 2.3)	(4, 5, 6, 7)	(4.1, 5.4)

이제 두 번째 반복에서 각 개체가 그의 소속군집의 평균벡터에 가장 가까운지의 여부를 검사하여 재할당이 이루어 지며, 이 과정을 제시하면 다음과 같다.

개체 번호	가까운 군집	군집 1		군집 2	
		구성원	군집중심	구성원	군집중심
1	1	(1, 2, 3)	(1.8, 2.3)	(4, 5, 6, 7)	(4.1, 5.4)
2	1	(1, 2, 3)	(1.8, 2.3)	(4, 5, 6, 7)	(4.1, 5.4)
3	2	(1, 2)	(1.2, 1.5)	(3, 4, 5, 6, 7)	(3.9, 5.1)
4	2	(1, 2)	(1.2, 1.5)	(3, 4, 5, 6, 7)	(3.9, 5.1)
5	2	(1, 2)	(1.2, 1.5)	(3, 4, 5, 6, 7)	(3.9, 5.1)
6	2	(1, 2)	(1.2, 1.5)	(3, 4, 5, 6, 7)	(3.9, 5.1)
7	2	(1, 2)	(1.2, 1.5)	(3, 4, 5, 6, 7)	(3.9, 5.1)
반복 2의 결과		(1, 2)	(1.2, 1.5)	(3, 4, 5, 6, 7)	(3.9, 5.1)

즉, 첫 번째 반복에서 개체 (3)은 군집 1에 할당되었으나, 두 번째 반복에서 군집 2에 재할당되었다. 또한 위와 같은 재할당 과정을 한 번 더 반복하여도 결과가 달라지지 않으므로 최종적으로 세 번째 반복에서 분석이 종료되게 된다.

8.2.2 초기 군집 수의 결정

k-평균 군집분석에서는 군집 수를 사전에 결정해야하므로, 적절한 군집 수를 택해야만 의미 있는 분석결과도 얻을 수 있을 것이다. 그러나 사전에 아무런 정보 없이 전체 데이터에 알맞은 군집 수를 찾아낸다는 것도 쉬운 일이 아니다. E-Miner의 **클러스터링**(Clustering) 노드에서는 주어진 자료에 대한 최적의 군집 수를 탐색할 수 있도록 기존의 *k*-평균 군집분석을 보완하여 사용하고 있기 때문에, 사용자는 이 결과를 기초로 군집분석을 수행할 수 있다. 그러나 이와 같이 자동탐색된 군집 수가 항상 옳은 것은 아니기 때문에, 실제로는 군집 수 k에 따른 여러 번의 군집분석을 수행하고 이들 결과를 종합적으로 판단하여 최종 군집을 얻는 것이 바람직하다.

일반적인 *k*-평균 군집분석에서 군집 수를 결정하는 방법은 다음의 두 가지 방법을 주로 이용하고 있다. 한 가지 방법은 적절한 다변량 통계분석법을 이용해 관찰치의 위치를 시각화해 이를 관찰해서 결정하는 방법이 있을 수 있다. 이는 보통 주성분분석이나 변수군집분석을 통해서 차원(dimension)의 수를 줄이고 2차원 혹은 3차원의 그래프를 그려 봄으로써 수행할 수 있는데, 주성분분석의 이용은 7.5절에서 다루었고 변수군집분석은 8.7절에서 다룰 것이다. 다른 방법으로는 계보적 군집분석의 결과로부터 얻어지는 여러 가지 통계량의 변화를 관찰해 군집의 수를 결정하는 방법이 있다. 이에 대한 자세한 내용은 이 장의 참고문헌들을 참조하기 바란다.

8.3 군집분석의 특징과 적용상의 문제점

분석사례에 앞서 장점과 단점을 중심으로 군집분석의 특징을 간단히 정리해 보도록 하자.

8.3.1 군집분석의 장점

탐색적인 기법

군집분석은 그 자체가 대용량 데이터에 대한 탐색적인 기법으로서, 주어진 데이터의 내부구조에 대한 사전적인 정보 없이 의미 있는 자료구조를 찾아낼 수 있는 방법이다. 따라서 군집분석의 결과는 이후의 여러 가지 모형화(회귀분석, 의사결정나무분석, 신경망분석 등)를 위한 분석에 사용될 수 있다.

다양한 형태의 데이터에 적용가능

분석을 위해서는 기본적으로 개체들 간의 거리를 데이터의 형태에 맞게만 정의하면 거의 모든 형태의 데이터에 대하여 적용이 가능하다. 예를 들어, 신문기사 모음이나 보험에 대한 불만청구서 자료에 대해서도 개체들 사이의 비유사성(혹은 유사성)의 정도만을 잘 표현해 낼 수 있다면 군집분석이 가능하다.

분석방법의 적용 용이성

대부분의 군집방법이 분석대상 데이터에 대해 사전정보를 거의 요구하지 않으므로 적용하는 데에 큰 어려움이 없다. 즉 모형화를 위한 분석과 같이 사전에 특정 변수들에 대한 역할정의가 필요하지 않고, 다만 개체들 사이의 거리만이 분석에 필요한 입력자료가 된다.

8.3.2 군집분석의 단점

가중치와 거리의 정의

앞에서도 설명했듯이 군집분석의 결과는 개체들 사이의 비유사성인 거리 또는 유사성을 어떻게 정의하는가에 크게 좌우된다. 따라서 특히 여러 가지 자료유형(예를 들어 연속형, 범주형)을 포함하는 데이터의 경우, 관찰치들 사이의 거리를 정의하고 각 변수에 대한 가중치를 결정하는 것은 매우 어려운 문제다.

초기 군집 수의 설정

k-평균 군집분석에서는 사전에 정의된 군집 수를 기준으로 동일한 수의 군집을 찾게 되므로, 만일 군집 수 k가 원 데이터구조에 적합하지 않으면 좋은 결과를 얻을 수 없는 것은 당연하다. 그러므로 여러 번의 탐색적인 군집분석의 절차가 이어져야 한다.

결과해석의 어려움

군집분석은 탐색적인 분석방법으로의 장점을 가지고 있는 반면에, 사전에 주어진 목적이 없으므로 결과를 해석하는 데 있어서 어려움이 있다. 따라서 주어진 변수에 따라 잘 구분된 군집이라 하여도 그 결과를 충분히 이해하고 실제적으로 활용하기는 쉽지 않은 경우가 종종 있다.

종합하면 군집분석은 대용량 데이터에 대해 데이터마이닝을 수행하기 위한 초기 작업으로서 복잡한 데이터를 요약하는 유용한 도구이다. 그러나 유사성을 갖는 군집 내의 개체들을 통한 변수들 사이의 규칙이나 패턴을 찾는 또 다른 데이터마이닝 기법을 사용하여 더욱 유용한 결과를 얻도록 노력해야 할 것이다.

8.4 클러스터링(Clustering) 노드

클러스터링(Clustering) 노드는 k-평균 군집분석(k-means clustering)에 의해 군집화를 수행하는 기능을 가지고 있다. 여기서는 7.5절의 주성분분석 사례에서 다루었던 JEANTYPE 데이터셋을 이용하여 군집분석을 수행하여 보도록 하자. 새로운 다이어그램을 생성하고 그림 그림 8.4와 같이 분석흐름도를 작성하여라. 이 분석사례에서는 제품 종류별 매출액을 이용하여 대리점을 군집화하려고 한다.

클러스터링(Clustering) 노드의 **속성 패널**에서 다음과 같은 주요 옵션들을 확인하여라(여기서는 초기 설정값을 그대로 유지하고 분석을 수행하도록 하자).

분석(클러스터 변수의 역할과 입력변수의 표준화)

- **클러스터 변수 역할**(Cluster Variable Role): 군집분석의 결과로 생성되는 군집번호를 다음 단계의 분석에 어떻게 할당할지를 설정한다. 설정 가능한 옵션은 Segment, ID, Input, Target이다.
- **내부 표준화**(Internal Standardization): 입력변수들에 대한 표준화 방법을 설정한다. 설정 가능한 방법은 다음과 같다: Standardization(표준편차로 나누어 표준화 한다), Range(범위로 나누어 표준화 한다), None(표준화하지 않는다).

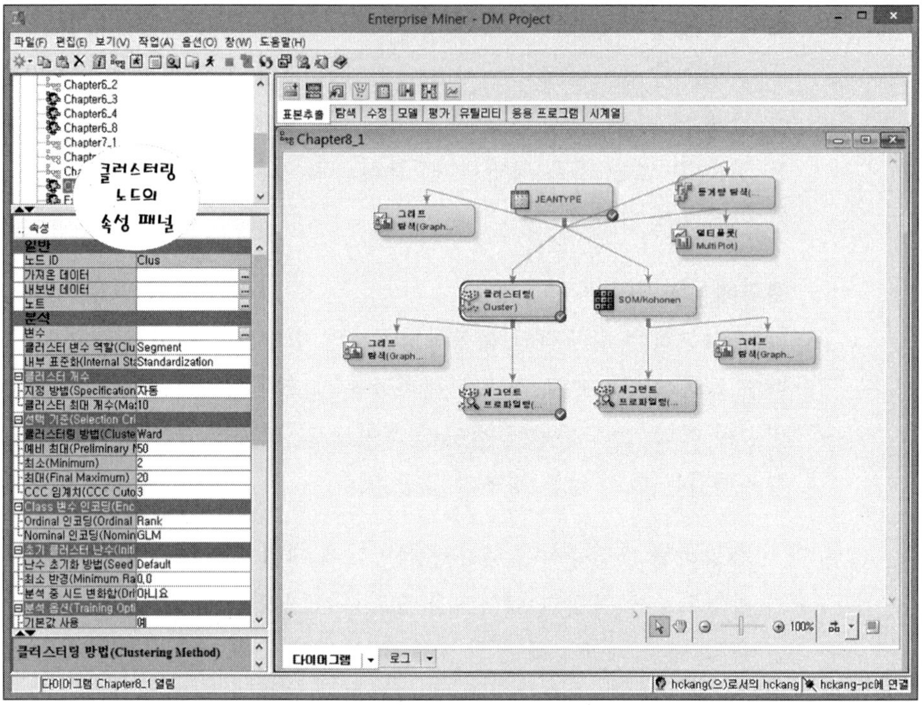

그림 8.4 군집분석 사례를 위한 다이어그램

클러스터 개수(Number of Clusters)

- 지정 방법(Specification Method): 자동으로 설정하면 선택 기준 영역의 설정값 들에 의해서 군집 수가 탐색되어 결정된다. 사용자 지정으로 설정하면 클러스터 최대 개수 필드에 설정된 군집 수에 의해 분석이 수행된다.
- 클러스터 최대 개수(Maximum Number of Clusters): 분석에 적용될 군집 수를 사용자가 설정한다.

선택 기준(Selection Criterion)

- 클러스터링 방법(Clustering Method): 군집 수를 탐색하기 위해 사전에 수행될 계보적 군집화 방법을 설정한다. 설정 가능한 방법은 Ward, Average, Centroid이다.
- 예비 최대(Preliminary Maximum): 군집 수의 탐색에서 적용될 상한을 설정한다.
- 최대(Final Maximum): 군집 수의 탐색에서 적용될 하한을 설정한다.

Class 변수 인코딩(Encoding of Class Variables)

- Ordinal 인코딩(Ordinal Encoding): 유클리드 거리를 계산하기 위한 순서형 변수의 인코딩 방법을 설정한다. 가장 일반적인 방법은 각 수준에 1, 2, 3, ...의 숫자를

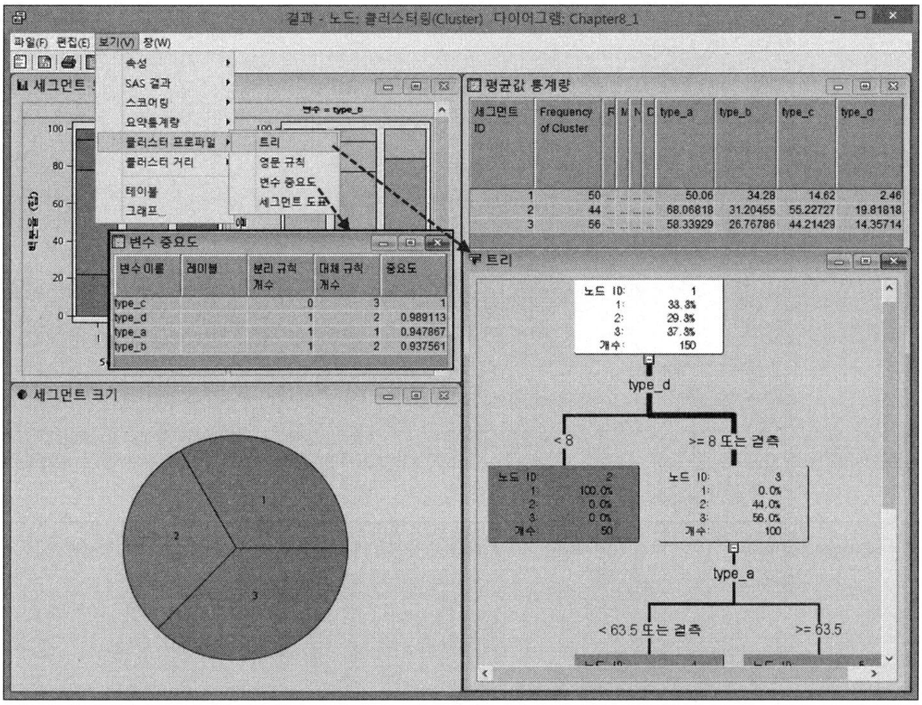

그림 8.5 클러스터링(Clustering) 노드 – 결과

부여하는 것이다.

- Nominal 인코딩(Nominal Encoding): 유클리드 거리를 계산하기 위한 범주형 변수의 인코딩(가변수화) 방법을 설정한다(4.5절 참조).

다이어그램에서 **클러스터링**(Clustering) 노드를 실행하고 결과를 살펴보도록 하자(그림 8.5). 풀다운 메뉴의 **보기(V)** 메뉴를 이용하면 기본적인 결과 이외에 여러 가지 결과들을 살펴볼 수 있다(이러한 결과들을 모두 살펴보기 바란다).

평균값 통계량 테이블에서 3개의 군집이 형성되었으며, 각 군집에는 50, 44, 56개의 개체가 할당되었음을 볼 수 있다. 또한 각 변수들의 평균을 살펴보면, '군집 1'은 TYPE_B를 제외한 다른 종류의 매출액이 상대적으로 매우 작은 그룹, '군집 2'는 TYPE_B를 제외한 다른 종류의 매출액이 큰 그룹, '군집 3'은 전체적으로는 중간 정도의 매출액을 가지지만 TYPE_B의 매출액이 상대적으로 작은 그룹임을 볼 수 있다.

트리 그래프는 목표변수를 _SEGMENT_(각 개체의 소속군집을 나타내는 변수)로 하고 분석용 데이터에 포함된 모든 변수를 입력변수로 하여 얻은 의사결정나무이다. 또한, **변수 중요도** 테이블은 의사결정나무와 군집별 평균 차이 등을 이

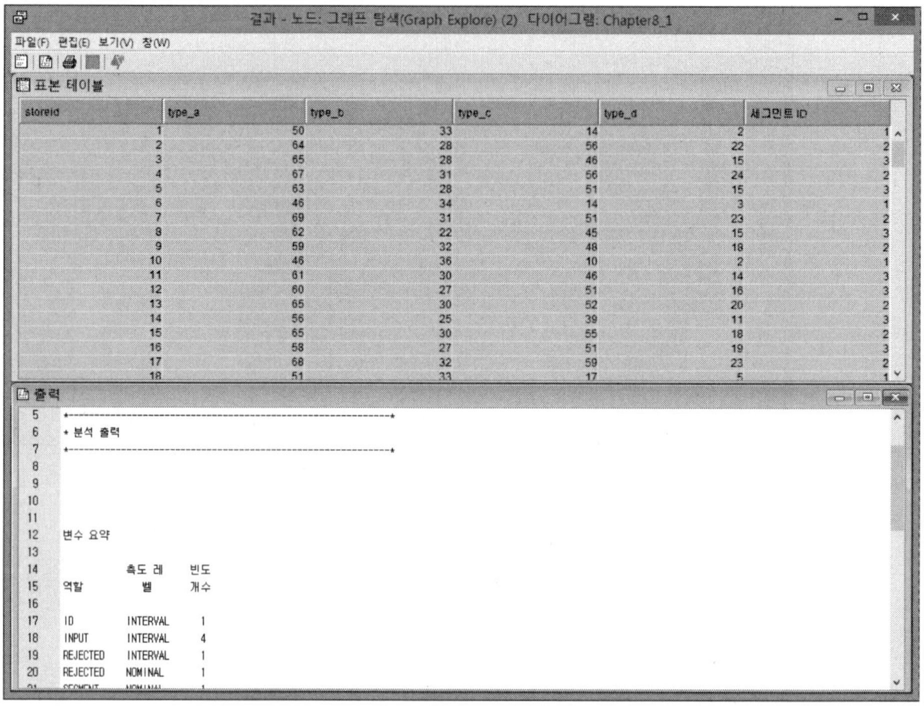

그림 8.6 그래프 탐색(Graph Explore) 노드 – 결과

용하여 군집화에 대한 상대적 영향력을 나타낸 것이다. 이를 살펴보면 군집화에 큰 영향을 준 변수는 TYPE_C, TYPE_D, TYPE_A, TYPE_B의 순서임을 볼 수 있다.

다이어그램에서 **클러스터링**(Clustering) 노드와 연결된 **그래프 탐색**(Graph Explore) 노드를 실행하면, 그림 8.6에서와 같이 각 개체별로 할당된 군집의 번호를 볼 수 있다.

8.5 세그먼트 프로파일링(Segment Profile) 노드

세그먼트 프로파일링(Segment Profile) 노드는 변수의 역할이 Segment로 설정된 세그먼트 변수를 이용하여 데이터의 특성을 살펴보는 기능을 가지고 있다. 이 노드는 전체 분포와 특정 세그먼트(그룹)의 분포를 비교할 수 있는 다양한 결과들을 출력한다.

다이어그램에서 **세그먼트 프로파일링**(Segment Profile) 노드를 실행하면 그림 8.7과 같은 결과를 얻을 수 있다. 여기서 파이 도표는 각 세그먼트의 크기를 나타",

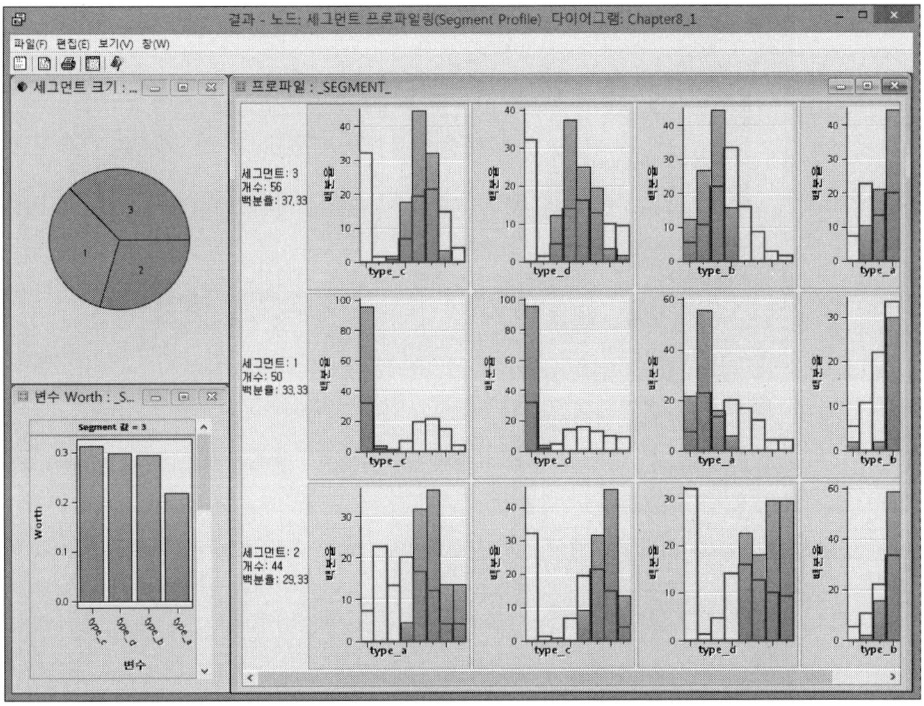

그림 8.7 세그먼트 프로파일링(Segment Profile) 노드 – 결과

낸 것이며, Worth 그래프는 세그먼트 변수와 다른 변수들의 일변량 연관성을 정도를 상대적 크기로 나타낸 것이다(3.4절 참조). 또한 **프로파일** 그래프는 각 변수별로 전체 데이터의 분포와 세그먼트별 분포를 겹쳐서 나타낸 것이다.

여기서는 군집분석의 결과에 대해 **세그먼트 프로파일링**(Segment Profile) 노드를 수행하였지만, 그림 8.7과 같은 결과들은 특정 변수의 범주별로 데이터의 특성을 살펴보고자 할 때 매우 유용하다.

8.6 SOM/Kohonen 노드

E-Miner에는 군집분석을 위해 사용할 수 있는 또 하나의 노드가 있는데, 이는 인공지능 분야에서 널리 사용되고 있는 SOM/Kohonen 노드이다. SOM/Kohonen 노드는 자율예측 신경망으로도 잘 알려진 '자기 조직화 지도'(SOM: Self Organizing Maps)나 Kohonen의 '벡터 수량화 네트워크'(Vector Quantization networks)를 이용하여 군집화의 목적으로 사용된다. 그림 8.8은 SOM/Kohonen 노드의 **속성 패널**이다. 여기서 분석자는 적절한 **행**(r)과 **칼럼**(c)의 값을 설정해 주어야 하는데,

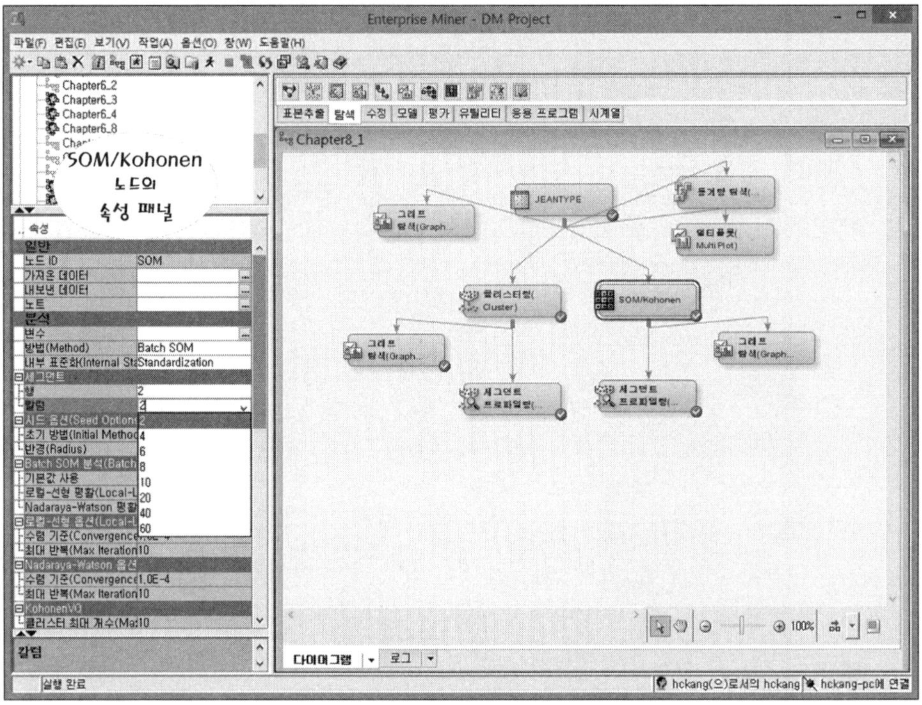

그림 8.8 SOM/Kohonen 노드 – 속성 패널

이러한 설정에 의해서 생성되는 군집의 개수는 '$r \times c$'이다. 예를 들어, 그림 8.8과 같이 **행**와 **칼럼**을 각각 2와 2로 지정하면 군집의 개수는 '2×2=4'가 된다.

앞에서도 언급한 바와 같이 군집화 방법에 따라서는 서로 다른 결과가 얻어질 수도 있기 때문에, 연구자는 가급적 여러 가지 방법에 따른 결과들을 비교해 볼 필요가 있다. 독자들은 **클러스터링**(Clustering) 노드와 SOM/Kohonen 노드의 결과를 비교하여 보기 바란다.

군집분석은 군집을 통해 개체들의 정보를 축약함으로서 데이터의 특징을 요약하여 살펴보려고 하는 탐색적인 방법으로, 앞에서 설명한 여러 가지 장점을 가지고 있다. 그러나 군집분석의 결과를 해석하는 것이 쉽지 않은 경우가 많은데, 이는 목표변수가 존재하지 않으므로 군집분석의 타당성을 평가하는 것이 용이하지 않기 때문이다. 따라서 연구자는 '군집분석에 사용되는 입력변수', '군집의 개수', 군집화 방법' 등 가급적 여러 가지 측면에서 군집분석을 수행하여 그 결과를 비교해 보는 것이 바람직하다. 이때 표 8.1이나 그림 8.9와 같이 군집별 평균, 표준편차, 빈도, 퍼센트 등을 이용하여 요약표를 작성하거나, 여러 노드들의 그래프들을 적절히 사용할 필요가 있다.

군집	성		결혼여부		집의 소유여부		할인고객여부	
	남자	여자	미혼	결혼	미소유	소유	일반	할인
1	33(48%)	36(52%)	23(33%)	46(67%)	51(74%)	18(26%)	55(73%)	20(26%)
2	1870(60%)	1224(40%)	1263(41%)	1831(59%)	2258(73%)	836(27%)	2287(73%)	856(27%)
3	2339(39%)	3741(61%)	2588(43%)	3492(57%)	3804(63%)	2276(37%)	4540(73%)	1693(27%)
4	159(50%)	158(50%)	121(38%)	196(62%)	229(72%)	88(28%)	253(76%)	81(24%)
5	88(43%)	118(57%)	66(32%)	140(68%)	161(78%)	45(22%)	265(77%)	50(23%)

군집	거주지							
	A	B	C	D	E	F	G	H
1	4(5%)	11(15%)	6(8%)	2(3%)	18(24%)	8(11%)	13(17%)	13(17%)
2	177(6%)	561(18%)	215(7%)	211(7%)	652(21%)	604(19%)	342(11%)	381(12%)
3	370(6%)	1161(19%)	288(5%)	294(5%)	1478(24%)	1454(23%)	548(9%)	640(10%)
4	23(7%)	60(18%)	30(9%)	32(10%)	67(20%)	65(20%)	20(6%)	37(11%)
5	11(5%)	35(16%)	22(10%)	15(7%)	46(21%)	37(17%)	27(13%)	22(10%)

군집	나이 (평균)	수입 (평균)	구입금액(평균)							
			제품1	제품2	제품3	제품4	제품5	제품6	제품7	전체
1	40.86	45.88	5.65	30.30	22.05	17.73	16.17	110.32	8.28	210.52
2	45.13	29.23	0.00	0.01	0.04	0.07	0.00	0.21	0.00	0.36
3	44.51	57.49	0.00	0.03	0.00	0.01	0.00	0.15	0.00	0.22
4	41.45	50.19	1.53	11.41	4.23	4.18	2.00	34.48	0.86	58.71
5	43.34	44.59	2.74	17.50	11.06	10.59	7.45	62.81	3.70	115.89

그림 8.9 군집분석 결과를 요약한 예

군집분석은 어떤 변수들을 입력변수로 사용하느냐에 따라 전혀 다른 결과들을 얻을 수 있다. 따라서 군집분석이 탐색적인 방법이라 하더라도 연구자가 어느 정도는 연구의 방향을 설정하여 입력변수들을 선택하여야 한다. 예를 들어, 고객의 라이프스타일에 의한 고객세분화(customer segmentation)를 목적으로 하는 경우 인구사회적 변수들이 입력변수로 사용되는 것은 바람직하지 않다. 이는 단순히 같은 성별이나 비슷한 나이를 가지는 그룹을 하나의 군집으로 만들려는 것이 아니기 때문이다. 따라서 이러한 경우에는 인구사회적 변수들은 군집분석의 결과가 얻어진 후에 각 군집별 특성을 파악하는 데 사용되는 것이 바람직하다.

8.7 변수 클러스터링(Variable Clustering) 노드

변수 군집분석(variable cluster analysis)은 변수의 군집화라는 직접적인 목적을 수행하며, 차원의 축소 및 변수들 간의 상호의존관계 분석이라는 관점에서 주성분분석(principal component analysis) 및 인자분석(factor analysis) 등의 다변량 분석 방법 등과도 밀접한 관련을 가지고 있다.

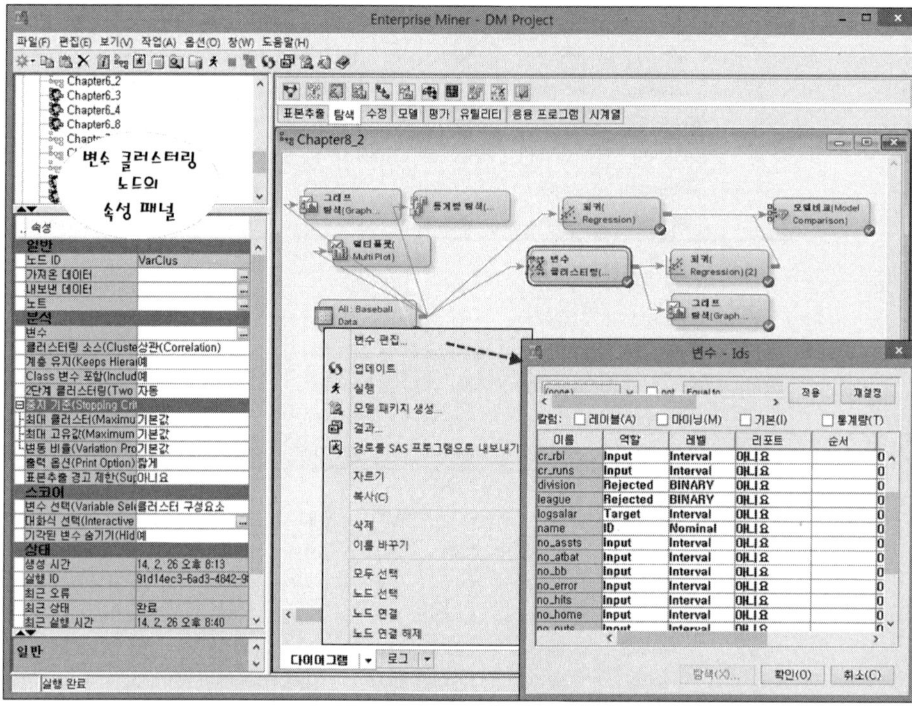

그림 8.10 변수 클러스터링(Variable Clustering) 노드 – 속성 패널

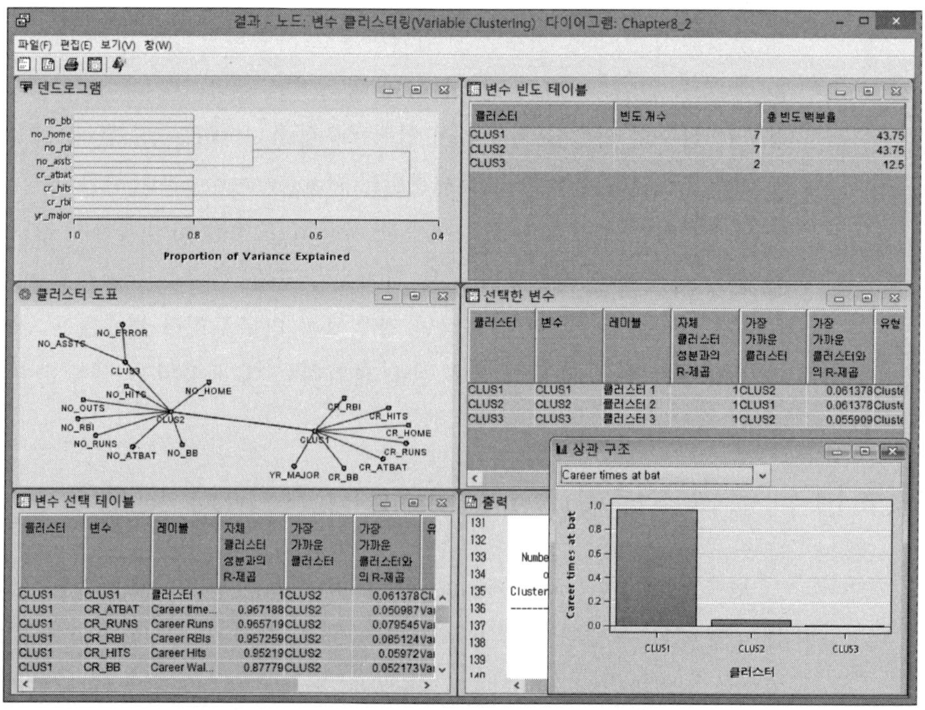

그림 8.11 변수 클러스터링(Variable Clustering) 노드 – 결과

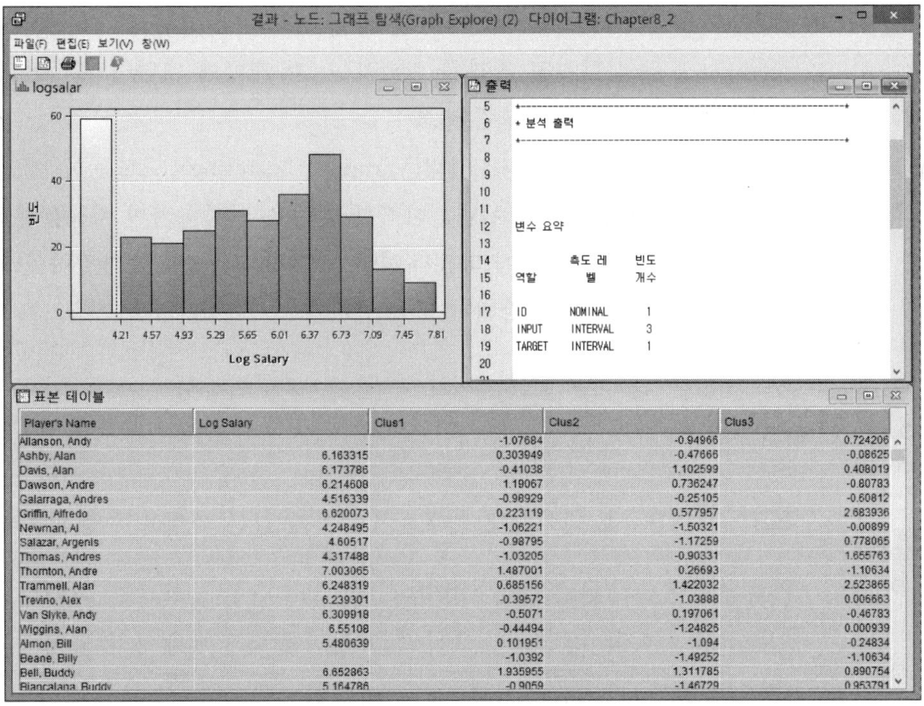

그림 8.12 그래프 탐색(Graph Explore) 노드 – 결과

변수 클러스터링(Variable Clustering) 노드는 7.5절에서 설명한 바 있는 주성분과 유사하게 변수 군집성분(variable cluster component)이라는 선형결합을 통해 차원을 축소하는 방법이다. 여기서는 사례를 통해 변수 군집분석의 내용을 간단히 소개할 것이다.

먼저, 데이터셋 DMABASE(Baseball Data)를 이용하여 새로운 데이터 소스를 생성하여라(변수들에 대한 설정은 부록과 동일하게 지정하여라).

새로운 다이어그램을 생성하고 그림 8.10과 같은 분석흐름도를 작성하여라. 다이어그램의 **데이터** 노드를 오른쪽 마우스 버튼으로 클릭하고 **변수 편집** 메뉴를 선택한 후, **변수 편집** 대화상자에서 변수 DIVISION, LEAGUE, POSITION, TEAM의 **역할** 칼럼을 Rejected로 설정하여라.

다이어그램의 **변수 클러스터링**(Variable Clustering) 노드를 실행하면 그림 8.11과 같은 결과가 나타난다. 변수들의 군집이 3개 형성되었음을 볼 수 있는데, **덴드로그램**을 통해 변수들이 군집화 되는 과정을 살펴볼 수 있다. 또한 **클러스트 도표**는 각 군집에 속한 변수들과 변수들의 멀고 가까움을 그래프로 표현한 것이다.

변수 클러스터링(Variable Clustering) 노드와 연결된 **그래프 탐색**(Graph Explore) 노드를 실행하고 결과를 살펴보면, 각 개체에 대하여 계산된 변수 군집성분점수들을 볼 수 있다(그림 8.12).

기본적으로 **변수 클러스터링**(Variable Clustering) 노드는 원변수를 다음 단계의 노드에 전달하지 않는다. 이러한 설정을 변경하려면 **주성분분석**(Principal Components) 노드 다음에 **메타데이터**(Metadata) 노드를 연결하여 **숨기기**와 **새로운 역할** 칼럼 등을 설정해 주어야 한다.[1]

8.8 연습문제

8-1. DMABASE 데이터셋에 대하여 다음과 같은 과정을 수행하여라.

(가) 부록에서 데이터셋에 포함되어 있는 변수들을 살펴보고, 어떠한 측면에서 군집분석을 수행할 수 있는지 그리고 그 결과를 어떻게 활용할 수 있는지를 생각하여 보아라.

(나) (가)에서 설정된 분석의 목적에 대해 입력변수로 적절한 변수들이 무엇인지를 선정하여 보아라.

(다) 적절한 군집의 개수, 표준화 방법, 군집화 방법 등을 여러 가지 조합으로 시도하여 보아라.

(라) 얻어진 군집분석의 결과들을 여러 가지 형태로 요약하고 설명하여 보아라.

(마) 필요한 경우 (나)~(라)의 과정을 반복하면서 분석의 목적에 부합되는 군집분석 결과를 얻고, 그 결과를 정리하여 보고서를 작성하여 보아라.

8-2. BUYTEST 데이터셋에 대하여 연습문제 8-1과 동일한 과정을 수행하여라.

8-3. 연습문제 7-8의 분석사례에 대하여 다음과 같은 과정을 계속 진행하여라.

(가) **변수 변환**(Transform Variables) 노드 다음에 **클러스터링**(Clustering), **SOM/Kohonen**, **세그먼트 프로파일링**(Segment Profile), **그래프 탐색**(Graph Explore) 노

---

[1] 변수 클러스터링(Variable Clustering) 노드의 속성 패널에서 스코어(Score) 영역의 기각된 변수 숨기기(Hide Rejected Variables) 필드에 대한 설정을 변경할 수도 있다. 또는 대화식 선택(Interactive Selection) 대화상자를 이용할 수도 있다.

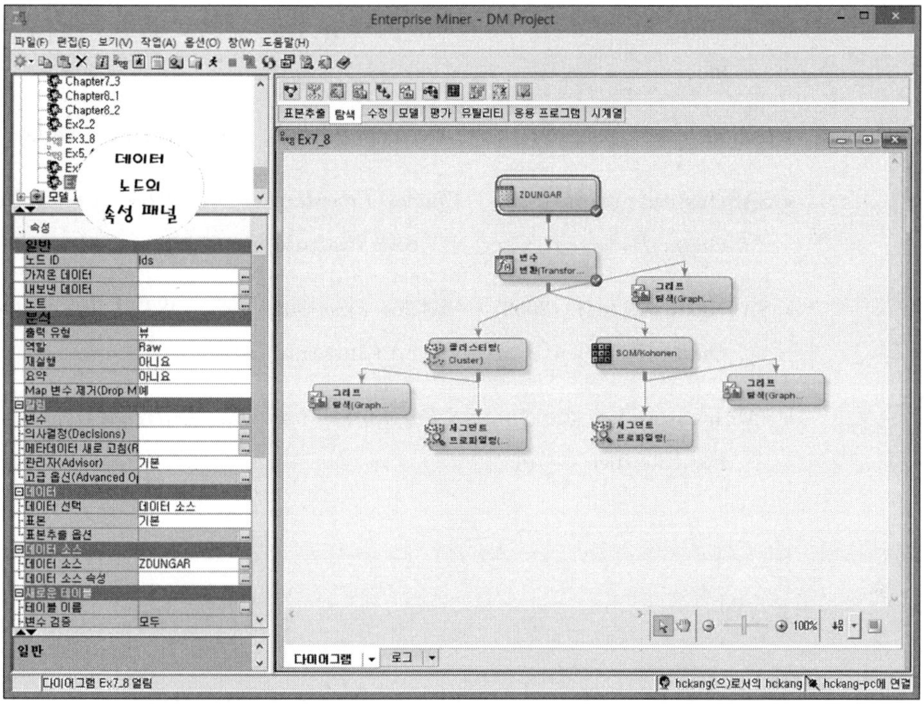

그림 8.13 연습문제 8-3을 위한 다이어그램(그림 7.18 참조)

드 등을 추가하여 분석흐름도를 작성하여라.

(나) 클러스터링(Clustering) 노드와 SOM/Kohonen 노드를 실행한 후 결과를 살펴보아라. 또한 그 결과를 서로 비교하여 보아라.

(다) 그래프 탐색(Graph Explore) 노드들을 실행하여 결과를 살펴보아라.

8-4. 8.7절의 결과와 연습문제 7-9의 결과를 비교하여 보아라.

더 읽을 거리

- 강현철, 김은석, 이성건, 이슬지, 채윤석, 최병정, 최종후, 한상태 (2014). "(빅데이터 분석을 위한) SAS Enterprise Miner 기능과 사용법", 자유아카데미.
- 강현철, 한상태, 김기영, 전영식 (2005). "(예제로 배우는) SAS 다변량 자료분석 입문", 자유아카데미.
- 강현철, 한상태, 최종후 (2000). 의사결정나무를 활용한 데이터마이닝 예측모형 해석, "한국통계학회 춘계 학술발표회 논문집", 39-44.

- Anderberg, M.R. (1973). *Cluster Analysis for Applications*, New York: Academic Press, Inc.
- Kohonen, T. (1995/1997). *Self-Organizing Maps*, Berlin: Springer-Verlag.
- SAS Institute Inc. (2002). *Cluster Procedure of SAS/STAT User's Guide in SAS Online Document*, Cary, NC: SAS Institute Inc.
- SAS Institute Inc. (2002). *Fastclus Procedure of SAS/STAT User's Guide in SAS Online Document*, Cary, NC: SAS Institute Inc.
- SAS Institute Inc. (2012). *SAS Enterprise Miner 12.1 Reference Help*, Cary, NC: SAS Institute Inc.

제 9 장
연관성규칙발견

Association Rule Discovery

데이터로부터 특정한 연관성을 발견하는 것은 데이터마이닝의 가장 일반적인 작업이라 할 수 있다. 이 장에서는 데이터마이닝에서 이용되는 연관성규칙발견(association rule discovery)의 개념을 설명하고, 더 나아가 실제적으로 가치 있는 연관성규칙을 얻기 위한 몇 가지 방법과 얻어진 연관성을 어떻게 응용할 수 있는지를 분석사례를 통해 소개하고자 한다.

9.1 연관성규칙발견의 개념

표 9.1은 260개 회사들과 계약한 SAS 제품에 대한 데이터의 일부를 보여 주고 있는데, 각 거래(transaction)는 하나의 회사와 계약한 하나의 제품을 나타낸다. 데이터에는 27개의 SAS 제품들이 포함되어 있으며, 각 회사는 1~17개의 SAS 제품을 계약하였다. 평균적인 계약 제품 수는 회사 당 5.7개이며, 1,481개의 거래가 기록되었다. 이때, SAS의 영업부서 담당자가 '어떤 제품들이 동시에 구매되는가?'를 알고자 할 경우, 한 회사에서 구매한 제품 사이의 연관성을 분석함으로써 동시에 구매되는 관계(즉, 관련성이 있는 제품)를 알아내어, 이를 소프트웨어 묶음이나 교차판매(cross selling)를 위한 유용한 정보로 활용할 수 있을 것이다.

이러한 예와 같이 어떠한 상품과 동시에 구매되는 선택옵션에 대한 목록이나 일정한 시간간격을 두고 발생하는 거래내역 자료를 통해서 관찰되는 상품과 선택옵션, 일정한 거래 패턴을 발견하는 것은 데이터마이닝의 보편적인 작업이라 할 수 있다.

표 9.1 SAS의 제품판매 내역

거래 코드 (Transaction)	품목 (Item)	거래 코드 (Transaction)	품목 (Item)
6480	BASE	6680	BASE
6480	CONNECT	6680	ETS
6480	ETS	6680	FSP
6480	FSP	6680	GRAPH
6480	STAT	6680	OR
6485	BASE	6680	STAT
6485	ETS	6755	BASE
6485	FSP	6755	ACCESS
6485	GRAPH	⋯	⋯

Transaction (Customer ID)	Item (Product)
1	o
1	b
1	m
2	b
2	p
2	g
2	o
3	g
3	o

그림 9.1 연관성규칙발견을 위한 데이터의 형태

예를 들어, 연관성 규칙은 '신발을 구매하는 고객의 10%는 양말을 동시에 구입한다' 또는 '최근에 구좌정리와 이율상담을 요구한 고객은 이후 한 달 이내에 거래를 중단할 가능성이 일반 고객의 2배이다' 등의 형태로 표현되는데, 조건과 반응(if-then) 형식의 규칙은 연관성 규칙의 일반적인 형태이다.

다수의 거래내역 각각에 포함된 품목(item)의 관찰을 통해 발견된 규칙은 쿠폰의 배포, 상품의 판매, 상품의 배열 등과 같은 기업업무에서 마케팅 의사결정에 많은 도움을 줄 수 있다. 이러한 일은 마케팅에서 고객이 동시에 구매한 장바구니를 살펴봄으로써 거래되는 상품들의 관련성을 발견, 분석하는 것과 유사하기 때문에 **장바구니 분석**(market basket analysis)이라고도 알려져 있다.

9.1.1 의미 있는 연관성규칙

연관성규칙발견은 하나의 거래나 사건에 포함되어 있는 둘 이상의 품목들의 상호 관련성을 발견하는 것이다. 일반적으로 연관성규칙발견은 수학 및 통계학의 확률과 기대값에 대한 개념을 기반으로 하고 있는데, 이러한 연관성규칙을 해석하는데 있어 원인과 결과의 직접적인 인과관계로 생각해서는 안되며, 두 개 또는 그 이상 품목들 사이의 상호의 관련성으로 해석해야 한다.

일반적으로 이러한 연관성규칙을 이해하는 것은 어렵지 않으나 대용량의 자료로부터 얻어지는 수많은 연관성규칙들이 모두 유용한 내용을 포함하고 있는 것도 아니다. 먼저 다음과 같은 예를 살펴보기로 하자.

(1) 주말을 위해 목요일에 기저귀를 사러 온 고객들은 맥주도 함께 사간다.
(2) 이전에 동일한 제조사의 전자제품을 주로 구매했던 고객은 신제품 구매에서도 동일한 회사의 제품을 구매한다.
(3) 새로 문을 연 건축 자재점에서는 변기덮개가 가장 많이 팔린다.

첫 번째의 예는 다음과 같은 의미 있는 해석을 통해서 연관성규칙으로 판단할 수 있다. 주말까지 쓸 물건을 목요일에 구매하는 보통의 젊은 부부들은 어린 자녀를 위해 일회용 기저귀를, 그리고 주말 TV 시청시 가장이 마실 음료로 맥주를 동시에 구매하고 있는 것이다. 따라서 상품의 진열시에 기저귀와 맥주를 가까이 진열하는 것을 포함해서 유아용품과 맥주와 함께 먹기 좋은 감자 칩 등을 근처에 진열하는 것이 매출을 증가시킬 수 있는 매장의 레이아웃이 되는 것이다. 이러한 규칙은 일반적으로는 알아낼 수 없는 규칙으로 실제 적용을 통해 좋은 결과가 기대된다고 할 수 있다.

두 번째의 예는 상식적으로 널리 알려진 연관성으로 이를 발견한다는 것은 크게 의미 있는 결과라 할 수 없다. 그리고 세 번째의 예는 타당한 근거가 없는 연관성으로 그 이유에 대한 설득력이 부족하므로 일반화하기에는 무리가 있는 결과이다.

이러한 예를 통해서 알 수 있듯이 데이터를 통해 얻어지는 모든 연관성이 의미 있다고 말하기는 곤란하다. 특히 대용량 데이터를 다루는 데이터마이닝의 경우, 수많은 품목들의 관계 속에서 의미 있는 관련성을 찾기 위해서는 결과해석에 앞서 연관성의 내용이 일반화할 수 있는 내용인가를 판단할 수 있도록 각 연관성 규칙을 비교할 수 있는 기준이 필요하다.

9.1.2 지지도(Support)와 신뢰도(Confidence)

데이터마이닝 작업에서 연관성규칙발견의 목적은 품목들 간의 연관성의 정도를 수치로 정량화 하는데 있다. 이를 위해서는 보통 '지지도'와 '신뢰도'라고 하는 두 가지 기준이 중요한 평가도구로 사용된다.

먼저 의미 있는 연관성의 판단을 위해서는 전체 자료에서 관련성이 있다고 판단되는 품목들을 포함하고 있는 거래나 사건의 확률 $Pr(A \cap B)$, 즉 '두 개의 항목이 동시에 일어날 확률'을 살펴보아야 할 것이다. 이러한 확률을 **지지도**(Support)라고 하며 규칙 'A ⇒ B'의 지지도는 다음과 같이 구해진다.

$$\text{지지도}(A \Rightarrow B) = \frac{\text{항목 A와 B를 동시에 포함하는 거래의 수}}{\text{전체 거래수}} \tag{9.1}$$

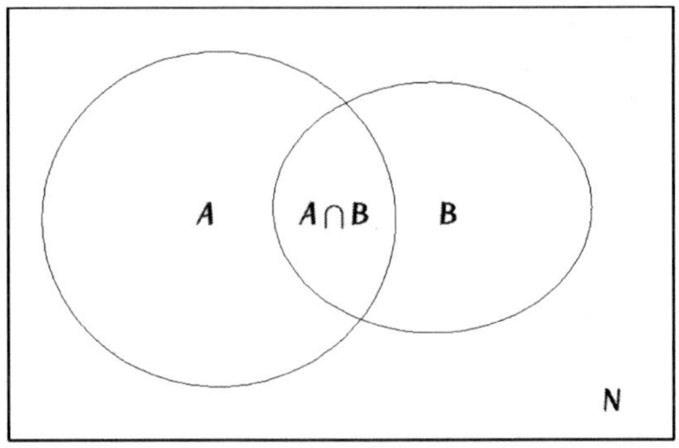

$$Support(A \Rightarrow B) = \Pr(A \cap B) = \frac{n(A,B)}{N}$$

$$Confidence(A \Rightarrow B) = \Pr(B \mid A) = \frac{\Pr(A \cap B)}{\Pr(A)} = \frac{n(A,B)}{n(A)}$$

그림 9.2 연관성규칙의 평가기준: 지지도와 신뢰도

이러한 지지도는 상호 대칭적으로서, 규칙 'A ⇒ B'의 지지도는 규칙 'B ⇒ A'의 지지도와 같다(즉, $Support(A \Rightarrow B) = Support(B \Rightarrow A)$).

그런데 항목 A나 B 중 어느 하나 혹은 두 항목 모두가 포함률(coverage; 구매비율, $P(A) = n(A)/N$)이 작은 경우에는 당연히 지지도가 작게 된다. 따라서 지지도는 포함률이 크면서 연관성도 높은 항목들을 찾아내는 데 유용하게 사용될 수 있다. 반면에 포함률이 낮은 항목에 대해서는 연관성을 제대로 측정하지 못한다는 단점이 있다.

이러한 관점에서 지지도에 대한 보완적인 연관성의 측도로서 '항목 A를 구매하였을 경우 항목 B를 구매하는 확률은 얼마인가?'를 의미하는 **신뢰도**(Confidence)가 사용될 수 있다. 이는 항목 A가 구매되었을 때 항목 B가 추가로 구매될 조건부확률 '$Pr(B|A) = Pr(A \cap B)/P(A)$'로서, 다음과 같이 계산된다.

$$\text{신뢰도}(A \Rightarrow B) = \frac{\text{항목 A와 B를 동시에 포함하는 거래의 수}}{\text{항목 A를 포함하는 거래의 수}} \tag{9.2}$$

일반적으로는 이러한 신뢰도는 상호 대칭적이지 않다(즉, $Confidence(A \Rightarrow B) \neq Confidence(B \Rightarrow A)$).

이제 지지도와 신뢰도의 개념을 표 8.2의 사례를 통해 이해하여 보도록 하자. 표 8.2의 자료는 피자 가게에서 토핑을 무엇으로 하는가(피자에 추가로 무엇을 더 넣을 것인가의 문제)에 대한 자료이다. 예를 들어 표 8.2의 (a)에서 버섯 거래의 수 100은 추가토핑을 버섯만 거래한 건수가 100개라는 뜻이다. 이 자료를 각 항목들이 포함된 거래의 건수로 재구성한 자료가 (b)이다.

표 9.2 연관성규칙발견의 예

(a) 요약된 거래 데이터

항목	거래의 수
버섯	100
페페로니	150
치즈	200
버섯 + 페페로니	400
버섯 + 치즈	300
페페로니 + 치즈	200
버섯 + 페페로니 + 치즈	100
추가토핑 안함	550
합 계	2,000

(b) 재구성된 데이터

항목	항목이 포함된 거래의 수	포함률
버섯	100+400+300+100=900	45.0%
페페로니	150+400+200+100=850	42.5%
치즈	200+300+200+100=800	40.0%
버섯 + 페페로니	400+100=500	25.0%
버섯 + 치즈	300+100=400	20.0%
페페로니 + 치즈	200+100=300	15.0%
버섯 + 페페로니 + 치즈	100	5.0%

(c) 지지도와 신뢰도의 계산

규칙 ($A \Rightarrow B$)	지지도, $Pr(A \cap B)$	신뢰도, $Pr(B\|A)$
버섯 ⇒ 페페로니	25%	25/45=55.6%
(버섯 + 페페로니) ⇒ 치즈	5%	5/25=20.0%
(버섯 + 치즈) ⇒ 페페로니	5%	5/20=25.0%
(페페로니 + 치즈) ⇒ 버섯	5%	5/15=33.3%
⋯	⋯	⋯

예를 들어, 표 (b)의 버섯 거래의 수 900은 버섯이 포함된 거래건수가 900개 즉 '(버섯: 100) + (버섯+페페로니: 400) + (버섯+치즈: 300) + (버섯+페페로니+치즈: 100)'임을 의미한다. 그리고 일부의 몇 가지 규칙에 대한 지지도와 신뢰도를 계산한 결과가 표 9.2의 (c)에 제시되어 있다. 이러한 지지도와 신뢰도는 확률의 개념이므로 0에서 1사이의 값을 가지며, 1에 가까울수록 연관성이 높다고 할 수 있다.

9.1.3 향상도(Lift)

분석에 포함된 항목의 수가 증가함에 따라 계산해야 될 연관성규칙의 수는 기하급수적으로 증가한다. 따라서 실제 문제에서는 관찰할 필요가 있는 규칙들과 그렇지 않은 규칙들을 골라 낼 필요가 있게 된다. 즉, 지지도 혹은 신뢰도가 높은 연관성규칙 중에는 우연에 의해서 연관성이 높은 것처럼 보이는 규칙들이 있는데, 이러한 규칙들을 골라 내어 분석에서 제외한다면 의미 있는 연관성규칙을 찾는데 도움이 될 것이다.

예를 들어, 표 9.1에서 모든 거래에는 BASE라는 항목이 포함되어 있는데 이는 SAS를 사용하기 위해서 기본적으로 구매해야 하는 제품이기 때문이다. 따라서 이 데이터에 대해 연관성규칙발견을 수행하면 항목 BASE를 포함하는 연관성규칙들의 지지도나 신뢰도가 높을 가능성이 많다. 예컨대, 신뢰도 $Pr(BASE|A)$는 A가 무엇이든지 간에 항상 1이 된다.[1]

이제 우연에 의한 연관성의 정도를 재기 위해서 다음과 같은 **향상도**(Lift)를 정의하자.[2]

$$\text{향상도}(A \Rightarrow B) = \frac{Pr(B|A)}{Pr(B)} = \frac{Pr(A \cap B)}{Pr(A)\ Pr(B)} \tag{9.3}$$

여기서 신뢰도 $Pr(B|A)$는 '항목 A를 구매하였을 때의 항목 B의 구매확률'이며, $Pr(B)$는 '항목 A의 구매를 고려하지 않은 항목 B의 구매확률'이므로, 만약 향상도가 1에 가깝다면 신뢰도가 매우 높다고 하더라도 이는 우연에 의해 연관성이 높게 나타났을 가능성이 있다.

즉, 향상도는 실제의 신뢰도 $Pr(B|A)$를 두 항목이 독립이라는 가정 하에서의 향상도 $Pr(B)$로 나눈 것이며, 또한 실제의 지지도 $Pr(A \cap B)$를 두 항목이 독립이라는 가정 하에서의 지지도 $Pr(A) \times Pr(B)$로 나눈 것이도 하다.[3]

---

[1] 이 경우 '$Pr(BASE \cap A) = Pr(A)$'임을 생각하라.

[2] 확률의 정의에 의하면 '$Pr(B|A) = Pr(A \cap B)/Pr(A)$'이다.

[3] 두 사건 A와 B가 독립일 때, '$Pr(B|A) = Pr(B)$'와 '$Pr(A \cap B) = Pr(A)\ Pr(B)$'가 성립한다.

표 9.3 향상도 계산의 예

규칙 ($A \Rightarrow B$)	$Pr(A \cap B)$	$Pr(A)$	$Pr(B)$	향상도
버섯 ⇒ 페페로니	25%	45.0%	42.5%	1.31
(버섯 + 페페로니) ⇒ 치즈	5%	25.0%	40.0%	0.50
(버섯 + 치즈) ⇒ 페페로니	5%	20.0%	42.5%	0.59
(페페로니 + 치즈) ⇒ 버섯	5%	15.0%	45.0%	0.74

일반적으로 향상도가 1에 가까우면 독립에 가까운 사건(예를 들어, 과자와 후추), 1보다 크면 두 품목이 양의 연관성(예를 들어, 빵과 버터), 1보다 작으면 두 품목이 음의 연관성(예를 들어, 지사제와 변비약)을 가지는 것으로 해석할 수 있다. 즉, 대개의 경우 의미 있는 연관성규칙이 되려면 향상도가 1 이상이 되어야 할 것이다.

표 9.2와 표 9.3의 결과를 살펴보면 '규칙(버섯 ⇒ 페페로니)'에 대한 지지도와 신뢰도가 비교적 높은 편이며 향상도도 1보다 크므로 두 항목 간에 연관성이 있음을 알 수 있다. 그러나 나머지 세 개의 규칙에 대해서는 실제 연관성이 작다고 할 수 있다.

지금까지 소개한 세 가지 평가기준에 있어 '지지도'는 일반적으로 가장 널리 사용되는 연관성의 기준으로, 구매비율이 어느 정도 이상인 항목들에 주 관심을 둘 때 유용하게 사용될 수 있다. 반면에 구매비율이 낮은 항목에 대해서는 값이 작게 계산되므로, A와 B가 연관성이 크더라도 지지도는 작을 수 있다. 이러한 단점을 보완하기 위해 A가 구매되었을 때 B가 추가로 구매된 확률인 '신뢰도'가 사용될 수 있으며, 또한 '향상도'가 1보다 큰 것을 찾아내는 일은 생각보다 간단하기 때문에 의미 있는 연관성을 빠르게 탐색하고자 할 때 향상도를 이용하면 유용할 것이다.

9.1.4 연관성규칙발견의 응용

연관성규칙발견의 과정은 앞에서 소개한 세 가지 기준을 중심으로 흥미 있는 품목들의 집합에서 의미 있는 두 쌍의 항목의 연관성, 세 쌍의 항목의 연관성, ··· 등의 단계를 거친다. 요약하자면 데이터마이닝에서 연관성규칙발견이란 둘 또는 그 이상의 항목들 사이의 수많은 연관성규칙 중에서 지지도, 신뢰도, 향상도에 근거해 일반화 할 수 있는 의미 있는 규칙을 탐색하는 방법이라고 하겠다.

이러한 연관성규칙발견은 데이터마이닝의 초기작업으로서, 데이터에 대한 탐색적인 기법으로 유용하게 사용 될 수 있는 방법이다. 연관성규칙발견의 결과는 일반적으로 교차판매, 매장진열, 카탈로그 디자인, 소프트웨어 번들링, 첨부 우편물, 보험의 부정행위 적발 등에 유용하게 사용될 수 있는데 그 예로는 다음과 같은 경우들이 있다.

- 어떤 제품과 관련된 선택사양들을 고객의 성향에 따라 정리한다면 비슷한 성향을 갖는 신규고객에게 동시에 그 둘을 제공해 구매의사를 한층 높일 수 있다.
- 예금구좌, CD, 투자 서비스, 카드 대출 등의 은행 상품의 관련성을 파악한다면 고객들이 원하는 또 다른 상품의 형태를 파악해 고객의 구매를 유도할 수 있다.
- 보험금 청구 내용이 이전의 내용과 비교해 관련성이 적은 특이한 상황이라면 보험사기를 의심하고 좀 더 면밀한 조사를 요구할 수 있다.

또한 사전에 분석의 목적이 있는 경우, 예를 들어 기존에 있던 점포와 개점을 한 새 점포의 물품 판매형태를 비교하고자 한다면, 연관성규칙발견에 사용할 항목에 각각의 점포 형태가 포함되도록 하고, 규칙들 중에서 점포의 형태가 포함되어 있는 규칙에 대한 해석을 통해 목적한 바를 이룰 수 있을 것이다.

비연관성과 음의 연관성

연관성과 상반되는 개념으로 '비연관성'(dissociation) 규칙을 통해 품목들 사이의 관계를 살펴보는 것도 의미 있는 작업일 것이다. 즉, 'Not A $\Rightarrow$ B' 또는 'A and Not B $\Rightarrow$ C'라는 규칙을 발견하는 것도 항목들 사이의 상호 연관성을 표현하는 것이다. 또 다른 경우로서 'C and D $\Rightarrow$ E'라는 규칙의 향상도 값이 1 이하일 때, 이를 'C and D $\Rightarrow$ Not E'와 같이 '음의(negative) 연관성'으로 표현하여 살펴볼 수도 있을 것이다

시차 연관성규칙(Sequential Association Rule)

단순히 거래에 포함되는 항목들의 연관성을 살펴보는 문제를 확장해서 동일한 고객이 시간이 지남에 따라서 어떤 소비형태를 보이는가에 대한 분석도 흥미있는 부분이다. 예를 들어, 차를 빌리거나 호텔예약과 유사한 과거 신용카드 결재내역에 대한 분석을 통해 동일한 거래의 추후 발생시점에 대한 정보를 얻을 수 있을 것이며, 환자의 병력 문제와 같은 경우에 대하서는 특정한 치료 후 발병할 합병증에 대한 예측을 할 수 있을 것이다. 이러한 분석을 위해서는 거래와 품목으로 정리된 데이터 이외에 각 고객의 거래내역과 시간 순으로 나열된 시차변수가

필요하다. 또한 이러한 시차 연관성을 갖는 규칙들은 원인과 결과의 형태로 해석이 가능해지므로 그 결과가 더욱 유용할 수 있다.

한편 시차 연관성규칙발견에서는 시간을 고려하여 데이터가 정리되므로, 분석용 데이터를 만들 때 시간의 간격을 적절하게 정의해야 한다. 예를 들어, 같은 날짜에 거래된 항목들은 동일한 시점의 거래로 정의할 수 있을 것이며, 실제로 드물게 발생하는 거래의 경우에는 한 달 사이의 거래를 동일한 시점의 거래로 정의하여 분석에 이용할 수도 있다.

9.2 연관성규칙발견의 특징과 적용상의 문제점

실제적인 관점에서 연관성규칙발견의 특징을 간단히 살펴보도록 하자.

9.2.1 연관성규칙발견의 장점

탐색적인 기법

일반적으로 '조건 ⇒ 반응'(if-then)으로 표현되는 연관성규칙발견의 결과는 이해하기 쉽고 또 이를 바로 실제에 적용하기 용이하다.

강력한 비목적성 분석기법

사전에 분석 방향이나 목적이 특별히 없는 경우, 대용량 데이터에 대한 비목적성 데이터마이닝(undirected data mining) 분석기법으로서 연관성 분석은 매우 유용하다. 대부분의 데이터마이닝 기법들은 분석목적(예측, 모형화 등)을 가지고 있어서, 목적변수가 뚜렷이 없는 경우 적용하기 쉽지 않은데 반하여 연관성 분석은 이런 상황에서 확실한 문제해결 방법이 될 수 있다.

사용 편리한 분석데이터의 형태

일반적인 연관성규칙발견을 위한 데이터는 동일한 거래임을 나타내는 변수와 거래에 포함되는 품목을 다른 하나의 변수로 생각하는 일반적인 '변수·개체' 형태의 데이터와는 다른 형태를 갖는다. 따라서 거래 내용에 대한 데이터를 변환 없이 그 자체로 이용할 수 있는 간단한 데이터구조를 가지는 분석방법이다.

계산의 용이성

수 많은 거래와 품목을 포함하는 대용량 데이터일 경우, 계산의 수가 크게 증가하기는 하지만 분석을 위한 계산은 상당히 간단하다. 따라서, 단순한 결과만을 위해서는 기초적인 워크시트의 사용법만을 알고 있는 분석자도 분석이 가능하다.

9.2.2 연관성규칙발견의 단점

상당한 수의 계산과정

연관성을 관찰하고자 하는 항목 수의 증가와 여러 항목을 포함하는 연관성을 관찰하고자 할 경우, 분석을 위해 필요한 계산의 수는 기하 급수적으로 증가한다. 이를 개선하기 위해 유사한 품목을 한 범주로 일반화하는 방법(예를 들어, 3개월, 6개월, 12개월 할부를 '할부'라는 범주로 통일하는 것)을 고려할 수 있으며, 또 다른 방법으로는 연관성규칙발견에서 지지도나 신뢰도의 하한을 정의하여 실제적으로 데이터에서 드물게 관찰되는 의미가 적은 연관성규칙을 제외하는 것을 생각할 수 있겠다.

적절한 항목의 결정

소매점에서 거래되는 수천 가지의 품목(예를 들어, 페페로니 냉동 팬(pan) 피자, 페페로니 냉동 틴(thin) 피자, ⋯)을 모두 분석에 그대로 사용한다면, 수많은 연관성규칙들이 발견되겠지만 이는 실제로 발생 비율 면에서도 의미 없는 경우가 대부분일 것이다. 따라서 적절히 구분되는 큰 범주(예를 들어, 냉동피자)로 구분하여 전체 분석에 포함시킨 후, 그 결과 중에서 냉동피자와 관련이 있는 경우 다시 세부적으로 연관성을 찾는 작업을 수행할 수 있다.

항목의 비율차이

사용될 모든 항목들 자체가 전체 자료에서 동일한 빈도를 갖는 경우, 연관성 분석은 결과가 가장 좋다. 반면에 거래량이 적은 품목은 당연히 포함된 거래수가 적을 것이고, 연관성규칙발견 과정 중 제외되기가 쉽다. 이러한 경우 그 항목이 연관성을 살펴보고자 하는 중요한(예를 들어, 이익이 상당한) 항목이라면 유사한 항목들과 함께 범주로 구성하는 방법 등을 통해 분석에 포함시킬 수 있을 것이다.

연관성규칙발견이란 한 거래에 포함된 항목들의 데이터를 통해서 이들 사이의 흥미 있는 연관성규칙을 관찰하는 과정으로서, 실제적인 거래 데이터에 대해서는 가장 기초적이고 일반적인 비목적성(undirected) 분석이라 할 수 있다. 또한 그 개념과 이론이 쉽기 때문에 간단한 변환이나 사고의 전환을 통해서 수많은 응용이 가능한 유용한 데이터마이닝 도구이다.

연관성분석(Association) 노드에서는 거래 내 항목들에 의해 만들어지는 모든 가능한 연관성규칙들의 지지도, 신뢰도, 향상도를 계산할 수 있으며, 그 결과 중 전체 또는 관심 있는 부분만을 선택하여 그래프 등을 통해 살펴볼 수 있다.

9.3 분석사례 - 1: 연관성규칙발견

한 은행에서는 자신들의 고객자료를 바탕으로 고객이 함께 가입하고 있는 금융서비스의 종류를 알아보고자 한다. 여기서 사용되는 예제 데이터는 BNKSERV로서 두 개의 변수 ACCT(고객 고유번호)와 SERVICE(가입한 서비스)로 구성되어 있다(부록 참조). 고객들은 평균적으로 3.05(=24,375/7,991)개의 서비스에 가입하고 있으며, 고객에게 제공되는 13가지 서비스의 내용은 부록의 표에 제시되어 있다. 이러한 데이터에 대하여 서비스들 사이의 연관성을 파악하여 고객이 필요로 하게 될 서비스를 사전에 추천해 준다면, 고객의 만족도를 높일 수 있는 좋은 방법이 될 것이다.

데이터 소스: BNKSERV

- 변수 ACCT의 **역할** 칼럼을 ID로, 변수 SERVICE의 **역할** 칼럼을 Target으로 설정한다.
- 데이터 소스의 **역할**(R) 필드를 Transaction으로 설정한다.

9.3.1 분석흐름도 작성

새로운 다이어그램을 생성하고 그림 9.3과 같이 분석흐름도를 작성하여라. **그래프 탐색**(Graph Explore) 노드의 **속성 패널**에서 **표본 속성**(Sample Properties) 영역의 **크기** 필드를 **최대**로 설정하여라(**크기** 필드를 **기본**으로 설정하면 10,000개의 표본에 대한 결과가 출력된다). **그래프 탐색**(Graph Explore) 노드를 실행한 후, 데이터의 내용과 변수 SERVICE의 분포를 살펴보아라(그림 9.3). **장바구니 분석**(Market Basket) 노드를 실행하고 **항목 통계량** 테이블의 결과를 살펴보아라(그림 9.3). **장바구니 분석**(Market Basket) 노드의 대부분의 결과들은 **연관성분석**(Association) 노드에서도 얻을 수 있으므로 이후에 설명하겠다. **그래프 탐색**(Graph Explore) 노드와 **장바구니 분석**(Market Basket) 노드의 결과로부터 SERVICE에 대한 가입 비율이 CKING, SVG, ⋯ 순서임을 볼 수 있다.

9.3.2 연관성분석(Association) 노드의 설정

연관성분석(Association) 노드의 **속성 패널**에서는 연관성규칙발견의 속도와 효율을 높이기 위해 다음과 같은 필드들에 대한 옵션을 설정할 수 있다(그림 9.4).

- **최대 항목**(Maximum Items): 연관성규칙발견에 포함될 최대 항목수를 설정한

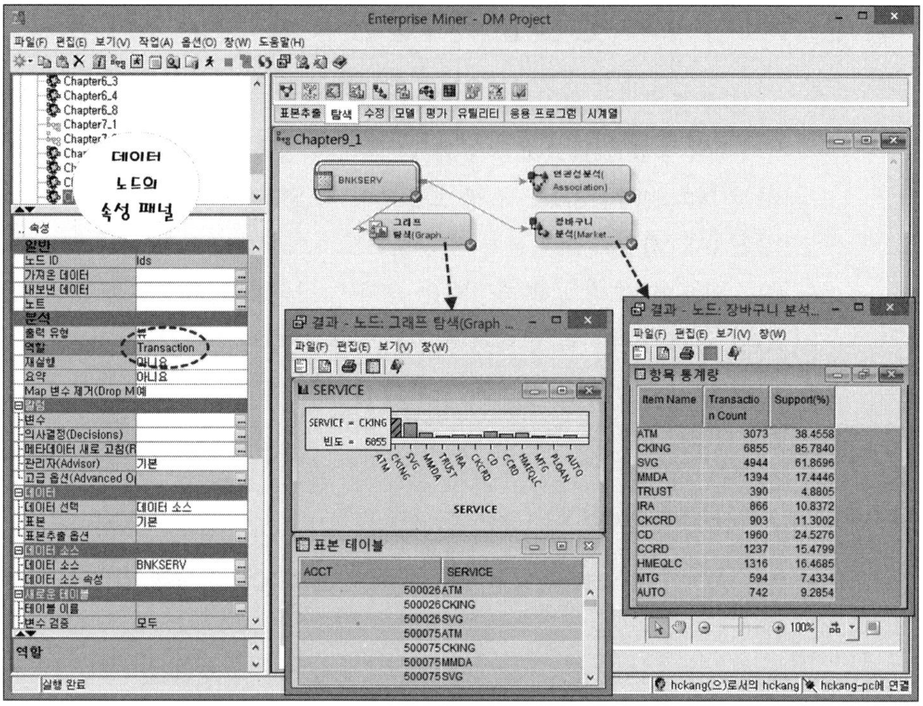

그림 9.3 분석사례 - 1을 위한 다이어그램

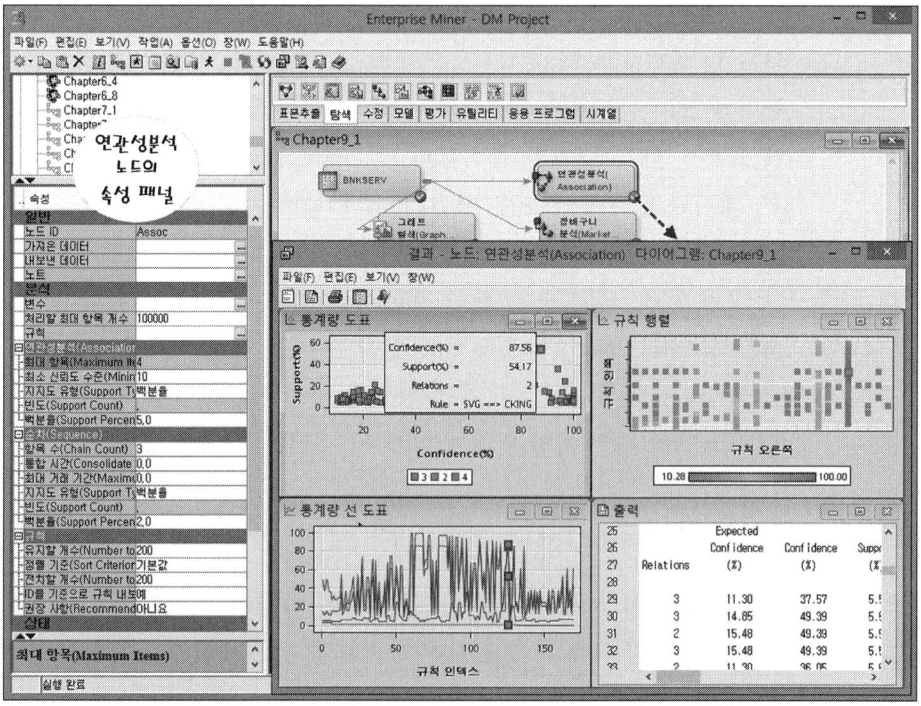

그림 9.4 연관성분석(Association) 노드 – 속성 패널과 결과

다. 초기값은 4이다(즉, '$A \Rightarrow B$', '$A\&B \Rightarrow C$', '$A \Rightarrow B\&C$', '$A\&B \Rightarrow C\&D$', '$A\&B\&C \Rightarrow D$', '$A \Rightarrow B\&C\&D$' 등이 고려된다).

- **최소 신뢰도 수준**(Minimum Confidence Level): 신뢰도가 기준 이하인 연관성규칙은 분석에서 제외한다. 초기값은 10%이다.
- **백분율**(Support Percentage): 포함률(거래 비율)이 기준 이하인 목표변수의 범주는 분석에서 제외한다. 초기값은 5%이다.
- **유지할 개수**(Number to Keep): 결과 윈도우에 나타낼 규칙의 개수를 설정한다. 초기값은 200이다.

9.3.3 결과 보기

연관성분석(Association) 노드를 실행하면 그림 9.4와 같은 결과들이 나타난다. 여기서 **통계량 도표**는 '신뢰도(confidence) 대 지지도(support)'의 그래프이다. 예를 들어, 오른쪽의 위쪽에 있는(신뢰도도 높고 지지도도 높은) 규칙을 클릭하여 정보를 살펴보면 규칙이 'SVG⇒CKING'임을 볼 수 있다.

풀다운 메뉴의 '**보기(V)** → **규칙**' 메뉴를 이용하면 보다 다양한 결과들을 살펴볼 수 있다(그림 9.5).

연결 그래프는 연관성규칙을 그래프로 표현한 것이다(그림 9.5). 여기서 점의 크기는 거래 빈도(transaction count)를 나타내고, 연결선의 굵기는 신뢰도의 크기를 나타낸다.

규칙 테이블은 규칙의 상세한 내용을 보여 준다(그림 9.6). 여기서 각 규칙의 신뢰도(confidence), 지지도(support), 향상도(lift) 등을 살펴볼 수 있는데, 최대 4개 항목의 연관성까지를 포함하여 127개의 규칙이 출력되어 있음을 볼 수 있을 것이다(더 많은 규칙들이 나타나게 하려면 **속성 패널**의 여러 옵셥들을 변경하면 된다). **규칙 테이블**은 기본적으로 향상도의 내림차순에 의해 규칙이 정렬되어 있다. 다른 기준에 의해 규칙을 정렬하고자 한다면, 해당 칼럼의 이름을 클릭하면 된다(클릭할 때마다 내림차순과 오름차순이 번갈아 수행된다).

그림 9.6은 지지도(support)의 내림차순으로 정렬된 결과이다. 지지도가 가장 높은 규칙 'SVG⇒CKING'의 내용을 살펴보기로 하자. 먼저, $n(\text{SVG}, \text{CKING}) = 4,329$이므로(Transaction Count 칼럼) 지지도(Support)$=4,329/7,991 = 54.17\%$이다. 또한, $n(\text{SVG}) = 4,944$이므로(그림 9.3) 신뢰도(Confidence)$=4,329/4,944 = 87.56\%$이다. 그리고 향상도(Lift)$=87.56\%/(6,855/7,991) = 87.56\%/85.78\% = 1.02$가 된다.

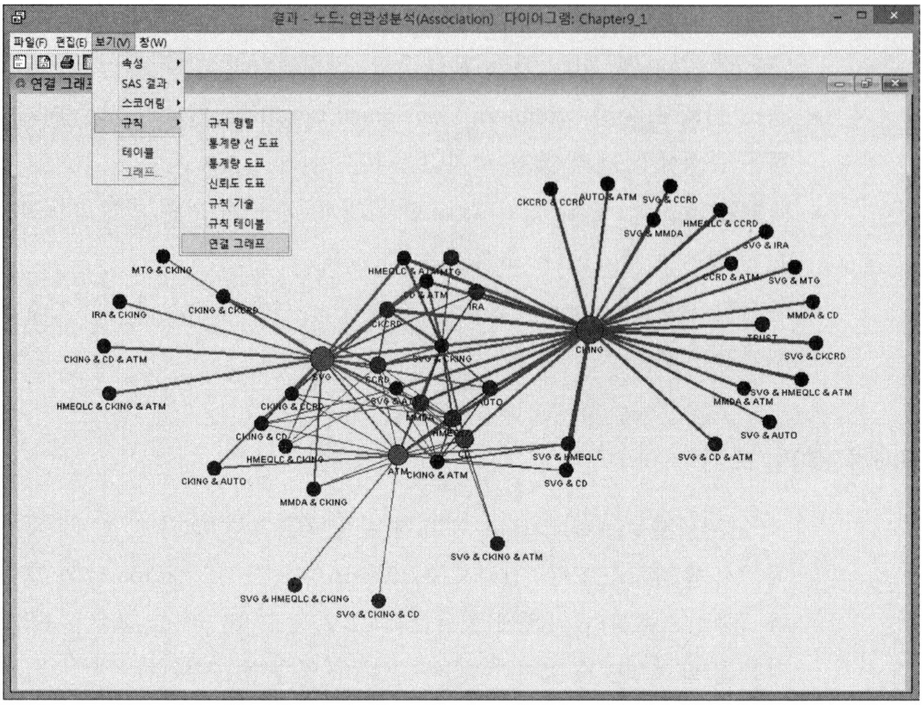

그림 9.5 연관성분석(Association) 노드 – 결과: 연결 그래프

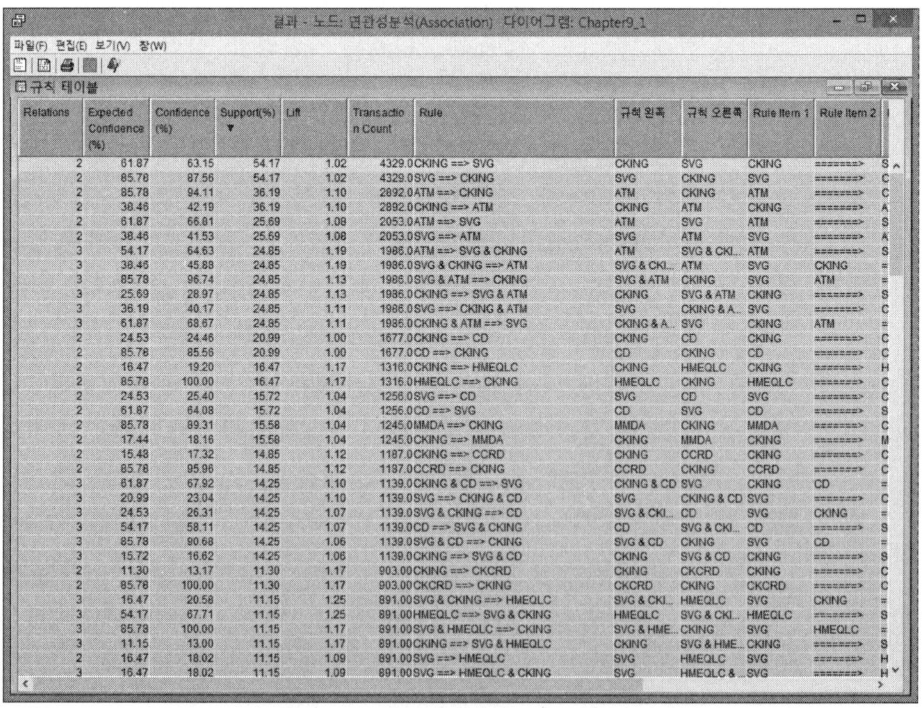

Relations	Expected Confidence (%)	Confidence (%)	Support(%) ▼	Lift	Transaction Count	Rule	규칙 왼쪽	규칙 오른쪽	Rule Item 1	Rule Item 2	
2	61.87	63.15	54.17	1.02	4329.0	CKING ==> SVG	CKING	SVG	CKING	=======>	S
2	85.78	87.56	54.17	1.02	4329.0	SVG ==> CKING	SVG	CKING	SVG	=======>	C
2	85.78	94.11	36.19	1.10	2892.0	ATM ==> CKING	ATM	CKING	ATM	=======>	C
2	38.46	42.19	36.19	1.10	2892.0	CKING ==> ATM	CKING	ATM	CKING	=======>	A
2	61.87	66.81	25.69	1.08	2053.0	ATM ==> SVG	ATM	SVG	ATM	=======>	S
2	38.46	41.53	25.69	1.08	2053.0	SVG ==> ATM	SVG	ATM	SVG	=======>	A
3	54.17	64.63	24.85	1.19	1986.0	ATM ==> SVG & CKING	ATM	SVG & CKI...	ATM	=======>	S
3	38.46	45.88	24.85	1.19	1986.0	SVG & CKING ==> ATM	SVG & CKI...	ATM	SVG	CKING	=
3	85.78	96.74	24.85	1.13	1986.0	SVG & ATM ==> CKING	SVG & ATM	CKING	SVG	ATM	=
3	25.69	28.97	24.85	1.13	1986.0	CKING ==> SVG & ATM	CKING	SVG & ATM	CKING	=======>	S
3	36.19	40.17	24.85	1.11	1986.0	SVG ==> CKING & ATM	SVG	CKING & A...	SVG	=======>	C
3	61.87	68.67	24.85	1.11	1986.0	CKING & ATM ==> SVG	CKING & A...	SVG	CKING	ATM	=
2	24.53	24.46	20.99	1.00	1677.0	CKING ==> CD	CKING	CD	CKING	=======>	C
2	85.78	85.56	20.99	1.00	1677.0	CD ==> CKING	CD	CKING	CD	=======>	C
2	16.47	19.20	16.47	1.17	1316.0	CKING ==> HMEQLC	CKING	HMEQLC	CKING	=======>	H
2	85.78	100.00	16.47	1.17	1316.0	HMEQLC ==> CKING	HMEQLC	CKING	HMEQLC	=======>	C
2	24.53	25.40	15.72	1.04	1256.0	SVG ==> CD	SVG	CD	SVG	=======>	C
2	61.87	64.08	15.72	1.04	1256.0	CD ==> SVG	CD	SVG	CD	=======>	S
2	85.78	89.31	15.58	1.04	1245.0	MMDA ==> CKING	MMDA	CKING	MMDA	=======>	C
2	17.44	18.16	15.58	1.04	1245.0	CKING ==> MMDA	CKING	MMDA	CKING	=======>	M
2	15.48	17.32	14.85	1.12	1187.0	CKING ==> CCRD	CKING	CCRD	CKING	=======>	C
2	85.78	95.96	14.85	1.12	1187.0	CCRD ==> CKING	CCRD	CKING	CCRD	=======>	C
3	61.87	67.92	14.25	1.10	1139.0	CKING & CD ==> SVG	CKING & CD	SVG	CKING	CD	=
3	20.99	23.04	14.25	1.10	1139.0	SVG ==> CKING & CD	SVG	CKING & CD	SVG	=======>	C
3	24.53	26.31	14.25	1.07	1139.0	SVG & CKING ==> CD	SVG & CKI...	CD	SVG	CKING	=
3	54.17	58.11	14.25	1.07	1139.0	CD ==> SVG & CKING	CD	SVG & CKI...	CD	=======>	S
3	85.78	90.68	14.25	1.06	1139.0	SVG & CD ==> CKING	SVG & CD	CKING	SVG	CD	=
3	15.72	16.62	14.25	1.06	1139.0	CKING ==> SVG & CD	CKING	SVG & CD	CKING	=======>	S
2	11.30	13.17	11.30	1.17	903.00	CKING ==> CKCRD	CKING	CKCRD	CKING	=======>	C
2	85.78	100.00	11.30	1.17	903.00	CKCRD ==> CKING	CKCRD	CKING	CKCRD	=======>	C
3	16.47	20.58	11.15	1.25	891.00	SVG & CKING ==> HMEQLC	SVG & CKI...	HMEQLC	SVG	CKING	=
3	54.17	67.71	11.15	1.25	891.00	HMEQLC ==> SVG & CKING	HMEQLC	SVG & CKI...	HMEQLC	=======>	S
3	85.78	100.00	11.15	1.17	891.00	SVG & HMEQLC ==> CKING	SVG & HME...	CKING	SVG	HMEQLC	=
3	11.15	13.00	11.15	1.17	891.00	CKING ==> SVG & HMEQLC	CKING	SVG & HME...	CKING	=======>	S
2	16.47	18.02	11.15	1.09	891.00	SVG ==> HMEQLC	SVG	HMEQLC	SVG	=======>	H
3	16.47	18.02	11.15	1.09	891.00	SVG ==> HMEQLC & CKING	SVG	HMEQLC & ...	SVG	=======>	H

그림 9.6 연관성분석(Association) 노드 – 결과: 규칙 테이블

9.4 분석사례 - 2: 시차 연관성분석

연관성분석(Association) 노드에서 시차 연관성분석을 수행할 수 있는데, 이를 위해서는 데이터에 역할이 Sequences로 설정되어 있는 변수가 있어야 한다.

식료품점에서 고객들의 구입물품이 순차적인 관련성을 가지고 있을 것이라고 가정하고 구입물품의 시차 연관성을 관찰하려고 한다. 여기서 사용되는 데이터셋은 ASSOCS로서 세 개의 변수 CUSTOMER(고객번호), TIME(구매순서), PRODUCT(구매항목)로 구성되어 있다(부록 참조). 이는 한 식료품점에서 고객들의 구입항목의 시간 순서에 따라 정리한 것으로, 고객들이 구입한 항목은 총 20가지이며 그 내용과 구매비율은 부록의 표에 제시되어 있다. 이러한 데이터에 대하여 구입항목 사이의 시차적인 관련성을 이용하면, 각 고객이 다음에 구입할 품목에 대한 쿠폰을 제공하거나 그 품목에 대한 소개 등을 통해 동일한 소매점에서의 구입을 유도할 수 있을 것이다.

데이터 소스: ASSOCS

- 변수들의 **레벨** 칼럼을 CUSTOMER는 Interval, PRODUCT는 Nominal,TIME은 Interval로 설정한다(그림 9.7 참조). 특히, **역할** 칼럼을 Sequence로 설정할 변수는 반드시 **레벨** 칼럼이 Interval로 설정되어 있어야 한다.
- 변수들의 **역할** 칼럼을 CUSTOMER는 ID, PRODUCT는 Target, TIME은 Sequence로 설정한다(그림 9.7 참조).
- 데이터 소스의 **역할**(R) 필드를 Transaction으로 설정한다.

9.4.1 분석흐름도 작성

새로운 다이어그램을 생성하고 그림 9.7과 같이 분석흐름도를 작성하여라. **연관성분석**(Association) 노드의 **속성 패널**에서는 시차 연관성분석을 위해 다음과 같은 필드들에 대한 옵션을 설정할 수 있다(그림 9.4).

- **항목 수**(Chain Count): 시차 연관성규칙을 탐색할 최대 항목의 수를 설정한다(초기값=3).
- **백분율**(Support Percentage): 포함률(거래 비율)이 기준 이하인 목표변수의 범주는 분석에서 제외한다(초기값=2%). 이 예에서는 보다 많은 규칙을 탐색하기 위해 설정값을 0.1로 변경하여라.

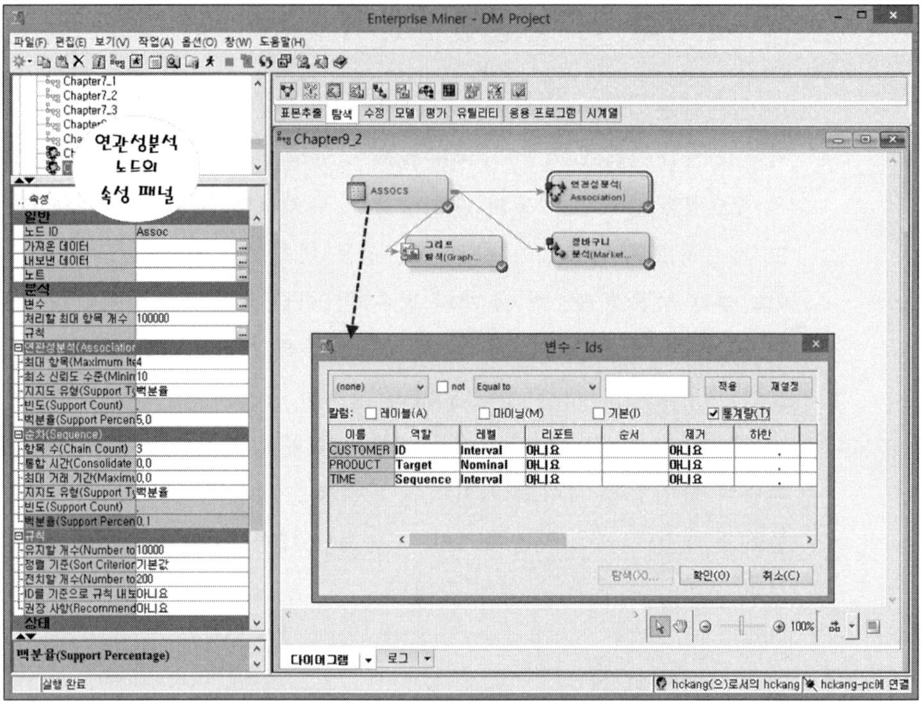

그림 9.7 분석사례 - 2를 위한 다이어그램

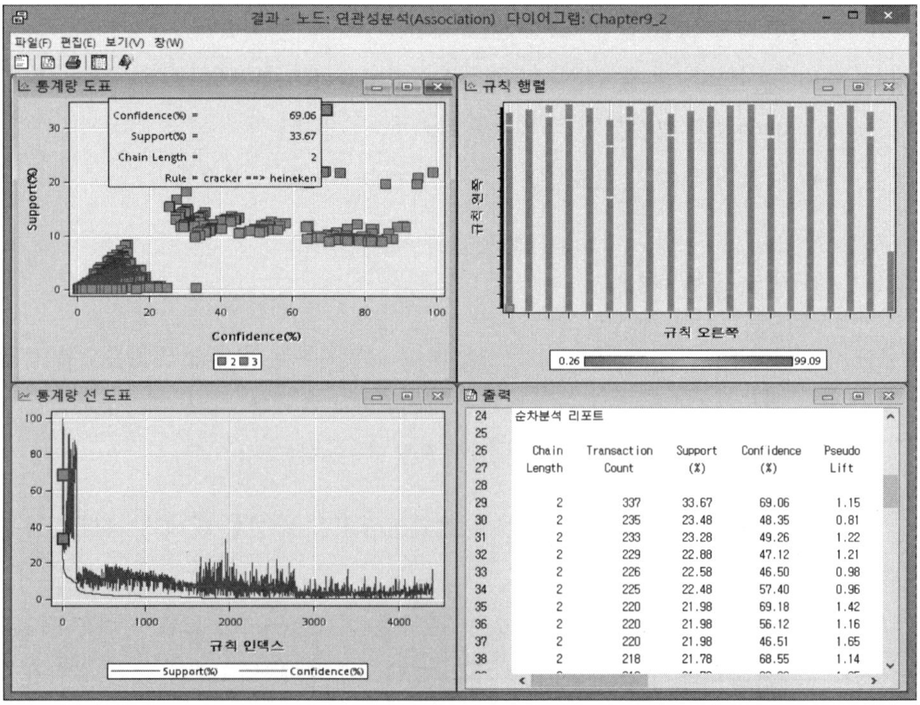

그림 9.8 연관성분석(Association) 노드 – 결과

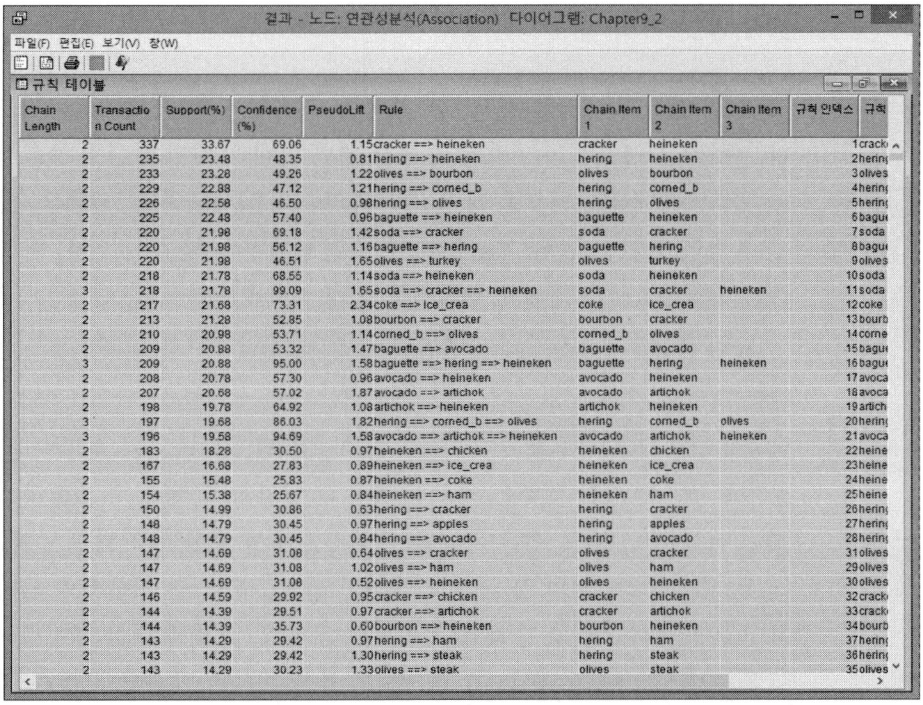

Chain Length	Transaction Count	Support(%)	Confidence (%)	PseudoLift	Rule	Chain Item 1	Chain Item 2	Chain Item 3	규칙 인덱스	규칙
2	337	33.67	69.06	1.15	cracker ==> heineken	cracker	heineken		1	crack
2	235	23.48	48.35	0.81	hering ==> heineken	hering	heineken		2	herin
2	233	23.28	49.26	1.22	olives ==> bourbon	olives	bourbon		3	olives
2	229	22.88	47.12	1.21	hering ==> corned_b	hering	corned_b		4	herin
2	226	22.58	46.50	0.98	hering ==> olives	hering	olives		5	herin
2	225	22.48	57.40	0.96	baguette ==> heineken	baguette	heineken		6	bagu
2	220	21.98	69.18	1.42	soda ==> cracker	soda	cracker		7	soda
2	220	21.98	56.12	1.16	baguette ==> hering	baguette	hering		8	bagu
2	220	21.98	46.51	1.65	olives ==> turkey	olives	turkey		9	olives
2	218	21.78	68.55	1.14	soda ==> heineken	soda	heineken		10	soda
3	218	21.78	99.09	1.65	soda ==> cracker ==> heineken	soda	cracker	heineken	11	soda
2	217	21.68	73.31	2.34	coke ==> ice_crea	coke	ice_crea		12	coke
2	213	21.28	52.85	1.08	bourbon ==> cracker	bourbon	cracker		13	bourb
2	210	20.98	53.71	1.14	corned_b ==> olives	corned_b	olives		14	corne
2	209	20.88	53.32	1.47	baguette ==> avocado	baguette	avocado		15	bagu
3	209	20.88	95.00	1.58	baguette ==> hering ==> heineken	baguette	hering	heineken	16	bagu
2	208	20.78	57.30	0.96	avocado ==> heineken	avocado	heineken		17	avoca
2	207	20.68	57.02	1.87	avocado ==> artichok	avocado	artichok		18	avoca
2	198	19.78	64.92	1.08	artichok ==> heineken	artichok	heineken		19	artich
3	197	19.68	86.03	1.82	hering ==> corned_b ==> olives	hering	corned_b	olives	20	herin
3	196	19.58	94.69	1.58	avocado ==> artichok ==> heineken	avocado	artichok	heineken	21	avoca
2	183	18.28	30.50	0.97	heineken ==> chicken	heineken	chicken		22	heine
2	167	16.68	27.83	0.89	heineken ==> ice_crea	heineken	ice_crea		23	heine
2	155	15.48	25.83	0.87	heineken ==> coke	heineken	coke		24	heine
2	154	15.38	25.67	0.84	heineken ==> ham	heineken	ham		25	heine
2	150	14.99	30.86	0.63	hering ==> cracker	hering	cracker		26	herin
2	148	14.79	30.45	0.97	hering ==> apples	hering	apples		27	herin
2	148	14.79	30.45	0.84	hering ==> avocado	hering	avocado		28	herin
2	147	14.69	31.08	0.64	olives ==> cracker	olives	cracker		31	olives
2	147	14.69	31.08	1.02	olives ==> ham	olives	ham		29	olives
2	147	14.69	31.08	0.52	olives ==> heineken	olives	heineken		30	olives
2	146	14.59	29.92	0.95	cracker ==> chicken	cracker	chicken		32	crack
2	144	14.39	29.51	0.97	cracker ==> artichok	cracker	artichok		33	crack
2	144	14.39	35.73	0.60	bourbon ==> heineken	bourbon	heineken		34	bourb
2	143	14.29	29.42	0.97	hering ==> ham	hering	ham		37	herin
2	143	14.29	29.42	1.30	hering ==> steak	hering	steak		36	herin
2	143	14.29	30.23	1.33	olives ==> steak	olives	steak		35	olives

그림 9.9 연관성분석(Association) 노드 – 결과: 규칙 테이블

9.4.2 시차 연관성분석의 결과보기

다이어그램의 **연관성분석**(Association) 노드를 실행하면 그림 9.8과 같은 결과들을 얻을 수 있다. 또한 풀다운 메뉴의 '**보기(V)** → **규칙** → **규칙 테이블**' 메뉴를 선택하면 그림 9.9와 같은 **규칙 테이블**을 살펴볼 수 있다. 시차 연관성분석에서는 구매순서를 고려하기 때문에 지지도가 상호 대칭성을 가지지 않는다. 또한 향상도가 정의되지 않으므로 비슷한 개념의 유사 향상도(pseudo lift)가 출력된다.

예를 들어, **규칙 테이블**에서 규칙 'cracker⇒heineken'에 대한 연관성을 살펴보기로 하자. 먼저 $n(\text{cracker} \Rightarrow \text{heineken}) = 337$이므로, 이 규칙에 대한 지지도(Support)=$337/1,001 = 33.67\%$, 신뢰도(Confidence)=$337/488 = 69.06\%$이다. 반면에 규칙 'heineken⇒cracker'의 경우에는 $n(\text{heineken} \Rightarrow \text{cracker}) = 29$이므로, 이 규칙에 대한 지지도(Support)=$29/1,001 = 2.90\%$, 신뢰도(Confidence)=$29/600 = 4.83\%$이다.

즉, 두 연관성규칙의 신뢰도를 비교해 보면 cracker를 먼저 구입한 고객 중에서 heineken을 구매하는 비율은 69.06%로서 매우 높지만, heineken을 먼저 구입한 고객 중에서 cracker를 구매하는 비율은 4.83%에 불과함을 알 수 있다.

9.5 웹마이닝(Web Mining)

최근 인터넷은 기업이 고객과 접촉할 수 있는 새로운 수단으로써 기업의 홍보나 서비스를 제공하는 기능을 수행할 뿐만 아니라 사업을 위한 중요한 도구가 되고 있다. 따라서 인터넷을 통한 고객과의 커뮤니케이션 및 관계유지는 웹사이트를 운영하고 있는 많은 기업들의 주요 관심사항이 되고 있으며, 기존의 CRM에 대응되는 eCRM이 새롭게 주목받고 있다.

웹마이닝(web mining)은 웹컨텐츠 및 로그 데이터를 가공하고 분석하는 포괄적인 의미를 가지고 있는데, 이는 웹컨텐츠(web contents) 마이닝과 웹유시지(web usage) 마이닝으로 크게 구분된다. '웹컨텐츠 마이닝'은 텍스트(text) 마이닝의 한 분야로 웹사용자가 원하는 정보를 빠르고 정확하게 찾을 수 있도록 도와주는 기법을 의미하며, 주로 야후와 같은 검색엔진에서 활용되고 있다. '웹유시지 마이닝'은 데이터마이닝의 한 분야로 웹서버 로그로부터 웹 사용자의 의미 있는 접속패턴을 발견하고 이를 통해 웹사이트의 개선 및 고객에 대한 차별적 서비스 제공 등을 수행하고자 하는 것으로 eCRM의 주된 도구로 사용되고 있다.

특히 웹유시지 마이닝의 분석대상이 되는 데이터는 연관성규칙발견에서 사용되는 데이터와 유사한 측면이 많으므로, 이 절에서는 웹유시지 마이닝의 주요 개념과 제 과정을 소개하고 웹유시지 마이닝의 주요 대상이 되는 웹로그 데이터의 형태와 분석과정을 자세히 설명하고자 한다.

9.5.1 웹로그 데이터의 형태

인터넷 사용자가 특정 웹사이트를 방문하여 웹페이지를 클릭하거나 특별한 요청에 대해 웹서버가 응답할 때마다 그 사이트를 관리하고 있는 서버(server)에는 로그(log)라고 불리는 레코드(record)들이 저장된다. 이와 같이 쌓여지는 일련의 레코드들의 집합을 웹로그 또는 클릭스트림(click stream) 데이터라고 한다. 따라서 웹로그를 통해 웹사이트 관리자는 누가 언제 무엇을 요청했는지를 알 수 있고, 얼마나 많은 사용자가 왔는지 그리고 어디에서 왔는지, 가장 오래 보는 페이지와 가장 많이 보는 페이지가 무엇인지 등을 알 수 있다.

이와 같은 로그 데이터가 저장된 로그파일은 웹서버가 지정하는 곳에 위치하며, 보통 웹서버 관리자가 웹서버를 설치할 때 로그파일의 위치와 기록방법 등을 지정하게 된다.

웹서버들은 자체적으로 독특한 로그파일의 저장형식을 제안하고 있지만, 대부

표 9.4 웹로그 레코드의 예

```
210.119.195.208    --    dragon   [25/Jun/2000:04:02:12 +0900]
       (1)            (2)     (3)                    (4)
"GET /download/index.html HTTP/1.1"  200  16621
             (5)                      (6)    (7)
"http://www.webmania.co.kr/download/ -> index.html"
                           (8)
"Mozilla/4.0 (compatible; MSIE 5.5; Windows 98)"
                                (9)
```

분 CLF(Common Log Format)라고 불리는 표준 로그파일 형식 및 ECLF(Extended Common Log Format Standard)를 기본적으로 지원하고 있으며, 웹유시지 마이닝은 주로 이 CLF 및 ECLF에 저장되는 정보를 이용하여 이루어진다. CLF에는 다음과 같은 7개의 필드가 저장되며, ECLF에는 여기에 Referrer와 User-Agent 두 개의 필드가 추가된다.

(1) Host: 사용자의 인터넷 주소이며, 도메인(domain) 이름 또는 IP(Internet Protocol) 주소로 기록된다. 웹서버는 초기에 이 호스트를 '10.119.195.208'과 같은 수치 IP 주소로 받아들이며, 대부분의 웹서버는 이 주소를 'www.webmania.co.kr'과 같은 텍스트 도메인 이름으로 확인할 수 있는 기능을 가지고 있다. 그러나 이와 같은 역방향 주소 조회는 웹서버가 매 접속 때마다 도메인 이름을 역추적해야 하므로 웹서버에 상당한 부하를 주게 된다.

(2) Ident(RFC931): 이 필드는 Identd(Identification daemon)라는 프로토콜을 지원하는 클라이언트 애플리케이션이 제공하는 중재 ID이다. 현재 이 인증 스키마를 사용하는 웹브라우저는 거의 없기 때문에 대부분의 웹서버에는 보통 '–'로 기록된다.

(3) AuthUser: 웹서버에 등록된 사용자 이름이다. 만약 현재의 사용자가 등록된 사용자가 아닌 경우 '–'로 기록된다.

(4) Time: 접속일자와 시간을 기록한 필드로 [dd/mon/yyyy:hh:mm:ss x##:##]와 같은 형식으로 저장된다. 마지막의 'x##:##'에서 x는 '+' 또는 '–' 부호이며, '##:##'는 그리니치 표준시로부터의 시차를 나타낸다.

(5) Request: 이 필드는 'GET 및 POST 등의 명령어', '실제 요청대상의 파일 이름', '전송 프로토콜 및 버전' 등 세 개의 세부 필드를 기록한다. 가장 일반적인 HTTP(Hyper-Text Transfer Protocol, 인터넷에서 하이퍼텍스트 문서를 교환하기

위해 사용하는 통신규약) 명령어로는 GET(웹서버에게 객체를 요청)과 POST(웹브라우저에서 얻은 정보를 웹서버로 보냄)가 있다.

(6) Status: 접속상태와 데이터의 이동 현황을 기록하는 것으로 100, 200, 300, 400, 500과 같은 5개의 카테고리로 구분된다. 예를 들어, 200은 '성공', 300은 '무시', 400은 '에러'를 나타낸다.

(7) Bytes: 사용자가 실제로 웹서버에서 가져간 데이터의 양을 기록한 것으로 단위는 바이트이다. 이는 앞의 Status 코드가 200 카테고리인 경우에만 기록되며, 그 외의 경우(즉, 실제 전송된 데이터의 양이 0인 경우)에는 '–'로 기록된다.

(8) Referrer: 이 필드는 사용자의 요청이나 링크의 원래 소스(source)를 나타내기 위해 전송하는 텍스트 문자열을 기록한다. 즉, 웹서버를 소개해 준 사이트와 소개받은 페이지를 화살표로 기록한다. 따라서 이 필드를 이용하면 사용자가 어디에서 그 웹사이트로 연결되었는지를 알 수 있으며, 이는 온라인 광고 또는 홍보 등을 고려할 때 중요한 평가자료로 사용될 수 있다.

(9) User-Agent: 사용자(클라이언트)의 요청을 만든 소프트웨어 및 운영체제(OS)의 이름과 버전 등이 기록되는 필드로서 이를 브라우저 로그파일이라고도 한다.

물론 이러한 웹로그의 형태는 웹서버에 따라 약간씩 다를 수도 있으며, 새로운 웹서버들은 사용하기 쉬운 보다 발전된 형태의 웹로그 형식을 취하기도 한다.

9.5.2 웹로그 데이터의 사전처리

웹로그 데이터는 일정 기간동안 사용자들이 접속 또는 요청한 내용을 기록한 일종의 거래(transaction) 데이터이므로 이를 실제로 분석하기 위해서는 다음과 같은 여러 단계의 사전처리(pre-processing) 과정이 필요하다.

필터링 및 필드 선택

웹서버는 수많은 사용자들이 접속하는 상황을 개별 레코드로 기록하기 때문에 매우 많은 양의 로그 데이터가 생기게 된다. 따라서 분석에 불필요한 레코드들을 제거하거나 필요한 필드만 선택하는 것은 원활한 분석을 위해 매우 중요하다. 이러한 필터링 과정에서는 Request 필드의 파일 이름의 확장자가 gif나 jpg인 이미지 파일, cgi인 스크립트 파일, avi나 mov인 오디오 및 비디오 파일 등인 레코드들을 제거하는 작업이 포함되기도 하는데 이러한 파일들은 대부분 특정 웹페이지의 일부를 구성하고 있는 구성요소에 불과하므로 사용자의 행동패턴과는 무관한 로그 레코드들일 가능성이 많기 때문이다.

사용자 식별(User Identification)

사용자 식별이란 로그 레코드들의 사용자를 유일하게 구별해 주는 과정을 말한다. 가장 확실한 사용자 식별방법 중 하나는 사용자가 웹사이트를 방문할 때 로그인(log-in) 과정을 거치도록 하는 것이다. 이렇게 하면 로그 데이터의 AuthUser 필드에 사용자의 유일한 ID가 기록되기 때문에 특별한 사용자 식별과정을 거치지 않고서도 사용자를 식별할 수가 있다(이런 이유로 실제 많은 웹사이트들이 로그인 시스템으로 변경하는 추세이다). 그러나 이 경우 사용자가 웹사이트 방문에 거부감을 가지게 할 수 있다는 위험이 따르고, 한 사용자가 복수 ID를 사용하거나 여러 사용자가 단일 ID를 사용할 수 있다는 문제점을 가지고 있다.

만약 로그인을 통한 사용자 인증과정이 없는 웹서버의 경우에는 로그파일에 저장되어 있는 Host와 User-Agent 필드를 이용하여 사용자를 구별하는 방법을 사용할 수 있다. 그러나 이 방법은 같은 프록시(proxy) 서버에 의해 웹사이트에 접속하는 사용자는 모두 동일한 IP 주소를 갖기 때문에 정확한 사용자 식별을 보장받지는 못하게 된다. 또한 인터넷 전용선 제공회사를 이용하는 많은 사용자들은 유동(floating) IP를 사용하기 때문에 이에 따른 문제도 발생하게 된다.

다른 대안으로는 쿠키(cookie, 웹사이트와 사용자의 컴퓨터 사이에서 통신을 매개해주는 기능을 하며, 사용자의 컴퓨터에 텍스트 문자열로 저장된다)를 이용할 수 있으나, 쿠키를 이용하는 방식도 사용자에 의해 쿠키가 지워지거나 조작될 수 있다는 문제점을 가지고 있다. 또한 쿠키는 사용자의 컴퓨터에 저장되며 저장된 쿠키를 웹사이트가 읽어들이는 방식을 취하게 되므로, 쿠키가 고의로 사용자의 정보를 빼낼 수 있는 통로 역할을 할 수도 있기 때문에 사용자의 정보보안에 대한 문제점이 지적되고 있다. 그러나 쿠키는 현재까지 웹서버가 사이트를 다시 방문하는 사용자를 식별하고 프로파일러가 한 웹사이트에서 다른 웹사이트로 사용자를 추적하는 중요 수단이 되고 있다.

세션 식별(Session Identification)

세션(session)이란 사용자가 한 웹사이트를 방문하여 일련의 연속적인 행동을 수행한 후 접속을 중단할 때까지의 과정을 의미한다. 사실 로그 데이터 자체는 여러 사용자의 접속상황이 단지 시간 순서에 의해서 기록된 것이기 때문에 사용자가 언제 새로운 접속을 시도하여 언제 그 접속을 종료하였는지에 대한 정보가 존재하지 않는다. 웹로그 데이터를 분석하는 경우 대부분 세션이 분석단위가 되므로 표 9.5에서와 같이 동일한 사용자 내에서 세션 ID라고 불리는 일련의 일련번호(즉, 방문번호)를 추가해 주어야 한다.

표 9.5 세션 ID의 생성 예

User ID	Session ID	Time	Request
apple	1	20NOV2000:13:53:31	/main.jsp
apple	2	20NOV2000:15:31:11	/main.jsp
apple	2	20NOV2000:15:31:30	/mypage/magic/magic_skin1.jsp
apple	2	20NOV2000:15:31:30	/mypage/magic/magic_skin2.jsp
dragon	1	20NOV2000:13:53:13	/magazine/sr/sr_02_01.html
dragon	1	20NOV2000:13:56:06	/mypage/magic/magic_skin1.jsp
dragon	1	20NOV2000:14:03:09	/mypage/magic/magic_skin1.jsp
dragon	1	20NOV2000:14:04:15	/skincare/basicinfo/sys19.html
dragon	1	20NOV2000:14:13:20	/skincare/secret/now_01.html
dragon	1	20NOV2000:14:16:21	/skincare/secret/now_02.html
dragon	2	20NOV2000:17:44:27	/makeup/hottip/hottip_01.html
dragon	2	20NOV2000:17:47:53	/makeup/letsmakeup/sys2.html
...	...	...	...

세션을 식별하기 위해 몇 가지 방법이 제안되어 있지만, 일반적으로 사용되는 방법 중 하나는 Time 필드의 시간간격을 이용하는 것이다. 즉, 표 9.5와 같이 먼저 ID와 Time 필드를 키(key)로 하여 로그 데이터를 정렬(sort)하고, 동일 ID 내에서 일정 시간(예컨대, 30분) 이상의 시간간격이 발생하면 새로운 세션 ID를 부여하는 것이다.

분석용 데이터 생성

세션 ID를 생성한 후에는 분석에 불필요한 레코드를 제거하는 등 다시 한번 로그 데이터를 정리하고 이후 분석과정에 적합하도록 데이터를 가공해 주어야 한다. 이때 필요한 작업 중 하나는 모든 웹페이지들을 부수적 페이지와 컨텐츠 페이지로 구분하는 것이다. 여기서 부수적 페이지란 사용자가 그 페이지를 방문했는지의 여부가 방문패턴을 분석함에 있어 특별한 정보가 되지 않는 페이지를 의미한다. 예를 들어, 어떤 웹사이트 홈페이지나 그 내부의 링크 페이지 등은 다른 페이지를 이동하기 위한 경로에 해당하므로 방문패턴과는 큰 관련이 없을 가능성이 많다. 이에 반해 컨텐츠 페이지는 특별한 내용을 담고 있어서 방문패턴과 밀접한 관련이 있는 페이지를 의미한다. 이와 같이 웹페이지들을 분류한 다음 분석자는 분석목적에 따라 컨텐츠 페이지만을 분석할 것이지 아니면 모든 페이지들

표 9.6 웹로그 데이터에 대한 연관성규칙발견의 예

# of pages	Support	Confidence	Sequence	Rule
3	5.12	91.80	67.31	A & B ⇒ C
4	4.20	93.88	73.25	A & B & D ⇒ C
4	2.19	88.89	53.73	A & B & E ⇒ C
...	...	...	...	...

A : skincare/skinxfile/skinproblem_01_01

B : skincare/secret/essentials_01

C : skincare/basicinfo/sys19

D : skincare/aboutskin/skintype_01

E : makeup/makeuptechnique/makeup_flow_06

을 분석에 포함시킬 것이지를 결정하고 이에 따라 분석용 데이터를 만들어 주어야 한다. 또한 어떤 분석방법을 사용할 것인가에 따라 데이터를 재배열 하는 등 추가적인 가공을 해주어야 한다.

9.5.3 웹로그 데이터의 분석 및 활용

웹서버 관리자의 일차적인 관심은 웹사이트 사용에 대한 여러 가지 기초통계에 있을 것이다. 즉, 웹사이트에 얼마나 많은 방문객이 왔는지, 어떤 웹페이지가 가장 많이 또는 가장 적게 읽혔는지, 주로 어디에서 방문하고 있는지, 가장 오래 보는 페이지는 무엇인지 등이 주로 관심이 된다. 현재 사용되고 있는 상용 웹마이닝 소프트웨어는 주로 이러한 기초통계를 출력하는 기능 중심으로 되어 있는데, Analog (www.analog.cx), EasyMiner (www.mineit.com), NetTracker (www.sane.com), WebLog (www.weblog.co.kr), WebSuxess (www.exody.net), WebTrends (www.webtrends.co.kr) 등이 널리 알려진 소프트웨어들이다.

웹로그 데이터를 분석함에 있어 주요 관심 사항 중 하나는 웹페이지들 간의 연관성(즉, 동일한 세션(방문) 내에서 어떤 페이지들이 함께 요청되는 경향이 있는가?)을 파악하는 것이다. 연관성규칙발견은 웹페이지들 간의 연관성을 분석하기 위해 가장 널리 사용되는 기법으로, 앞 절에서 설명한 여러 가지 평가기준들이 연관성을 측정하기 위해 사용된다(표 9.6 참조).

표 9.7 세션 프로파일 행렬의 예

User Id	S_ID	IBOO	IAAE	IAAF	IAAG	IAAB	...
apple	1	1	1	1	1	0	...
apple	2	0	0	0	0	1	...
dragon	1	1	0	1	1	0	...
dragon	2	1	1	0	0	1	...
670821	1	0	1	0	1	0	...
...	...	...	...	...	...	...	...

표 9.8 군집분석의 결과 예 (평균 프로파일)

	전체	군집 1	군집 2	군집 3	군집 4	군집 5
IBOO	0.45	0.43	0.41	0.35	0.57	0.47
IAAE	0.19	0.15	0.21	0.17	0.33	0.15
IAAF	0.17	0.13	0.20	0.12	0.31	0.16
IAAG	0.16	0.12	0.19	0.12	0.31	0.15
IAAB	0.13	0.13	0.11	0.08	0.25	0.12
...	...	...	...	...	...	...
군집 크기	194	294	346	148	139	177

웹 사용자의 패턴을 파악하고 분류하기 위해 주로 사용되는 다른 기법으로는 군집분석을 들 수 있다.

웹로그 데이터에 대한 군집분석에서는 보통 세션(혹은 사용자)이 분석대상이 되므로, 먼저 표 9.7에서와 같이 세션(사용자) 프로파일 행렬로 분석용 데이터를 변형해 주어야 한다(이것은 거래 데이터를 분석용 데이터로 바꾸기 위한 사전처리 작업과 유사하다). 예를 들어, 표 9.7에서 1은 해당 세션에서 그 페이지가 요청되었음을 의미하고 0은 요청되지 않았음을 의미한다. 이와 같은 세션 프로파일 행렬에 대해 유클리드 거리를 이용한 통상적인 군집분석 알고리즘(예를 들면, k-평균 군집분석)을 적용하는 것이 일반적이지만, 웹페이지들 간의 구조를 고려한 가중거리가 사용되기도 한다(강현철 외, 2005).

표 9.8은 1,094개의 세션에 대해 군집분석을 수행한 예로부터 얻은 결과 중 각 군집의 중심을 제시한 것으로, 군집 1에 속하는 세션은 294개이며 이 중 43%인 126개의 세션에서 IBBO라는 웹페이지가 요청되었다는 것을 알 수 있다.

웹로그 데이터에 대한 이러한 분석결과는 일차적으로 웹페이지의 수정 및 재배치 등 웹사이트의 개선에 사용될 수 있다. 즉, 연관성 규칙발견이나 군집분석의 결과로부터 동일 세션(방문) 내에서 어떤 페이지들이 함께 요청되는 경향이 있는지 또는 어떤 경로를 통해 특정 페이지가 요청되었는지 등을 파악함으로써 사용자 측면에서 웹사이트를 개선해 나갈 수 있다. 또한 개인화(pesonalization) 또는 추천시스템(recommendation system)을 위해서 웹유시지 마이닝이 사용될 수도 있다(강현철 외, 2004).

9.6 분석사례 - 3: 경로분석(Path Analysis)

경로분석은 항목들 간의 관련성을 분석하는 다른 형태의 도구로서, 특히 그래프적 기법을 통해 관련성을 시각적으로 살펴볼 수 있다는 장점을 가지고 있다. 또한 경로분석의 대상이 되는 데이터의 형태도 연관성규칙발견과 거의 유사하다. 여기서는 분석사례를 통해 경로분석의 개념과 **경로분석**(Path Analysis) 노드의 기능을 간단히 소개할 것이다.

데이터 소스: WEBPATH

- 변수들의 **레벨** 칼럼을 REFERRER, REQUESTED_FILE, SESSION_ID는 Nominal로 설정하고 SESSION_SEQUENCE는 Interval로 설정한다. 특히, **역할** 칼럼을 Sequence로 설정할 변수는 반드시 **레벨** 칼럼이 Interval로 설정되어 있어야 한다.
- 변수들의 **역할** 칼럼을 REFERRER는 Referrer, REQUESTED_FILE은 Target, SESSION_ID는 ID, SESSION_SEQUENCE는 Sequence로 설정한다.
- 데이터 소스의 **역할**(R) 필드를 Transaction으로 설정한다.

다이어그램의 **그래프 탐색**(Graph Explore) 노드를 실행하고 결과를 살펴보도록 하자. 그림 9.10의 **표본 테이블**에서 이 데이터의 섹션 식별자는 고유번호와 방문 시간의 결합으로 이루졌음을 볼 수 있다. 여기서 REQUESTED_FILE은 방문한 웹페이지이고, SESSION_SEQUENCE는 동일 세션 내에서의 방문 순서이다.

경로분석(Path Analysis) 노드의 **속성 패널**에서는 다음과 같은 필드들에 대한 옵션을 설정할 수 있다(그림 9.10).

- **데이터 정렬 여부**(Data Sorted): 경로분석을 위한 데이터는 Target, ID, Sequence (및 Referrer) 변수별로 정렬되어 있어야 한다. '아니요'로 설정되면 데이터가 이미 정렬되어 있다고 가정하고 분석이 수행되며, '예'로 설정되면 데이터를 새로

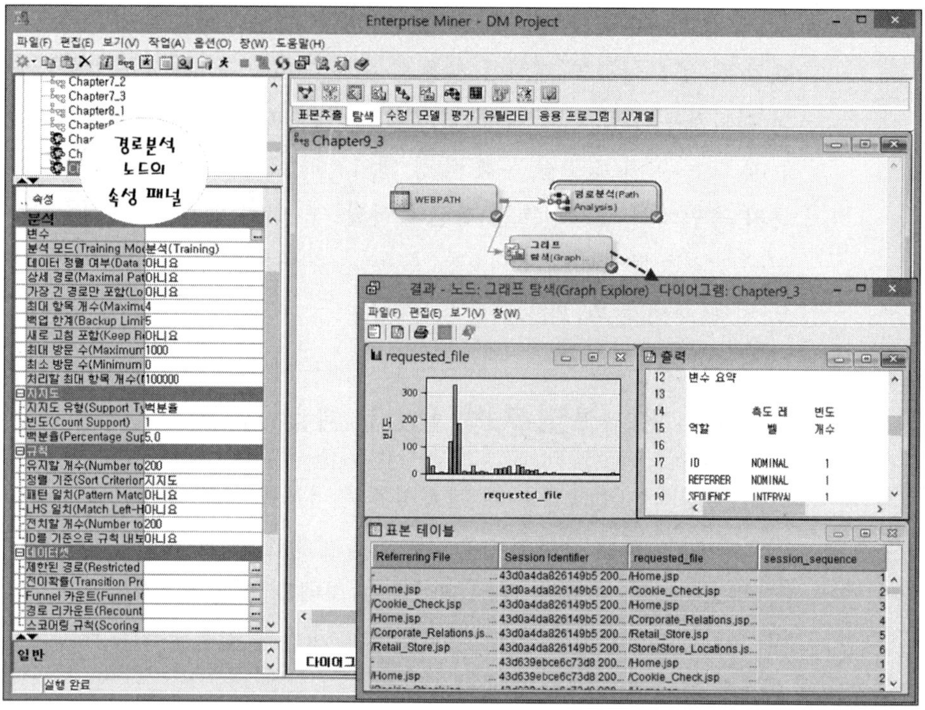

그림 9.10 분석사례 - 3을 위한 다이어그램

정렬한 후에 분석이 수행된다. 데이터가 제대로 정렬되지 않으면 잘못된 결과가 발생할 수 있으므로 주의해야 한다. 초기값은 '아니오'이다.

- 상세 경로(Maximal Paths): 후행 연결을 포함하는 복잡한 경로의 경우 분리된 경로를 만들지를 설정한다. 예를 들어, A-B-C-B-D라는 경로가 있다고 가정하자. '아니요'로 설정되면 경로는 A-B-C-B-D로 저장되며, '예'로 설정되면 A-B-C 및 A-B-D 두 개의 경로로 나누어 저장된다. 초기값은 '아니오'이다.
- 가장 긴 경로만 포함(Longest Only): 가장 긴 경로만 포함할지 또는 발견된 모든 경로를 포함할지 여부를 설정한다. 예를 들어, A-B-C 및 A-B-C-D 경로가 있다고 가정하자. '예'로 설정되면 가장 긴 경로만 포함되고, '아니오'로 설정되면 모든 경로가 포함된다. 초기값은 '아니오'이다.
- 최대 항목 개수(Maximum Numberof Items): 규칙에 포함될 최대 항목수를 설정한다. 초기값은 4이다(즉, '$A \Rightarrow B$', '$A\&B \Rightarrow C$', '$A \Rightarrow B\&C$', '$A\&B \Rightarrow C\&D$', '$A\&B\&C \Rightarrow D$', '$A \Rightarrow B\&C\&D$' 등이 고려된다).
- 새로 고침 포함(Keep Reload): 페이지 새로 고침 요청을 별도의 방문으로 처리할지 여부를 설정한다. 초기값은 '아니오'이다.

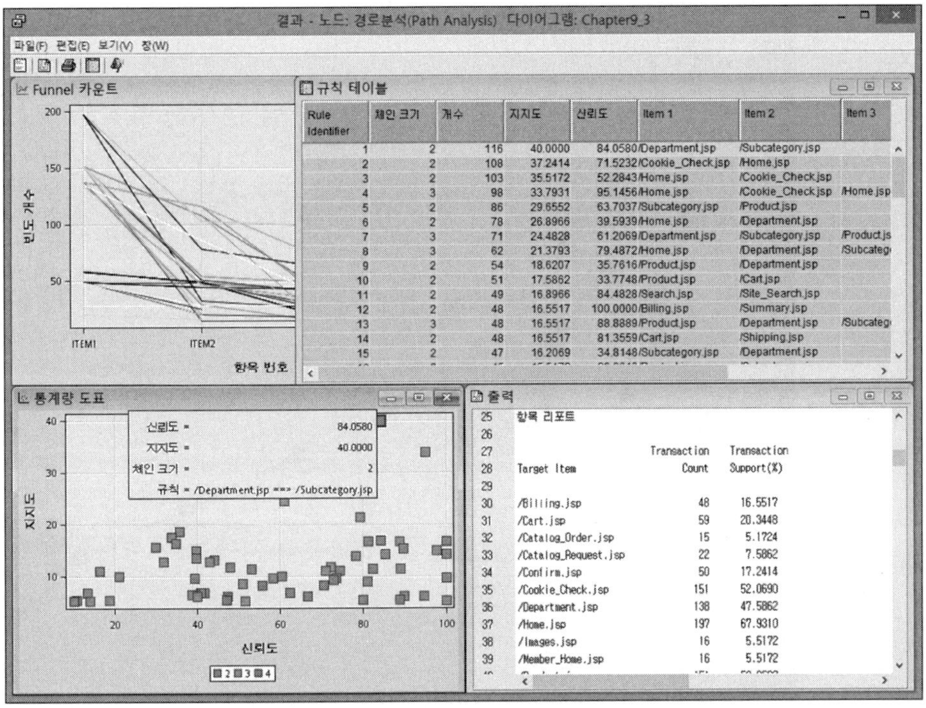

그림 9.11 경로분석(Path Analysis) 노드 – 결과

- **최대 방문 수**(Maximum Visits): 경로로 간주되는 페이지의 최대 방문 수를 설정한다. 초기값은 1,000이다.
- **최소 방문 수**(Minimum Visits): 경로로 간주되는 페이지의 최소 방문 수를 설정한다. 초기값 0이다(최소 적용 안 됨). 예를 들어, '2'로 설정되면, 하나의 웹페이만을 방문한 경로는 분석에서 제외된다.

다이어그램의 **경로분석**(Path Analysis) 노드를 실행하면 그림 9.11과 같은 결과가 나타난다. **통계량 도표**는 신뢰도(confidence) 대 지지도(support)의 그래프이다. 예를 들어, 지지도가 가장 높은 규칙은 '/Department.jsp ==> /Subcategory.jsp'로서, 지지도는 40.0%이고 신뢰도는 84.1%임을 볼 수 있다.

출력 윈도우에는 상세한 결과들이 출력되어 있는데, 그 중 **항목 리포트** 영역은 방문 회수에 대한 것이다. 예를 들어, 가장 방문 회수가 많은 웹페이지는 '/Home.jsp'로서 방문 회수는 197번(방문 비율은 67.9%)임을 볼 수 있다.

규칙 테이블은 각 규칙의 상세한 내용을 보여 준다. 최대 4개 웹페이지의 연관성까지를 포함하여 71개의 규칙이 출력되어 있음을 볼 수 있다(더 많은 규칙들이 나타나게 하려면 **속성 패널**에서 **지지도**와 **규칙** 영역의 옵셥들을 변경하면 된다).

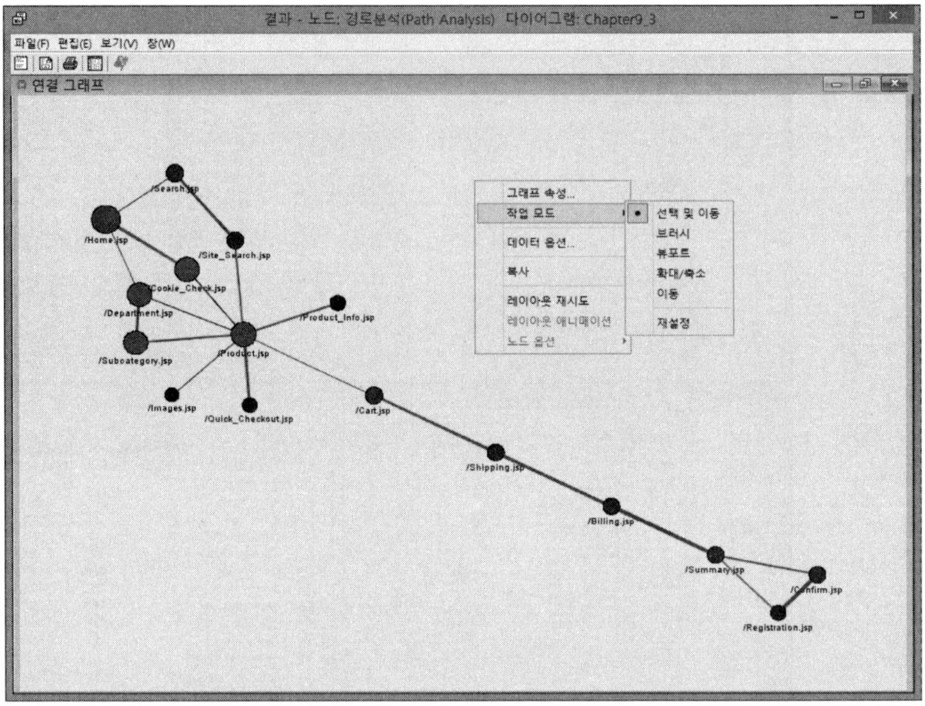

그림 9.12 경로분석(Path Analysis) 노드 – 결과: 연결 그래프

풀다운 메뉴의 '보기(V) → 규칙' 메뉴를 이용하면 보다 다양한 결과들을 살펴볼 수 있다. 예를 들어, 연결 그래프는 연관성규칙을 그래프로 표현한 것이다(그림 9.12). 여기서 점의 크기는 방문 회수를 나타내고, 연결선의 굵기는 신뢰도의 크기를 나타낸다. 한편, 그래프 영역을 마우스 오른쪽 버튼으로 클릭한 후, 팝업 메뉴에서 작업 모드 메뉴를 이용하면 그래프를 다양한 방법으로 탐색할 수 있다.

9.7 연습문제

9-1. ASSOCS 데이터셋에 대하여 일반적인 연관성규칙발견을 수행하여 보아라. 또한 그 결과를 9.4절의 결과와 비교하여 보아라.

9-2. 부록의 ZFSLINKS 데이터셋에는 SessionID, PageSequence, PageName 등의 변수들이 포함되어 있다.

(가) 변수 SessionID의 역할을 ID로 하고 PageName의 역할을 Target으로 설정하고 연관성규칙발견을 수행하여 보아라.

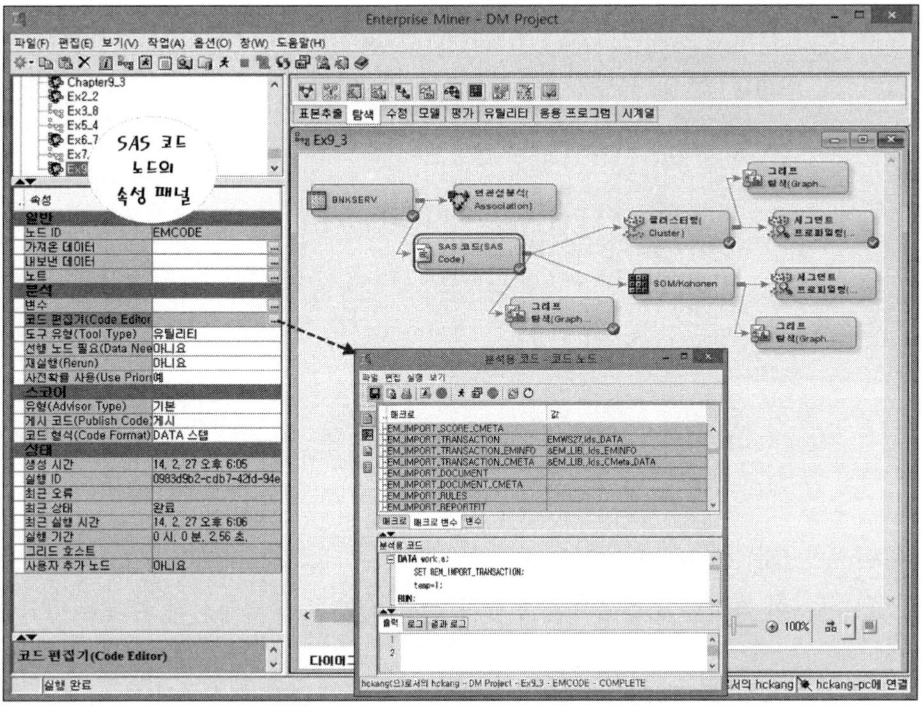

그림 9.13 연습문제 9-3을 위한 다이어그램

(나) 변수 SessionID의 역할을 ID, PageSequence의 역할을 Sequence, PageName의 역할을 Target으로 설정하고 시차 연관성분석을 수행하여 보아라. 또한 그 결과를 (가)의 결과와 비교하여 보아라.

9-3. BNKSERV 데이터셋에 대하여 그림 9.13과 같이 분석흐름도를 작성한 후, 다음의 과정을 수행하여 보아라.

(가) SAS 코드(SAS Code) 노드의 **코드 편집기**(Code Editor)에 다음과 같은 프로그램을 입력하여라(이는 'ex9_3_sas.txt'라는 이름으로 예제 데이터셋과 함께 저장되어 있다).

```
DATA work.a;
    SET &EM_IMPORT_TRANSACTION;
    temp=1;
RUN;
PROC SORT DATA=work.a;
    BY acct;
RUN;
PROC TRANSPOSE DATA=work.a OUT=work.b;
    BY acct;
```

```
    ID service;
    VAR temp;
RUN;

DATA &EM_EXPORT_TRAIN;
    SET work.b;
    ARRAY kkk[*] _NUMERIC_;
    DO i=1 TO DIM1(kkk);
        IF kkk[i]=. THEN kkk[i]=0;
    END;
    DROP _NAME_ i;
RUN;
```

(나) 다이어그램의 **그래프 탐색**(Graph Explore) 노드를 실행하고 새로운 데이터셋의 내용을 살펴보아라.

(다) 다이어그램의 **클러스터링**(Clustering) 노드와 SOM/Kohonen 노드를 이용하여 적절한 군집분석을 수행하여라. 또한 두 군집분석의 결과를 비교하여 보아라.

9-4. ZFSLINKS 데이터셋에 대하여 **연관성분석**(Association) 노드를 실행한 후, 그 결과를 9.6절의 결과와 비교하여 보아라.

9-5. ASSOCS 데이터셋에 대하여 **경로분석**(Path Analysis) 노드를 실행한 후, 그 결과를 9.4절의 결과와 비교하여 보아라. 그림 9.14는 **연관성분석**(Association) 노드의 결과이고, 그림 9.15는 **경로분석**(Path Analysis) 노드의 결과이다. 지지도와 신뢰도 등에서 두 결과에 차이가 나는 이유를 생각하여 보아라.

더 읽을 거리

- 강현철, 김은석, 이성건, 이슬지, 채윤석, 최병정, 최종후, 한상태 (2014). "(빅데이터 분석을 위한) SAS Enterprise Miner 기능과 사용법", 자유아카데미.
- 강현철, 정병철 (2001). A Study of Web Usage Mining for eCRM, *The Korean Communications in Statistics*, Vol. 8, 507–514.
- 강현철, 한상태, 선영수 (2005). A Clustering Algorithm Considering Structural Relationships of Web Contents, *The Korean Communications in Statistics*, Vol. 12, 191–197.
- 강현철, 한상태, 정병철, 신연주 (2004). 개인화를 위한 추천시스템 알고리즘에 관한 연구, *Journal of The Korean Data Analysis Society*, Vol. 6, 1043–1049.

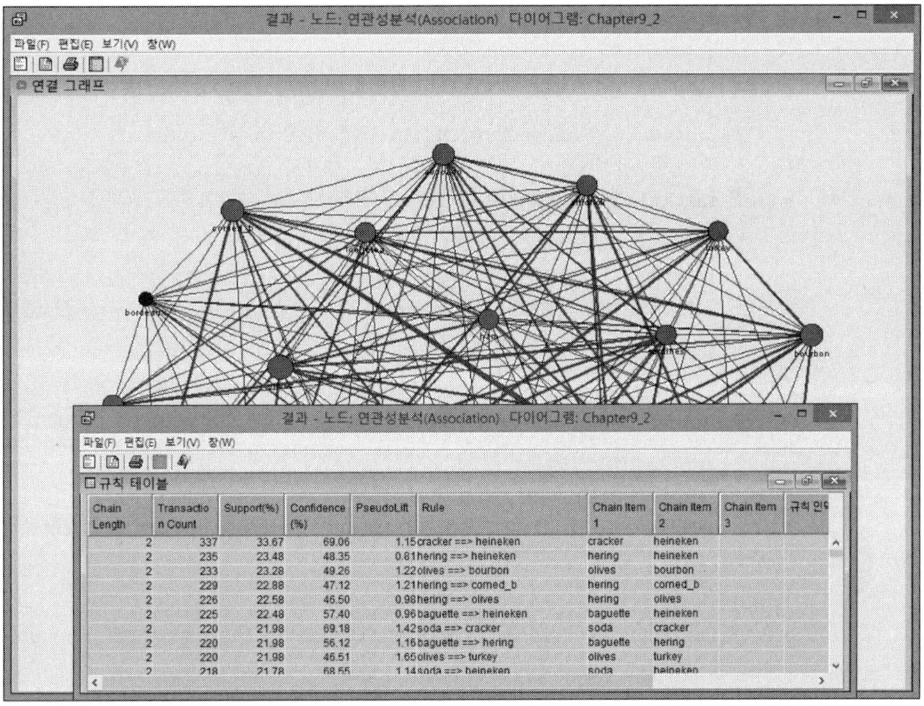

그림 9.14 연관성분석(Association) 노드 – 결과

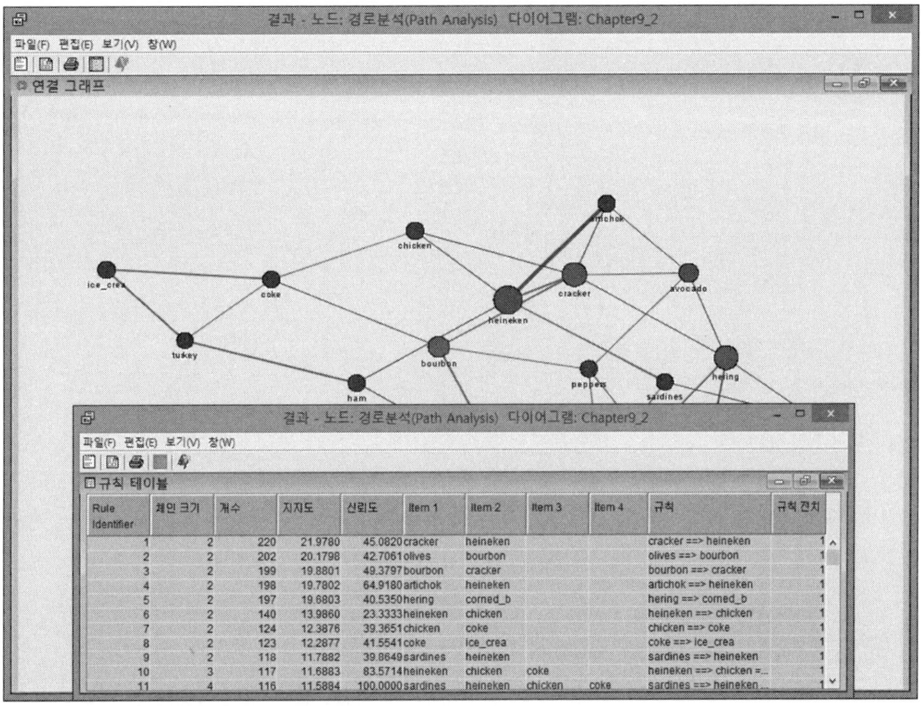

그림 9.15 경로분석(Path Analysis) 노드 – 결과

- 윤희병 외 역(Chakrabarti, A.) (2004). "웹마이닝" (Mining the Web), 홍릉과학.
- SAS Institute Inc. (2001). *Effective Web Mining: Attracting and Keeping Valued Cyber Consumers, Course Notes*, Cary, NC: SAS Institute Inc.
- SAS Institute Inc. (2002). *Fastclus Procedure of SAS/STAT User's Guide in SAS Online Document*, Cary, NC: SAS Institute Inc.
- SAS Institute Inc. (2005). *Enterprise Miner Software: Applying Data Mining Techniques*, Cary, NC: SAS Institute Inc.
- SAS Institute Inc. (2012). *Getting Started with SAS Enterprise Miner 12.1*, Cary, NC: SAS Institute Inc.
- SAS Institute Inc. (2012). *SAS Enterprise Miner 12.1 Reference Help*, Cary, NC: SAS Institute Inc.
- SAS Institute Inc. (2013). *Data Mining Using Enterprise Miner Software: A Case Study Approach*, Third Edition, Cary, NC: SAS Institute Inc.

부록

예제 데이터셋에 대한 설명

Sample SAS Data Sets

ASSOCS 데이터셋

- n (Number of records) = 7,007
- ID Variable: CUSTOMER
  - Number of unique ID's = 1,001
- Sequence Variable: TIME
- Target Variable: PRODUCT

PRODUCT	비율 (%)	PRODUCT	비율 (%)
apples	31.4%	ham	30.5%
artichok	30.5%	heineken	59.9%
avocado	36.3%	hering	48.6%
baguette	39.2%	ice_crea	31.3%
bordeaux	7.4%	olives	47.3%
bourbon	40.3%	peppers	29.6%
chicken	31.5%	sardines	29.6%
coke	29.6%	soda	31.8%
corned_b	39.1%	steak	22.7%
cracker	48.8%	turkey	28.3%

BNKSERV 데이터셋

- n (Number of records) $= 24,375$
- ID Variable: ACCT
  - Number of unique ID's = 7,991
- Target Variable: SERVICE

SERVICE	범주에 대한 설명	빈도 (%)	
ATM	automated teller machine debit card	3,073	38.5%
AUTO	automobil installment loan	742	9.3%
CCRD	credit card	1,237	15.5%
CD	certificate of deposit	1,960	24.5%
CKCRD	check/debit card	903	11.3%
CKING	checking account	6,855	85.8%
HMEQLC	home equity line of credit	1,316	16.5%
IRA	individual retirement account	866	10.8%
MMDA	money market deposit account	1,394	17.4%
MTG	mortgage	594	7.4%
PLOAN	personal/consumer installment	101	1.3%
SVG	saving account	4,944	61.9%
TRUST	personal trust account	390	4.9%
Number of ID's		7,991	100%

BUYTEST 데이터셋

분류	변수	변수의 내용
고객번호	ID	고객번호
인구속성	AGE	나이(년)
	INCOME	년수입(단위:천달러)
	MARRIED	1: 결혼, 0: 미혼
	SEX	F: 여자, M: 남자
	COA6	6개월 간의 주소변경 여부(1: 주소변경, 0)
	OWNHOME	집의 소유 여부(1: 소유, 0)
지역속성	LOC	거주지, A-H
	CLIMATE	거주지의 기온(10, 20, 30)
거래회수	BUY6	최근 6개월 간의 구입회수
	BUY12	최근 12개월 간의 구입회수
	BUY18	최근 18개월 간의 구입회수
거래금액	VALUE24	지난 24개월 간의 구입총액
신용상태	FICO	신용점수
거래속성	ORGSRC	고객분류(C, D, I, O, P, R, U)
	DISCBUY	할인고객 여부(1: 할인고객, 0)
	RETURN24	지난 24개월 간 상품의 반품 여부(1: 반품, 0)
반응	RESPOND	DM에 대한 반응 여부(1: 반응, 0)
	PURCHTOT	DM에 의한 구입총액
	C1-C7	DM에 의한 품목별 구입액

- $n = 10,000$
- Target Variables

  RESPOND, PURCHTOT, C1, C2, C3, C4, C4, C6, C7
- 변수 RESPOND의 분포
  - 1(반응): 767 (7.7%)
  - 0(반응 없음): 9,233 (92.3%)
- 변수 PURCHTOT의 분포 (RESPOND='1'인 경우)
  - 평균: 81.99
  - 표준편차: 59.14 (분산: 3497.40)

DMABASE 데이터셋

변수	역할	척도	변수에 대한 설명
cr_atbat	input	interval	Career times at bat
cr_bb	input	interval	Career Walks
cr_hits	input	interval	Career Hits
cr_home	input	interval	Career Home Runs
cr_rbi	input	interval	Career RBIs
cr_runs	input	interval	Career runs
division	input	binary	Division at the end of 1986
league	input	binary	League at the end of 1986
logsalar	target	interval	Log Salary
name	id	nominal	Player's name
no_assts	input	interval	Assists in 1986
no_atbat	input	interval	Times at Bat in 1986
no_bb	input	interval	Walks in 1986
no_error	input	interval	Errors in 1986
no_hits	input	interval	Hits in 1986
no_home	input	interval	Home Runs in 1986
no_outs	input	interval	Put Outs in 1986
no_rbi	input	interval	RBIs in 1986
no_runs	input	interval	Runs in 1986
position	input	nominal	Position(s) in 1986
salary	rejected	interval	1987 Salary in $Thousands
team	input	nominal	Team at the end of 1986
yr_major	input	interval	Years in the Major Leagues

Source: SAS Institute Inc. "Enterprise Miner 4.3 Reference Help".

- $n = 322$ (목표변수가 결측값이 아닌 개체는 263)
- 변수 LOGSALAR의 분포
  - 평균: 5.927
  - 표준편차: 0.889 (분산: 0.791)

DMAGECR 데이터셋

변수	역할	척도	변수에 대한 설명
CHECKING	input	ordinal	Checking account status
DURATION	input	interval	Duration in months
HISTORY	input	ordinal	Credit history
PURPOSE	input	nominal	Purpose
AMOUNT	input	interval	Credit amount
SAVINGS	input	ordinal	Savings account/bonds
EMPLOYED	input	ordinal	Present employment since
INSTALLP	input	interval	Installment rate as % of disposable income
MARITAL	input	nominal	Personal status and gender
COAPP	input	nominal	Other debtors/guarantors
RESIDENT	input	interval	Present residence since
PROPERTY	input	nominal	Property
AGE	input	interval	Age in years
OTHER	input	nominal	Other installment plans
HOUSING	input	nominal	Housing
EXISTCR	input	interval	Number of existing credits at this bank
JOB	input	ordinal	Job title
DEPENDS	input	interval	Number of dependents
TELEPHON	input	binary	Telephone
FOREIGN	input	binary	Foreign worker
GOOD_BAD	target	binary	Good or bad credit rating

Source: SAS Institute Inc. "Enterprise Miner 4.3 Reference Help".

- $n = 1,000$
- 변수 GOOD_BAD의 분포
  - good: 700 (70.0%)
  - bad: 300 (30.0%)

HMEQ 데이터셋

분류	변수	변수의 내용
대출신청서	REASON	대출사유: 빚정리(Debtcon), 주택개량(HomeImp)
	JOB	직업: 노동자(Mgr), 사무원(Office), 숙련기술자(ProfExe), 판매원(Sales) 자영업(Self), 기타(Other)
	LOAN	대출금액
	MORTDUE	저당금액
	VALUE	현재의 자산가치
	DEBTINC	수입에 대한 부채비율
	YOJ	현재 직장에서의 근무년수
신용정보기관	DEROG	주요 부실거래의 수 (파산, 반환권 상실 등)
	CLNO	금융거래의 수
	DELINQ	부실거래의 수
	CLAGE	가장 오래된 거래의 개월 수
	NINQ	최근의 신용상태 조회수
목표변수	BAD	신용상태 : 0(Good; 좋음), 1(Bad; 나쁨)

- $n = 5,960$
- 변수 BAD의 분포
  - 0(좋음): 4,771 (80.0%)
  - 1(나쁨): 1,189 (20.0%)

HOUSING 데이터셋

변수	내용	측도
CRIM	범죄율	Interval
ZN	주택용 부지의 비율	Interval
INDUS	중대형 버스의 비율	Interval
CHAS	강에 인접해 있는지의 여부	Binary (이웃, 이웃하지 않음)
NOX	산화질소의 농도	Interval
RM	방의 평균개수	Interval
AGE	1940년 이전의 주택비율	Interval
DIS	근무중심까지의 가중거리	Interval
RAD	주요 도로까지의 접근성	Interval
TAX	세율	Interval
PTRATIO	초중등학교 교사의 비율	Interval
B	흑인비율	Interval
LSTAT	중하류층의 비율	Interval
MEDV	평균 주택가격($1000)	Interval

Source: Harrison, D. and Rubinfeld, D.L. (1978). Hedonic prices and the demand for clean air, *Journal of Environmental Economics & Management*, Vol. 5, 81-102.

- $n = 506$
- 변수 MEDV의 분포
  - 평균: 22.53
  - 표준편차: 9.20 (분산: 84.59)

WAGES 데이터셋

변수	내용	척도
EDUC	교육년수	Interval
SOUTH	남부거주 여부	Binary (예, 아니오)
NONWH	인종	Binary (백인, 비백인)
HISPANIC	히스패닉 유무	Binary (예, 아니오)
GENDER	성별	Binary (남성, 여성)
MARRIED	배우자 유무	Binary (예, 아니오)
MARRFEM	배우자 유무(여성의 경우)	Binary (예, 아니오)
EXPER	근무년수(=나이−교육년수−6)	Interval
EXPERSQ	근무년수의 제곱	Interval
UNION	노동조합원 유무	Binary (예, 아니오)
AGE	당해 연도 나이	Interval
MANUF	제조업 유무	Binary (예, 아니오)
CONSTR	건설업 유무	Binary (예, 아니오)
MANAG	경영/관리자 유무	Binary (예, 아니오)
SALES	판매업 유무	Binary (예, 아니오)
CLERICAL	성직자 유무	Binary (예, 아니오)
SERVICE	서비스업 유무	Binary (예, 아니오)
PROF	전문직업 유무	Binary (예, 아니오)
CPS85	조사시점	Binary (1978년, 1985년)
LNWAGE	시간당 평균임금(log 변환)	Interval

Source: Berndt, E. (1991). "The practice of economics: Classic and contemporary", Reading, Mass.: Addison-Wesley.

- $n = 1,084$
- 변수 LNWAGE의 분포
  - 평균: 1.867
  - 표준편차: 0.543 (분산: 0.295)

JEANTYPE 데이터셋

- $n = 150$
- ID Variable : storeid
- Input Variables (Interval) : type_a, type_b, type_c, type_d

WEBPATH 데이터셋

Source: SAS Institute Inc. "Enterprise Miner 4.3 Reference Help".

- n (Number of records) $= 4,979$
- ID Variable: SESSION_ID
  - Number of unique ID's = 290
- Sequence Variable: SESSION_SEQUENCE
- Target Variable: REQUESTED_FILE
- 기타 변수: REFFERER

ZCUSTDET 데이터셋

Source: SAS Institute Inc. (2003). "Getting Started with SAS Enterprise Miner".

- $n = 1,966$
- Target Variable : DINEBIN (연습문제 5-4 참조)
  - 0(DINING=0): 905 (46.0%)
  - 1(DINING>0): 1,061 (54.0%)
- ID Variable

  ACCTNUM (고객번호)
- Date Variable

  CUSTDATE (Date 1st Order; 가입한 날짜)
- Rejected Input Variables

  DINING, KITCHEN, DISHES, FLATWARE

ZDMEXA 데이터셋

Source: SAS Institute Inc. "Enterprise Miner 4.3 Reference Help".

- $n = 1,966$
- Target Variable : PURCHASE (Binary)
  - Yes: 999 (50.8%)
  - No: 967 (49.2%)
- Target Variable : AMOUNT (Interval)
  - 평균: 474.47
  - 표준편차: 749.44 (분산: 561667.58)
- ID Variable

  ACCTNUM (고객번호)

ZDMLCENS 데이터셋

Source: SAS Institute Inc. "Enterprise Miner 4.3 Reference Help".

- $n = 32,561$
- Target Variable : CLASS (연간 소득이 $50,000 이상인지의 여부)
  - >50: 7,841 (24.1%)
  - ≤50: 24,720 (75.9%)
- Binary Input Variable

  sex
- Interval Input Variables (6개)

  age, cap_gain, cap_loss, educ_num, fnlwgt, hourweek
- Nominal Input Variables (9개)

  country, country2, educ, marital, occupatn, race, relation, workcla2, workclas

ZDUNGAR 데이터셋

- $n = 689$
- ID Variable : storeid
- Input Variables (Interval) : fashion, leisure, stretch, original

ZFSLINKS 데이터셋

Source: SAS Institute Inc. (2001). "Effective Web Mining: Attracting and Keeping Valued Cyber Consumers, Course Notes".

- n (Number of records) $= 20,830$
- ID Variable: SessionID (Number of unique ID's = 10,410)
- Sequence Variable: PageSequence
- Target Variable: PageName
- 기타 변수: TimeViewed, Date

ZGENERAL 데이터셋

Source: "General demographics" in 10-th GVU(Graphic Visualization and Usability Center) WWW User Survey (www.gvu.gatech.edu/user_surveys).

- $n = 5,022$
- Target Variable : MAJORDER (온라인으로 $100 이상을 구매하였는지의 여부)
  - 1: 2,308 (46.0%), 0: 2,714 (54.0%)
- Target Variable : COOKIE (쿠키 설정을 변경한 경험이 있는지의 여부)
  - 1: 3,190 (63.5%), 0: 1,832 (36.5%)
- Ordinal Input Variables (9개)

  netyrs, wwwhome, wwwwork, wwwsch, wwwpub, budget, children, income, age
- Nominal Input Variables (12개)

  language, vote, industry, occupat, sector, mailto, edu, race, marital, location, area, platform
- Binary Input Variables: 나머지 17개 변수

찾아보기

|저자 소개|

강현철 호서대학교 정보통계학과 교수
e-mail: hychkang@hoseo.edu

한상태 호서대학교 정보통계학과 교수
e-mail: sthan@hoseo.edu

최종후 고려대학교 정보통계학과 교수
e-mail: jhchoi@korea.ac.kr

이성건 성신여자대학교 통계학과 교수
e-mail: sklee@sungshin.ac.kr

김은석 (주)지디에스케이 대표이사
e-mail: eskim@gdskorea.co.kr

엄익현 (주)지디에스케이 상무이사
e-mail: abodata@gdskorea.co.kr

빅데이터 분석을 위한

데이터마이닝방법론

SAS Enterprise Miner 활용사례를 중심으로

|저 자 강현철 · 한상태 · 최종후 · 이성건 · 김은석 · 엄익현
|발행인 김지영
|발행처 자유아카데미
|주 소 경기도 파주시 회동길 37-42
파주출판도시
|전 화 031-955-1321
|팩 스 031-955-1322
|홈페이지 www.freeaca.com
|전자우편 main@freeaca.com(대표)
editor@freeaca.com(편집)
crm@freeaca.com(영업)
|등 록 제406-2003-017호, 1980. 7. 12
|제1판1쇄 2014년 3월 5일 발행
|제1판4쇄 2020년 12월 28일 발행
|정 가 25,000원

ISBN 978-89-7338-450-1 93310